高职高专新能源类专业系列教材

太阳能光伏发电系统建设与运营

主　编　周亚东　徐　宁
副主编　幸彩勤　邱　泉　冯　超
参　编　裴　彬　刘志惠　冯　进　郑羽仁
江三阳　欧阳厚法　张洋昌　朱仕军

机 械 工 业 出 版 社

全书由 9 个模块组成，分别是光伏发电系统建设与运营基础，独立太阳能光伏发电系统，并网太阳能光伏发电系统，太阳能光伏发电系统的设计原理和方法，太阳能光伏仿真软件，太阳能光伏发电系统设计，太阳能发电系统的施工，太阳能光伏发电系统验收、运行与维护，绿色建筑的发展与未来。

本书可作为新能源类专业及相关专业的教材，也可供光伏电站从业人员、电力电子专业技术人员参考。

为方便教学，本书配有电子课件、模拟试卷及答案等，凡选用本书作为教材的学校，均可来电索取。咨询电话：010-88379375；电子邮箱：wangzongf@ 163. com。

图书在版编目（CIP）数据

太阳能光伏发电系统建设与运营/周亚东，徐宁主编. —北京：机械工业出版社，2016. 7（2026. 1 重印）
高职高专新能源类专业系列教材
ISBN 978-7-111-53873-8

Ⅰ. ①太… Ⅱ. ①周… ②徐… Ⅲ. ①太阳能发电-高等职业教育-教材 Ⅳ. ①TM615

中国版本图书馆 CIP 数据核字（2016）第 113595 号

机械工业出版社（北京市百万庄大街 22 号 邮政编码 100037）
策划编辑：王宗锋 责任编辑：王宗锋 高亚云
版式设计：霍永明 责任校对：张玉琴
责任印制：郜 敏
河北虎彩印刷有限公司印刷
2026 年 1 月第 1 版第 3 次印刷
184mm×260mm · 21. 25 印张 · 516 千字
标准书号：ISBN 978-7-111-53873-8
定价：49. 90 元

电话服务	网络服务
客服电话：010-88361066	机 工 官 网：www. cmpbook. com
010-88379833	机 工 官 博：weibo. com/cmp1952
010-68326294	金 书 网：www. golden-book. com
封底无防伪标均为盗版	机工教育服务网：www. cmpedu. com

前 言

在资源紧缺、世界环境污染日益严重的大背景下，光伏发电凭借资源分布广、易获得、无污染及安全性较高等优势，成为世界各国发展清洁能源的首选，近年来发展迅速。2014 年，我国新增并网光伏发电容量为 10. 6GW，约占全球新增容量的 1/4，2015 年我国新增装机容量为 15. 13GW。到 2100 年太阳能将成为人类能源消费的主要能源之一，光伏发电具有巨大的市场发展空间。本教材正是为适应行业的快速、健康发展，培养更多一线技术人员而编写的。

本书特色为：

1）本书从光伏电站感知、电站安装体验到电站设计、施工、运行与维护管理进行讲解，内容由浅入深，将理论知识融于实践之中。

2）书中引用了企业项目实际运作流程、项目设计、施工、运行与维护相关表格等资料，使初学者能身临其境，可以激发学习兴趣，提高学习效率。

3）本书以企业实际承建项目为载体，注重应用与开发，将工程理论、技能与教育规律紧密结合，力求通俗易懂。

4）本书注重细节，注重标准化，内容丰富且涵盖面比较广，读者在学习过程中可根据实际情况进行选择。

本书由海南职业技术学院周亚东、深圳蓝波绿建集团股份有限公司徐宁担任主编，深圳蓝波绿建集团股份有限公司幸彩勤、邱泉和冯超担任副主编，裴彬、刘志惠、冯进、郑羽仁、江三阳、欧阳厚法、张泮昌和朱仕军等参编。周亚东编写了模块一、模块二和模块五；冯进、张泮昌编写了模块三；冯超编写了模块四；邱泉、幸彩勤编写了模块六；欧阳厚法、裴彬和刘志惠编写了模块七；郑羽仁、江三阳编写了模块八；徐宁编写了模块九；海南华侨中学朱仕军编写了附录。全书由周亚东统稿。

本书部分图片由深圳蓝波绿建集团股份有限公司提供。

本书在编写过程中得到海南职业技术学院、深圳蓝波绿建集团股份有限公司、海南英利新能源有限公司、中国太阳能光伏产业校企合作职业教育联盟、海南省可再生能源协会、易事特集团股份有限公司以及海南华侨中学的领导和广大教师的帮助和支持，在此一并表示感谢和敬意。

由于编者水平有限，书中难免有错漏，恳请广大读者批评指正，并提出意见与建议。编者邮箱：317497324@ qq. com。

编 者

目　录

模块一

光伏发电系统建设与运营基础

知识能力目标

认识各种光伏发电站，能区分不同发电站所用设备。

能利用太阳结构与辐射能量分析利用太阳能的重要性。

能准确说出世界及我国太阳能资源总体分布情况。

根据太阳与地球的位置关系，分析地球的四季变化。

掌握太阳赤纬角、太阳时角、太阳方位角、太阳高度角及日照时间的定义，初步分析其在太阳能光伏发电站系统建设中的作用。

掌握太阳辐射单位换算方法。

掌握大气质量 AM0、AM1.0 及 AM1.5 定义。

结合实训设备，区分不同发电站，掌握独立光伏发电站、并网光伏发电站工作原理。

能正确使用太阳辐射测量仪器。

模块描述

通过参观当地并网光伏发电站或独立光伏发电站，使学生初步感知光伏发电站，进而简单认知光伏发电站的基本组成，掌握太阳能光伏发电与太阳能资源分布、地球环境、太阳高度角、太阳方位角及日照时间等因素的密切关系，为以后章节打下基础，同时激发同学们的学习积极性。

考核标准

能根据不同发电站准确表述出其主要组成部分。

能掌握我国太阳能资源分布情况。

根据太阳与地球的关系掌握地球经纬度、地球环境、太阳高度角、太阳方位角、太阳时角及太阳赤纬角等定义及它们在太阳能光伏发电站系统建设中的意义。

熟练掌握能量不同计量单位的转换。

掌握大气质量 AM1.5 的定义。

情境一　感知光伏发电系统

光伏发电是光伏产业链下游应用的主要行业，是实现节能减排的重要环节，2014 年我国新增太阳能光伏发电装机容量达10.6GW，2015年新增装机容量15.13GW。随着我国对环境保护的日益重视，我国太阳能光伏发电具有很大的发展潜力。在相关政策的扶持下，到2030年预计光伏发电装机容量将达1亿kW，年发电量可达1300亿kW·h，相当于少建30多个大型煤电厂。本情境从认识光伏发电站开始，引导大家掌握必不可少的基础理论知识。

兆瓦级太阳能光伏发电站如图1-1所示。

图1-1 兆瓦级太阳能光伏发电站

一、光伏发电站参观、见习

在教师的带领下，同学们参观当地的光伏发电站或光伏发电系统，主要让同学们亲身感受光伏发电站的奥秘与壮阔，同时在教师的带领下了解光伏发电的原理，认识光伏发电涉及的相关设备，初步思考影响光伏发电量的气候、环境等因素。

太阳能光伏发电站所用主要设备如图1-2所示。

a）太阳能光伏发电站室外主要设备

b）太阳能光伏发电站室内主要设备

图1-2 太阳能光伏发电站主要设备

1—太阳能光伏组件 2—太阳能光伏基础 3—太阳能光伏支架 4—太阳能光伏汇流箱

5—直流配电柜、逆变器柜、交流配电柜、光伏并网控制柜 6—光伏发电站监控

建言：通过本情境，同学们应该对太阳能光伏发电站有了初步的认识，建设太阳能光伏发电站的目的就是在太阳辐射一定的条件下尽可能多发电。但是，太阳能光伏发电站发电量与光伏组件质量、地理环境、气候条件、设备的转换效率、设备之间的选型与匹配、光伏组件的倾角及光伏发电站建设与运营的各项标准等有着密不可分的关系，要成为一个光伏技术从业人员，除要掌握本书后面章节介绍的各种硬件知识外，还必须有相应的理论基础，本情境下面

内容，就是介绍太阳能光伏发电站建设所涉及的理论知识。

二、熟悉光伏发电站发电原理

独立光伏发电站工作原理：光伏组件在有光照的情况下将太阳能转换为电能，通过太阳能充放电控制器给负载供电，同时给蓄电池组充电；在无光照时，通过太阳能充放电控制器由蓄电池组给直流负载供电，同时蓄电池还要直接给离网逆变器供电，通过离网逆变器逆变成交流电，给交流负载供电。独立光伏发电站系统组成如图 1-3 所示。

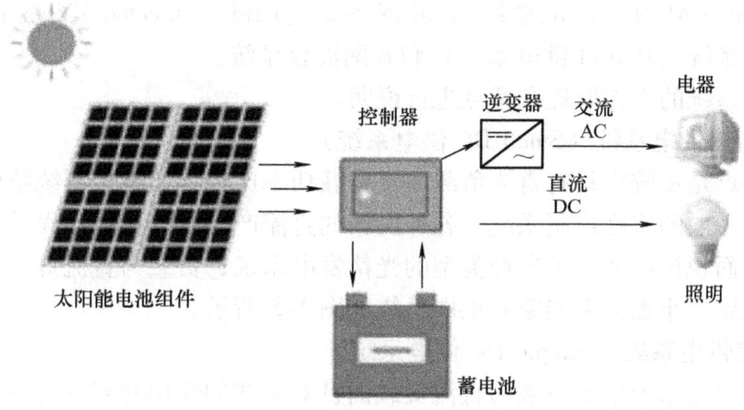

图 1-3　独立光伏发电站系统组成

并网光伏发电站工作原理：并网太阳能光伏发电系统主要由光伏组件和并网逆变器组成，不经过蓄电池储能，通过并网逆变器直接将电能输入公共电网。并网光伏发电系统相比于独立光伏发电系统省掉了蓄电池储能和释放的过程，减少了其中的能量消耗，节约了占地空间，还降低了配置成本。并网光伏发电站系统组成图 1-4 所示。

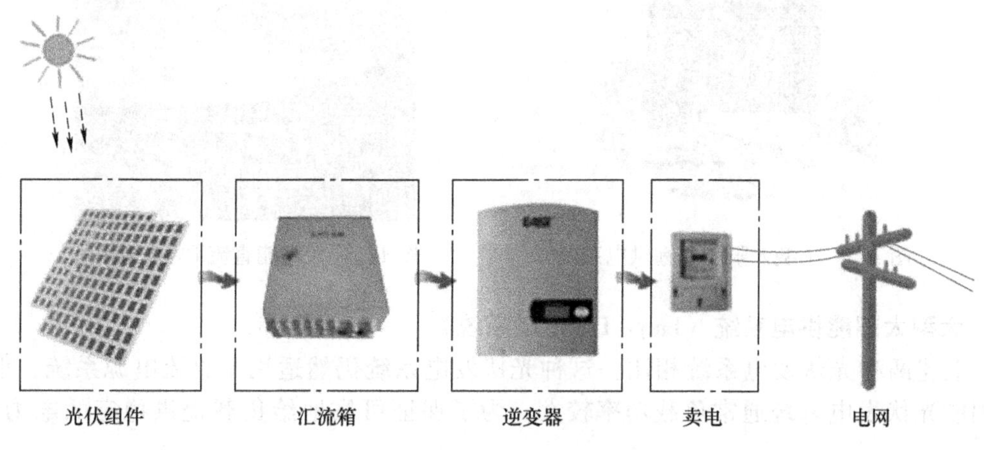

图 1-4　并网光伏发电站系统组成

情境二　认知光伏基础知识

一、了解几种常见的光伏发电系统

一般我们将光伏发电系统分为独立系统、并网系统和混合系统三类。如果根据太阳能光伏发电系统的应用形式、应用规模和负载的类型，对光伏发电系统进行比较细致的划分，还可以将光伏发电系统细分为如下七种类型：小型太阳能供电系统（Small DC[⊖]供电系统），简单直流供电系统（Simple DC 供电系统），大型太阳能供电系统（Large DC 供电系统），交流/直流供电系统（AC/DC 供电系统），并网系统（Grid- connected PV 供电系统），油机、太阳能混合供电系统（Hybrid 供电系统）和并网混合系统。

下面就每种系统的工作原理和特点进行说明。

1. 小型太阳能供电系统（Small DC 供电系统）

该系统的特点是系统中只有直流负载而且负载功率比较小，整个系统结构简单，操作简便。其主要用于一般的家庭户用系统、各种民用的直流产品以及相关的娱乐设备。例如在我国西部地区就大面积推广使用了这种类型的光伏发电系统，负载为直流灯，用来解决无电地区的家庭照明问题。小型太阳能家庭供电系统如图 1-5 所示。

2. 简单直流供电系统（Simple DC 供电系统）

该系统的特点是系统中的负载为直流负载而且对负载的使用时间没有特别的要求，负载主要是在白天使用，所以系统中没有使用蓄电池，也不需要使用控制器。系统结构简单，直接使用光伏组件给负载供电，省去了能量在蓄电池中的储存和释放过程，以及控制器中的能量损失，提高了能量利用效率。该系统常用于一些白天临时设备用电和一些旅游设施中。如图 1-6 所示的太阳能直流 PV（Photovoltaic）水泵系统就是一个简单直流供电系统。这种系统在发展中国家的无纯净自来水供饮的地区得到了广泛应用，产生了良好的社会效益。

图 1-5　小型太阳能家庭供电系统

图 1-6　太阳能直流 PV 水泵系统

3. 大型太阳能供电系统（Large DC 供电系统）

与上述两种光伏发电系统相比，这种光伏发电系统仍然适用于直流电源系统，但是这种太阳能光伏发电系统通常负载功率较大，为了保证可靠地给负载提供稳定的电力供应，

⊖ DC：Direct Current，直流电

其相应的系统规模也较大，需要配备较大的光伏阵列以及较大的蓄电池组。其常见的应用形式有通信、遥测、监测设备电源，农村的集中供电，航标灯塔，路灯等。在我国西部一些无电地区建设的部分乡村光伏发电站就是采用的这种形式，中国移动和中国联通在偏僻无电网地区建设的通信基站也有采用这种光伏发电系统供电的。通信基站太阳能供电系统如图 1-7 所示。

图 1-7　通信基站太阳能供电系统

4. 交流/直流供电系统（AC/DC 供电系统）

与上述三种太阳能光伏发电系统不同的是，这种光伏发电系统能够同时为直流负载和交流负载提供电力，在系统结构上比上述三种系统多了逆变器，用于将直流电转换为交流电以满足交流负载的需求。通常这种系统的负载耗电量也比较大，从而系统的规模也较大。它主要在一些同时具有交流负载和直流负载的通信基站和其他一些含有交、直流负载的光伏发电站中得到应用。

5. 并网系统（Grid-connected PV 供电系统）

这种太阳能光伏发电系统最大的特点就是光伏阵列产生的直流电经过并网逆变器转换成符合电网要求的交流电之后直接接入电网网络，并网系统中 PV 方阵所产生的电力除了供给交流负载外，多余的电力反馈给电网。在阴雨天或夜晚，光伏阵列没有产生电能或者产生的电能不能满足负载需求时就由电网供电。因为直接将电能输入电网，免除配置蓄电池，省掉了蓄电池储能和释放的过程，可以充分利用光伏组件所发的电力，从而减小了能量的损耗，并降低了系统的成本。但是系统中需要专用的并网逆变器，以保证输出的电力满足电网电力对电压、频率等指标的要求。因为逆变器效率的问题，还是会有部分的能量损失。这种系统通常能够并行使用市电和太阳能光伏组件阵列作为本地交流负载的电源，降低了整个系统的负载缺电率，而且并网系统可以对公用电网起到调峰作用。但是，这种系统作为一种分散式发电系统，对传统的集中供电系统的电网会产生一些不良的影响，如谐波污染、孤岛效应等。

6. 油机、太阳能混合供电系统（Hybrid 供电系统）

这种太阳能光伏发电系统中除了使用太阳能光伏阵列之外，还使用了油机作为备用电源。使用混合供电系统的目的就是为了综合利用各种发电技术的优点，避免各自的缺点。比方说，上述的几种独立光伏发电系统的优点是维护少，缺点是能量的输出依赖于天气、不稳定。综合使用柴油发电机和光伏阵列的混合供电系统和单一能源的独立系统相比，具有可以提供不依赖于天气的能源、负载匹配灵活等优点。但混合供电系统还有控制比较复杂、初期工程较大、污染和噪声大等缺点。油机、太阳能混合供电系统如图 1-8 所示。

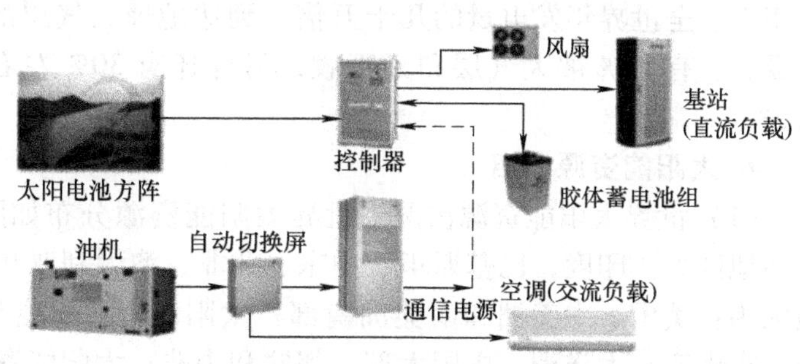

图 1-8　油机、太阳能混合供电系统

二、熟悉光伏发电站与太阳的关系

1. 太阳情况简介

太阳能光伏发电站发电，最重要且不可缺少的部分就是太阳，太阳光通过辐射向地球传递能量。太阳是离地球最近的恒星，是太阳系的中心天体，它的质量占太阳系总质量的99.865%，太阳是自己发光发热的炽热的气体星球。它表面的温度约6000℃，中心温度高达1500万℃。太阳的半径约为696000km，约是地球半径的109倍。它的质量为1.989×10^{27}t，约是地球的332000倍。太阳的平均密度为1.4g/cm^3，约为地球密度的1/4。太阳与我们地球的平均距离约为1.5亿km。通过对太阳光谱的分析得知，太阳的化学成分与地球几乎相同，只是比例有所差异。太阳上最丰富的元素是氢，其次是氦，还有碳、氮、氧和各种金属。

2. 太阳发光原理

组成太阳的物质大多是普通的气体，其中氢约占太阳质量的71%，氦的质量约占27%，其他元素的质量占2%，太阳内部有许多可转换的氢原子，它们聚变成氦原子，在聚变过程中会释放出许多能量并通过太阳的各种活动挥发出去。在太阳内部，4个氢原子氢核聚变成1个氦原子，放出巨大能量，这能量就是光和热。太阳是利用核聚变发光发热的，当两种很轻的原子核（如氦和氢）在高温下相遇时，会合成新的原子核，同时释放出巨大的能量。太阳时刻都在进行核聚变。

氢有三种同位素：氕（氢1）、氘（氢2）、氚（氢3），我们平时见到的氢以氕为主，含少量氘；氦也有氦3和氦4两种同位素，氦3不稳定，一般见到的是氦4。

氢聚变为氦的反应可以有多种形式：

1）4个氕聚变为1个氦4。

2）2个氘聚变为1个氦4。

3）1个氘和1个氚聚变为1个氦4和1个中子。

3. 太阳辐射能量

太阳的能量主要来源于氢聚变成氦的聚变反应，每秒有6.57×10^{11}kg氢聚合生成6.53×10^{11}kg的氦，并连续产生3.90×10^{23}kW的能量，这些能量以电磁波的形式，以3×10^5km/s的速度向四面八方辐射，到达地球时只剩下太阳总辐射的二十二亿分之一，即1.77×10^{14}kW到达地球大气层上方，穿越大气层时发生衰减，最后约8.5×10^{13}kW到达地球表面，这个数值相当于全世界年发电量的几十万倍。到达地球大气层的太阳辐射中有51%左右被地球表面吸收，有19%被大气层和云吸收，另外还有30%左右被地面、大气层和云层直接反射回去。

4. 太阳能资源介绍

（1）世界太阳能资源情况　世界太阳能资源分布如图1-9所示，太阳能资源丰富程度最高地区为：印度、巴基斯坦、中东、北非、澳大利亚和新西兰；太阳能资源丰富程度中高地区为：美国、中美洲和南美洲南部；太阳能资源丰富程度中等地区为：欧洲西南部、巴西、东南亚、大洋洲、中国大部、朝鲜和中非；太阳能资源丰富程度中低地区为：东欧和日本；太阳能资源丰富程度最低地区为：加拿大与欧洲西北部。

从世界太阳能资源分布图可以得出，太阳能资源丰富程度呈现从低纬度向高纬度方向递

减的特点，其中赤道沿线地区、副热带地区和中纬度高山高原地区成为资源丰富区。

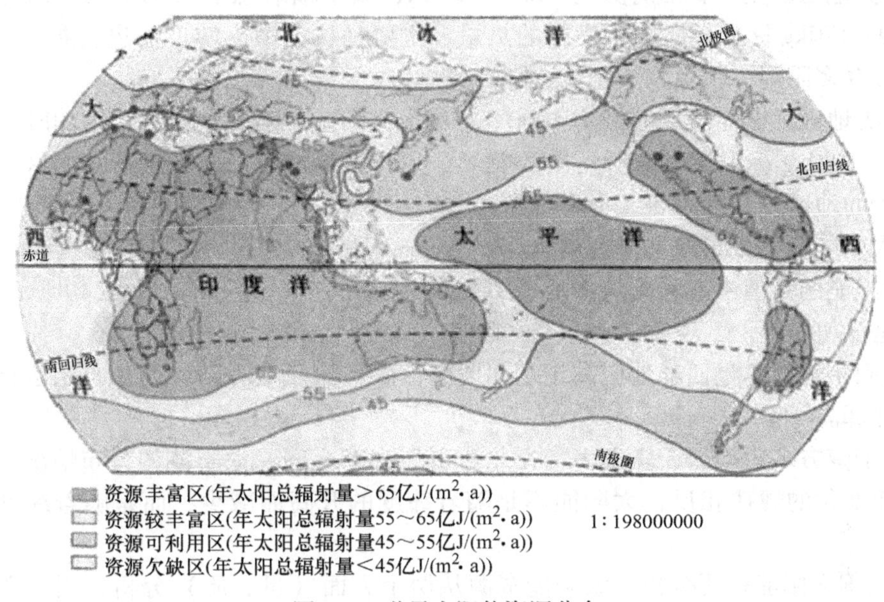

图 1-9　世界太阳能资源分布

（2）我国太阳能资源分布　我国幅员辽阔，有着十分丰富的太阳能资源。据估算，我国陆地表面每年接收到的太阳辐射能约为 50×10^{18}kJ，全国各地太阳年辐射总量达 335～837kJ/(cm^2·a)（表示每年每平方厘米太阳辐射总量为 335～837kJ），中值为 586kJ/(cm^2·a)。从全国太阳年辐射总量的分布来看，西藏、青海、新疆、内蒙古南部、山西、陕西北部、河北、山东、辽宁、吉林西部、云南中部和西南部、广东东南部、福建东南部、海南岛东部和西部以及台湾省的西南部等广大地区的太阳辐射总量很大。我国资深气象科学家朱瑞兆于 2006 年 3 月主持编制了我国第一份《中国分省太阳能资源图集》草图，图集非常清晰地绘制了各分省太阳能资源等值线，对于指导我国因地制宜、有序开发太阳能资源提供一些借鉴和参考。

按接收到太阳辐射总量的大小，全国大致上可分为五类地区。

1）一类地区。全年日照时数为 3200～3300h，太阳年辐射总量为 670～837kJ/(cm^2·a)，相当于 225～285kg 标准煤燃烧所发出的热量，主要包括青藏高原、甘肃北部、宁夏北部和新疆南部等地。这是我国太阳能资源最丰富的地区，与印度和巴基斯坦北部的太阳能资源相当。特别是西藏，地势高，太阳光的透明度也好，太阳年辐射总量最高值达 921kJ/(cm^2·a)，仅次于撒哈拉大沙漠，居世界第二位，其中拉萨是世界著名的“阳光城”。

2）二类地区。全年日照时数为 3000～3200h，太阳年辐射总量为 586～670kJ/(cm^2·a)，相当于 200～225kg 标准煤燃烧所发出的热量，主要包括河北西北部、山西北部、内蒙古南部、宁夏南部、甘肃中部、青海东部、西藏东南部和新疆南部等地。此区为我国太阳能资源较丰富区。

3）三类地区。全年日照时数为 2200～3000h，太阳辐射总量为 502～586kJ/(cm^2·a)，相当于 170～200kg 标准煤燃烧所发出的热量，主要包括山东、河南、河北东南部、山西南部、新疆北部、吉林、辽宁、云南、陕西北部、甘肃东南部、广东南部、福建南部、江苏北

部和安徽北部等地。

4）四类地区。全年日照时数为1400～2200h，太阳辐射总量为419～502kJ/(cm^2·a)，相当于140～170kg标准煤燃烧所发出的热量，主要是长江中下游、福建、浙江和广东的部分地区，春夏多阴雨，秋冬季太阳能资源尚可。

5）五类地区。全年日照时数为1000～1400h，太阳辐射总量在335～419kJ/(cm^2·a)，相当于115～140kg标准煤燃烧所发出的热量，主要包括四川、贵州两省。此区是我国太阳能资源最少的地区。

我国太阳能资源分布的主要特点有：

1）太阳能的高值中心和低值中心都处在北纬22°～35°这一带，青藏高原是高值中心，四川盆地是低值中心。

2）太阳年辐射总量西部地区高于东部地区，而且除西藏和新疆两个自治区外，基本是南部低于北部。

3）由于南方多数地区云多雨多，在北纬30°～40°之间，太阳能的分布情况与一般太阳能随纬度而变化的规律相反，太阳能不是随着纬度的升高而减少，而是随着纬度的升高而增加。

（3）我国太阳能资源分析　太阳能资源从两个方面（量、质）分析，用三个指标（总量等级、稳定性等级、辐射形式等级）对太阳能资源进行分级。我国早在20世纪80年代初已开展相关研究，太阳能资源多以太阳辐射总量度量，它直接反映了太阳能资源的可开发程度。根据QX/T89—2008《太阳能资源评估方法》与《太阳能资源等级——总辐射（征求意见稿）》中对太阳年辐射总量分类，见表1-1。

表1-1　我国太阳能资源分布情况

等级	符号	年辐射总量/[MJ/(m^2·a)]	年辐射总量/[kW·h/(m^2·a)]	平均日辐射总量（kW·h/m^2）
极丰富带	Ⅰ	≥6300	≥1750	≥4.8
很丰富带	Ⅱ	5040～6300	1400～1750	3.8～4.8
丰富带	Ⅲ	3780～5040	1050～1400	2.9～3.8
一般	Ⅳ	<3780	<1050	<2.9

注：表中单位已经经过转换，其转换方法见本情境第四部分。

（4）太阳能资源的获取与统计软件　太阳能资源数据的获取，主要可以从地面长期气象观测站、公共气象数据库和商业气象（辐射）软件包等几方面获取，软件有：

1）上海电力学院杨金焕教授2003年主持创建了“中国太阳能辐射资料库”软件，共收录整理了591个地区（站点）气象辐射资料，包含每个站点1～12月份的总辐射和直接辐射数据，范围涵盖全国特别是我国西部地区，附录B将我国主要城市的太阳日平均辐射总量已经列出，读者可以参照执行。

2）瑞士联邦能源部（Swiss Federal Office of Energy）所开发的气象计算软件Meteonorm，是一种可以计算全球任何地理位置的太阳辐射和气象资料软件，软件的计算首先依赖于一些预先设定的数据库和运算法则，它包含了对全球906个地区（含亚洲73个地区）至少长达十年的气象监测资料。本软件的使用见后章节。

3）其他软件如RET Screen软件，PVSYST、PV＊SOL等中都有相应太阳能资源数据，

这些软件作为专业光伏人员最好都能熟练掌握，本书将在模块四中做重点讲解。

三、太阳与地球

在进行太阳能光伏发电站设计与建设时，必须要考虑工程地区太阳高度角、太阳方位角和日照时数等参数，这样才能保证发电站设计最大限度地满足用户发电量的需求。例如，施工时组件的倾角、组件阵列之间的距离都直接与太阳方位角等有关，其值也直接影响光伏组件发电量的多少，因而从事光伏行业还必须要懂得相应的天文知识。本节将根据工程需求进行必要的补充，并涉及一定复杂的计算，供读者参考，当然现在工程中可以采用相应的软件来完成相应计算问题。

1. 太阳与地球运动的规律

（1）太阳与地球的关系　太阳与地球关系如图 1-10 所示。

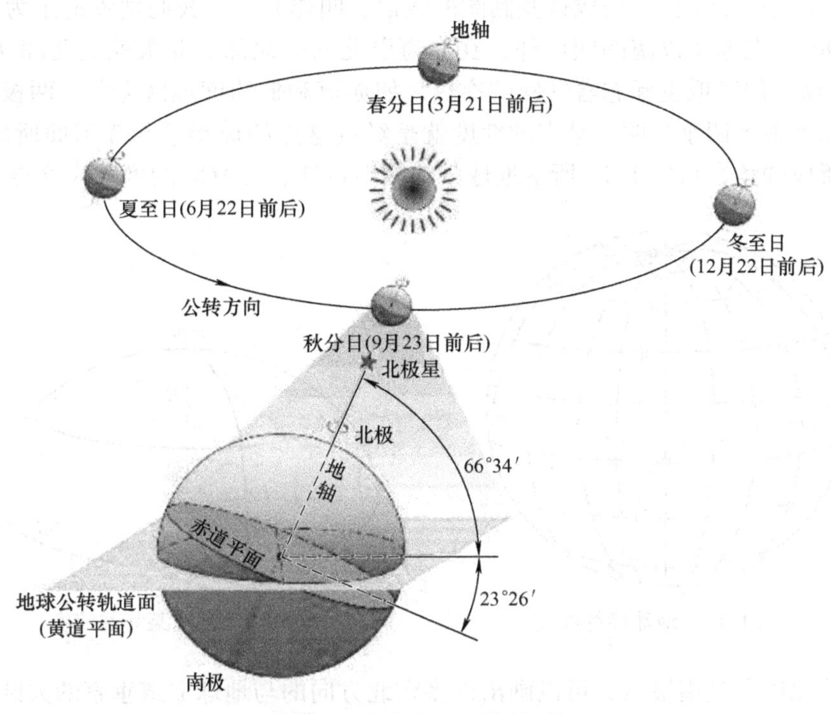

图 1-10　太阳与地球关系

如图 1-10 所示，地球每天绕着通过自身南极和北极的“地轴”自西向东旋转，称为“自转”，自转一周为 24h。地球除自转外还同时绕着太阳循着称为“黄道”的椭圆形轨道上运行，称为“公转”，其周期为一年（实际为 365 天 6 分 9 秒）。地球自转轴与公转运行的黄道面的法线倾斜夹角为 23°26′，在地球公转时自转轴的方向始终指向地球的北极。因此，太阳光直射的位置有时偏南，有时偏北，就形成的了地球的四季变化。图 1-10 中示出了地球自转且绕太阳公转时所产生的四个典型季节变化。

在北半球，春分日（3 月 21 日前后）太阳直射点从赤道以南到达赤道，秋分日（9 月 23 日前后）太阳直射点从赤道以北到达赤道。太阳直射地球赤道平面，此时的太阳赤纬角 $\delta=0°$，日出正东，日落正西，北半球正午的太阳高度角等于 $90°-\phi$（ϕ 为观测者所在地理位置的纬度）。

夏至日（6 月 22 日前后），太阳直射北纬 23°26′的北回归线，北半球正午太阳高度角达到最大值 $\alpha_s = 90° - \phi + 23°26'$，夏至日北半球白昼最长，天文夏季开始。

冬至日（12 月 22 日前后）太阳直射南纬 23°26′的南回归线上，北半球正午太阳高度角达到最小值 $\alpha_s = 90° - \phi - 23°26'$，冬至日北半球黑夜最长，天文冬季开始。

（2）经纬度确定　在地图和地球仪上，我们可以看见一条一条的细线，有横的，也有竖的，很像棋盘上的方格，这就是经线和纬线，如图 1-11 所示。根据这些经纬线，可以准确地定出地面上任何一个地方的位置和方向。

这些经纬线是怎样定出来的呢？地球是在不停地绕地轴（地轴是一根通过地球南北两极和地球中心的假想线）旋转，在地球中腰画一个与地轴垂直的大圆圈，使圈上的每一点都和南北两极的距离相等，这个圆圈就叫作“赤道”。在赤道的南北两边，画出许多和赤道平行的圆圈，就是“纬圈”；构成这些圆圈的线段，叫作纬线。我们把赤道定为纬度 0°，向南向北各为 90°，在赤道以南的叫南纬，在赤道以北的叫北纬。北极就是北纬 90°，南极就是南纬 90°。纬度的高低也标志着气候的冷热，如赤道和低纬度地区无冬，两极和高纬度地区无夏，中纬度地区四季分明。某点的纬度就是经过这点的球半径与赤道面所成角的度数。纬度是线面所成的角，从图 1-12 所示地球某纬圈图可知，∠AOP 的度数为 P 点纬度。

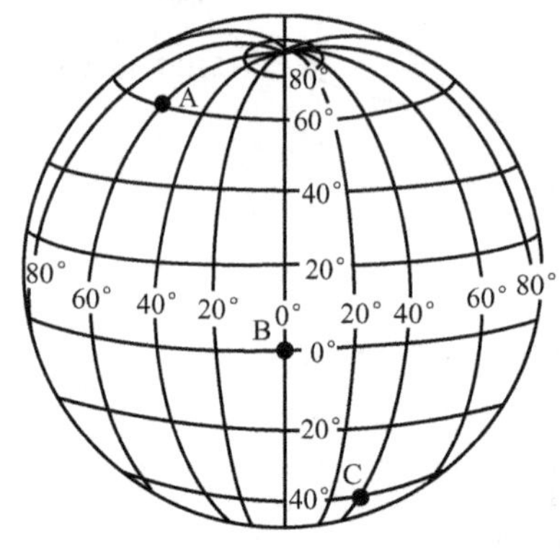

图 1-11　地球经纬度线

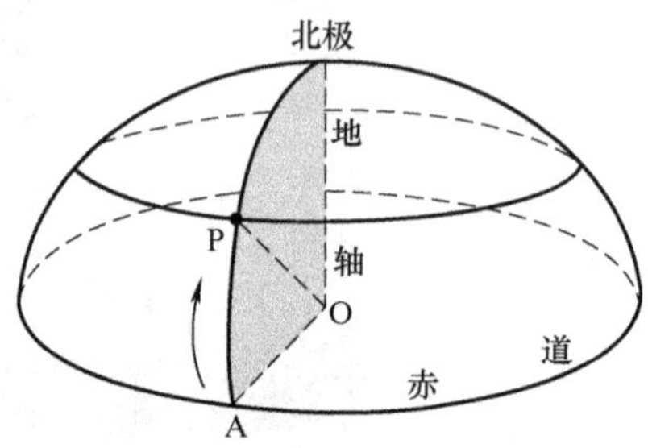

图 1-12　地球某纬圈纬度

其次，从北极点到南极点，可以画出许多南北方向的与地球赤道垂直的大圆圈，这叫作“经圈”，构成这些圆圈的线段，就叫经线。公元 1884 年，国际上规定以通过英国伦敦近郊的格林尼治天文台的经线作为计算经度的起点，即经度零度零分零秒。在它东面的为东经，共 180°；在它西面的为西经，共 180°。因为地球是圆的，所以东经 180°和西经 180°的经线是同一条经线。各国公定 180°经线为“国际日期变更线”。某点的经度是经过这点的经线和地轴确定的半平面与 0°经线（本初子午线）和地轴确定的半平面所成二面角的度数，所以经度是面面所成的角，从图 1-13 所示地球某外经圈经度图可知，∠AOB 为 P 点所在经线的经度。

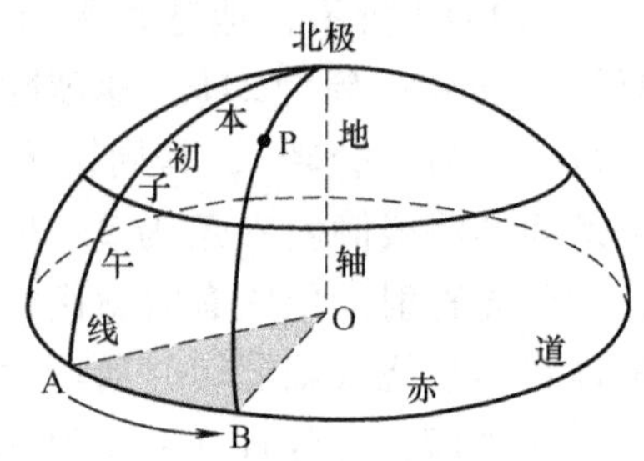

图 1-13　地球某外经圈经度

2. 有关太阳位置的几个定义

（1）太阳赤纬角 δ　太阳光线与地球赤道面的交角定义为太阳赤纬角，通常用 δ 表示。一年四季太阳直射点在地球南北回归线之间移动，所以太阳赤纬角 δ 变化于“$+23°26'$”与“$-23°26'$”之间。太阳赤纬角是时间的连续函数，与一年中的哪一天有关，与地球上地点无关，即地球上任何位置的太阳赤纬角都是相同的。要计算一年中任意一天的太阳赤纬角，可按照 Cooper（库珀）方程计算得到，即

$$\delta = 23.45°\sin\left(360° \times \frac{284+n}{365}\right) \tag{1-1}$$

式中，δ 是太阳赤纬角（°）；n 是一年中的天数，从元旦算起 $n=1$，春分日约为 $n=81$，12 月 31 日 $n=365$。

例 1-1　计算 9 月 22 日的太阳赤纬角。

解： 9 月 22 日，$n=265$，代入式（1-1），得

$$\delta = -0.6°$$

根据式（1-1），可计算一年中任何一天的太阳赤纬角。

地球一年 1～12 月每一天的太阳赤纬角见表 1-2。

表 1-2　地球全年太阳赤纬角总表　（单位：°）

Day	JAN	FEB	MAR	APR	MAY	JUN	JUL	AUG	SEP	OCT	NOV	DEC
1	-23.01	-17.52	-8.29	4.02	14.90	22.04	23.12	17.91	7.72	-4.22	-15.36	-22.11
2	-22.93	-17.25	-7.91	4.41	15.21	22.17	23.05	17.65	7.34	-4.61	-15.67	-22.24
3	-22.84	-16.97	-7.53	4.81	15.52	22.30	22.97	17.38	6.96	-5.01	-15.96	-22.36
4	-22.75	-16.69	-7.15	5.20	15.82	22.42	22.89	17.11	6.57	-5.40	-16.26	-22.48
5	-22.65	-16.40	-6.76	5.60	16.11	22.54	22.80	16.83	6.18	-5.79	-16.55	-22.59
6	-22.54	-16.11	-6.38	5.99	16.40	22.65	22.70	16.55	5.79	-6.18	-16.83	-22.70
7	-22.42	-15.82	-5.99	6.38	16.69	22.75	22.59	16.26	5.40	-6.57	-17.11	-22.80
8	-22.30	-15.52	-5.60	6.76	16.97	22.84	22.48	15.96	5.01	-6.96	-17.38	-22.89
9	-22.17	-15.21	-5.20	7.15	17.25	22.93	22.36	15.67	4.61	-7.34	-17.65	-22.97
10	-22.04	-14.90	-4.81	7.53	17.52	23.01	22.24	15.36	4.22	-7.72	-17.91	-23.05
11	-21.90	-14.59	-4.41	7.91	17.78	23.09	22.11	15.06	3.82	-8.10	-18.17	-23.12
12	-21.75	-14.27	-4.02	8.29	18.04	23.15	21.97	14.74	3.42	-8.48	-18.42	-23.18
13	-21.60	-13.95	-3.62	8.67	18.30	23.21	21.83	14.43	3.02	-8.86	-18.67	-23.24
14	-21.44	-13.62	-3.22	9.04	18.55	23.27	21.67	14.11	2.62	-9.23	-18.91	-23.29
15	-21.27	-13.29	-2.82	9.41	18.79	23.31	21.52	13.78	2.22	-9.60	-19.15	-23.34
16	-21.10	-12.95	-2.42	9.78	19.03	23.35	21.35	13.45	1.81	-9.97	-19.38	-23.37
17	-20.92	-12.62	-2.02	10.15	19.26	23.39	21.18	13.12	1.41	-10.33	-19.60	-23.40
18	-20.73	-12.27	-1.61	10.51	19.49	23.41	21.01	12.79	1.01	-10.69	-19.82	-23.42

（续）

Day	JAN	FEB	MAR	APR	MAY	JUN	JUL	AUG	SEP	OCT	NOV	DEC
19	-20.54	-11.93	-1.21	10.87	19.71	23.43	20.82	12.45	0.61	-11.05	-20.03	-23.44
20	-20.34	-11.58	-0.81	11.23	19.93	23.44	20.64	12.10	0.20	-11.40	-20.24	-23.45
21	-20.14	-11.23	-0.40	11.58	20.14	23.45	20.44	11.75	-0.20	-11.75	-20.44	-23.45
22	-19.93	-10.87	0.00	11.93	20.34	23.45	20.24	11.40	-0.61	-12.10	-20.64	-23.44
23	-19.71	-10.51	0.40	12.27	20.54	23.44	20.03	11.05	-1.01	-12.45	-20.82	-23.43
24	-19.49	-10.15	0.81	12.62	20.73	23.42	19.82	10.69	-1.41	-12.79	-21.01	-23.41
25	-19.26	-9.78	1.21	12.95	20.92	23.40	19.60	10.33	-1.81	-13.12	-21.18	-23.39
26	-19.03	-9.41	1.61	13.29	21.10	23.37	19.38	9.97	-2.22	-13.45	-21.35	-23.35
27	-18.79	-9.04	2.02	13.62	21.27	23.34	19.15	9.60	-2.62	-13.78	-21.52	-23.31
28	-18.55	-8.67	2.42	13.95	21.44	23.29	18.91	9.23	-3.02	-14.11	-21.67	-23.27
29	-18.30		2.82	14.27	21.60	23.24	18.67	8.86	-3.42	-14.43	-21.83	-23.21
30	-18.04		3.22	14.59	21.75	23.18	18.42	8.48	-3.82	-14.74	-21.97	-23.15
31	-17.78		3.62		21.90		18.17	8.10		-15.06		-23.09

注：太阳赤纬角是太阳光线与地球赤道面的交角，其交角随地球时间的变化而变化，与我们人类所处的位置没有关系。

（2）太阳时角 ω　日面中心的时角，即从观测点天球子午圈沿天赤道量至太阳所在时圈的角距离。通常用 ω 表示，它的数值等于离正午的时间乘以15°，即正午时 $\omega=0°$，上午为负，下午为正。

$$\omega = 15° \times (ST - 12) \tag{1-2}$$

式中，ω 为太阳时角（°）；ST 为太阳时。

例1-2　分别计算上午11时、8时，下午1时、3时的太阳时角。

解：上午11时即 $ST=11$。

$$\omega = 15° \times (11 - 12)$$

$$\omega = -15°$$

同理：上午8时，　$\omega = 15° \times (8-12) = -60°$

下午1时，　$\omega = 15° \times (13-12) = 15°$

下午3时，　$\omega = 15° \times (15-12) = 45°$

（3）太阳高度角 α_s　太阳高度角是太阳直射到当地的光线与当地水平面的夹角，通常用 α_s 表示。太阳高度角表达式为

$$\sin\alpha_s = \sin\phi\sin\delta + \cos\phi\cos\delta\cos\omega \tag{1-3}$$

式中，α_s 为太阳高度角（°）；ϕ 为当地地理纬度（°）；δ 为太阳赤纬角（°）；ω 为太阳时角（°）。

在正午时，$\omega=0$，式（1-3）可简化为

$$\sin\alpha_s = \sin[90° \pm (\phi - \delta)] \tag{1-4}$$

对于北半球而言，

$$\alpha_s = 90° - (\phi - \delta) \tag{1-5}$$

对于南半球而言，

$$\alpha_s = 90° + (\phi - \delta) \tag{1-6}$$

例 1-3　计算海口地区 9 月 22 日正午时的太阳高度角。

解： 海口地区纬度 $\phi = 20°1'$，9 月 22 日太阳赤纬角 $\delta = -0.6°$，正午时太阳时角 $\omega = 0$。根据式（1-5）得

$$\begin{aligned}\alpha_s &= 90° - (\phi - \delta) \\ &= 90° - 20°1' - 0.6° \\ &= 90° - 20.017° - 0.6° \\ &= 69.383°\end{aligned}$$

（4）太阳方位角 γ　太阳所在的方位，即太阳光线在地平面上的投射线与地平面正南方向所夹的角，常用 γ 表示。其表达式为

$$\sin\gamma = \frac{\cos\delta\sin\omega}{\cos\alpha_s} \tag{1-7}$$

或

$$\cos\gamma = \frac{\sin\alpha_s\sin\phi - \sin\delta}{\cos\alpha_s\cos\phi} \tag{1-8}$$

式中，γ 为太阳方位角（°）；ϕ 为当地地理纬度（°）；δ 为太阳赤纬角（°）；α_s 为太阳高度角（°）。

例 1-4　计算海口地区 9 月 22 日下午两点的太阳方位角。

解： 9 月 22 日下午两点的太阳时角 ω 为 30°，海口纬度 ϕ 为 20.017°，太阳赤纬度 δ 为 $-0.6°$，则

$$\begin{aligned}\sin\alpha_s &= \sin\phi\sin\delta + \cos\phi\cos\delta\cos\omega \\ &= \sin 20.017° \times \sin(-0.6°) + \cos 20.017° \times \cos(-0.6°) \times \cos 30° \\ &= 0.817\end{aligned}$$

求得

$$\alpha_s = 54.8°$$

根据式（1-7）得

$$\sin\gamma = \frac{\cos\delta\sin\omega}{\cos\alpha_s} = \frac{\cos(-0.6°)\sin 30°}{\cos 54.8°} = 0.87$$

最后求得

$$\gamma = 60°$$

（5）日照时间 N　日照时间即太阳从东边进入地平线至西边落到地平线这一时间段所用时长，太阳出没地平线那一瞬间，其太阳高度角为 0°，地球每小时自转 15°，所以日照时间 N 可用日出时角与日落时角的绝对值之和除以 15°求得，即

$$N = \frac{\omega_{落} + |\omega_{出}|}{15} = \frac{2}{15}\arccos(-\tan\phi\tan\delta) \tag{1-9}$$

以上公式计算值，是指太阳穿没地平线时段，但对太阳能光伏发电系统来说，根据世界气象组织（World Meteorological Organization，WMO）1981 年规定，日照时间的定义是把日照强度为 120W/m^2 作为阈值。日照时间则为一天中太阳日照强度大于 120W/m^2 时所测定并计算时间总和，分辨率为 10min。

例 1-5 计算海口地区夏至日日照时间。

解： 海口 $\phi=20.017°$，夏至日太阳赤纬度 $\delta=23.45°$，则日出与日落时角为

$$\omega=\arccos(-\tan\phi\tan\delta)=\arccos(-\tan 20.017°\times\tan 23.45°)=\arccos(-0.16)$$

可求得海口地区夏至日日出时角为 $\omega_{出}=-80.8°$，$\omega_{落}=80.8°$。则日照时间为

$$N=\frac{\omega_{落}+|\omega_{出}|}{15}=\frac{80.8+80.8}{15}\text{h}=10.8\text{h}$$

& 建言：本小节内容理论性内容比较深，涉及的理论计算部分，同学们可以根据自身情况选择阅读，但其定义一定要清楚。

四、太阳辐射量

1. 太阳辐射单位

太阳辐射能量以太阳投射到单位面积上的辐射功率来计量，单位是瓦/平方米（W/m^2），在一段时间内（如每小时、日、月、年等）太阳投射到单位面积上的辐射能量称为辐照量，单位是千瓦·时/(平方米·日)或千瓦·时/(平方米·月)、千瓦·时/(平方米·年)[kW·h/(m^2·d)或kW·h/(m^2·mon)、kW·h/(m^2·a)]。辐射能量单位还有焦（J）、兆焦（MJ）、卡（cal）、千卡（kcal）等。单位换算如下：

$$1\text{kW}\cdot\text{h}=3.6\text{MJ}$$

$$1\text{cal}=4.186\text{J}=1.16278\text{mW}\cdot\text{h}$$

$$1\text{MJ/m}^2=23.889\text{cal/cm}^2=27.8\text{mW}\cdot\text{h/cm}^2$$

$$1\text{kW}\cdot\text{h/m}^2=85.98\text{cal/cm}^2=3.6\text{MJ/m}^2=100\text{mW}\cdot\text{h/cm}^2$$

在光伏发电站系统建设与运营过程中，经常听到 AM1.0、AM1.5 和 AM0 的说法，这些专业术语与太阳辐射有密切联系。

2. 太阳常数

地球大气层外垂直太阳光方向单位面积上的太阳辐射强度可以看成是一个不变的数值，这个辐射强度人们使用“太阳常数”来描述，也称为大气质量 m=0（AM0）的辐射，用 I_{SC} 表示，单位为 W/m^2，1981 年 10 月在墨西哥召开的世界气象组织仪器和观测方法委员会第八届会议通过其值为

$$I_{SC}=(1367\pm7)\text{W/m}^2$$

3. 太阳光谱

太阳能电池组件能发电，为人类提供电能，除了利用了太阳能电池半导体材料所特有的光生电效应外，主要是利用了太阳光的辐射能量。太阳发射的辐射在大气顶上随波长的分布叫作太阳光谱。太阳光谱对于太阳能电池发电系统的应用十分重要。图 1-14 表示的是太阳光谱分布情况，主要波长范围为 0.15～4μm。太阳光谱的可见光区波长范围为 380～780nm，其能量占太阳光谱能量的 50%；红外光区电磁辐射，其波长 >780nm，其能量占太阳光谱能量的 43%；还有一小部分辐射位于紫外光区，其能量占太阳光谱能量的 7%。太阳光辐射能力情况如图 1-15 所示。不同材料吸收太阳光谱的范围也不同，如硅晶（c-Si）太阳电池主要吸收 400～1100nm 波长范围内的光谱；非晶硅（a-Si）太阳电池主要吸收 400～700nm 波长范围内的光谱，硒铟铜（CIS）薄膜太阳电池吸收波长范围则比较大。太阳能材料对光谱的吸收能力如图 1-16 所示。

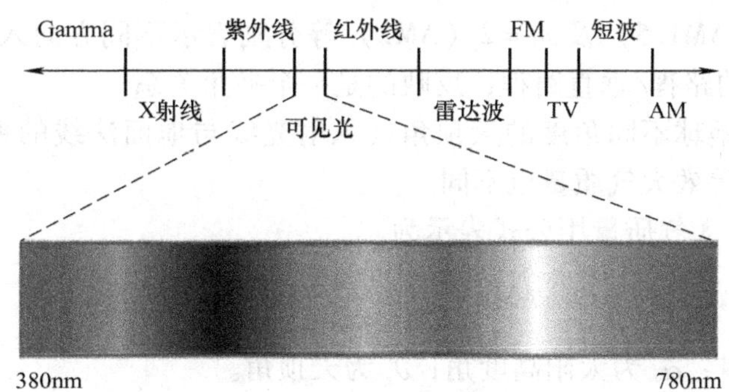

图 1-14 太阳光谱分布

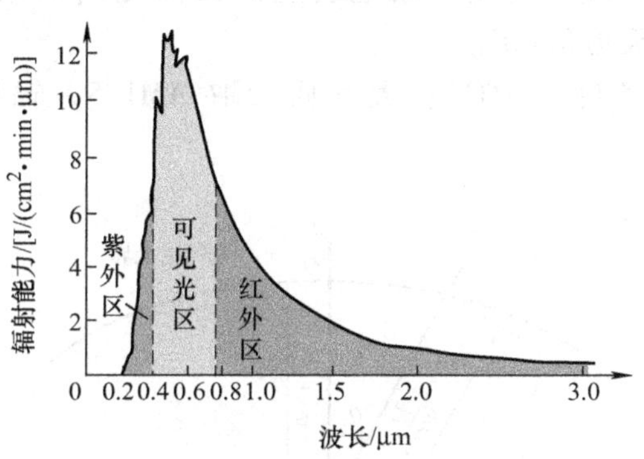

图 1-15 太阳光辐射能力

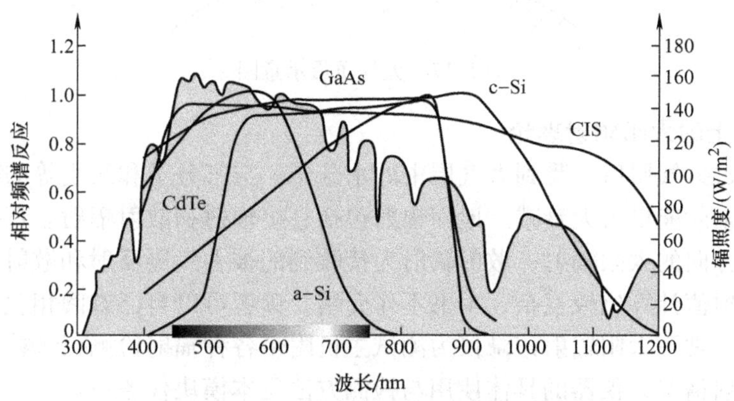

图 1-16 太阳能材料对光谱的吸收能力

4. 大气质量

太阳辐射在到达地球之前，被大气层中的气体分子及悬浮微粒所吸收、散射和反射而被削弱，这种削弱还与穿透大气层的距离有关，大气层越厚，对太阳辐射的吸收、反射和散射就越严重，最后到达地面的太阳辐射就越少。

大气质量 AM（Air Mass）是一个“无量纲单位”，是太阳辐射穿过地球大气的实际路程与太阳在天顶方向垂直入射时穿过地球大气的路程之比。如图 1-17 所示，地球大气层外接收到的太阳辐射，未受到大气层的反射和吸收，称为大气质量为 $m=0$，通常写成 AM0；$m=1$（通常写成 AM1.0）表示在 1 个标准大气压和 0℃时，海平面上太阳光线垂直入射的大气质量；$m=1.5$（AM1.5）及 $m=2$（AM2）等分别表示不同方向入射得到的大气质量。1.5 为光线在大气走的路程/垂直路程，反映的是一个夹角关系。

由于太阳入射到地球不同角度的天顶角（入射光线与地面法线的夹角）不同，也即光程不同，因此相对的等效大气质量也不同。

如图 1-17 所示，大气质量用公式表示为

$$\mathrm{AM}=\frac{O'A}{OA}=\frac{1}{\sin\alpha_s}=\frac{1}{\cos\theta_z} \tag{1-10}$$

式中，AM 为大气质量；α_s 为太阳高度角；θ_z 为天顶角。

从式（1-10）可知，AM1.5 对应于天顶角 48.2°，包括中国、欧洲、美国在内的大部分国家都处在这个中纬度区域。因此一般地表上的太阳光谱都用 AM1.5 表示，辐照度取 $1000\mathrm{W/m^2}$。AM2 对应于天顶角 60°。

光伏组件标准测试条件（STC）：大气质量取 AM1.5，辐照度取 $1000\mathrm{W/m^2}$，温度取 25℃。

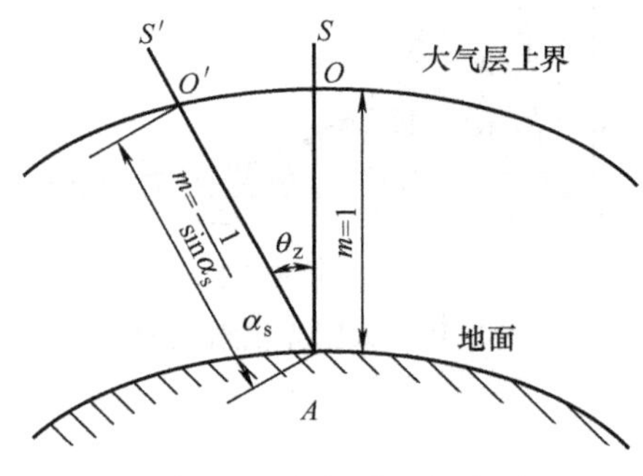

图 1-17　大气质量示意图

5. 地球表面上的太阳辐射理论

太阳辐射穿过大气层后，受到大气层中的水分子、空气分子和灰尘等的散射与吸收，最后到达地面时其辐射能量大大衰减。地面辐射包括直接辐射和散射辐射。直接辐射为直接接收到的、不改变方向的太阳辐射；散射辐射为接收到的被大气层反射和散射后方向改变的太阳辐射。地面辐射值计算比较复杂，本书不作介绍，读者可以自己查阅相关书籍。工程中测量地面辐射值时，常用太阳辐射记录仪为测试主机附带各种辐射检测仪来检测与记录电站所在位置的地面辐射情况，仪器的具体使用与检测方法见本模块任务三。

情境三　节能减排计算与意义

一、节能减排与标准煤定义

节能减排：“能”指代“标准煤”（热量单位）；“排”指“二氧化碳（CO_2）排放”或“碳（C）排放”。

标准煤：亦称煤当量。能源的种类很多，所含的热量也各不相同，为了便于相互对比和在总量上进行研究，我国把 1kg 含热 7000kcal（29306kJ）的煤定为标准煤（ce），也称标

煤。标准煤严格意义上是一个热量单位。即 1kg ce = 7000kcal = 29306kJ ≈ 29.3MJ。几种常用的能源热值及换算关系见表 1-3。

表 1-3　几种常用的能源热值及换算关系

能源名称	能源低位发热量	折合标准煤系数	备　注
原煤	20934kJ/kg	0.7143kgce/kg	1kgce 为 1kg 标煤 1tce 为 1t 标煤 1kcal = 1000cal ≈ 4200kJ 1kW · h = 3600000J ≈ 3.6MJ
焦炭（碳元素含量约为 80%）	28470kJ/kg	0.9714kgce/kg	
汽油	43124kJ/kg	1.4714kgce/kg	
柴油	42705kJ/kg	1.4571kgce/kg	
液化石油气（LNG）	47472kJ/kg	1.7143kgce/kg	
天然气	35588kJ/Nm^3	1.2143kgce/Nm^3	Nm^3 为标准立方米
电	3600kJ/(kW · h)	0.1229kgce/(kW · h)	当量热值
		0.4040kgce/(kW · h)	等价热值（考虑实际发电效率，统计值）

1kg 焦炭折合 0.9714kg 标煤；
1kg 焦炭中碳元素（C）素含量（质量）约为 0.80kg；
因此 1kg 标煤中折合碳元素含量（质量）约为 0.8236kg（0.8/0.9714 ≈ 0.8236）。

二、“减排二氧化碳”和“减少碳排放”的区别

二氧化碳（CO_2）包含 1 个碳原子和 2 个氧原子，相对分子质量为 44（C 的相对原子质量为 12、O 的相对原子质量为 16）。1t 碳在氧气中燃烧后能产生大约 3.67t 二氧化碳（C 的相对原子质量为 12，CO_2 的相对分子质量为 44，44/12 = 3.67）。因此“减排二氧化碳量”（以 CO_2 计）与“碳排放减少量”（以 C 计）之间是可以转换的。

即减排 1t 碳（液碳或固碳）就相当于减排 3.67t 二氧化碳。

说明：1）根据化学公式中的质量守恒原理：$C + O_2 = CO_2$；2）常态下二氧化碳是气体，随着气压的变化，气体单位质量下的体积会有较大变化，不便于统计，但其质量却是固定的，因此采用质量单位对二氧化碳进行统计是具有标准意义。国际碳交易也是以每吨二氧化碳当量（tCO_2e）为计算单位。

光伏发电对节能减排的作用可通过以下数字来理解。光伏发电每发 1kW · h 电即表示：

节约 0.359kg 标准煤；减排 0.936kg CO_2；减排 0.00864kg SO；减排 0.00252kg N_xO_y；节约 0.568kg 淡水；减排 0.272kg 粉尘。

例 1-6　如在海南安装一个 3kWp 太阳电站，年发电量预计为 3500kW · h，试计算其节能减排情况。

节约标准煤：3500 × 0.359kg = 1256kg

减少二氧化碳排放：3500 × 0.936kg = 3276kg

三、日常生活中的二氧化碳排放量计算

据统计，日常生活当中每节约 1kW · h 电能，就相当于节约了 0.4kg 标准煤，同时相当于减少排放了 0.997kg 的二氧化碳。

由此，我们可以得出这样的公式：

节约 1kW · h 电 = 减排 0.997kg 二氧化碳

节约 1kg 标准煤 = 减排 2.493kg 二氧化碳

家居用电的二氧化碳排放量 = 耗电量 ×0.785；开车的二氧化碳排放量 = 油耗 ×0.785；飞机的二氧化碳排放量 = 飞行距离 ×0.275（200km 以内）。而一棵树 1 年可以吸收二氧化碳 18.3kg。

所以，碳减排就在我们身边，我们同学们要保护环境、力争做新时期节能减排的领路人，从小事做起，尽量少开车、减少粮食浪费、选用节能灯、夏天把空调温度调高 1℃、不使用一次性木筷子以及用布袋子代替塑料袋等，从生活细节当中减少碳排放，希望大家广为实践，毕竟地球属于每个人，气候变化每个人都会受到影响。

任务实现

根据实训室设备，请同学们区别独立光伏发电站、并网光伏发电站各组成部分，简要体会建设光伏发电站中所涉及的相关知识。

↘ 任务准备

1）独立光伏发电系统或实训室太阳能光电实验系统实训箱。

2）并网光伏发电系统。

3）太阳能辐射测量设备。

任务一　独立光伏发电系统设备感知

↘ 任务目标

利用实训室太阳能光电实验系统实训箱，能根据系统面板框图分析其工作原理，在不通电的情况下打开面板，根据原理图查看实际设备，感知设备的标识，仔细观察其接线电路。

↘ 任务要求

1）实训过程中，要注意安全用电。

2）分清独立系统低压与高压、直流与交流部分。

3）根据模拟系统面板框图或实际独立光伏发电站说出独立光伏发电站的工作原理。

4）对照系统面板框图认识相应设备。

5）思考独立光伏发电与光伏组件、太阳辐射、负载等的关系。

↘ 任务实施方法与过程

根据实训箱面板框图或独立光伏发电站分析其工作原理，认知相应设备，在教师的指导下，掌握独立光伏发电站与光伏组件、太阳辐射及负载等关系。

1）不通电，打开太阳能光电实验系统实训箱，读懂实训箱操作相关要求。

2）如图 1-18 所示，结合独立光伏发电站框图，对实训箱面板进行分析，找出光伏控制部分、光伏储能部分、光伏逆变部分、光伏数据监视部分。

3）根据第二条分析独立光伏发电站的工作原理，并正确指出面板中哪些部分是直流、哪些部分是交流，并回答为什么。

4）指出本实训设备中太阳能组件、控制器、蓄电池、逆变器及监视系统，如图 1-19 所示。

5）接通光伏组件，给系统通电，在老师的指导下打开相应面板开关，感受直流负载与交流负载情况，同时观察数据，监视面板的各个数据的变化。

6）根据上述对独立光伏发电站的感知，思考相应的问题。

a. 光伏组件发电原理是什么？

b. 目前光伏组件市场上的主流产品有哪些？

c. 从太阳能资源、太阳辐射等角度思考怎样才能使独立光伏发电站多发电？

d. 体会蓄电池、负载对独立光伏发电系统的影响。

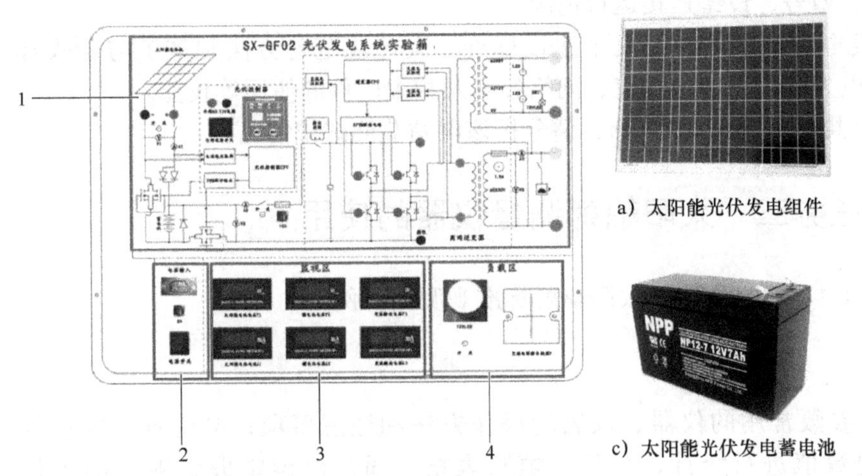

图 1-18　太阳能光电实验系统实训箱面板图
1—光伏发电系统操作区　2—控制箱电源控制区
3—监视区　4—负载区

a）太阳能光伏发电组件　　b）太阳能光伏控制器

c）太阳能光伏发电蓄电池　　d）太阳能光伏发电离网逆变器

图 1-19　独立光伏发电站主要设备实物图

任务二　并网光伏发电系统设备感知

↘ 任务目标

熟悉并网光伏发电站的组成部分、工作原理；能用前面所学太阳资源、地球与太阳的关系和太阳辐射等知识，阐述它们对太阳能并网光伏发电量的影响；初步估算光伏发电量对环境保护的价值。

↘ 任务要求

1）熟悉并网光伏发电站的组成与工作原理。

2）初步认识光伏发电站与所处地理环境、太阳资源、太阳方位角和太阳高度角等之间的关系。

3）初步感知建设光伏发电站所应该具备的知识。

4）能初步估算太阳能光伏发电量对环境保护的作用。

↘ 任务实施方法与过程

通过在并网光伏发电站见习，使同学们得到初步感知，通过相应基础知识的学习后，再对学校内分布式光伏发电站或实验型光伏发电站进一步现场认知，应该对光伏发电站的结构有进一步的了解，本项目实施过程中要多问为什么。

1）近距离观察光伏的基础结构，思考光伏地基建设方法、光伏基础的形式。

2）了解光伏支架的结构组成，总结光伏支架结构最佳倾角与当地经纬度、太阳赤纬角、太阳高度角、太阳方位角、日照时间和太阳辐射量之间的关系。

3）对照并网光伏发电站的组成原理图，指出并网光伏发电站的主要组成设备，并注意观察每一个设备的参数、型号，设备连接运行情况。

4）总结建设光伏发电站应该掌握的几个建设标准、设计规范与方法和施工与验收标准，同时要掌握一定的电力施工、建筑施工、网络技术及相关软件的使用等技能。

5）如果某电站一年共发电 25000kW · h，请分析该电站节能减排情况。

任务三　太阳辐射测量仪器的使用

（本书以 PC-2-T 太阳辐射标准观测站为例）

↘ 任务目标

掌握测定室外气象参数常用的仪器、仪表的操作方法和注意事项；测定各时段室外气象参数，并对所测定数值进行统计、分析，填写表格，通过测定掌握辐射表的工作原理。

↘ 任务要求

1）在实训前对照设备认真阅读 PC-2-T 太阳辐射标准观测站使用说明书，边阅读边操作。

2）对仪器的安装做到轻拿轻放，严格执行相应操作规范。

3）每批共测两组数据，一个小时结束测量，整理仪器、仪表，交与老师检查仪器、仪表完好无损，方可离开。

4）测量数据后，要准确填写所测量数据，太阳辐射强度记于表 1-4 中，表中数据要求

注明单位。

↘ 任务实施方法与过程

1. 地面辐射相关理论

地球上气候的形成，是由太阳辐射对地球的作用决定的。太阳辐射中有51%左右被地球表面吸收，有19%被大气层和云吸收，另外还有30%左右被地面、大气层和云层直接反射回去，而被地球表面和大气层吸收的太阳辐射热主要是通过长波辐射的形式发射回太空。也就是通过这种地球表面对太阳辐射的吸收和地球表面向太空的长波辐射才能维持地球表面的热平衡，保持地球特有的长期稳定的适宜人类生存的气候条件。

涉及建筑环境的室外气候因素，包括太阳辐射、大气压力、风、空气温度和空气湿度等，都是由太阳辐射及地球本身的物理条件决定的。

辐射表的工作原理为热电效应原理，即热节点在感应面上，冷节点位于机体内，冷、热节点产生温差电动势，在线性范围内输出信号与太阳辐照度成正比，为减少温度的影响，用两层玻璃罩（如总辐射表），或为防止风的影响，用聚乙烯薄膜罩（如净辐射表）。

2. 设备组成

PC-2-T太阳辐射标准观测站系统配置除图1-20所示设备外，还应包括空盒气压表、玻璃管液体温度计、热球风速仪和手动式通风干湿球温度计等。

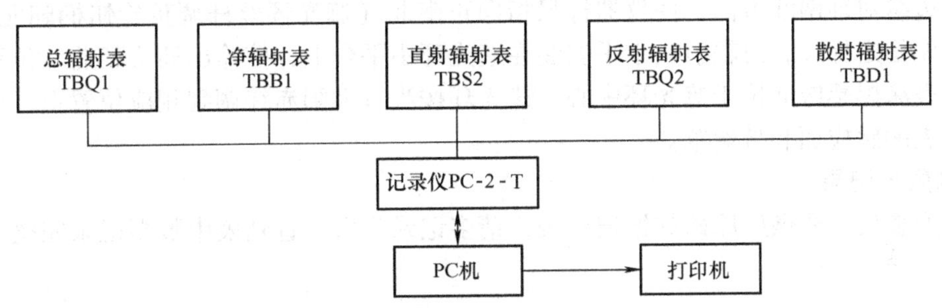

图1-20　太阳辐射观测站系统组成

3. 太阳辐射标准观测站简介

记录仪作为测试主机，通过通信线外接各种辐射传感器，用于观测记录太阳的总辐射（总辐射表、第一通道）、净辐射（净辐射表、第二通道）、直射辐射（直接辐射表、第三通道）、反射辐射（反射辐射表、第四通道）和散射辐射（散射辐射表、第五通道）等各种辐射量。记录仪操作简单，测试精度高，抗干扰能力强，交直流电均可。**注意：**插拔通信线时一定要关闭记录仪。

4. 记录仪显示内容

每个通道上均显示辐射量瞬时值E（单位：W/m^2）、小时最大值∩（单位W/m^2）、小时累计量H（单位：MJ/m^2）、日最大值∪（单位：W/m^2）和日累计量d（单位MJ/m^2）。

5. 辐射表安装及安装注意点

保证辐射表的感应面离地高度为1.5m，使水平泡处在水平位置，表的输出电缆线连接到记录仪的输入端即可测量。

（1）总辐射表TBQ1、反射辐射表TBQ2　总辐射表用来测量水平表面上、2π立体角内所接受到波长为0.3～3μm的太阳直接照射和天空散射的总辐射强度（W/m^2）。

反射辐射表即总辐射传感器配以专用的连接杆，使感应面向下，用来测量0.3～3μm的短波反射辐射。

安装在四周空旷的地方，感应面上没有障碍物，玻璃罩应保持清洁，定期更换干燥剂，输出电缆插头处于正北方。

（2）净辐射表TBB1　由天空（包括太阳和大气）向下投射的和由地表（包括土壤、植物和水面）向上投射的全波段辐射量之差，是研究地球热量收支状况的主要资料。

测量范围为0.27～3μm的短波辐射和3～50μm地球辐射。

安装在四周空旷的地方，感应面上没有障碍物，薄膜罩应保持清洁，定期更换干燥剂，输出电缆插头连接到记录仪输入端即可。

（3）直射辐射表TBS2　测量垂直太阳表面（视角约0.5°）辐射和太阳周围很窄的环形天空的散射辐射。

测量光谱范围0.3～3μm的太阳直射辐射量。

（4）散射辐射表TBD1　总辐射传感器配上遮光环装置，即把来自太阳直射部分遮蔽后测得的为散射辐射或天空辐射。

遮光环宽度为65mm，直径为400mm，固定在标尺上的调整螺旋上，标尺上有纬度、经度和赤纬刻度。

底盘边缘对准南北方向，使仪器标尺指向正南北（遮光环丝杆调整旋钮柄朝北），根据所在地纬度固定标尺，总辐射表水平安装在遮光环中平台上，使输出插头朝北，位置应正好使总辐射表涂黑感应面位于遮光环中心，遮光环按当日太阳赤纬调到相应位置上，使其刚好全部遮住表的感应面和玻璃罩。

6. 测量与记录

仪器安装后，要做好原始数据记录表，请多记录几次，直到表中数据记录完整，要求注明单位。

表1-4　太阳辐射值测量记录表

记录时间

测　定　值	总辐射表	净辐射表	直射辐射表	反射辐射表	散射辐射表
$E/(W/m^2)$					
∩/(W/m^2)					
$H/(MJ/m^2)$					
∪/(W/m^2)					
$d/(MJ/m^2)$					

模块二

独立太阳能光伏发电系统

知识能力目标

了解独立光伏发电站在汽车、照明、航空航天、通信、指示灯和灌溉储能等方面的应用情况。

掌握独立光伏发电站主要构成设备的工作原理、选型原则。

根据要求设计、安装独立光伏发电站。

利用 CLO119A 控制芯片制作简易草坪灯。

模块描述

独立光伏发电站已经得到广泛运用，如太阳能路灯、太阳能手电、太阳能草坪灯、家庭照明、为卫星提供能源的太阳能电池以及“阳光动力 2 号”太阳能飞机等，因为其安装、运营简单及节能环保等独特优点，得到全社会的重视，可以预见，未来独立光伏发电站将成为我们生活的一部分。

掌握好独立光伏发电站基本组成及主要设备的工作原理与选型是本模块的重点内容，学完后能根据用户需求进行独立光伏发电站的设计、安装。把主要设备间的匹配关系理解清楚是学好本模块的关键。

考核标准

能表述独立光伏发电站各主要设备的工作原理及其选型标准。

能根据用户的实际需求进行独立光伏发电站的设计、安装与施工。

能根据要求完成简易草坪灯的制作。

情境一　几种独立太阳能光伏发电系统介绍

一、太阳能汽车

太阳能汽车（Solar Energy Automobile）就是利用太阳能作为能源行驶的交通工具，如图 2-1 所示，具有节能、安全、环保的特点。由于其零污染、能源用之不竭，被称为“未来汽车”。相比传统热机驱动的汽车，太阳能汽车是真正的“零排放”。正因为其环保的特点，太阳能汽车为诸多国家所提倡，太阳能汽车产业的发展也日益蓬勃。太阳能汽车是太阳能发电在汽车上的应用，将能够有效降低全球环境污染，创造洁净的生活环境。随着全球经济和科学技术的飞速发展，太阳能汽车作为一个产业已经不是一个神话。

早期的太阳能汽车是在墨西哥制成的。这种汽车，外形像一辆三轮摩托车，在车顶上架有一个装太阳能电池的大棚。在阳光照射下，太阳能电池供给汽车电能，使汽车的速度达到40km/h，由于这种汽车每天所获得的电能只能行驶40min，所以它还不能跑远路。

图 2-1　太阳能汽车

1987 年 11 月，在澳大利亚举行了一次世界太阳能汽车拉力大赛。有 7 个国家的 25 辆太阳能汽车参加了比赛。赛程全长 3200km，几乎纵贯整个澳大利亚国土。在这次大赛中，美国“圣雷易莎”号太阳能赛车以 44h54min 的成绩跑完全程，夺得了冠军。“圣雷易莎”号太阳能赛车如图 2-2 所示，虽然使用的是普通的硅太阳能电池，但它的设计独特新颖，采用了像飞机一样的外形，可以利用行驶时机翼产生的升力来抵消车身的重量，而且安装了当时最新研制成功的超导磁性材料制成的电机，这使这辆赛车在大赛中创造了瞬时速度达100km/h 的最高纪录。

图 2-2　太阳能赛车

太阳能汽车的优势在于：太阳能汽车以光电代油，可节约有限的石油资源，不会向大气排放有害气体，消除了燃料废气的污染；太阳能汽车没有内燃机，行驶时听不到燃油汽车内燃机的轰鸣声；太阳能汽车易于驾驶，无须电子点火，只需踩踏加速踏板便可起动，利用控制器使车速变化；不需换挡、踩离合器，简化了驾驶的复杂性，避免了因操作失误而造成的事故隐患，特别适合妇女和老年人驾驶；太阳能汽车结构简单，除了定期更换蓄电池以外，基本上不需日常保养，省去了传统汽车必须经常更换机油、添加冷却水等定期保养的烦恼。因此，太阳能汽车已引起人们的极大兴趣，并将在今后得到迅速的发展。

太阳能汽车的制约因素：太阳能电池板的造价依然太高；太阳能电池板的能效还是较低。

二、太阳能路灯与 LED

太阳能路灯是一种利用太阳能作为能源的路灯，白天太阳能电池板给蓄电池充电，晚上蓄电池给灯供电使用。因其具有不受供电影响、不用开沟埋线、不消耗常规电能和只要阳光充足就可以就地安装等特点，受到人们的广泛关注，又因其不污染环境而被称为绿色环保产品。太阳能路灯既可用于城镇公园、道路和草坪的照明，又可用于人口分布密度较小、交通不便、经济不发达、缺乏常规燃料、难以用常规能源发电但太阳能资源丰富的地区，以解决这些地区的家用照明问题。

太阳能路灯工作原理：在智能控制器的控制下，白天太阳能电池板经过太阳光的照射，吸收太阳能并转换成电能，向蓄电池组充电；晚上蓄电池组提供电力给 LED 供电，实现照明功能。智能控制器能确保蓄电池组不因过充或过放而被损坏，同时具备光控、时控、温度补偿、防雷及反极性保护等功能。太阳能路灯构造如图 2-3 所示。

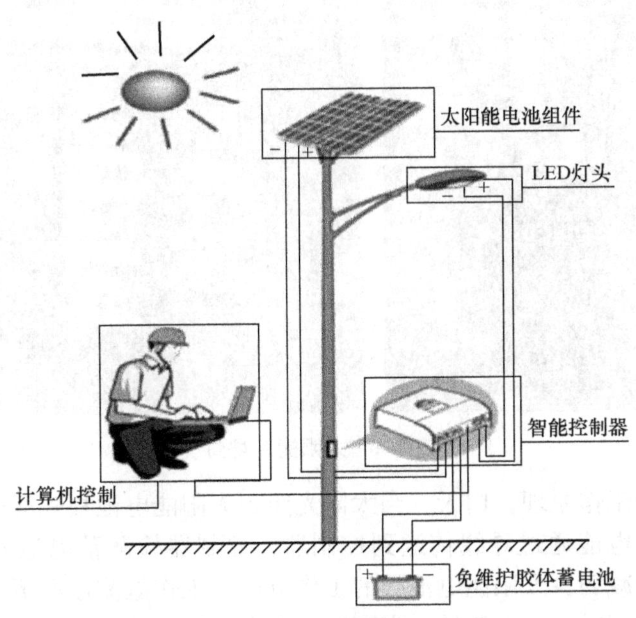

图 2-3　太阳能路灯构造

太阳能路灯系统由太阳能电池组件、灯头（LED）、智能控制器、蓄电池（包括蓄电池保温箱）和灯杆等几部分构成。太阳能电池组件一般选用单晶硅太阳能电池组件或者多晶硅太阳能电池组件。LED 灯头一般选用大功率 LED 光源。控制器一般放置在灯杆内，具有光控、时控、过充过放保护及反极性保护。高级控制器具备四季调整亮灯时间功能、半功率功能和智能充放电功能等，除此之外，还要具有自动开关照明灯的功能，通常使用定时和光控来对太阳能路灯的工作时间进行控制。

太阳能路灯的优点有：太阳能路灯使用中无须铺设复杂、昂贵的供电线路，所以能在任何场地、任何环境安装；它的电池采用自然光，可以循环使用，无须外界电源，绿色环保，当太阳光不足到一定程度时，太阳能路灯能够自动调节开关，真正做到了无人守护、全天候工作；太阳能路灯绿色环保、节能降耗、使用寿命长、产品结构稳定，具有非常好的社会效益和经济效益。

三、太阳能草坪灯

太阳能草坪灯是一种当今流行于欧、美、日等国际市场上的新型绿色环保型装饰性照明灯具，它由太阳能电池吸收阳光产生电能，为灯体内的蓄电池充电。白天自动充电，夜晚自动点亮（光控）照明，灯光采用1～2粒或多粒黄、白、红、绿、蓝等超高亮 LED。蓄电池充电一天可连续照明 8～12h，灯体采用高强度 ABS 塑胶、铸铝或优质钢材旋压成形，它美观（可设计开发出多种款式）、安装方便（插在草地花园或安装在门外墙上即可）、装饰性强、节能环保、安全省事、价格便宜，深受国内外人们的喜爱。太阳能草坪灯如图 2-4 所示。

图 2-4　太阳能草坪灯

太阳能草坪灯的工作原理：白天，当太阳光照到太阳能电池板表面时，太阳能电池由于光伏效应产生电能。电能通过导线传送到控制器，控制器检测蓄电池的电压情况，进行充电。夜晚太阳光逐渐减弱，太阳能电池板的工作电压、工作电流逐渐下降。当工作电压小于控制器规定的充电电压时，放电开始，直到第二天太阳能电池板产生的电压大于控制器规定的电压时，放电结束。由此不断循环、这就是太阳能灯具的光控原理。

草坪灯选用 LED 作为光源、LED 寿命长，可以达到 100000h，工作电压低，适合应用在

太阳能草坪灯上。LED 由低压直流供电，光源控制成本低，易调节明暗，能频繁开关，并且不会对 LED 的性能产生不良影响；还可以方便地控制颜色，改变光的分布，产生动态幻景，所以它适合用在太阳能草坪灯上。

一般情况，1W 以下的小功率太阳能草坪灯，有调节明暗、频繁开关的功能，一般使用 LED 作为光源。但是在使用超高亮白光 LED 时要注意发光效率问题，否则容易引起照明质量下降。对于功率较大的太阳能草坪灯，使用三基色高效节能灯比较合理。

四、光伏发电在通信方面的应用

太阳能光伏电源系统在工业领域最成熟的应用体现在通信领域，太阳能发电应用于无人值守微波中继站、光缆维护站、电力/广播/通信/寻呼电源系统、农村载波电话光伏系统、小型通信机、士兵 GPS 供电等。

光伏发电技术最早的应用领域是在太空，作为人造卫星的电源，后来才普及到地面应用。1958 年，首颗以太阳能电池作为信号系统电源的人造卫星美国“先锋 I 号”卫星发射上天，如图 2-5 所示，从此开始了太阳能电池作为空间电源应用的新纪元。由于太阳能电池能长期在大范围阳光强度和温度下工作，还具有高可靠性、高效率、长寿命和良好的抗辐射（包括空间带电粒子引起的辐射和紫外辐射）性能等优点，使它作为一种较为理想的空间电源获得了广泛应用。

作为通信电源，大部分设置在沙漠或者山间偏僻之地，由于很多是无人站，太阳能光伏电源系统的应用范围也变得十分广泛。太阳能移动通信基站如图 2-6 所示。

图 2-5　太阳能在通信方面的应用

图 2-6　太阳能移动通信基站

在遥测系统方面，河坝管理遥测系统的无人无线中继站电源使用太阳能电池者比较多。

电视信号的覆盖率有限，许多边远城镇、山区等不易接收电视节目，在没有卫星转播的情况下，采用电视差转台办法是简易可行的。但是一般差转台都是设置在高山上，电源又是

一个问题，采用太阳能电池供电比较容易。太阳能卫星接收器如图 2-7 所示。

图 2-7　太阳能卫星接收器

五、太阳能在航空领域的探索

“阳光动力号”飞机是瑞士制造的，机翼呈细长形，翼展达 63.4m，与空客 A340 型飞机翼展相仿，其质量只有 1600kg，相当于一辆普通小汽车。该飞机项目的发起人是瑞士探险家贝特朗·皮卡尔。“阳光动力号”飞机由碳纤维材料制成，设有一个座位，依靠安装在机翼上的大约 1.2 万块太阳能电池板提供动力，太阳能电池板转换效率达 22.7%，电池板厚度只有 135μm，相当于一根头发丝粗。太阳能电池板不仅为飞机白天飞行提供动力，还需为机上重 400kg 的锂电池充电，以使飞机拥有足够动力完成夜间飞行。2015 年 3 月 9 日，“阳光动力 2 号”太阳能飞机从阿联酋首都阿布扎比起程，开始环球飞行，3 月 31 日飞抵中国重庆，4 月 21 日晚飞抵中国南京，如图 2-8 所示。太阳能动力飞机以实现飞行者“不落的飞行”梦为目的，并证明在夜晚也可以飞行。著名热气球冒险家、太阳驱动公司的创始

图 2-8　“阳光动力 2 号”太阳能飞机

人 Bertrand Piccard 说："21 世纪最伟大的冒险不再是登月，因为这已经被实现了，现在就是要把社会的耗能燃料从对化石燃料的依赖上转移出去。"

六、太阳能光伏在高速公路上的应用

在高速公路上拉设电网的费用非常昂贵，利用太阳能光伏发电对高速公路上必需的电力设施供电，既节能环保又经济安全。

在高速公路上、远离城市电网的服务区中，建设光伏发电站或者光伏-油机混合系统，供给服务区的照明、餐饮等，可以根据实地情况，采用地面光伏阵列或者光伏建筑一体化。

应急电话系统：高速公路通过很多偏僻的地区，为了应付突发和紧急事故，必须提供应急电话作为通信手段。因为所处地段偏僻，采用太阳能供电不需远距离输配电设备，没有输电损失，运行安全可靠。

视频监视器：视频监视器对高速公路的运作非常重要，而采用太阳能供电是一种新颖可靠的方式，太阳能道路监视器如图 2-9 所示。

图 2-9　太阳能道路监视器

太阳能信息广告牌：提供交通信息或广告，这也是光伏发电系统在高速公路上应用的一个亮点。

太阳能道路灯：主要应用于高速公路和城市街道夜晚路边警示，也可应用于花园别墅道路的装饰点。

七、太阳能光伏水泵

光伏水泵亦称太阳能水泵，如图 2-10 所示。它愈来愈被人们确认是当今世界上阳光丰富地区、特别是缺电、无电的边远地区最具吸引力的供水手段，利用取之不竭的太阳能实现

高经济性和高可靠性的供水。通常情况下，光伏水泵（或称太阳能水泵）多指三相交流水泵，最近命名为光伏水泵系统。

图 2-10　太阳能光伏水泵

光伏水泵系统是近若干年来迅速发展起来的光机电一体化系统，它利用太阳电池发出的电力，通过最大功率点跟踪以及变换、控制等装置驱动直流高效水泵，将水从地表深处提至地面供农田灌溉或人畜饮用。从设计到制造涉及电气、机械、电力电子、计算机和控制等多个学科的近代技术，为发展现代农业、节能及环保等提供了极其良好的手段。本系统具有良好的长效经济性，特别是和常见的柴油机抽水相比较，具有压倒性的经济优势。发展这种新型环保节能产品无疑将会对发展产业、发展经济，特别是发展干旱地区的现代农业，带来巨大的经济效益和社会效益，它特别符合建设“资源节约型”及“环境友好型”社会的发展战略。

太阳能光伏水泵一般分为直流光伏水泵，交流光伏水泵，太阳能光伏永磁同步水泵。直流光伏水泵分为有刷直流光伏水泵、无刷直流光伏水泵（电机式）和无刷直流光伏水泵（磁力驱动隔离式）三种。直流光伏水泵主要应用在小型或家庭用水系统中。它的特点是效率高、结构简单，在现代电力电子技术的支持下的无刷直流电动机，使得直流太阳能光伏水泵的使用寿命可以达到数万小时。它的缺点是目前功率还不能够做得比较大。

交流光伏水泵主要应用在大中型系统中，千瓦级以上的光伏水泵仍然是交流电动机驱动太阳能光伏水泵，系统主要包括太阳能光伏方阵、最大功率点跟踪控制器、扬水逆变器和水泵。交流光伏水泵的工作原理为系统利用光伏组件将太阳能直接转变为电能，经过 DC/DC 升压，再经过具有 TMPPT 功能的逆变器后输出三相交流电压驱动交流异步电动机和水泵负载，完成向水塔储水功能。

（1）太阳能光伏方阵　由众多的太阳能电池串、并联构成，其作用是直接把太阳能转换为直流形式的电能。

（2）最大功率点跟踪控制器　太阳能电池组件的输出伏安特性曲线具有强烈的非线性，而且和太阳辐照度、环境温度和阴晴雨雾等气象条件有密切关系，其输出随日照而变化的是直流电量，而作为太阳能电池组件负载的光伏水泵，它的驱动电动机有时是直流电动机，有时是交流电动机，甚至还有其他新型电动机，它们同样具有非线性性质。在这种情况下要使光伏水泵系统工作在比较理想的工况，而且对于任何日照，都要发挥太阳电池组件输出功率的最大潜力，这就要有一个适配器，使电源和负载之间能达到和谐、高效、稳定的工作状态。适配器主要实现的功能是最大功率点跟踪器、逆变器以及一些保护设施等。

（3）扬水逆变器　太阳电池组件通过最大功率点跟踪控制器以后输出的是直流电压，如果水泵所用驱动电动机是直流电动机，当然就可以在二者电压值相适配的情况下直接连接，电动机将带动水泵扬水。由于直流电动机的造价一般较高，还需要定期维护或更换电刷，近年来，由于新型调速控制理论及新型功率电子器件问世和技术进步，交流调速技术有了长足的发展，其效率已逐步赶上直流电动机，而其使用的方便性和牢固性却远远超过直流电动机，因此有刷直流电动机的驱动方式渐呈被淘汰之势，取而代之的主要是高效率的三相异步电动机及无刷直流电动机，偶尔有采用永磁同步电动机或磁阻电动机。

（4）水泵　光伏系统的水泵主要分为两大类：离心泵和容积泵。离心泵有一个转动的叶轮可使得水成放射状流向泵壳。通过叶轮，水的动能增加，然后通过压力将能量转换成势能；容积泵为另一大类型常用的水泵，特别深井中低速率抽水。容积泵类型的水泵包括活塞泵、隔膜泵和螺旋类泵等，较为流行的是螺旋类泵。

情境二　独立太阳能光伏发电系统的构成

独立太阳能光伏发电系统也叫离网太阳能光伏发电系统，其安装功率小的不足1W（例如太阳能手机充电器、太阳能计算器等），大到兆瓦级。我们这里讲的独立太阳能光伏发电系统，指的是安装在国家电网或地区电网未覆盖区域、安装容量通常在数百瓦以上的光伏发电系统，主要由光伏组件、充放电控制器、逆变器（用于交流负载）、蓄电池及附属设施等构成。

一、光伏组件及光伏方阵

1. 光伏组件介绍

光伏组件也称太阳能电池组件，英文名为“Solar Module”或“PV Module”，它是将多个单体太阳能电池片根据需要串、并联，再通过专用材料及特殊工艺封装后得到，其功率一般用“Wp”表示，其中“p”代表英文“peak”，为“峰值”的意思。

光伏组件根据用途不同分为常规光伏组件和建材型光伏组件，其中建材型光伏组件又分为夹层玻璃光伏组件、中空玻璃光伏组件以及瓦式组件等。

常见的常规光伏组件有单晶硅组件、多晶硅组件和非晶硅组件。这种组件用于普通光伏发电站的建设。普通多晶硅组件如图2-11所示。

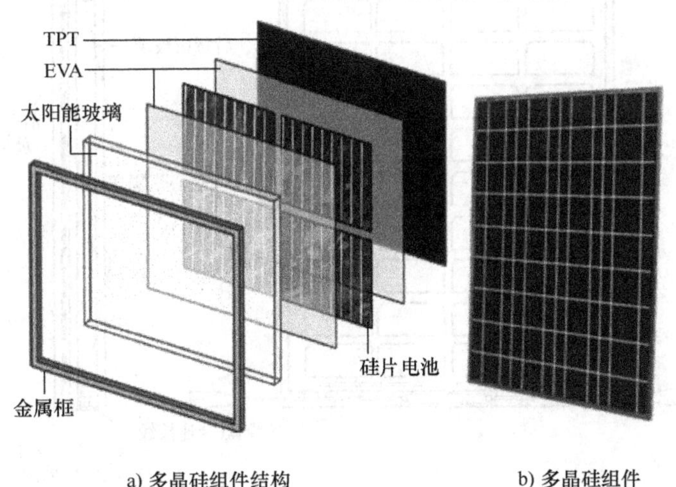

a) 多晶硅组件结构　　b) 多晶硅组件

图2-11　普通多晶硅组件

夹层玻璃光伏组件的电池片夹在两层玻璃之间，组件的受光面采用低铁超白钢化玻璃，背面采用普通钢化玻璃，这种低铁超白钢化玻璃一般用于光伏采光顶与光伏幕墙，其构造如图2-12所示。

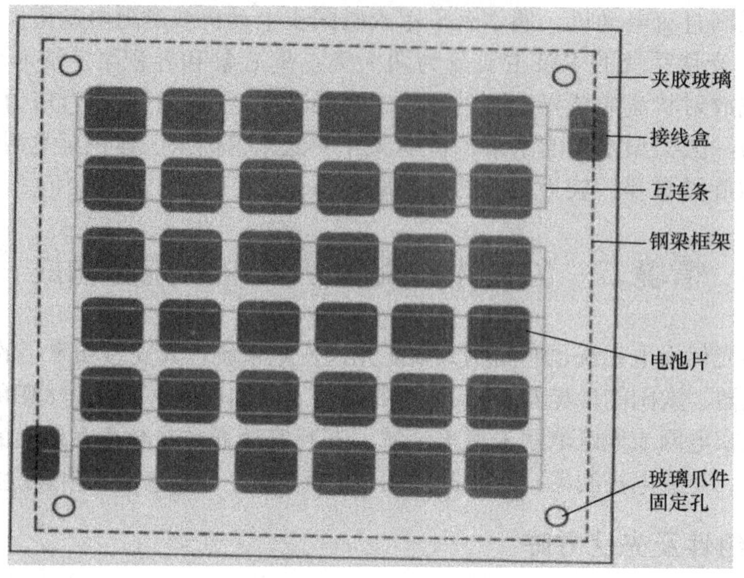

图 2-12　夹层玻璃光伏组件构造

中空玻璃光伏组件除了有采光和发电的功能外，还具有隔音、隔热和保温的功能，常作为各种光伏建筑一体化发电系统的玻璃幕墙电池组件。这种组件在电池片与玻璃间用装有干燥剂的空心铝隔条隔离，并用丁基胶、结构胶等进行密封处理，把接线盒及正负极引线等也都用密封胶密封在前后玻璃的边缘夹层中，与组件形成一体，使组件安装和组件间线路连接都非常方便。其结构如图 2-13 所示。

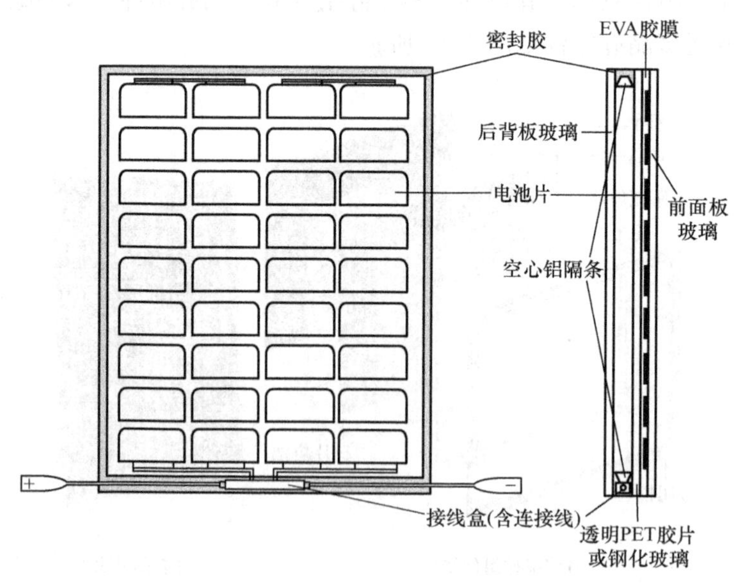

图 2-13　中空玻璃光伏组件的结构

光伏瓦是采用合成材料（工程材料）制作的瓦片通过自动化安装工艺与晶体硅太阳能模组结合，形成的具有光伏发电功能的瓦片，具有隔热、保温、防水及能发电的特点，如图 2-14所示。

a）光伏瓦实图

b）光伏瓦用于建筑房顶

图 2-14　光伏瓦及其应用

根据中国建筑标准设计研究院起草、中国计划出版社 2010 年出版的 10J908-5《建筑太阳能光伏系统设计与安装》国家建筑标准设计图集，几种光伏组件结构及用途见表 2-1。

表 2-1　几种光伏组件结构和用途

组件类型 / 用途	常规光伏组件	夹层玻璃光伏组件	中空玻璃光伏组件	瓦式光伏组件
典型结构	边框 接线盒 钢化玻璃 EVA 太阳能电池 EVA 背膜	接线盒 钢化玻璃 EVA或PVB 太阳能电池 EVA或PVB 钢化玻璃	接线盒 钢化玻璃 EVA或PVB 太阳能电池 EVA或PVB 钢化玻璃 空气层 钢化玻璃 PVB 钢化玻璃	边框 接线盒 钢化玻璃 EVA 太阳能电池 EVA 背膜
墙体	✓			
阳台	✓		✓	
屋面	✓			✓
采光顶		✓	✓	
遮阳	✓	✓		
雨篷	✓	✓	✓	
护栏	✓	✓	✓	
幕墙	✓	✓	✓	
门窗		✓	✓	

2. 光伏组件性能

光伏组件性能主要是组件输出特性，称 I—U 特性，即电流-电压特性。它是检验组件性能的重要参数，是衡量由光能转化为电能转换效率的重要指标，其特性如图 2-15 所示，曲线图反映了当组件接受太阳光照时，光伏组件的输出电压、输出电流及输出功率的关系。

光伏组件的几个重要性能参数：

1）短路电流（I_{SC}）：当将太阳能电池组件的正负极短路，使 $U=0$V 时，此时的电流就

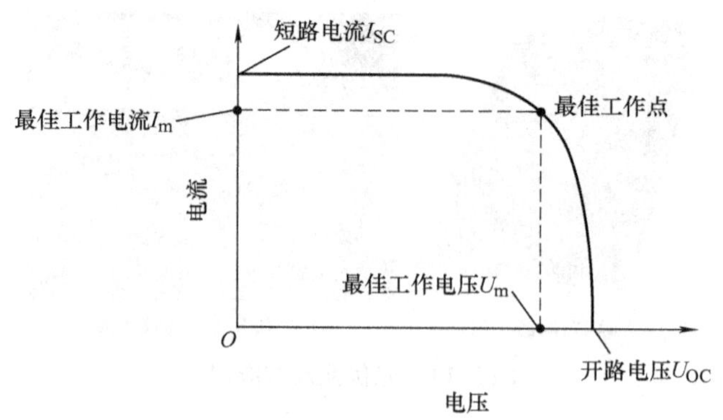

图 2-15　光伏组件 $I—U$ 特性

是太阳能电池组件的短路电流，短路电流的单位是 A，短路电流随着光强的变化而变化。

2）开路电压（U_{OC}）：当太阳能电池组件的正负极不接负载时，组件正负极间的电压就是开路电压，开路电压的单位是 V。

3）峰值电流（I_m）：峰值电流也叫最大工作电流或最佳工作电流。峰值电流是指太阳能电池组件输出最大功率时的工作电流，峰值电流的单位是 A。

4）峰值电压（U_m）：峰值电压也叫最大工作电压或最佳工作电压。峰值电压是指太阳能电池组件输出最大功率时的工作电压，峰值电压的单位是 V。组件的峰值电压随电池片串联数量的增减而变化，36 片电池片串联的组件峰值电压为 17 ~ 17.5V。

5）峰值功率（P_m）：峰值功率也叫最大输出功率或最佳输出功率。峰值功率是指太阳能电池组件在正常工作或测试条件下的最大输出功率，也就是峰值电流与峰值电压的乘积：$P_m = I_m U_m$。峰值功率的单位是 W。

太阳能电池组件的峰值功率取决于太阳辐照度、太阳光谱分布和组件的工作温度，因此太阳能电池组件的测量要在标准条件下进行，测量标准为欧洲委员会的 101 号标准，其条件：辐照度 1000W/m^2、大气质量 AM1.5、测试温度 25℃。

6）填充因子（FF）：填充因子也叫曲线因子，是指太阳能电池组件的最大功率与开路电压和短路电流乘积的比值。填充因子为

$$FF = \frac{P_m}{U_{OC} I_{SC}} \tag{2-1}$$

填充因子是评价太阳能电池组件所用电池片输出特性好坏的一个重要参数，它的值越高，表明所用太阳能电池组件输出特性越趋于矩形，太阳能电池组件的光电转换效率越高。太阳能电池组件的填充因子 FF 的值始终小于 1，一般在 0.5 ~ 0.8 之间。

FF 可由经验公式给出

$$FF = \frac{U_{OC} - \ln(U_{OC} + 0.72\text{V})}{U_{OC} + 1\text{V}} \tag{2-2}$$

7）转换效率（η）：转换效率是指太阳能电池组件受光照时的最大输出功率与入射到组件上的太阳辐射功率的比值。即

$$\eta = \frac{P_m}{P_{in}} = FF \cdot \frac{U_{OC} I_{SC}}{P_{in}} \tag{2-3}$$

式中，P_{in}为太阳入射功率（kW），对于地面应用的太阳能电池，太阳辐射功率为1000W/m^2（海平面），对于太空电池，太阳辐射功率为1367W/m^2。

3. 影响组件输出功率的外部因素

（1）太阳辐照度的影响　由于太阳能电池光生电流大小与太阳辐照度大致呈线性变化趋势，因而使光伏发电系统直流输出功率随太阳辐照度也呈现相应的线性变化。系统输出功率随太阳辐照度大致呈指数上升趋势。图2-16为中山大学使用组串型逆变器的4kWp光伏阵列输出功率随辐照度变化曲线。

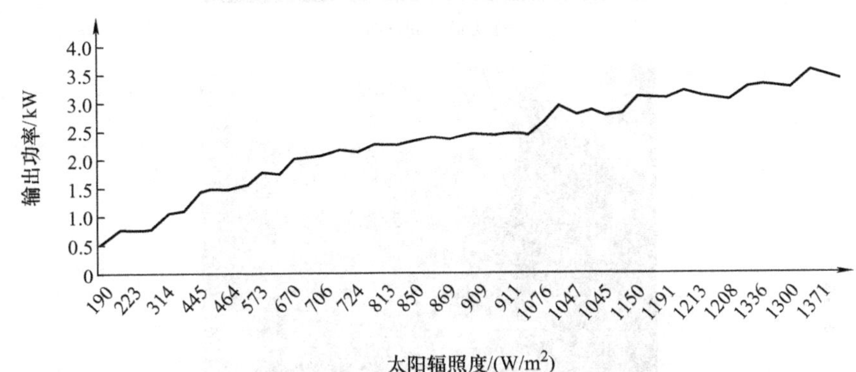

图2-16　使用组串型逆变器的4kWp光伏阵列输出功率随辐照度变化曲线

（2）组件安装倾角的影响　在并网光伏发电站设计中，通常使用根据NASA数据库的气象数据计算当地最佳倾角的设计软件，但是遇到没有NASA气象采集点的地区，则会采用离该地区最近的气象采集点采集的气象数据，通过这种方法计算得出的最佳倾角实际上并不是该地区真正的最佳倾角。

另外，在施工环节，例如进行光伏支架等的安装时会出现一定的误差，偏差有可能会达到3°~5°甚至更高，导致施工完成的光伏方阵倾角并不是最佳倾角，进而影响光伏发电系统的输出功率。

（3）光伏方阵的失配损失的影响　光伏方阵的失配损失是指组成光伏组件的电池的输出功率不一致或同一个光伏方阵中光伏组件的输出功率不一致导致的整个光伏阵列输出功率损失。

1）遮挡效应对光伏方阵输出功率的影响。光伏发电站在运行过程中由于遮挡物的遮挡对光伏发电站输出性能造成影响的情况十分普遍。遮挡物一般是其他方阵、云层、光伏发电站周边的树木、建筑、防雷设施、鸟粪以及灰尘等，这些遮挡物会在光伏组件上形成一定的阴影，对组件的性能产生影响，进而导致整个光伏发电系统输出性能的下降，如图2-17和图2-18所示。

2）热斑效应的影响。当光伏组件被部分遮挡时，被遮挡部分电池的光生电流变小，小于同一组件中未被遮挡的电池的电流，此时，被遮挡的部分将相当于负载，消耗其他电池的输出，随着消耗能量的不断增加，此处会产生大量的热量，形成“热点”，即“热斑效应”。热斑的长期存在会对组件造成严重损害。因此，目前光伏市场上的光伏组件中都为一定数量的电池并联一个反向的旁路二极管，当该部分电池受到局部遮挡并且受到的反向偏压达到与该部分电池并联的旁路二极管的导通电压时，旁路二极管导通，该部分电池会被旁路，从而

a）方阵之间互挡

b）树荫遮挡

图 2-17　光伏方阵的遮挡效应

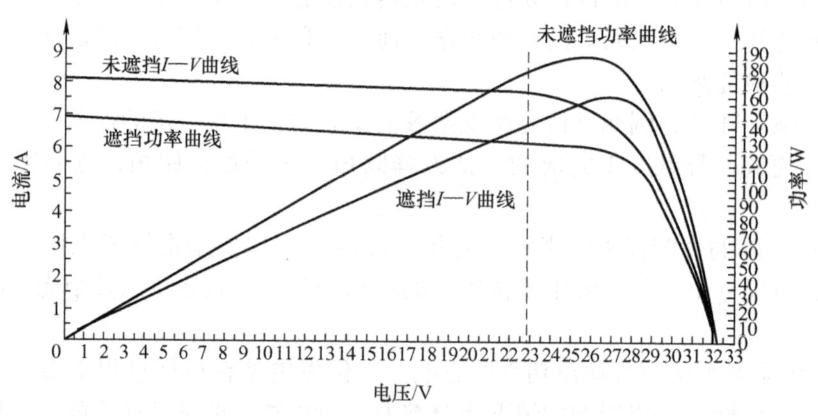

图 2-18　遮挡与未遮挡组件输出曲线

避免了热斑的产生，使组件只损失了该电池串的功率，如图 2-19 所示。

3）光伏组件电池隐裂及碎片的影响。光伏组件中的电池出现隐裂甚至碎片现象在光伏组件生产制造以及光伏发电站施工或后期运行过程中都有可能出现。图 2-20 和图 2-21 所示为光伏组件碎片现象的电致发光（Electroluminescent，EL）测试图及碎片现象的热红外成像图。

图 2-21 中，圆圈圈出部分发生了电池片碎片现象，在运行过程中，该部分电池会发生热斑效应，进而影响整个光伏发电系统的输出性能。

4）光伏组件的 PID 效应的影响。光伏组件在运行过程中可能会出现严重的功率衰减现

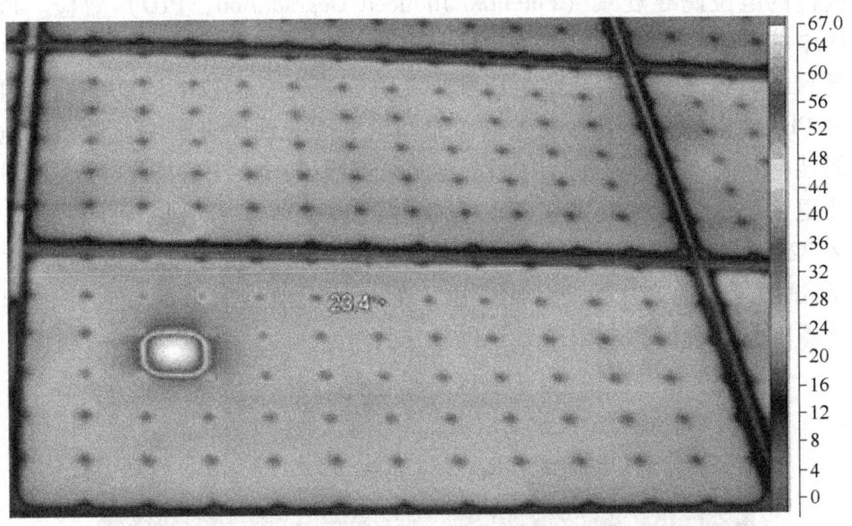

图 2-19 个别光伏组件内部热斑效应

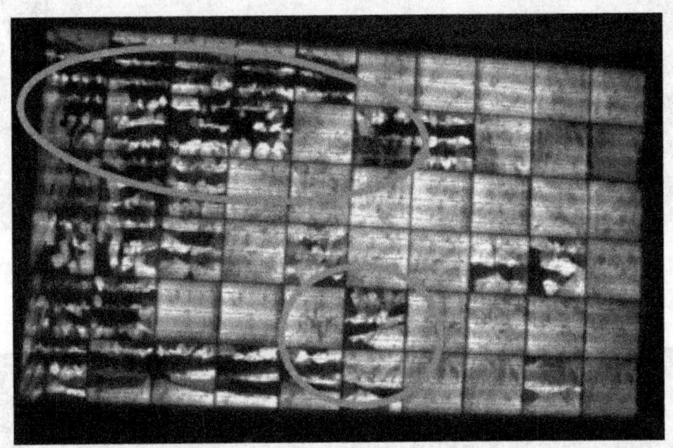

图 2-20 组件碎片现象的电致发光（EL）测试图

图 2-21 组件碎片现象热红外成像图

象——光伏组件的电位诱导衰减（Potential Induced Degradation，PID）效应。PID 效应是指由于光伏组件中的玻璃、封装材料、铝边框与电池片之间存在漏电流，使大量电荷聚集在电池片表面，导致电池填充因子、开路电压和短路电流降低，造成电池功率乃至组件功率衰减的现象。出现 PID 效应的光伏组件的发电性能和耐久性受到严重影响。由于漏电流主要存在于电池片与封装材料和铝边框之间，因此，铝边框附近的电池片的衰减程度相对于组件中心部位的电池片更为严重，电致发光（EL）测试图能清楚地显示出临近组件边框的电池片亮度发暗。图 2-22 和图 2-23 所示为正常的光伏组件和典型的发生 PID 效应的光伏组件的电致发光（EL）测试图，发生 PID 效应的组件由于部分太阳电池失效而使功率失配，从而使组件输出功率严重降低，进而影响整个系统的输出性能。

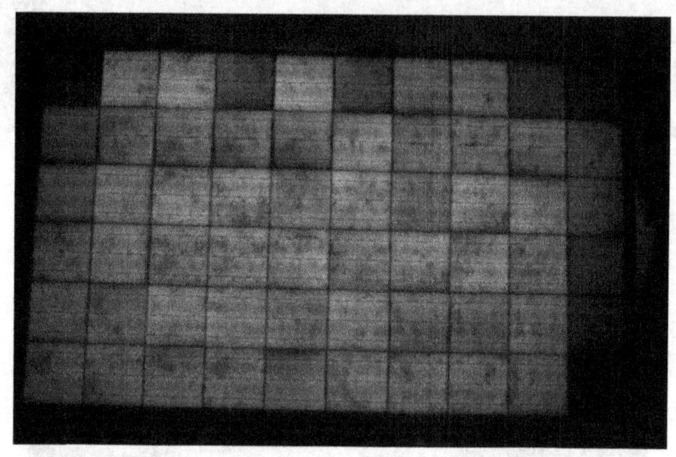

图 2-22　正常光伏组件电致发光（EL）测试图

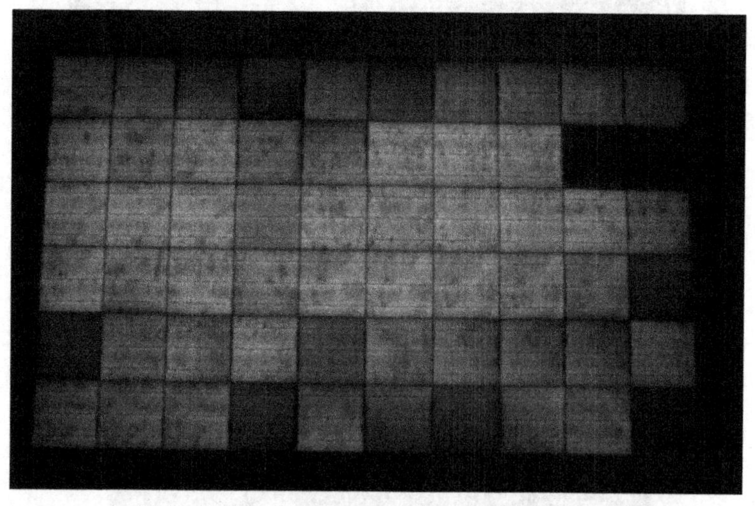

图 2-23　发生 PID 效应的光伏组件电致发光（EL）测试图

发生 PID 效应时，要想办法对组件进行恢复。在实验室内，一般的做法是将单块或若干块组件放置在老化实验箱内，组件的正负极输出端短接后与单（多）通道 PID 恢复电源

的 +1000V 端连接，组件边框与电源的接地端连接，如图 2-24 所示。

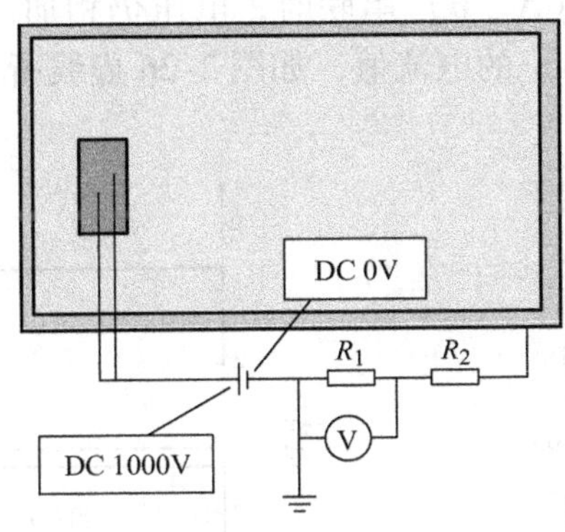

图 2-24　PID 组件恢复方法

5）温度对组件的影响。太阳能电池组件的温度越高，组件的工作效率就越低，随着组件的温度上升，工作电压将下降，最大功率也随着下降。以 50Wp 组件为例说明温度对组件参数的影响，当其温度从 25℃升到 65℃时，其他条件不变，其性能参数变化见表 2-2。

表 2-2　50Wp 组件温度从 25℃升到 65℃时参数变化

温　度	25℃	65℃	影响情况	温度系数/(1/℃)
最大功率/W	50	40	-20%	-0.5%
峰值电压/V	17.3	14.7	-15.0%	-0.38%
峰值电流/A	2.89	2.72	-5.9%	-0.147%
开路电压/V	21.5	18.2	-15.3%	-0.38%
短路电流/A	3.05	3.13	+2.6%	+0.065%

4. 光伏方阵

太阳能电池方阵也称光伏方阵、光伏阵列（Solar Array 或 PV Array）。太阳能电池方阵是为满足高电压、大功率的发电要求，由若干个太阳能电池组件通过串、并联连接，并通过一定的机械方式固定组合在一起的。

（1）相同性能太阳能电池组件的串、并联组合　太阳能电池组件的连接有串联、并联和串并联混合几种方式。

若每个太阳能电池组件性能一致，当组件串联连接时，可在不改变输出电流的情况下，使方阵输出电压成比例地增加；组件并联连接时，则可在不改变输出电压的情况下，使方阵的输出电流成比例地增加；串并联混合连接时，既可增加方阵的输出电压，又可增加方阵的输出电流。

如图 2-25 所示，每个太阳能电池组件性能一致，其电压、电流分别为 12V、3A，其 2 串 3 并后总电压为 24V、总电流为 9A。

（2）不同性能太阳能电池组件的串、并联组合　组成方阵的所有太阳能电池组件性能参数不可能完全一致，所有的连接电缆、插头插座接触电阻也不相同，于是会造成各串联电池组件的工作电流受限于其中电流最小的组件；而各并联电池组件的输出电压又会被其中电压最低的电池组件钳制。因此方阵组合会产生组合连接损失，使方阵的总效率总是低于所有单体组件的效率之和，具体情况如下：

1）两个性能不同的组件（A、B）串联时，电压仍相加，电流将被限制到略高于电流最小的组件（图2-26中组件B）的电流值，如图2-26虚线所示。

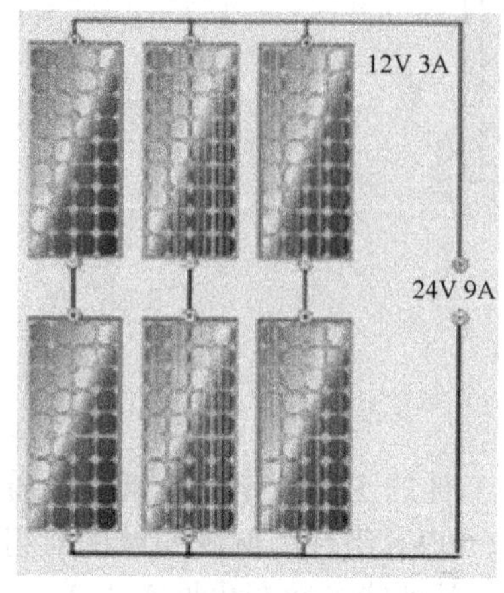

图2-25　相同性能组件串并联后总电流与总电压情况

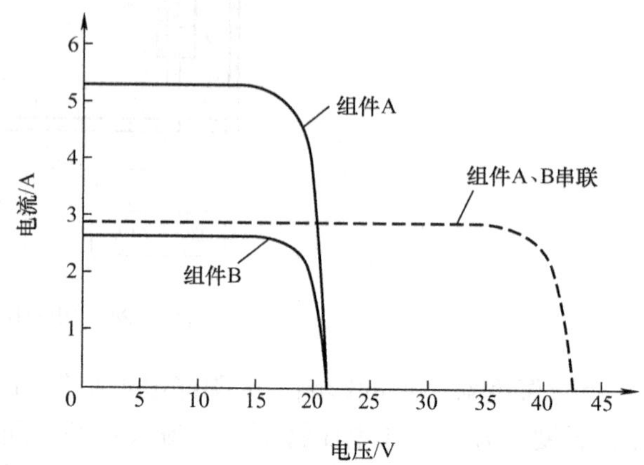

图2-26　性能不同的组件串联情况

2）两个性能不同的组件（A、B）并联时，电流将增加，但是电压只是二者的平均值，如图2-27虚线所示。

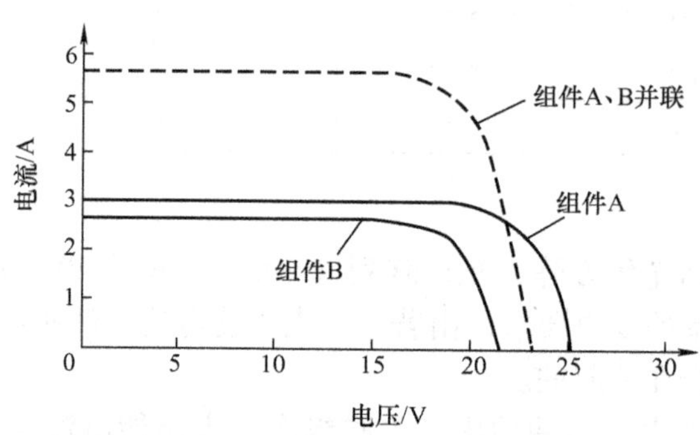

图2-27　性能不同的组件并联情况

二、充放电控制器

充放电控制器也称光伏控制器，小功率光伏控制器面板如图2-28所示。光伏控制器是独立光伏发电系统中不可缺少的部分，是最基本的控制电路，主要由电子器件、仪表、继电器和开关等组成。任何独立光伏发电系统，大到上百千瓦的光伏系统，小到一个草坪灯、手电筒，都要用到充放电控制器，尽管系统大小不同，但充放电控制器的控制原理是一样的，只是其硬件与软件的复杂程度不一样。

光伏控制器应具有以下功能：①防止蓄电池过充电和过放电，延长蓄电池寿命；②防止太阳能电池板或光伏方阵、蓄电池极性接反；③防止负载、控制器、逆变器和其他设备内部短路；④具有防雷击击穿保护；⑤具有温度补偿的功能；⑥显示光伏发电系统的各种工作状

态，包括蓄电池（组）电压、负载状态、光伏方阵工作状态、辅助电源状态、环境温度状态及故障报警等。

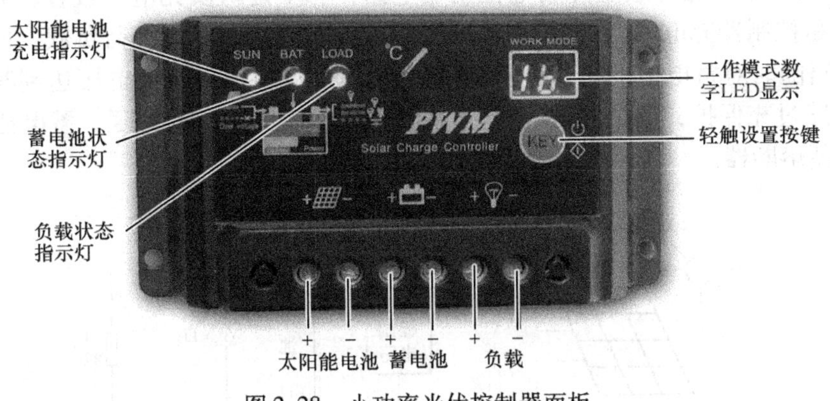

图 2-28　小功率光伏控制器面板

1. 光伏控制器的作用

在小型光伏系统中，光伏控制器一般用来保护蓄电池，防止其过充电与过放电，延长蓄电池的使用寿命。

在大中型系统中，光伏控制器起平衡光伏系统能量、保护蓄电池及整个系统正常运行等作用。

2. 光伏控制器的分类

光伏控制器按电路方式的不同分为并联型、串联型、脉冲宽度调制（PWM）型、多路控制型、两阶段双电压控制型和最大功率点跟踪型等。

按太阳能电池组件输入功率和负载功率的不同可分为小功率型、中功率型、大功率型及专用控制器。

还有一种带有自动数据采集、数据显示和远程通信功能的控制器称为智能控制器。

3. 光伏控制器的电路原理

（1）光伏控制器基本原理　图 2-29 所示是一个最基本的光伏控制器基本原理图，电路主要由太阳能电池组件、控制电路、控制开关、蓄电池和负载组成。

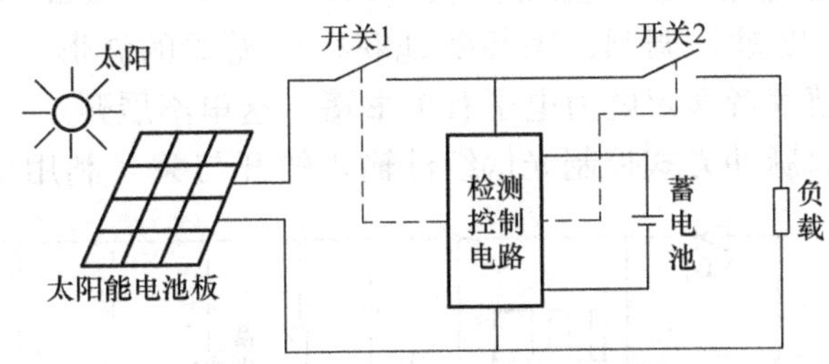

图 2-29　光伏控制器基本原理图

图中开关 1 为充电开关，开关 2 为放电开关，开关 1、开关 2 的打开与闭合由控制电路根据系统充放电状态来决定，当蓄电池充满时电路会自动断开充电开关 1，当蓄电池过放时断开放电开关 2。

（2）并联型控制器电路原理　并联型控制器也叫旁路型控制器，它是利用并联在太阳能电池两端的机械或电子开关器件控制充电过程。一般用于小功率系统。

图 2-30 所示是单路并联型充放电控制器电路，VD_1 是防反充电二极管，VD_2 是防反接二极管，S_1 是控制器充电回路开关，S_2 是蓄电池放电开关，R 为泄荷负载，FU 为熔断器。检测控制电路随时对蓄电池的电压情况进行检测，当检测到蓄电池电压达到其过充电压时 S_1 闭合，电路过充保护，反之 S_1 断开；当蓄电池极性接反时 VD_2 导通，蓄电池通过 VD_2 短路放电而熔断熔断器。

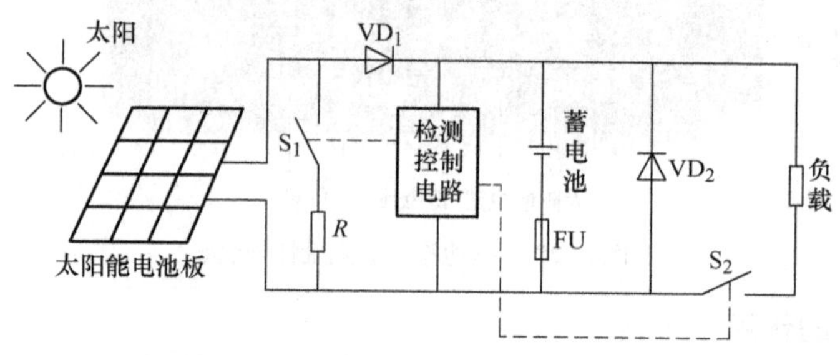

图 2-30　并联型充放电控制器电路

（3）串联型控制器电路　在图 2-30 基础上，将 S_1 串联于支路中，如图 2-31 所示，当蓄电池电压达到充满电压时，S_1 自动断开，太阳能电池板将停止对蓄电池继续充电，起到过充保护作用。

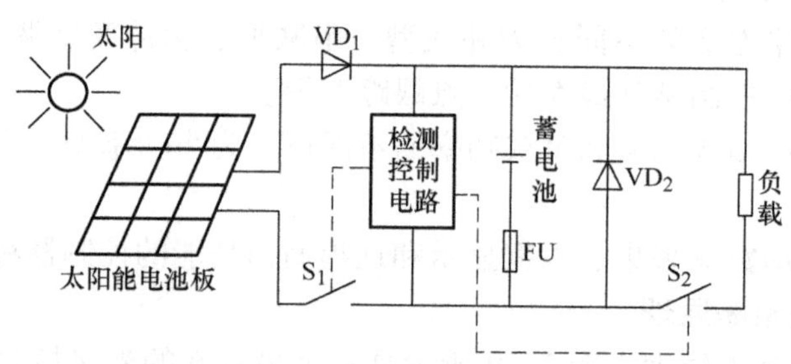

图 2-31　串联型充放电控制器电路

（4）PWM 型控制器电路　脉冲宽度调制（Pulse Width Modulation，PWM）技术，是指通过对一系列脉冲的宽度进行调制，来等效地获得所需要的波形（含形状和幅值），具体 PWM 控制原理与实现请读者学习电力电子有关书籍，这里不展开。

如图 2-32 所示，以脉冲方式控制光伏组件输入的开与关（利用场效应晶体管实现开与

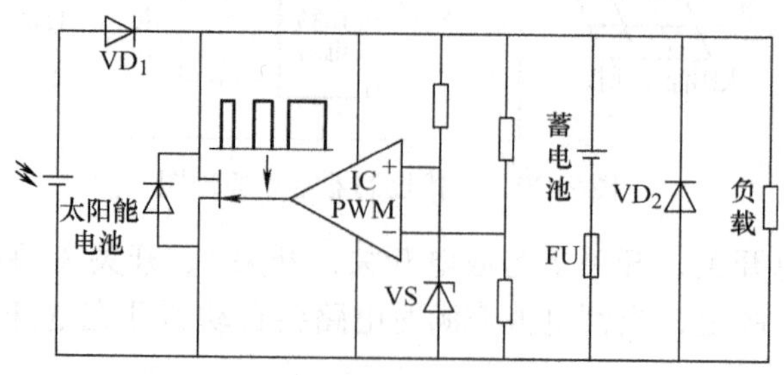

图 2-32　PWM 型控制器电路

关），当蓄电池逐渐趋向充满时，其端电压逐渐升高，PWM 电路输出脉冲的频率和时间都发生变化，使开关的导通时间延长，间隔缩短，充电电流逐渐趋于零；当蓄电池电压逐渐下降时，开关的导通时间变短，间隔延长，充电电流会逐渐增大。脉冲宽度调制充放电控制方式没有固定的过充电压点，但电路采样蓄电池的端电压情况适时调整其充电电流，最后趋于零。这种充电过程能增加光伏发电系统的充电效率，延长蓄电池的寿命。另外，脉冲宽度调制型控制器还可以实现光伏发电系统的最大功率跟踪功能，因此可作为大功率型控制器运用。

（5）多路控制型控制器电路　将太阳能电池方阵分成多个支路接入控制器。当蓄电池充满时，控制器将太阳能电池方阵各支路逐路断开；当蓄电池电压回落到一定值时，控制器再将太阳能电池方阵逐路接通，实现对蓄电池组充电电压和电流的调节，这种控制器一般用于 kW 级以上的大功率光伏发电系统。其电路原理框图如图 2-33 所示。

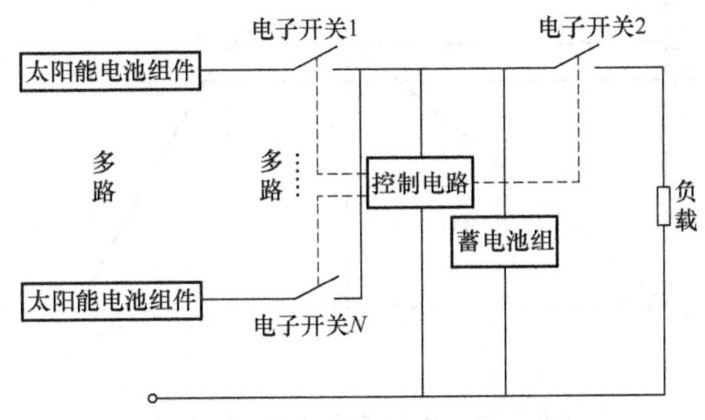

图 2-33　多路控制型控制器电路原理框图

（6）智能控制器电路　智能控制器采用 CPU 或 MCU 等微处理器对太阳能发电系统的运行参数进行高速采集，除了具有防过充电、防过放电、防短路、防过载及防反接等保护功能外，由单片机控制指令对单路或多路光伏组件进行切断与接通的智能控制，对蓄电池放电率高准确性地进行控制，同时具有高精度的温度补偿功能，如图 2-34 所示。

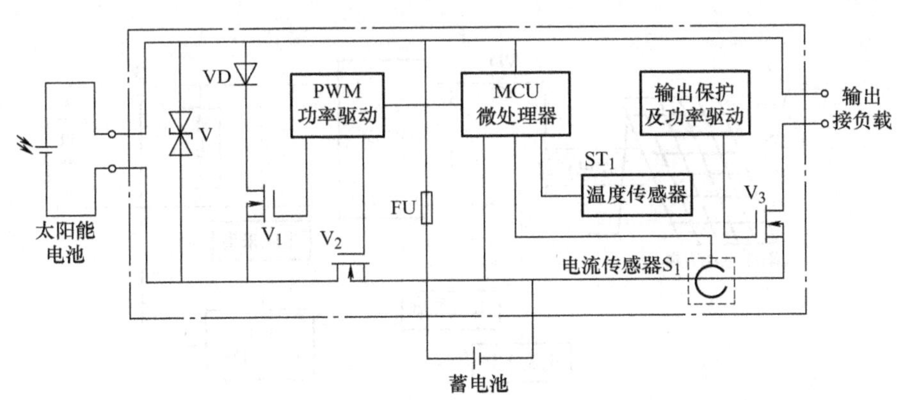

图 2-34　智能控制器电路原理

（7）最大功率点跟踪型控制器电路　最大功率点跟踪（Maximum Power Point Tracking，MPPT）控制器的原理是将太阳能电池方阵的电压与电流检测后相乘得到功率，判断太阳能

电池方阵此时的输出功率是否达到最大，若不在最大功率点运行，则调整脉冲宽度、调制输出占空比、改变充电电流，再次进行实时采样并做出是否改变占空比的判断。

最大功率点跟踪型控制器的作用是通过直流变换电路和寻优化跟踪程序，无论太阳辐照度、温度和负载特性如何变化，始终使太阳能电池方阵工作在最大功率点附近，充分发挥太阳能电池方阵的效能，同时采用 PWM 方式，使充电电流成为脉冲电流，减少蓄电池的极化，提高充电效率。

图 2-35 所示为太阳能电池阵列的 $P—U$ 曲线，曲线以最大功率点处为界，分为左右两侧。当太阳能电池工作在最大功率点电压右边的 D 点时，因离最大功率点较远，可以将电压值调小，即功率增加；当太阳能电池工作在最大功率点电压左边时，若是电压较小，为了获得最大功率，可以将电压值调大。

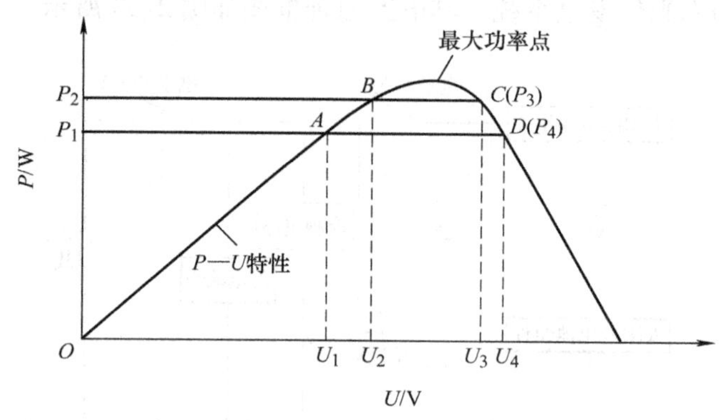

图 2-35 太阳能电池 $P—U$ 曲线

（8）采用单片机组成的 MPPT 充放电控制器电路 图 2-36 所示是一个具有 MPPT 功能的充放电控制器原理框图，主要由单片机及其控制采集软件、测量电路（电压、电流采集）和 DC/DC 变换电路三部分组成。其中 DC/DC 变换电路实现直流升压与降压功能；测量电路主要测量 DC/DC 变换电路的输入侧电压和电流值、输出侧的电压值以及温度等量。

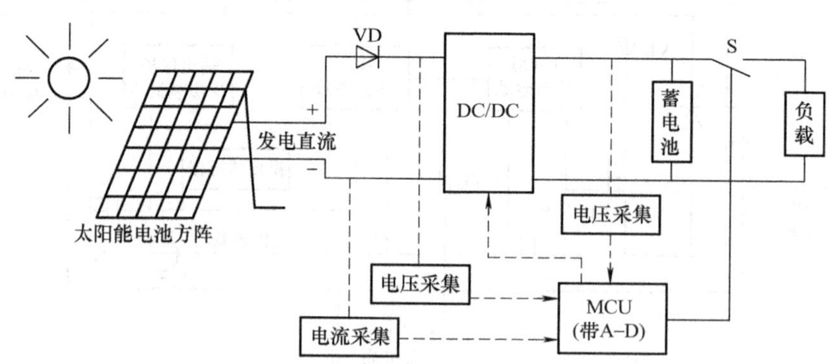

图 2-36 单片机组成的 MPPT 充放电控制器原理框图

4. 几种常见充放电控制器介绍

（1）以 UC3906 为专用芯片的电池充电器 UC3906 作为密封铅酸蓄电池充电专用芯片，

它具有实现密封铅酸蓄电池最佳充电所需的全部控制和检测功能。更重要的是它能使充电器各种转换电压随电池电压温度系数的变化而变化，从而使密封铅酸蓄电池在很宽的温度范围内都能达到最佳充电状态。

1）UC3906 的结构和特性。UC3906 内部框图如图 2-37 所示。该芯片内含有独立的电压控制电路和限流放大器，它可以控制芯片内的驱动器。驱动器提供的输出电流达 25mA，可直接驱动外部串联调整管，从而调整充电器的输出电压和电流。电压取样和电流取样检测比较器检测蓄电池的充电状态，并控制充电状态逻辑电路的输入信号。当电池电压或温度过低时，充电起动比较器控制充电器进入涓流充电状态。当驱动器截止时，该比较器还能输出 25mA 涓流充电电流。这样，当电池短路或反接时，充电器只能小电流充电，避免了因充电电流过大而损坏电池。

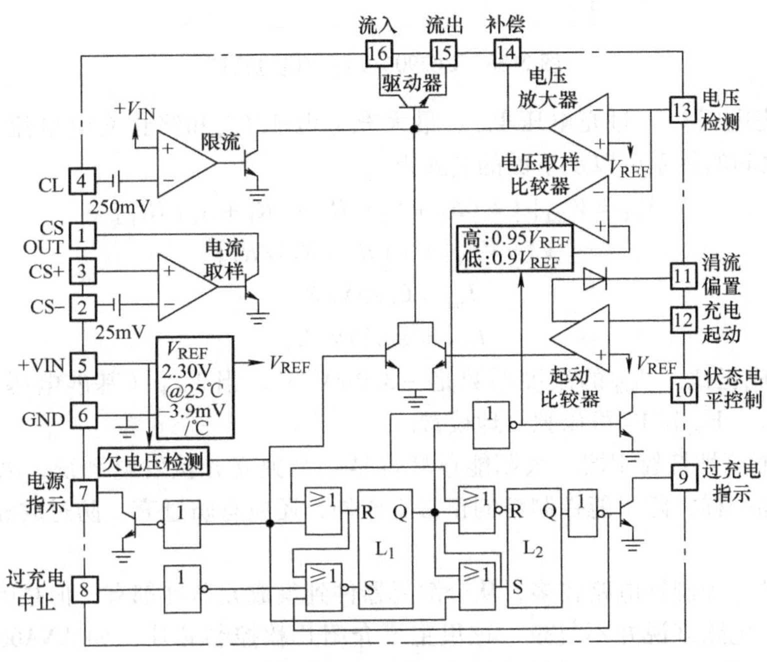

图 2-37　UC3906 芯片内部结构

2）实际电路如图 2-38 所示，电池额定电压为 12V，容量为 7A · h，V_{IN} = 18V，蓄电池浮充电压 V_F = 13. 8V，蓄电池过充电压 V_{OC} = 15V，最大充电电流 I_{max} = 500mA，终止充电电流 I_{OCT} = 50mA，由于充电器始终接在蓄电池上，为防止蓄电池电流倒流入充电器，在串联调整管与输出端之间串入一只二极管。同时，为了避免输入电源中断后蓄电池通过分压电阻 R_1、R_2 和 R_3 放电，使 R_3 通过电源指示发光二极管（引脚 7）接地。18V 输入电压加入后，VT_1 导通，开始恒流充电，充电电流为 500mA，电池电压逐渐升高。当电池电压达到过充电压 V_{OC}的 95%（即 14. 25V）时，电池转入过充电状态，充电电压维持在过充电电压，充电电流开始下降。当充电电流降到终止充电电流（I_{OCT}）时，UC3906 的引脚 10 输出高电平，比较器 LM339 输出低电平，蓄电池自动转入浮充状态，同时充满指示发光二极管发光，指示蓄电池已充足电。

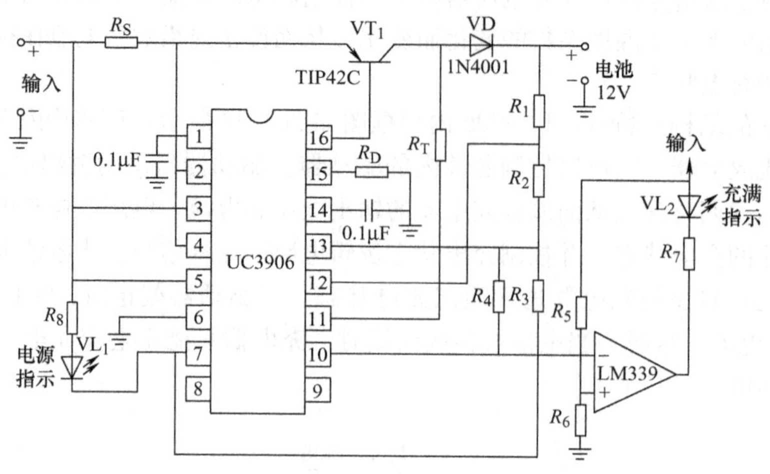

图 2-38　UC3906 实际充电电路图

其中，浮充电压 V_F、过充电压 V_{OC}、最大充电电流 I_{max} 和终止充电电流 I_{OCT} 与 R_1、R_2、R_3 和 R_4、R_S 之间的关系可以从下面的公式得

$$V_{OC}=V_{REF}[1+(R_1+R_2)/R_3+(R_1+R_2)/R_4] \tag{2-4}$$

$$V_F=V_{REF}[1+(R_1+R_2)/R_3] \tag{2-5}$$

$$I_{max}=0.25V/R_S \tag{2-6}$$

$$I_{OCT}=0.025V/R_S \tag{2-7}$$

V_F、V_{OC} 和 V_{REF} 成正比。V_{REF} 的温度系数是 −3.9mV/℃，当 V_{REF}（基准电压）在 25℃时为 2.3V。I_{max}、I_{OCT}、V_{OC} 和 V_F 可以独立地设置。

（2）太阳能草坪灯控制器　太阳能草坪灯是一个独立光伏发电系统，因此草坪灯控制器与其他控制器一样，除了能控制灯的正常工作外，还应有防过充、防过放和防反充等保护功能。

太阳能草坪灯控制器电路较多，从分散元器件到集成元器件都有，但是因其控制过程简单，所以对整个电路来说并不复杂，这里主要介绍几款控制芯片，如 ANA6601F、YX80 系列、QX5252、5253 和 BL8530 等，这些芯片外围元器件少，读者很容易制作实现，如图 2-39所示。本教材介绍 YX8182 控制芯片。YX8182 是一款太阳能 LED 驱动控制器，主要用于锂电池及 3 节 1.2V 可充电电池串联供电应用场合。其工作原理是利用太阳能电池的能源

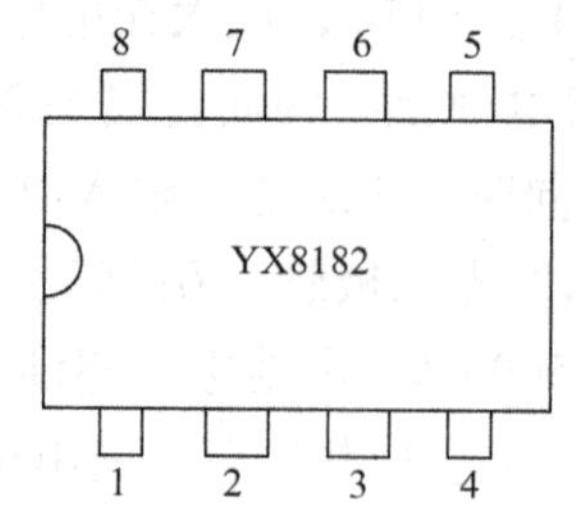

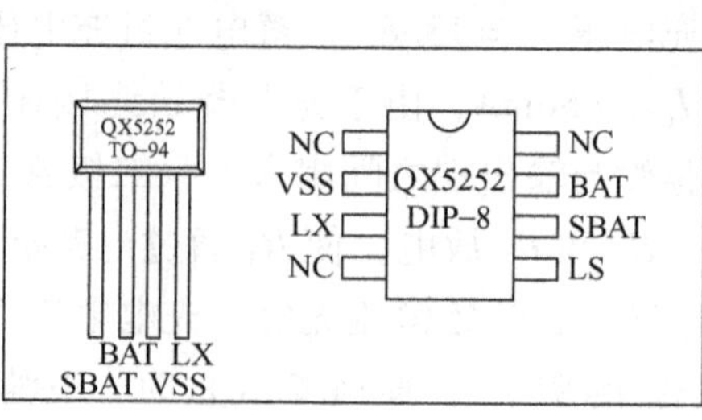

图 2-39　几种常见的草坪灯控制器芯片

1—LX　2—Cds　3—En　4—Sol　5—Bat　6—Mod　7—GND　8—Fb

来进行工作；白天太阳光照射在太阳能电池上，把光能转变成电能存贮在蓄电池中，晚间蓄电池的电能经由控制器为 LED 提供电源。其优点主要为安全、节能、方便、环保和输出电流可调等。

锂电池过充保护电压为 4.15 ~4.35V，锂电池过放保护电压为 2.5 ~2.8V。YX8182 实际电路如图 2-40 和图 2-41 所示。

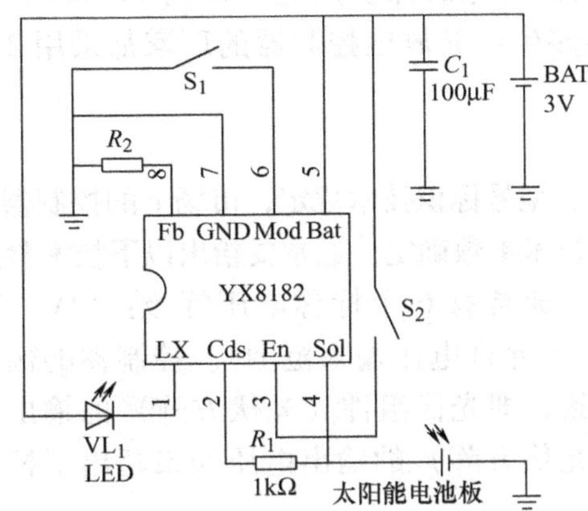

图 2-40　太阳能使能实际电路图

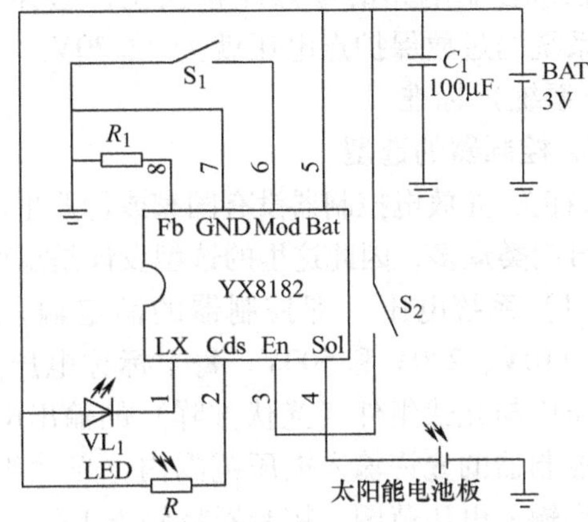

图 2-41　光敏电阻使能实际电路图

5. 控制器的控制原理

光伏控制器的控制原理通常是以控制器的充放电保护模式的形式表现出来的。光伏控制器必须具有以下几种充放电保护模式：

（1）直充保护点电压　直充也叫急充，属于快速充电，一般都是在蓄电池电压较低的时候用大电流和相对高的电压对蓄电池充电，但是，充电有个控制点，也叫保护点。充电时，当蓄电池端电压高于保护值时，应停止直充。直充保护点电压一般也是“过充保护点”电压，充电时蓄电池端电压不能高于这个保护点电压，否则会造成过充电，对蓄电池是有损害的。

（2）均充控制点电压　直充结束后，蓄电池一般会被充放电控制器静置一段时间，让其电压自然下落，当下落到“恢复电压”值时，会进入均充状态。为什么要设计均充？就是当直充完毕之后，可能会有个别电池“落后”（端电压相对偏低），为了将这些个别分子拉回来，使所有的电池端电压具有均匀一致性，所以就要以高电压配以适中的电流再充那么一小会儿，可见所谓“均充”，也就是“均衡充电”。均充时间不宜过长，一般为几分钟到十几分钟，时间设定太长反而有害。对配备一两块蓄电池的小型系统而言，均充意义不大。所以，路灯控制器一般不设均充，只有两个阶段。

（3）浮充控制点电压　一般是均充完毕后，蓄电池也被静置一段时间，使其端电压自然下落，当下落至“维护电压”点时，就进入浮充状态，目前均采用 PWM 方式，类似于“涓流充电”（即小电流充电），电池电压一低就充上一点，一低就充上一点，一股一股地来，以免电池温度持续升高，这对蓄电池来说是很有好处的，因为电池内部温度对充放电的影响很大。其实 PWM 方式主要是为了稳定蓄电池端电压而设计的，通过调节脉冲宽度来减小蓄电池充电电流。这是非常科学的充电管理制度。具体来说就是在充电后期、蓄电池的剩余电容量（SOC）大于80%时，就必须减小充电电流，以防止因过充电而过多释气（氧气、氢气和酸气）。

（4）过放保护点电压　这比较好理解。蓄电池放电电压不能低于这个值，这是国标的规定，每个蓄电池厂家虽然都有自己的保护参数（企标或行标），但最终还是要向国标靠拢的。需要注意的是，为了安全起见，一般将12V电池过放保护点电压人为加上0.3V作为温度补偿或控制电路的零点漂移校正，这样12V电池的过放保护点电压即为11.10V，那么24V系统的过放保护点电压就为22.20V。目前很多生产充放电控制器的厂家都采用22.2V（24V系统）标准。

6. 控制器的选型

目前，充放电控制器没有国家或行业生产标准、型号标识技术规定，市场上的控制器的产品型号门类众多，因此这里的选型设计是指产品的技术参数确定。通常要给出以下技术参数：

（1）系统电压　即控制器的额定输入电压（通常有6个标称电压等级：12V、24V、48V、110V、220V和500V，每个标称电压对应一个允许电压输入范围）。控制器的额定输入电压应与光伏组件（光伏方阵）的输出电压一致，即光伏组件（光伏方阵）的输出电压应在控制器的允许输入电压范围内，光伏组件（光伏方阵）的输出电压如果超出了控制器的允许输入电压范围，控制器将停止工作。

（2）控制器的最大充电电流　通常指光伏组件（光伏方阵）的最大输出电流，根据功率大小分为5A、10A、15A、20A、30A、40A、50A、70A、75A、85A、100A、150A、200A、250A和300A等多种规格。在控制器的选型设计时，控制器的最大充电电流应大于负荷的尖峰电流。当负荷包含多台电动机时，尖峰电流为

$$I_{jf} = (KI_r)_{max} + I_c \tag{2-8}$$

式中，$(KI_r)_{max}$表示n（n为自然数）台电动机同时起动时起动电流之和，单位为A；I_c表示除起动电动机以外的配电线路计算电流与储能装置的最大充电电流之和，单位为A；K表示起动电流倍数，即起动电流与额定电流之比，笼型电动机可达6~7，绕线转子电动机为2~2.5，直流电动机为1.5~2，单台电弧炉为3，弧焊变压器和弧焊整流器为小于或等于2.1，电阻焊机为1，闪光对焊机为2；I_r表示电动机、电弧炉或电焊变压器等一次额定电流，单位为A。

（3）控制器的允许输入路数　小功率型控制器一般都是单路输入，大功率型控制器可输入6路，多的可接入12路、18路。控制器的允许输入路数应不少于光伏方阵的组串数或多路组串经直流汇流箱汇流后的路数（也可以说是直流汇流箱个数），通常汇流箱允许的输入路数有10路、14路和18路。

（4）电路自身损耗　它也叫空载损耗（静态电流）或最大自身损耗，为了降低控制器的损耗，提高光伏电源转换效率，控制器的电路自身损耗要尽可能低。控制器的最大自身损耗不得超过其额定充电电流的1%或0.4W。电路自身损耗一般为5~20mA。设计选型时，电路自身损耗当然越小越好，这里不再赘述。

（5）蓄电池过充保护电压　也叫充满断开电压或过压关断电压，一般可根据需要及蓄电池类型的不同，设定为14.1~14.5V（12V系统）、28.2~29V（24V系统）和56.4~58V（48V系统），典型值分别为14.4V、28.8V和57.6V。蓄电池过充保护电压及后面的过放电压和浮充电压通常作为设计参考，看所选控制器的这些参数是否满足要求，订购时仅给出标

称电压即可。

（6）蓄电池的过放保护电压　也叫欠电压断开电压或欠电压关断电压，一般可根据需要及蓄电池类型的不同，设定为10.8～11.4V（12V系统）、21.6～22.8V（24V系统）和43.2～45.6V（48V系统），典型值分别为11.1V、22.2V和44.4V。

（7）蓄电池充电浮充电压　一般为13.7V（12V系统）、27.4V（24V系统）和54.8V（48V系统）。

（8）温度补偿　控制器一般都有温度补偿功能，以适应不同的环境工作温度，为蓄电池设置更为合理的充电电压。其温度补偿值一般为-20～40mV/℃。

（9）工作环境温度　控制器的使用或工作环境温度范围随厂家不同一般为-20～+50℃。

三、蓄电池

储能蓄电池及附件是独立光伏发电系统不可缺少的部分。其主要功能是存储负载消纳光伏发电系统输出电量的多余电量，并在日照量不足及夜间时为负载供电。

在光伏发电系统中，常用的储能蓄电池及附件有铅酸蓄电池、碱性蓄电池、锂离子蓄电池、磷酸铁锂蓄电池、镍氢蓄电池及超级电容等。目前，从性价比等因素综合考虑，独立光伏发电系统应用较多的是铅酸蓄电池。铅酸蓄电池按产品的结构形式分为开口式、固定式阀控密封免维护式和阀控密封胶体式等几种。在光伏发电系统中应用最多的是固定式阀控密封免维护式铅酸蓄电池和阀控密封胶体蓄电池。

1. 铅酸蓄电池的工作原理

铅酸蓄电池的工作过程是通过电化学反应将电能转化为化学能，再将化学能转化为电能的过程。

2. 蓄电池的常用技术术语

（1）容量　容量指在一定放电条件下蓄电池所能释放出来的电量，用符号C表示，单位为A·h或mA·h。容量=放电电流×放电时间，即

$$C = I_f t_f \tag{2-9}$$

（2）放电率　放电率是度量蓄电池放电快慢的放电参数，放电率通常以“小时率”表示，即以放电时间表示放电的速率，常用的放电率有20HR、10HR、5HR和2HR，也可以表示为C20、C10、C5和C2，分别代表用20h、10h、5h、2h放电的效率。放电率越大，放电时间越长，所需放电电流越小，电池放电的效率就越高，测量出的容量就越大。例如一组额定容量60A·h蓄电池以10h放电完毕，称为10小时放电率。

（3）蓄电池标称　如某蓄电池标称为“12V8Ah/10HR”，其中“12V”是额定电压，“8Ah”是额定容量，“10HR”是10小时放电率，也就是说“12V8Ah/10HR”这块电池在0.8A恒流放电可以使用10h。“12V8Ah/5HR”是在1.6A恒流放电下，可以使用5h。起动用蓄电池的额定容量以20小时率表示，符号为C20；固定型蓄电池的额定容量以10小时率表示，符号为C10。

（4）放电电流　蓄电池对负载放出所存储电能时形成的电流。由于电池本身的化学特性，放电时电池电压会逐渐降低，当放电电流越小时，放电时间也就越长；当放电电流越大时，放电时间也就越短。

"10AhC2"表示电池额定容量为10A·h、放电小时率为2h，其额定放电电流为10A·h/2h=5A。

"54AhC20"表示电池额定容量为54A·h、放电小时率为20h，它的额定放电电流仅为54A·h/20h=2.7A。

（5）放电终止电压　放电终止电压（简称"放终"）是指蓄电池放电过程中，电压下降到不宜再放电时的最低电压。对铅酸电池（25℃），单格额定电压是2.0V，单格放终是1.75V，如果额定电压是12V，放终是1.75V。

（6）充电终止电压　充电终止电压（简称"充终"）指的是在充电状态下允许的顶点电压值。充电终了阶段的电压不允许超过该值，但充电终止电压高于额定电压。对铅酸电池（25℃），单格额定电压是2.0V，单格充终是2.3～2.35V，如果额定电压是12V，充终是2.3V×6=13.8V或2.35V×6=14.1V。

（7）铅酸蓄电池的型号表示方法　根据JB/T 2599—2012《铅酸蓄电池名称、型号编制与命名办法》的有关规定，铅酸蓄电池的型号通常分3部分表示：第一部分为阿拉伯数字，表示串联的单体蓄电池数，每个单体蓄电池的标称电压为2V，当单体蓄电池的串联个数为1时，第一部分可省略；第二部分为2～4个汉语拼音字母，表示蓄电池的类型、功能和用途等；第三部分表示蓄电池的额定容量，用阿拉伯数字表示。组成如图2-42所示。铅酸蓄电池常用汉语拼音字母的含义见表2-3。

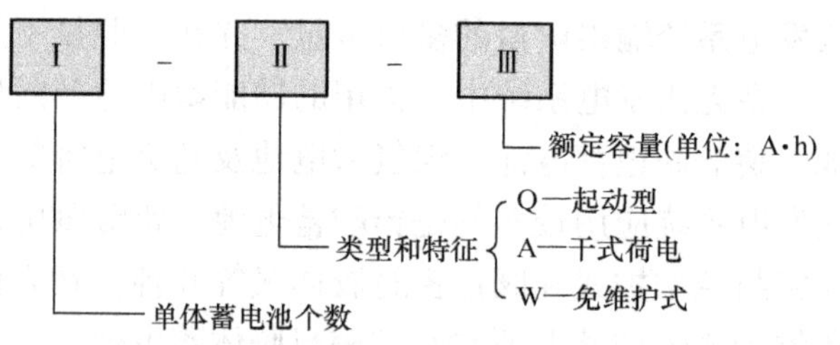

图2-42　铅酸蓄电池型号编制组成

表2-3　铅酸蓄电池常用汉语拼音字母含义

第1或第1和第2个字母	含　义	第2～4或第3和第4个字母	含　义
Q	起动用	A	干式荷电
G	固定用	M	密封式
D	牵引（电动机车）用	H	湿式荷电
N	内燃机用	W	免维护
T	铁路客车用	WF	微型阀控式
M	摩托车用	P	排气式
CN	储能用	J	胶体式
C	舰船用	JR	卷绕式
EV	电动道路车用	F	阀控式
DZ	电动助力车用		
MT	煤矿特殊		

例如：6-QAW-54a表示由6个单体电池组成，每个单体电池电压为2V，即额定电压为12V。Q表示起动用蓄电池，A和W表示蓄电池的类型，A表示干式荷电蓄电池，W表示免维护型蓄电池，若不标表示普通型蓄电池。54表示蓄电池的额定容量为54A·h（充足电的蓄电池，在常温以20h率放电电流放电，20h蓄电池对外输出的电量为54A）。

(8) 放电深度　放电深度 (Depth of Discharge, DOD) 是指在电池使用过程中，电池放出的容量占其额定容量的百分比。将电池的电量基本放完、但还没有损坏到电池的放电称为深度放电，习惯将放掉电量70%后称为深度放电，即70% DOD，放掉电量30%以内为浅放电，即30% DOD。

(9) 蓄电池的串并联电压与容量值　两个相同参数的蓄电池串联，其总电压为单个蓄电池电压的两倍，蓄电池的容量等于单个蓄电池的容量；两个相同参数的蓄电池并联，其总电压为单个蓄电池电压，蓄电池的容量等于单个蓄电池容量的两倍。

3. 胶体蓄电池

(1) 胶体蓄电池的工作原理　胶体蓄电池是胶体型铅酸蓄电池的简称，是将铅酸蓄电池中的液体硫酸电解液换成胶状硫酸电解液，其工作原理与铅酸蓄电池相似。胶体中添加有多种表面活性剂，有助于防止极板硫化，减小对隔板的腐蚀，提高极板活性物质的反应利用率。

(2) 胶体蓄电池的特点

1) 结构密封、无渗漏、充放电无酸雾、无污染、安全及对环境友好。

2) 自放电极小。

3) 使用寿命长，其正常使用寿命可达10~15年。

4) 深度放电循环性能好，放电至0V仍能正常使用。

4. 胶体蓄电池与铅酸蓄电池的比较

胶体蓄电池与铅酸蓄电池性能比较见表2-4。

表2-4　胶体蓄电池与铅酸蓄电池性能比较

比较项目	胶体蓄电池	铅酸蓄电池
自放电（正常室内存放时间）	存放1年不需要充电，可正常使用	每3~6个月需充电1次，否则容量丢失较大
在20℃的正常使用寿命	12V蓄电池设计寿命为10年以上，2V蓄电池设计寿命15年以上	3~5年
深度放电循环性能（过放电至0V后容量恢复程度）	容量可恢复到100%	恢复状态较差
过充电能力（充电完毕后继续以0.3A·hC10充电）	在过充16h后，没有液体泄漏，外壳无变形	不允许过充电
使用温度范围	-45~70℃	-20~50℃
高低温使用性能	-40℃时蓄电池容量可保持在60%以上，70℃时仍可使用	以25℃为基准，温度每升高10℃，寿命缩减50%；温度低时，容量减少明显
20℃时的浮充电流	每单体2.25~2.28V时，浮充电流为0.25mA/(A·h)	每单体2.25~2.28V时，浮充电流为0.6~0.8mA/(A·h)
外壳损坏后，腐蚀性液体的渗漏	没有渗漏，可继续使用	有液体渗漏，不能继续使用
制造成本	高	低

5. 影响蓄电池容量的因素

蓄电池的容量越大，所存贮的电能越多。蓄电池容量的大小与放电率、环境温度、电解液的密度及极板结构等有关。本书只讲放电率、环境温度对蓄电池容量的影响。

（1）放电率对容量的影响　独立型光伏系统设计要考虑为蓄电池选择合适的放电率，普通蓄电池的放电率一般为20h，而光伏用蓄电池放电率一般在100～200h。蓄电池的放电率遵循图2-43所示放电率与容量的关系曲线，以10小时率为例，蓄电池容量将达到110%左右，比标称容量还增加近10%；而大电流放电时，如选择2小时率放电，蓄电池容量会比额定容量缩水，只有标称容量的75%左右。所以，在实际项目中如果蓄电池设计容量确定，负载放电电流大时，蓄电池的实际容量就会比设计容量小，会造成系统供电不足；反过来，如果系统负载工作电流小，蓄电池实际容量就会比设计容量大，会造成成本增加。

（2）环境温度对蓄电池容量的影响　蓄电池额定容量一般都是在环境温度25℃时标定的，蓄电池容量会随温度的变化而变化，如图2-44所示，温度下降至0℃时，蓄电池的容量下降至额定容量的90%～95%，－10℃时下降至标称容量的80%～90%，－40℃时下降至只剩下标称容量的25%左右，温度超过25℃时，蓄电池容量会略有升高。所以，在计算蓄电池容量时必须考虑温度的影响因素。当气温过低时，可采取地埋、移入房间或改用胶体铅酸蓄电池。

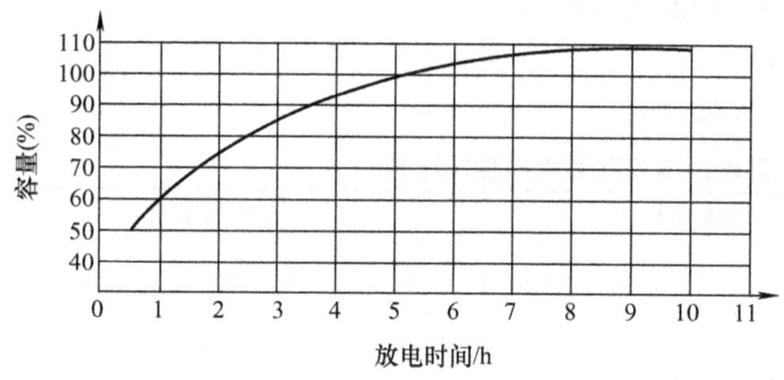

图2-43　蓄电池放电时间率与容量的关系图

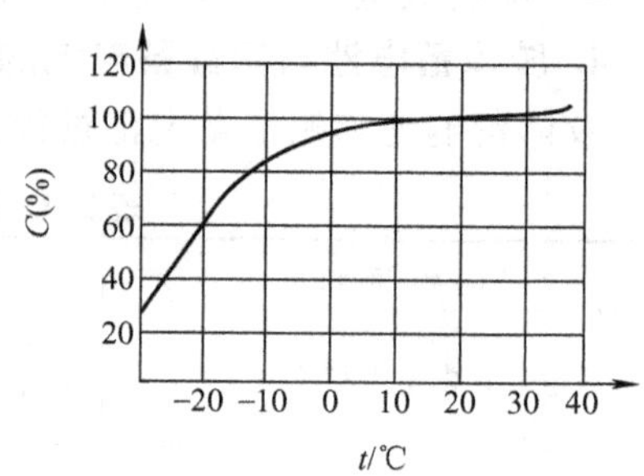

图2-44　蓄电池容量与温度的关系图

6. 蓄电池选型

蓄电池的选型设计通常应考虑以下几个方面：

1）蓄电池的标称电压：蓄电池的标称电压应与控制器的额定输出电压相匹配。

2）蓄电池的容量：蓄电池的容量应大于负载需要的容量。例如：负载的计算电流为25A，需要持续供电时间不小于40h，则蓄电池的容量最小为25A×40h＝1000A·h。

3）蓄电池的型号：首先看负载中有无冲击负载，比如负载中有直接起动的且容量较大的电动机，就应选择起动型蓄电池，否则选择固定型蓄电池。当然用于特殊场所的要选用相应型号的蓄电池。至于是选择铅酸蓄电池，还是胶体蓄电池，或者是锂电池等，要从性价比、对环境的适应性及是否符合当地的环保要求等综合考虑，笔者倾向于选用胶体蓄电池，因为它对环境友好。

四、逆变器

1. 逆变器概述

电子技术中交流电能变换成直流电能的过程称为整流，把完成整流功能的电路称为整流

电路，把实现整流过程的装置称为整流设备或整流器。与之相对应，把将直流电能变换成交流电能的过程称为逆变，把完成逆变功能的电路称为逆变电路，把实现逆变过程的装置称为逆变设备或逆变器。

德国艾斯玛（SMA）是全球最早生产光伏逆变器的生产企业。2013 年全球最大逆变器制造商排行榜德国 SMA 与美国 Power- One 依然是全球两家最大的逆变器制造商，占全球市场 33% 左右的份额，为全球光伏逆变器领军企业，其产品发展历程具有一定的代表性。

我国光伏行业经历了从弱到强的演变，诞生了诸如阳光电源、特变电工、科士达、易事特这样的传统企业和华为、南车这样的明星企业，为整个行业带来翻天覆地的变化。2013 年我国阳光电源首次进入全球十大光伏逆变器供应商，2014 年 2 季度华为首次进入全球十大光伏逆变器供应商之列。世纪新能源网每一年度调研评选一次的 2013 年中国逆变器品牌排行情况见表 2-5。

表 2-5　2013 年中国逆变器品牌排行榜

排　名	综合排行	电站型逆变器	组串型逆变器
1	阳光电源	阳光电源	华为
2	特变电工	特变电工	山亿
3	华为	南车	晶福源
4	南车	易事特	古瑞瓦特
5	易事特	科士达	欧姆尼克
6	科士达	华为	阳光电源
7	科诺伟业	科诺伟业	特变电工
8	正泰	正泰	固德威
9	山亿	能高	易事特
10	能高	山亿	中兴昆腾

2. 逆变器分类

根据逆变器在光伏发电系统中的用途可分为独立型电源用和并网用两种。根据波形调制方式又可分为方波逆变器、阶梯波逆变器、正弦波逆变器和组合式三相逆变器。对于用于并网光伏发电系统的逆变器，根据有无变压器又可分为变压器型逆变器和无变压器型逆变器。

以逆变器适用场合的不同进行分类：

（1）集中型逆变器　集中逆变技术是若干个并行的光伏组串被连到同一台集中型逆变器的直流输入端，一般功率大的使用三相的 IGBT 功率模块，功率较小的使用场效应晶体管，同时使用数字信号处理技术（Digital Signal Process，DSP）转换控制器来改善所产出电能的质量，使它非常接近于正弦波电流，一般用于大型光伏发电站（装机容量 >10kW）的系统中。最大特点是系统的功率高、成本低，但由于不同光伏组串的输出电压、电流往往不完全匹配（特别是光伏组串因多云、树荫和污渍等原因被部分遮挡时），采用集中逆变的方式会导致逆变过程的效率降低。同时整个光伏系统的发电可靠性受某一光伏组件串工作状态不良的影响。最新的研究方向是运用空间矢量的调制控制以及开发新的拓扑连接的逆变器，以获得部分负载情况下的高效率。集中型逆变器如图 2-45 所示。

（2）组串型逆变器　组串型逆变器是基于模块化概念基础实现的，已成为现在国际市场上最流行的逆变器方式，每个光伏组串（1～5kWp）通过一个逆变器，在直流端具有最大功率点跟踪功能，在交流端并联并网，如图2-46所示。

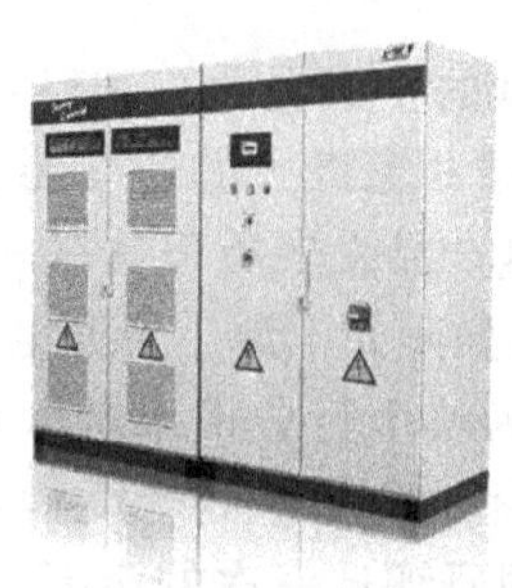
图2-45 集中型逆变器

图2-46 组串型逆变器

许多大型光伏发电厂使用组串型逆变器。优点是不受组串间模块差异和遮影的影响，同时减少了光伏组件最佳工作点与逆变器不匹配的情况，从而增加了发电量。技术上的这些优势不仅降低了系统成本，也增加了系统的可靠性。同时，在组串间引入“主-从”的概念，使得系统在单个方阵功率不能使单个逆变器工作的情况下，将几组光伏组串联系在一起，让其中一个或几个工作，从而产出更多的电能。

（3）微型逆变器 在传统的PV系统中，每一路组串型逆变器的直流输入端，会有10块左右的光伏电池板串联接入。若10块串联的电池板中有一块不能良好工作，则这一串都会受到影响。若逆变器多路输入使用同一个MPPT，那么各路输入也都会受到影响，大幅降低发电效率。在实际应用中，云彩、树木、烟囱、动物、灰尘和冰雪等各种遮挡因素都会引起上述情况，非常普遍。而在使用微型逆变器的PV系统中，每一块电池板分别接入一台微型逆变器，当电池板中有一块不能良好工作时，则只有这一块受到影响，其他光伏电池板都将在最佳工作状态运行，使得系统总体效率更高，发电量更大。在实际应用中，若组串型逆变器出现故障，则会引起几千瓦的电池板不能发挥作用，而微型逆变器故障造成的影响相当之小。最新的概念为几个逆变器相互组成一个“团队”来代替“主-从”的概念，使得系统的可靠性又进了一步。微型逆变器如图2-47所示。

图2-47 微型逆变器

（4）功率优化器 太阳能发电系统加装功率优化器（Optimizer）可大幅提升转换效率，并将逆变器（Inverter）功能化繁为简、降低成本。为实现智慧型太阳能发电系统，加装功

率优化器可让每一个太阳能电池发挥最佳效能，并随时监控电池耗损状态。功率优化器是介于发电系统与逆变器之间的装置，主要任务是替代逆变器原本的最佳功率点追踪功能。功率优化器将线路简化，使单体太阳能电池对应一个功率优化器，进行极为快速的最大功率点追踪扫描，进而让每一个太阳能电池皆可确实达到最大功率点，除此之外，还能植入通信晶片随时随地监控电池状态，即时反馈问题让相关人员尽快维修。

3. 逆变器的基本工作原理

一个完整的光伏发电系统主要由太阳能电池、蓄电池、逆变器、控制器及负载组成。其中逆变器主电路包括DC/DC电路、DC/AC电路、滤波电路和隔离变压器。控制器电路一般采用DSP作为主控单元，其中还包括逆变器的SPWM信号发生、闭环控制和最大功率点跟踪电路，如图2-48所示。

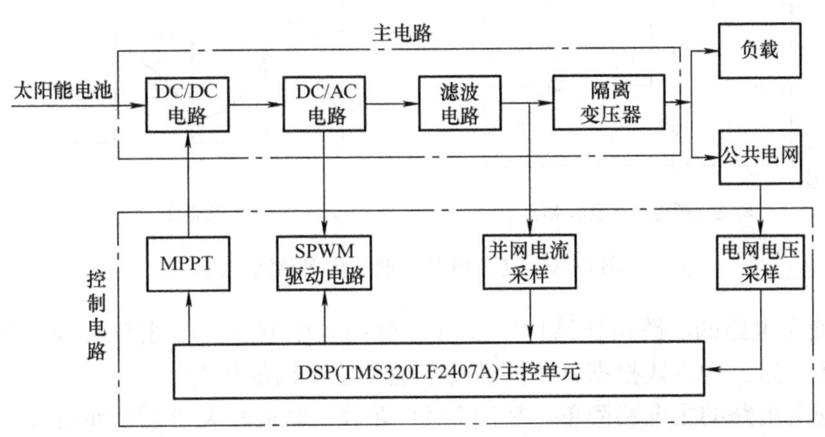

图2-48 逆变系统结构框图

光伏逆变器一般由升压回路和逆变桥式回路构成。升压回路把太阳能电池的直流电压升压到逆变器输出控制所需的直流电压；逆变桥式回路则把升压后的直流电压等价地转换成常用频率的交流电压。逆变器主要由晶体管等开关器件构成，通过有规则地让开关器件重复开/关（ON/OFF），使直流输入变成交流输出。当然，这样单纯地由开和关回路产生的逆变器输出波形并不实用。一般需要采用高频脉宽调制（SPWM），使靠近拟正弦波两端的电压宽度变狭窄，拟正弦波中央的电压宽度变宽，并在半周期内始终让开关器件按一定频率朝一个方向动作，这样形成一个脉冲波列（拟正弦波），然后让脉冲波通过简单的滤波器形成正弦波。

逆变装置的核心是逆变开关电路，简称为逆变电路。该电路通过电力电子开关的导通与关断，来完成逆变的功能。其简单原理如图2-49所示。

逆变桥电路和对应的波形图如图2-50所示。

其工作原理如下：

- S_1、S_4闭合，S_2、S_3断开，输出u_o为正；反之，S_1、S_4断开，S_2、S_3闭合，输出u_o为负，这样就把直流电变换成交流电。
- 改变两组开关的切换频率，可以改变输出交流电的频率。
- 电阻性负载时，电流和电压的波形频率、初相位相同。电感性负载时，电流和电压的波形的初相位不相同，电流滞后电压一定的角度。

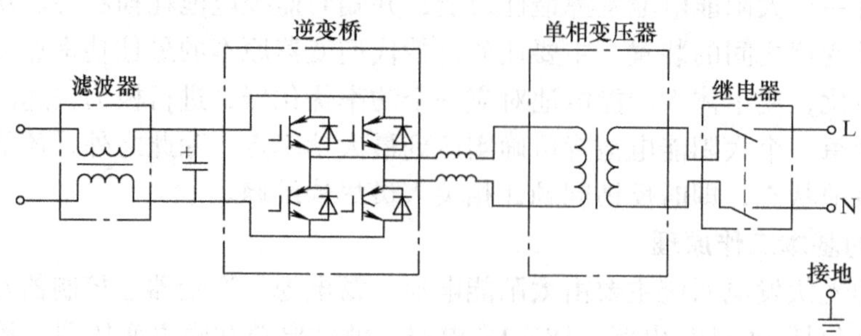

图 2-49　逆变器简单原理

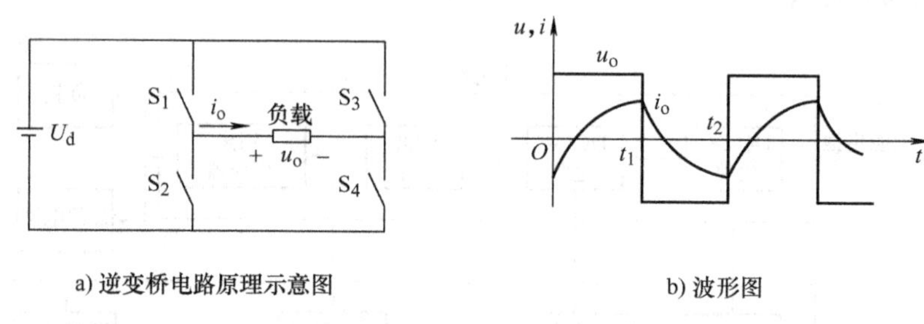

a) 逆变桥电路原理示意图　　b) 波形图

图 2-50　逆变电路原理示意图及波形图

（1）逆变主电路的电路拓扑结构　通常，单相电压型逆变器主要分为推挽式、半桥式和全桥式三种。这三种方式根据其不同的特点应用于不同的场合。

推挽式逆变电路的主电路简单，如图 2-51 所示。但是开关管需要承受 2 倍的线路峰值电压，所以适合于低输入电压的场合应用。同时变压器存在偏磁现象，一次绕组有中心抽头，流过的电流有效值和铜损较大，一次绕组两部分应紧密耦合，绕制工艺复杂。

与推挽式逆变电路相比，半桥式逆变器对在电路中所使用的功率开关晶体管的耐压要求较低，其承受电压不会超过线路峰值电压，其次，晶体管的饱和压降也减少到最小，不再是重要的影响因素。再者，对其输入滤波电容使用电压的要求也较低。半桥式逆变电路的电路图如图 2-52 所示，不存在直流偏磁问题，可以广泛应用于数百瓦到数千瓦的开关电源中。但是其晶体管导通时，集电极电流增加一倍，电流的增大对于中、小功率的开关电源来说，不会构成影响，但是对于大功率的开关电源，由于能够承受高电压，大电流的晶体管价格昂贵，就难以实现了。

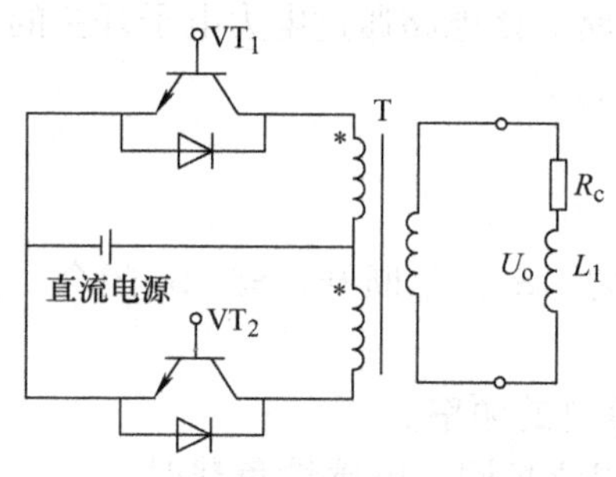

图 2-51　单相推挽式逆变电路

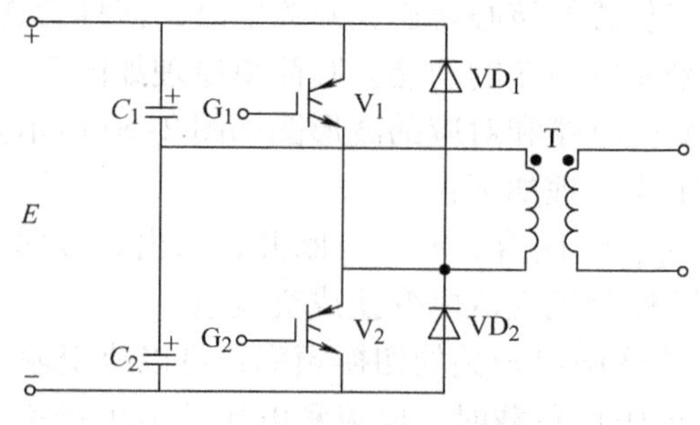

图 2-52　单相半桥式逆变电路

全桥式逆变电路既保持了半桥式逆变电路的电压性质又兼有推挽式的电流性质。在逆变电路中，采用相同电压、电流容量的开关器件时，全桥式逆变电路可以达到最大功率输出，因此该电路常用于中大功率电源中，电路结构如图 2-53 所示。与半桥式逆变电路相比，它具有较好的逆变输出波形。

(2) 最大功率点跟踪控制功能　太阳能电池组件的输出是随太阳辐射强度和太阳能电池组件自身温度（芯片温度）而变化的。另外由于太阳能电池组件具有电压随电流增大而下降的特性，因此存在能获取最大功率的最佳工作点。太阳辐射强度是变化着的，显然最佳工作点也是在变化的。相对于这些变化，始终让太阳能电池组件的工作点处于最大功率点，系统始终从太阳能电池组件获取最大功率输出，这种控制就是最大功率跟踪控制。太阳能发电系统用的逆变器的最大特点就是包括了最大功率点跟踪（Maximum Power Point Tracking，MPPT）这一功能。光伏组件最大功率点与电压的关系图如图 2-54 所示。

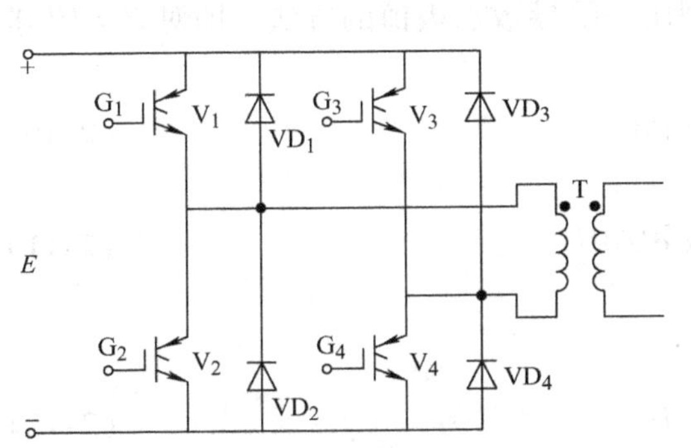

图 2-53　单相全桥式逆变电路

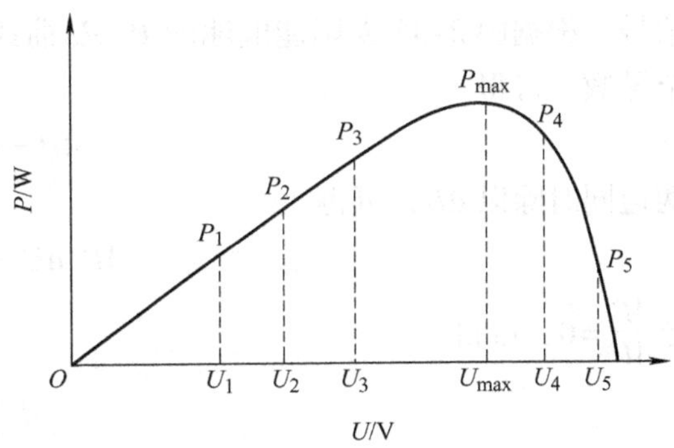

图 2-54　光伏组件最大功率点与电压的关系

由图 2-54 可以看出，当太阳能电池工作于最大功率点电压 U_{max} 左侧时，输出功率随电池端电压的上升而增加；当太阳能电池工作于最大功率点电压 U_{max} 右侧时，输出功率随电池端电压的上升而减少。

MPPT 技术实施最重要的是寻找合适的 MPPT 控制算法，MPPT 实现的方式有恒压跟踪（Constant Voltage Tracking，CVT）方式、扰动观察法（Perturbation and Observation Method，P&O 法）、电导增量法（Incremental Conductance Method，Inc 法）和模糊逻辑控制方式。

1）恒压跟踪方式。太阳辐射下电池 I—U 曲线如图 2-55 所示。

根据图 2-55 所示原理得出，当温度一定时，不同光强下太阳能电池板的最大功率点几乎落在同一根垂直线的两侧邻近，这就有可能把最大功率线近似地看成电压 U 为常数的一根垂直线，使太阳能电池板工作于某一个固定的电压。图 2-55 中 $A'B'$垂直线为恒压跟踪线，虚线 AE 为最大跟踪点线。恒压跟踪法是一种近似最大功率的跟踪方法。

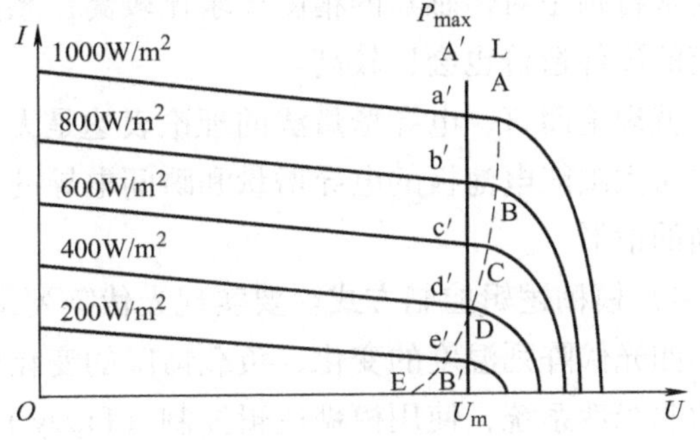

图 2-55　太阳辐射下电池 I—U 曲线

恒压跟踪法有一定的功率损失。特别是温度变化时，太阳能电池板的开路电压随之变化，而恒压跟踪法的电压是一个恒定值，因此跟踪效率不高。

2）扰动观察法。扰动观察法是通过将太阳能电池板的输出功率和上次的相比较来确定增加或减少太阳能电池板工作电压的方式来实现 MPPT。设在某一时刻 t_1，太阳能电池板的输出功率为 P_1，处理器输出信号使太阳能电池板工作电压增大 ΔU，一段时间 Δt 后，在时刻 t_2（$t_2=t_1+\Delta t$）检测到太阳能电池板的输出功率为 P_2。若 ΔP（$\Delta P=P_2-P_1$）为正，则应该使太阳能电池板工作电压继续增大 ΔU，直到 $\Delta P=0$；若 ΔP 为负，则应该使太阳能电池板工作电压减小 ΔU，直到 $\Delta P=0$。

对于 ΔU，应选取合适的值。如果 ΔU 的值太大，太阳能电池板的输出会在最大功率点左右浮动；如果 ΔU 的值太小，虽然可以保证跟踪精度，但是需要更多的时间，当最大功率点变化频繁时效果会变差。

3）电导增量法。电导增量法通过比较太阳能电池板的电导增量和瞬间电导来输出控制信号。根据图 2-35 太阳能电池的 P—U 曲线，利用一阶导数求极值的方法，即对 $P=UI$ 求全导数，可得

$$\mathrm{d}P=I\mathrm{d}U+U\mathrm{d}I \tag{2-10}$$

两边同时除以 $\mathrm{d}U$，可得

$$\mathrm{d}P/\mathrm{d}U=1+U\mathrm{d}I/\mathrm{d}U \tag{2-11}$$

令$\frac{\mathrm{d}P}{\mathrm{d}U}=0$，可得

$$\frac{\mathrm{d}I}{\mathrm{d}U}=-I/U \tag{2-12}$$

满足式（2-12）时，太阳能电池板工作在最大功率点。

假设当前光伏阵列的工作点位于最大功率点的左侧，此时有$\frac{\mathrm{d}P}{\mathrm{d}U}>0$，即$\frac{\mathrm{d}I}{\mathrm{d}U}>-I/U$，说明参考电压应向着增大方向变化。

假设当前光伏阵列的工作点位于最大功率点的右侧，此时有$\frac{\mathrm{d}P}{\mathrm{d}U}<0$，即$\frac{\mathrm{d}I}{\mathrm{d}U}<-I/U$，说明参考电压应向着减小方向变化。

电导增量法控制精确，响应速度比较快，适用于大气条件变化较快的场合。但是对硬件的要求特别是对传感器的精度要求比较高，系统各个部分响应速度都要求比较快，因而整个系统的硬件造价也会比较高。

就理论而言，电导增量法的理论表达是无可挑剔的，但是，当传感器的精度有限时，处理器对太阳能电池板的电导增量和瞬间电导的计算会有误差，于是将不可避免地产生跟踪不准确的情形。

4）模糊逻辑控制方式。要实现光伏阵列最大功率点的准确跟踪需要考虑的因素是很多的，如光伏阵列温度的变化、负载情况的变化以及光伏阵列输出特性的非线性特征。针对这样的非线性系统，使用模糊逻辑控制（Fuzzy logic control）方法进行控制，可以获得比较理想的效果。

在光伏发电系统中使用模糊逻辑控制方式实现 MPPT 控制，可以通过 DSP 比较方便地执行，其中控制器的设计主要包括以下几方面内容：

① 确定模糊控制器的输入变量和输出变量。

② 归纳和总结模糊控制器的控制规则。

③ 确定模糊化和反模糊化的方法。

④ 选择论域并确定有关参数。

使用模糊逻辑控制方式进行光伏系统的 MPPT 控制，具有较好的动态特性和精度，在光伏并网发电领域具有较为广阔的应用前景，但是基于模糊逻辑控制方式的光伏发电系统的 MPPT 控制器通常通过 DSP 芯片实现，由于成本较高的原因，并不适用于小型的独立光伏发电系统。

模糊逻辑控制方式算法比较复杂，读者可以查询相关资料学习，这里不详述。

4. 离网逆变器选型

（1）离网逆变器功率选择原则　离网逆变器功率选择主要从以下几方面考虑：

1）负载连续工作时最大负荷要考虑负载功率因数。

2）对电感负载要考虑起动瞬间负载最大功率。

3）逆变器额定功率要超过连续工作时最大负载值的 15% ~20%，来防止负载增加造成的功率不足。同时逆变器还应提供合适的过载能力，国产逆变器的过载能力是 150%，不超过 2s。进口逆变器的过载能力是 250% 到 300%，不超过 5s。

例 2-1　一个家庭使用 160W 灯泡、100W 冰箱、120W 电视等负载，三种负载同时正常工作时总功率接近 400W，1 天工作 6 ~8h，平均功率因数是 0.85，冰箱起动需要 8 ~10 倍额定功率，电视起动需要 2 倍额定功率，普通逆变器的过载能力是 150%，不超过 2s。请选择逆变器。

解：连续工作时最大负载功率为 400W/0.85 =470V · A。

100W 冰箱单独起动最少需要 100W ×10 =1000W。

因此，如果三种负载不同时起动，只需选择逆变器：1000W/150% =700W。

如果三种负载同时起动，总起动功率为 100W ×10 +120W ×2 +160W =1400W。

需要选择逆变器（W）：1400W/150% =1000W 或选择容量逆变器（V · A）：1000W/0.85 =1176V · A。

W 为有功功率单位，kV · A、V · A 视在功率单位。

（2）离网逆变器自身功耗　离网逆变器的自身功耗是决定系统效率的最关键因素。逆变器自身功耗是恒定不变的。国标要求逆变器自身功耗不允许超过额定功率的 3%。国产逆变器没有待机模式，也就是说国产逆变器 24h 产生自身功耗。

（3）负载对逆变器的影响　逆变器的逆变效率是随着负载变化而变化的，选择时可考虑负载长时间工作点对应的逆变器效率，以及负载波动非常大，户用小负荷输出时（长期运行）逆变器效率。

（4）其他考虑的因素　包括蓄电池的精确放电管理，柴油机或外部电网的接入的管理以及负载的优先级管理等。

情境三 独立光伏系统设计

一、独立系统设计原则

独立系统的设计工作，从收集气象数据和计算负载大小开始，然后确定系统中控制器、逆变器、蓄电池等各设备的规格及容量，使系统各设备匹配完善，使设备工作在最佳工作状态，一方面保证系统正常运行，另一方面延长设备的使用寿命，同时还要保证用户的正常使用。独立光伏发电系统的设计方法很多，有比较粗略的设计，有比较详细的设计，本节进行比较详细的设计，其他设计方法将在任务实现中讲解。

独立光伏发电站设计原则如下：

1）组件要满足平均天气条件下负载的每天用电需求。组件设计不能考虑尽可能快地给蓄电池充满电，如果要求快速充电，就必须要求功率很大的太阳能组件，同时快速充满后，组件的发电量会造成浪费。

2）组件要满足光照最差季节的需要，太阳能电池组件输出要等于全年负载需求的平均值。

3）蓄电池的设计要保证在太阳光照连续低于平均值的情况下负载仍可以正常工作。

4）要考虑系统的自给天数。自给天数是系统在没有任何能源来源的情况下，负载仍能正常工作的天数。

5）在设计系统前，尽量去实地考察一下，了解安装地点，这样设备布置走线才能设计合理。

注：自给天数不等同于是连续阴雨天数，自给天数是用户希望系统保证工作的时间，而连续阴雨数是自然现象，但用户可以要求自给天数等于当地的连续阴雨天数。

二、独立系统设计的内容

独立光伏发电系统设计内容概括起来主要包括两个方面：

1）蓄电池与蓄电池组的计算与设计。

2）太阳能电池组件与太阳能电池方阵的计算与设计。

三、独立系统设计需考虑的因素

1）系统设计中主要考虑的几个参量有：负载功率（单位为 W）、负载每天连续工作时间（单位为 h）、系统使用地区最低有效日照时数、当地最长连续阴雨天数、当地连续阴雨天间隔系数。

2）衰减因子：在考虑以上主要参数的前提下，还需要考虑系统综合效率，独立光伏发电系统的综合效率主要考虑组件匹配损耗、太阳能辐射损耗、系统偏离最大功率点损耗、太阳能电池组件衰减损耗、电缆损耗、倾角及朝向损耗、控制系统损耗、蓄电池衰减损耗、其他因素损耗对太阳能电池组件的影响。

在实际项目中，太阳能电池组件的输出功率会受到外在环境的影响而降低，如泥土、灰尘的覆盖和组件性能的慢慢衰变等。通常的做法就是在计算的时候减少太阳能电池组件输出功率的10%来考虑上述不可预知和不可量化的因素的影响。对于交流发电系统还应该考虑交流逆变器的转换效率，一般按10%功率损失计算。

3）库仑效率：在蓄电池的充放电过程中，蓄电池会电解水产生气体逸出，太阳能电池组件产生的电流中将有5%～10%的部分不能转换储存起来而是耗散掉，我们用蓄电池的库仑效率来评估这种电流损失。所以保守设计中有必要将太阳能电池组件的功率增加10%以抵消蓄电池的耗散损失。

4）放电率：一般可根据生产厂家提供的蓄电池在不同放电率下的容量对蓄电池容量进行修正。对于慢放电率50～200h（小时率）光伏系统蓄电池的容量，一般取蓄电池标称容量的105%～120%，相应放电率修正系数取0.95～0.8。光伏系统的放电率要经过计算得到，其公式为

平均放电率
$$h=\frac{\text{连续阴雨天数}\times\text{负载工作时间}}{\text{最大放电深度}} \tag{2-13}$$

对于有多个负载的光伏发电系统，负载工作时间需要采用加权平均的方法进行计算，加权负载工作时间的计算方法为

$$\text{负载工作时间}=\frac{\Sigma\,\text{负载功率}\times\text{负载工作时间}}{\Sigma\,\text{负载功率}} \tag{2-14}$$

5）环境温度：安装地点的最低气温很低时，设计时需要的蓄电池容量就要比正常温度时的容量要大，这样才能保证系统在最低温度时也能提供所需的能量。因此，在设计时一定要参照图2-44温度与容量修正系数，将此修正系数纳入计算公式，就可以对蓄电池的容量进行修正。一般也可根据经验确定修正系数，0℃时修正系数可取0.95～0.9，－10℃时修正系数可取0.9～0.8，－20℃时修正系数可取0.8～0.7。

另外，环境温度过低还会对最大放电深度产生影响，当环境气温在－10℃以下时，浅循环蓄电池的最大放电深度可由常温时的50%调整为35%～40%，深循环蓄电池的最大放电深度可由常温时的75%调整为60%。

四、独立光伏发电站的设计

下面以实例形式详细讲解独立光伏系统的设计方法，其中有简单的计算公式，希望读者能掌握。

例2-2　在江苏南京地区建一光伏离网项目，项目要求负载的总耗电量为4000W·h/d，每天全天候用电，选择的逆变器效率为90%，连续阴雨天数为4天，蓄电池的放电深度为70%，系统电压为48V，请根据用户需要进行本电站的设计。

解：

1. 负载与蓄电池容量匹配设计

第一步：蓄电池容量简单计算公式为

$$\text{蓄电池容量}=\frac{\text{负载日平均用电量}\times\text{自给天数}}{\text{最大放电深度}} \tag{2-15}$$

式（2-15）没有考虑系统各种因素的影响，设计过程中必须将相关因素系数纳入公式中，蓄电池容量设计才算比较完整，完整公式为

$$蓄电池容量=\frac{负载日平均用电量\times自给天数\times放电率修正系数}{最大放电深度\times低温修正系数\times逆变器效率} \tag{2-16}$$

式（2-16）中，负载平均用电量㊀（A·h）本例中没有直接给出，但题目中给出了系统电压为48V，可以根据$P=UI$求出；根据式（2-13）求出系统放电小时率，再根据所选蓄电池厂家提供的蓄电池在不同放电率下的容量进行修正。

$$平均放电率\ h=\frac{连续阴雨天数\times负载工作时间}{最大放电深度}=\frac{4\times24h}{70\%}=137\ 小时率$$

这时负载工作时间取24h，则放电率修正系数可取0.8。

第二步：低温修正系数计算。通常，铅酸蓄电池的容量是在25℃时标定的。随着温度的降低，0℃时的容量大约下降到额定容量的90%，而在-20℃的时候大约下降到额定容量的80%。所以必须考虑蓄电池的环境温度对其容量的影响。南京地区全年最低气温大约为-6～-4℃，根据图2-44得出在此温度下，蓄电池的容量会下降10%左右。

第三步：数据代入式（2-16），计算蓄电池实际容量

$$\begin{aligned}蓄电池容量&=\frac{负载日平均用电量\times自给天数\times放电率修正系数}{最大放电深度\times低温修正系数\times逆变器效率}\\&=\frac{4000\times4\times0.8}{70\%\times90\%\times90\%\times48}A\cdot h\\&=470A\cdot h\end{aligned}$$

2. 确定蓄电池的串并联方式

每个蓄电池都有它的标称电压。为了达到负载工作的标称电压，必须将蓄电池串并联起来给负载供电，需要串联的蓄电池的个数等于负载的标称电压除以蓄电池的标称电压。这里选用24V/200A·h的胶体蓄电池。

$$串联蓄电池数=\frac{负载标称电压}{蓄电池标称电压} \tag{2-17}$$

$$并联蓄电池数=\frac{总蓄电池容量}{单个蓄电池容量} \tag{2-18}$$

则本题蓄电池串联数为48V/24V=2；蓄电池并联数为470A·h/200A·h=2.35，取3。

综上所述：使用24V/200A·h型胶体蓄电池，蓄电池串联2块、并联3块，共6块达到系统需求，连接方式如图2-56所示。

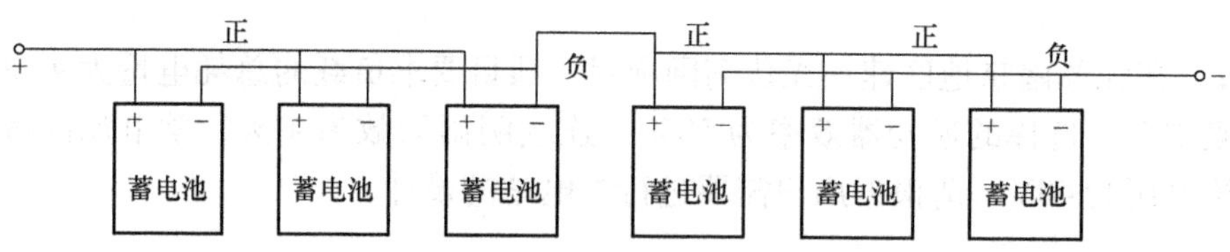

图2-56　3并2串蓄电池接线

㊀ 负载平均用电量（A·h）是衡量一个蓄电设备容量的单位，是蓄电池特有的单位，与电力系统中用电量（W）不同。

3. 太阳能电池组件及方阵的设计

（1）太阳能电池组件（或方阵）的方位角与倾角　由于光伏发电的发电量与太阳光的辐射强度、大气质量、地理位置等因素有直接的关系和影响，因此在设计光伏发电系统时，应考虑太阳辐射的方位角和倾角等。

1）太阳能电池方位角的选择。在我国，太阳能电池的方位角一般选择正南方向，以使太阳能电池单位容量的发电量最大。

2）太阳能电池倾角的选择。最理想的倾角是使太阳能电池年发电量尽可能大、冬季和夏季发电量差异尽可能小的倾角。最佳组件倾角可以使用公式软件、计算或查阅附录 B 来确定，也可以根据当地纬度粗略确定太阳能电池倾角。具体确定方法详见模块三。江苏南京纬度为 32°，最佳倾角选择 37°。

（2）组件一般设计方法　太阳能电池组件设计的基本思路就是满足年平均日负载的用电需求。计算太阳能电池组件数的基本方法是用负载平均每天所需要的能量（A·h）除以一块太阳能电池组件在一天中可以产生的能量（A·h），这样就可以算出系统需要并联的太阳能电池组件数，使用这些组件并联就可以产生系统负载所需要的电流。

串联组件数计算公式为

$$\text{串联组件数} = \frac{\text{系统工作电压} \times 1.43}{\text{组件峰值工作电压}} \tag{2-19}$$

式（2-19）中系数 1.43 是太阳能电池组件峰值工作电压与系统工作电压的比值。

并联组件数计算公式为

$$\text{并联组件数} = \frac{\text{负载日平均耗电量}}{\text{组件日平均发电量}} \tag{2-20}$$

$$\begin{aligned}\text{组件日平均发电量(A·h)} &= \text{选定组件峰值工作电流} \times \text{峰值日照时数} \\ &\quad \times \text{倾斜面修正系数} \times \text{组件衰降损耗修正系数} \times \cdots\cdots\end{aligned} \tag{2-21}$$

式（2-21）中，峰值日照时数和倾斜面修正系数都是指光伏发电系统安装地的实际数据；组件衰降损耗修正系数主要指考虑因组件组合、组件功率衰减、组件灰尘遮盖、充电效率等的损失的折合系数，一般取 0.8；“……”为其他影响因素系数。

$$\text{负载日平均耗电量} = \frac{\text{负载功率} \times \text{每天工作小时数}}{\text{负载工作电压}} \tag{2-22}$$

$$\text{太阳能电池方阵功率} = \text{选定电池组件的峰值输出功率} \times \text{电池组件的串联数} \times \text{电池组件的并联数}$$

本题中选择英利 250Wp 组件，峰值电流 8.24A，峰值电压 30.4V，开路电压 38.4V，短路电流 8.79A。南京日平均峰值日照时数为 3.94h，组件倾角采用最佳倾角，修正系数取 1，逆变器效率系数 0.9，则

$$\text{串联组件数} = \frac{\text{系统工作电压} \times 1.43}{\text{组件峰值工作电压}} = \frac{48\text{V} \times 1.43}{30.4\text{V}} = 2.26$$

串联组件数取 3。

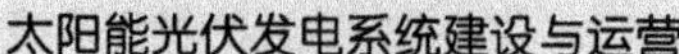

$$并联组件数=\frac{负载日平均耗电量}{组件日平均发电量}$$

$$=\frac{负载日平均耗电量}{组件峰值工作电流\times峰值日照时数\times倾斜面修正系数\times组件衰降损耗修正系数\times其他影响因素系数}$$

$$=\frac{4000/48}{8.24\times3.94\times1\times0.8\times0.9}=3.57$$

并联组件数取4。

则　　　组件总数 = 串联组件数 × 并联组件数 = 3 × 4 = 12 块

总功率为　　　12 × 250Wp = 3000Wp

4. 直流汇流箱的选型

小型太阳能光伏发电系统一般不用直流汇流箱，直流汇流箱主要用于中、大型太阳能光伏发电系统中，用于把太阳能电池组件方阵的多路输出电缆集中输入、分组连接，不仅使连线井然有序，而且便于分组检查、维护，当太阳能电池方阵局部发生故障时，可以局部分离检修，不影响整体发电系统的连续工作。

本项目采用3串4并电池组件实现，选用四进一出上海新驰电气有限公司生产的带有防雷功能的汇流箱，其具体参数见表2-6，实物如图2-57所示。

表2-6　汇流箱参数

电气参数	
光伏阵列电压范围（DC）/V	200 ~ 1000
光伏阵列输入路数	≤24
每路输入最大电流/A	20
环境温度/℃	-40 ~ +85
环境湿度	0 ~ 99%
通信接口	RS485
防护等级	IP54、IP65
$\frac{宽}{mm}\times\frac{高}{mm}\times\frac{深}{mm}$	630 × 450 × 180
质量/kg	15

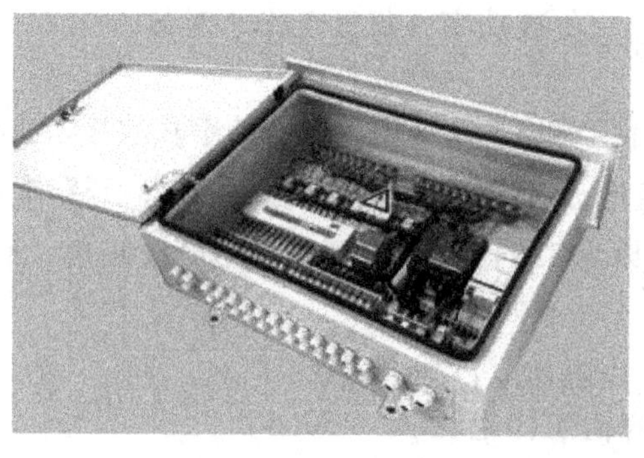

图2-57　汇流箱实物图

5. 光伏控制器的选型

光伏控制器要根据系统功率、系统直流工作电压、电池方阵输入路数、蓄电池组数、负载状况及用户的特殊要求等确定光伏控制器的类型。一般小功率光伏发电系统采用单路脉宽调制型控制器，大功率光伏发电系统采用多路控制器或带有通信功能和远程监测控制功能的智能控制器。

控制器选择时要特别注意：其最大工作电流必须同时大于太阳能电池组件或方阵的短路电流和负载的最大工作电流。

选择 Bosin BX-C10048 型号的控制器，参数见表 2-7，实物如图 2-58 所示。

表 2-7 Bosin BX-C10048 控制器参数

型 号	Bosin BX-C10048
光伏组件总额定功率/kW	5
额定充电电流/A	50
蓄电池组额定电压/V	48
最大充电电流/A	≤225
蓄电池过充电压点/V	57.6
蓄电池过充电压恢复点/V	52.0
蓄电池过放电压点/V	42.0
蓄电池过放电压恢复点/V	50.0
静态损耗电流/mA	≤100
使用环境温度/℃	-20 ~ +50
使用海拔/m	≤2000
防护等级	IP20
设备外形尺寸$\left(\frac{长}{mm}\times\frac{宽}{mm}\times\frac{高}{mm}\right)$	355×380×150
设备净重/kg	8.0

图 2-58 Bosin BX-C10048 型号的控制器

6. 光伏离网逆变器的选型

光伏离网逆变器的选型一般是根据光伏发电系统设计确定的直流电压来选择逆变器的直流输入电压，根据负载的类型确定逆变器的功率和相数，根据负载的冲击性决定逆变器的功率余量。逆变器的持续功率应该大于使用负载的功率，负载的起动功率要小于逆变器的最大冲击功率。在选型时还要考虑为光伏发电系统将来的扩容留有一定的裕量。在独立光伏发电系统中，系统电压的选择应根据负载的要求而定。本例选用 Solar B48P5K-1 型逆变器，其技术参数见表 2-8，实物如图 2-59 所示。

表 2-8　Solar B48P5K-1 型逆变器参数

型　　号	Solar B48P5K-1
额定功率/W	5000
电池电压/V	48
最大放电电流/A	20
输出电流/A	18
充电电流	按电池容量的 10% 计
负载瞬时最大功率	150% 技术指标，10s
输出电压（AC）/V	220 ±6.6
输出频率/Hz	50 ±0.05
空载电流（DC）/A	≤0.8
波形失真率（THD）	≤5%（线性负载）
逆变效率	≥90%
工作环境温度/℃	-10 ~ 60
工作环境海拔/m	≤1000

图 2-59　Solar B48P5K-1 型逆变器实物图

任务实现

我们通过上一节的学习，可以很灵活地掌握相关独立项目的设计要求，精准地对项目进行设计与计算，但在实际工作中我们会碰到不同形式的设计项目，如太阳能路灯、太阳能庭

院灯和超级电容储能等不同条件与不同用途的设计要求。下面将针对现实生活中遇到的相关项目进行任务再现。

任务一　考虑阴雨天间隔天数的独立电站设计

↘ 任务内容

以北京地区一个小型的独立光伏发电系统作为范例，该光伏系统交流负载功率为200W，每天工作时间为10h，自给时间为3天，连续阴雨天之间的间隔天数为30天，间隔系数取0.75，负载标称电压为直流48V。请为本项目设计太阳能组件阵列与蓄电池组。

↘ 任务实施方法与过程

1. 负载用电量计算

独立光伏系统设计的首要目标是确定系统的负载，这些负载估算是独立光伏系统成本的重要因素。一个电器所需的功率可以测量出来或由制造商提供，然后把电器每日、每月所用的时间估算出来。对户用系统和其他许多系统，负载所用的时间是可以控制的，确定每个负载及其每天工作的小时数，并分别标出直流和交流负载。本任务中，负载用电量已经给出，无须再进行计算。

2. 获取太阳辐射能资源

系统设计过程中，需要充分考虑系统所在北京地区的气象数据，此设计主要参考NASA官网和中国气象科学数据共享服务网提供的数据，并结合以往设计经验得到。NASA数据（两种倾角日照时数数据）见表2-9。

表2-9　北京地区2种倾角下各月日照时数

倾角/° ＼ 月份	1月	2月	3月	4月	5月	6月	7月	8月	9月	10月	11月	12月	平均
0	2.09	2.88	3.72	5.01	5.45	5.47	4.20	4.22	3.91	3.17	2.20	1.8	3.68
40	3.51	4.13	4.51	5.22	5.01	4.78	3.75	4.08	4.38	4.24	3.47	3.17	4.18

由表2-8可以看出，在太阳能电池组件倾斜40°时，每天平均有效日照时数为4.18h，而最低有效日照时数为3.17h。离网光伏系统选择太阳辐射资源时，主要参考最低有效日照时数，此时计算出的系统更科学，负载在全年失电率也更小，相较于水平面安装的方式，也更加节约成本。

3. 太阳能组件功率的计算方法

根据每天负载需要的用电量除以当地的最低有效日照时数，参考系统综合效率η，考虑连续阴雨天间隔系数，就可以得出实际需用的太阳能组件功率，基本公式为

$$P = WH/(AB\eta) \tag{2-23}$$

式中，P为太阳能组件功率（W）；W为负载功率（W）；H为负载每天连续工作时间（h）；A为系统使用地区最低有效日照时数（h）；B为当地连续阴雨天间隔系数。

4. 太阳能组件选型

由已知条件，负载功率为200W，负载每天工作时间为10h，日照时数按最低有效日照时数为3.17h，综合效率η约为73%，当地连续阴雨天间隔系数考虑为0.75。

代入式（2-23），得

太阳能组件功率　　$P = WH/(AB\eta)$

则太阳能组件功率为　　$200\text{W} \times 10\text{h}/(3.17\text{h} \times 0.73 \times 0.75) = 1152\text{Wp}$

5. 太阳能组件串并联的设计

为了达到负载工作的标称电压，我们将太阳能组件串联起来给负载供电。

$$串联太阳能组件数 = 负载标称电压 \times 1.43/太阳能组件标称电压 \tag{2-24}$$

如果选用36V155Wp组件，则

$$太阳能组件数 = 1152\text{Wp}/155\text{Wp} = 7.4$$

取8块。根据式（2-24）可以计算本系统共需

$$串联太阳能组件数 = 48 \times 1.43/36 = 1.9$$

取2组。则8块太阳能组件采用2块串联4组并联的方式组成光伏发电系统。

组件总功率为$8 \times 155\text{Wp} = 1240\text{Wp}$，大于1152Wp，达到系统设计要求。

6. 蓄电池容量设计

蓄电池的设计包括蓄电池容量的设计和蓄电池串并联的设计，根据负载功率和每天工作时间的不同以及系统所在地连续阴雨天及连续阴雨天之间的间隔天数要求来设计蓄电池组。

由项目条件知

$$负载每天用电量(\text{W}\cdot\text{h}) = 200\text{W} \times 10\text{h} = 2000\text{W}\cdot\text{h}$$

连续阴雨天为3天，阴雨天之间的间隔系数为0.75，蓄电池放电深度为80%，综合效率取0.73，那么系统需要的蓄电池容量为

$$蓄电池容量 = \frac{负载日平均耗电量 \times 最大连续阴雨天数}{蓄电池最大放电深度 \times 综合效率 \times 阴雨天间隔系数} \tag{2-25}$$

式（2-25）中，综合效率主要指蓄电池容量补偿系数、寿命折算系数等损失的折合系数，一般取0.73。

则　　$$蓄电池容量 = \frac{2000 \times 3}{48 \times 0.8 \times 0.78 \times 0.75} = 285\text{A}\cdot\text{h}$$

7. 蓄电池选型

假如系统选择12V150A·h蓄电池，则根据蓄电池串并联电压与容量计算方法，本系统采用4串2并的方式组成储能系统。

4串蓄电池的电压为$4 \times 12\text{V} = 48\text{V}$；4串蓄电池的容量为150A·h。2并蓄电池的电压为12V；2并蓄电池的容量为$150\text{A}\cdot\text{h} \times 2 = 300\text{A}\cdot\text{h}$。

共需要蓄电池8块，蓄电池总容量为48V300A·h，大于48V285A·h。

8. 连续阴雨天间隔系数验证

通过以上计算分析可知，在系统设计中考虑了连续阴雨天间隔系数后，系统配置已经趋于合理，那么，这个系数取0.75是怎样确定的呢？我们通过以下事例来说明。

上例中负载每天用电量（A·h）$= 200\text{W} \times 10\text{h}/48\text{V}/0.73 = 57\text{A}\cdot\text{h}$

在不同太阳能组件功率下，蓄电池充满需要的时间见表2-10。

表 2-10 不同组件功率下同容量同放电深度电池充满所需天数对比

序号	电池板功率/Wp	放电深度	每天用电量/（A·h）	蓄电池容量/（A·h）	电池充满需要天数
1	1100	20%	48V57A·h	48V300A·h	无法充满
2	1240				21.58
3	1300				10.58

北京市40°倾斜面月最短平均日照时数为3.17h，多年系统综合效率取73%。组件电压按照工作电压48V计算。下面通过计算，来确定合适的太阳能组件功率。

1）1100Wp太阳能组件日发电量 = 1100 × 3.17 × 73%/48A·h = 53.03A·h，与用电量的差额 = (53.03 − 57)A·h = −3.97A·h，此时，每天发电量少于每天用电量，如果连续阴雨天发生时，蓄电池将无法按时充满，会直接导致负载无法正常工作的情况发生。

2）1240Wp太阳能组件日发电量为1240 × 3.17 × 73%/48A·h = 59.78A·h，与用电量的差额 = (59.78 − 57)A·h = 2.78A·h，充满时间为300 × 20%/2.78 = 21.58天。

3）1300Wp太阳能组件日发电量为1300 × 3.17 × 73%/48 = 62.67A·h，与用电量的差额 = (62.67 − 57)A·h = 5.67A·h，充满时间为300 × 20%/5.67 = 10.58天。

通过以上分析，在太阳能组件功率为1240Wp、蓄电池放电深度为20%时，连续阴雨天超过3天后，蓄电池充满时间为21.58天，也就是最短连续阴雨天之间的间隔天数为21.58天，小于北京地区连续阴雨天之间间隔天数30天的要求，此时确定的连续阴雨天间隔系数为0.75，符合设计要求。按照此种方法设计的系统更符合用户需求，能够保证太阳能系统全年正常运行。

任务二 庭院灯电池总功率及蓄电池容量设计

↘ 任务内容

小型独立光伏发电系统如果要求不高，需要快速设计与计算，就不需要经过上述复杂的计算过程，如在海口某草坪地安装太阳能庭院灯，要求使用两只12W/12V LED灯作光源，每日工作6h，要求能连续工作2天，已知海南海口日照时数为4.4h，要求给该系统配置太阳能电池与蓄电池。

↘ 任务实施方法与过程

1. 小型独立光伏发电系统快速计算公式

$$\text{太阳能组件功率} = \frac{\text{负载总功率} \times \text{用电时间}}{\text{日照时数}} \times \text{损耗系数} \tag{2-26}$$

式（2-26）中，损耗系数主要有线路损耗、控制器接入损耗、太阳能电池组件表面尘土损耗、安装倾角损耗等，可根据需要在1.6～2.0之间选取。

$$\text{蓄电池容量} = \frac{\text{负载总功率} \times \text{用电时间}}{\text{系统电压} \times \text{其他损耗}} \times \text{连续阴雨天数} \times \text{系统安全系数} \tag{2-27}$$

式（2-27）中，系统安全系数侧重在蓄电池受温度、蓄电池的放电深度等因素影响所考虑增加的部分，一般可根据需要同样在 1.6～2.0 之间选取；其他损耗指蓄电池的库仑效率、蓄电池容量补偿系数、寿命折算系数等，其取值在 0.9～1 之间。

2. 任务设计与计算

将任务内容中的已知量代入式（2-26）、式（2-27）中，损耗系数及系统安全系数均取 2，没有其他损耗，则太阳能组件功率及蓄电池容量计算得

太阳能组件功率为 $$\frac{12\times2\times6}{4.4}\times2\text{W}=65.4\text{W}$$

蓄电池容量为 $$\frac{12\times2\times6}{12}\times2\times2\text{A}\cdot\text{h}=48\text{A}\cdot\text{h}$$

3. 系统选型

可考虑选一块功率为 70Wp、工作电压为 17V 的太阳能电池组件，12V48A·h 的蓄电池一只，能实现用户的需求。

任务三　太阳能路灯系统配置

↘ 任务内容

太阳能路灯无须市电供电、无须埋线架线、环保节能，受到越来越多的关注与使用。本任务以海口某学校校内亮化工程为例，结合原建设部 2007 年 7 月 1 日颁布的 CJJ45—2006《城市道路照明设计标准》相关标准，配置本项目各组成部分。

具体要求见表 2-11。

表 2-11　太阳能路灯项目用户实际详细要求

名称	技术要求
太阳能路灯	一、太阳能电池组件 1. 规格型号 太阳能电池组件功率≥130Wp。 2. 技术要求 ① 采用高效晶体硅太阳能电池片，电池片效率达 17.8% 以上；具有国家级检验机构出具的检测报告。 ② 检测报告应含有 20%、30% 和 50% 标准测试条件的测试数据。 ③ 采用高强度，高透光率的低铁、绒面钢化玻璃，增加阳光辐射量，透光率 91% 以上，光伏专用玻璃厚度大于 2.5mm。 ④ 由抗老化的 EVA 树脂，耐候性优良的 TPT 复合膜层压而成。 ⑤ 使用寿命 20 年以上；年衰减率小于 0.8%；25 年衰减率 <20%；质保 5 年以上。 ⑥ 阳极氧化铝边框，机械强度高，具有抗风、防雹防腐等性能。 ⑦ 输出采用密封防水，高可靠性多功能接线盒，接线盒防护等级为 IP67，可适应各种复杂恶劣气候条件下的使用。 ⑧ 接线盒内应安装两只以上防止热斑效应的旁路二极管。 ⑨ 连接端采用易操作的专用公母插头，使用安全、方便、可靠。 ⑩ 组件与地面的倾角为 15°。 二、灯具及 LED 光源 1. 规格型号 LED 路灯光源功率≥30W；灯具外壳采用铝型材或高压压铸铝（ADC12）或钣金结构外壳（厚≥2.5mm）。 2. 技术要求 （1）灯具

（续）

名称	技 术 要 求
太阳能路灯	① LED 路灯灯具安装仰角采用可调式或固定式。保证灯具与灯杆安装后协调美观。LED 芯片为模块设计，与电源的结合没有任何焊点插拔连接，以方便 LED 芯片的替换维护与升级换代。 ② 每一个独立的 LED 光源应采用透镜进行二次配光，呈蝙蝠翼形配光，以确保灯具的配光适合路灯应用及确保更大的灯杆间距和照明均匀度，灯具整灯光效≥90lm/W，提供投标产品或相应产品的光效检测报告。 ③ 灯具具有散热筋设计，灯具适应环境温度：-40～+55℃。正常工作时外表温升不大于30℃，结温不大于80℃。允许工作结温不小于125℃。 ④ 灯具防护等级不低于 IP65。防护性能采用硅橡胶密封圈实现，不能使用胶水密封。灯具与器件装配后，满负荷稳定工作 1h 后，实测芯片、电路板和灯具外壳三者温差应小于 10℃。 ⑤ LED 路灯功率因数必须大于 0.9，灯具驱动功耗小于总能耗的 15%。 ⑥ 为保证驱动电源的有效密封，要达到 IP65 及以上的防护等级并保持灯具的外观流线性。 ⑦ 电器绝缘等级：CLASS I。 ⑧ 灯具应配备 10kV 防浪涌（防雷）保护器对电源进行保护，同时应配备不低于 3kV 防浪涌（防雷）保护器对 LED 进行保护。 （2）LED 光源 ① 采用技术先进的光源芯片，并提供芯片厂家证明。 ② LED 封装方式：单颗大功率芯片（≥1W），驱动电流 350mA。 ③ 发光效率＞115lm/W。 ④ LED 寿命≥50000h 时，光衰小于初始值的 30%。 ⑤ 显色指数：$Ra>70$。 ⑥ 色温：(4000±275)K。 三、阀控式铅酸蓄电池 1. 规格型号 太阳能专用固定式阀控密封免维护式铅酸蓄电池，容量≥150A·h，共需要两组。 2. 技术要求 ① 产品需通过以下标准： • GB/T 19638.1—2014 《固定型阀控式铅酸蓄电池　第 1 部分：技术条件》 • DL/T 637—1997 《阀控式密封铅酸蓄电池订货技术条件》 • GB/T 13337.1—2011 《固定型排气式铅酸蓄电池　第 1 部分：技术条件》 • IEC60896—2002 《固定式铅酸蓄电池组　第 11 部分：开孔透气型　一般要求和试验方法》 ② 使用温度范围满足 -20～50℃蓄电池在 -30℃和 65℃时封口剂应无裂纹及溢流；蓄电池槽、盖、安全阀和极柱封口剂等材料应具有阻燃性。 ③ 循环使用寿命长，达到 300～500 次以上充放电次数。蓄电池使用寿命达到 5 年（温度为 25℃时），厂家质保 2 年。 ④ 采用阻燃性 PVC 材料包裹的软连接条，电池间连接导线电压降（两极柱根部测量）在 1 小时率大电流放电时为 10mV。蓄电池间接线板、终端接头应选用导电性能优良的材料。 ⑤ 具有防水、防潮、防腐、保温隔热和通气等功能。 ⑥ 产品出厂时需加装合规引出线，以便在使用时避免因蓄电池地埋箱进水导致的极柱短路等问题。 ⑦ 防水外壳防护等级为 IP67。 ⑧ 蓄电池密封反应效率不低于 95%，其每月自放电率小于 3%。 ⑨ 蓄电池采用全密封防泄结构，外壳无异常变形、裂纹及污迹，上盖及端子无损伤，正常工作时无酸雾逸出。 ⑩ 蓄电池在大电流放电后，极柱不应熔断，其外观不得出现异常。

（续）

名称	技 术 要 求
太阳能路灯	四、太阳能充放电控制器 1. 规格型号 光控＋双时段控制器。 2. 技术要求 ① 太阳能充放电控制器采用单片机实现对蓄电池的保护。必须具备过充保护、过放保护、光控、时控、防反接、充电涓流保护、欠电压保护、过电压保护、短路保护及防水保护等基本功能。 ② 保证控制器24h不间断工作，自身功耗小于额定功率的5%。 ③ 要选择充电效率高的控制器，应具备MPPT功能。 ④ 产品符合国家标准，并通过质量认证，使用寿命10年以上。 五、灯杆 1. 规格型号 光源距地面6m，灯杆材质为Q235碳钢。 2. 技术要求 ① 灯杆采用圆锥单弯臂灯杆，底径154mm，顶径60mm。 ② 灯杆采用热浸镀锌，内外表面防腐处理，符合GB/T13912—2002标准，镀锌表面应光滑美观。提供镀锌测试报告。镀锌厚度不小于85μm。 ③ 灯杆壁厚≥4mm，灯杆底盘厚度为22mm。 ④ 焊缝表面无裂纹、气孔、咬边、未焊满缺陷。 ⑤ 焊缝的宽度4～9mm，焊缝的加强高度0～3mm。 ⑥ 产品由技术监督部门检验，填写质量证明书。 ⑦ 供方在产品出厂前，对产品进行质量检查，对焊接质量、尺寸偏差和表面质量进行全面检查。 ⑧ 供方应保证灯杆满足本省风压要求，保证灯杆正常使用。 ⑨ 使用寿命20年以上。 六、其他 ① 照明时间：每天照明10h以上（阴雨天气连续6天保证照明）。因在学校路段所以无须整夜工作，预设定亮灯时间控制为19：00～5：00。 ② 电器门采用等离子切割，门应与杆体浑然一体，且结构强度要好。具备合理的操作空间，门内具有电器安装附件，拆卸方便，操作简单。门与杆之间缝隙应不超过1mm，具备良好的防水性能。有专用紧固系统，具备良好的防盗性能。电器门应有较高的互换性。 ③ 设备包装须完好，应注明与提货清单相符合的型号规格和数量。 ④ 提供太阳能电池组件、LED光源及灯具、控制器、蓄电池、灯杆及构件的规格型号和技术参数详表。 ⑤ 提供灯杆安装效果图及施工图，提供太阳能电池组件、灯具、灯杆预埋件（含电池箱）的安装施工图。 七、采用标准 GB：中华人民共和国国家标准 ISO标准：国际标准化组织标准 IEC标准：国际电工委员会标准 GB 24460—2009 《太阳能光伏照明装置总技术规范》 GB 4208—2008 《外壳防护等级（IP代码）》 GB 9969—2008 《工业产品使用说明书总则》 GB 7000.1—2007 《灯具 第1部分：一般要求与试验》 GB 7000.203—2013 《灯具 第2-3部分：特殊要求 道路与街路照明灯具》 GB 17625.1—2012 《电磁兼容 限值 谐波电流发射限值（设备每相输入电流≤16A）》 GB 17743—2007 《电气照明和类似设备的无线电骚扰特性的限值和测量方法》

（续）

名称	技 术 要 求
太阳能路灯	除符合上述标准外，还应符合 GB 7247.1—2012《激光产品的安全 第1部分：设备分类、要求》的要求 八、灯座基础图 太阳能路灯基础结构图如图 2-60 所示。 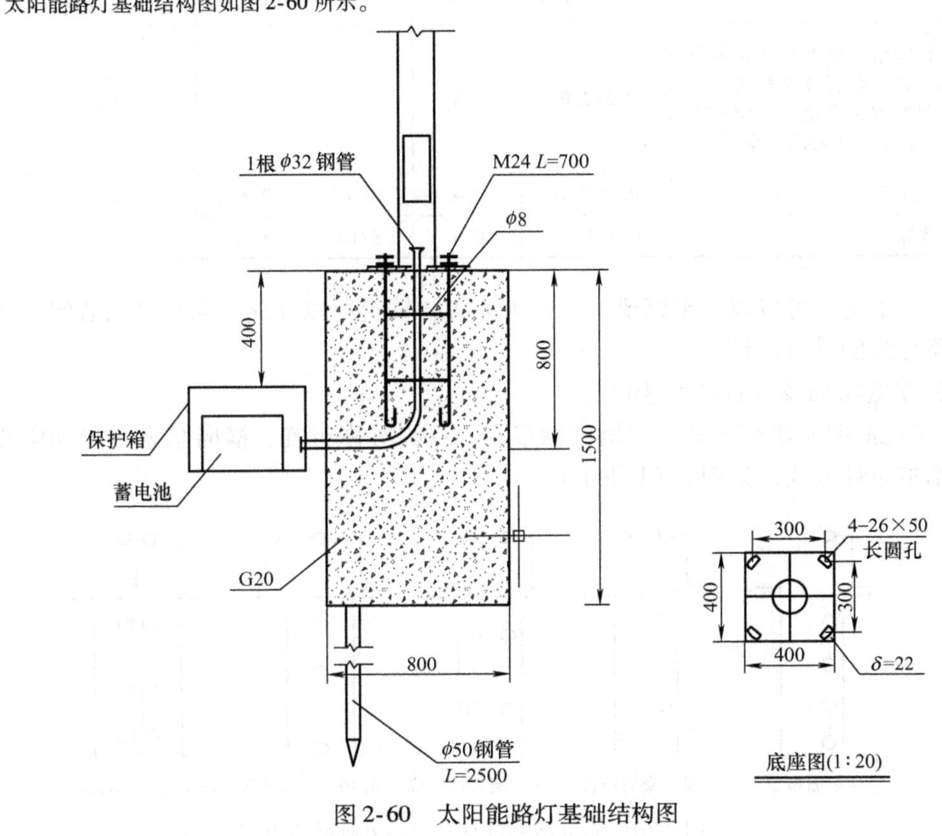 图 2-60 太阳能路灯基础结构图

任务解读

本任务是一个实际项目，技术要求对太阳能路灯的组成部分做了非常详细的要求，读者可以从本项目中掌握如何进行一个完整项目规划、掌握每个设备的参数情况等。对本项目进行设计只需要抓住几个要点来解决，其余部分是具体施工、采购的问题。要点有：

1）灯头高度、路灯之间的距离与灯源的亮度达到要求。

2）灯源、蓄电池、光伏组件的选型与匹配。

3）灯杆抗风能力设计。

任务实施方法与过程

1. 灯头高度、路灯之间的距离与灯源的亮度关系

（1）道路亮度标准　根据原建设部 2007 年 7 月 1 日颁布的 CJJ45—2006《城市道路照明设计标准》及相关标准，机动车交通道路照明应按快速路与主干路、次干路、支路分为三级。三级道路亮度与照度标准见表 2-12。

表 2-12　三级道路亮度与照度标准

级别	道路类型	亮度		照度		眩光限制 T_1（%）	环境比 SR 最小值
		平均亮度 $L_{av}/(cd/m^2)$	总均匀度 L_{min}/L_{av}	平均照度 E_{av}/lx	均匀度 E_{min}/E_{av}	最大　初始值	
Ⅰ	快速路、主干路（含迎宾路、通向政府机关和大型公共建筑的主要道路，位于市中心或商业中心的道路）	1.5/2.0	0.4	20/30	0.4	10	0.5
Ⅱ	次干路	0.75/1.0	0.4	10/15	0.35	10	0.5
Ⅲ	支路	0.5/0.75	0.4	8/10	0.3	15	—

学校主干道，可以以次干路要求设计为Ⅱ级，辅道可以支路要求设计为Ⅲ级。本项目以主干道路灯为例进行设计。

（2）路灯布局及灯具高度选择

1）常规照明有单侧布置、双侧交错布置、双侧对称布置、横向悬索布置和中心对称布置五种基本布灯方式，如图 2-61 所示。

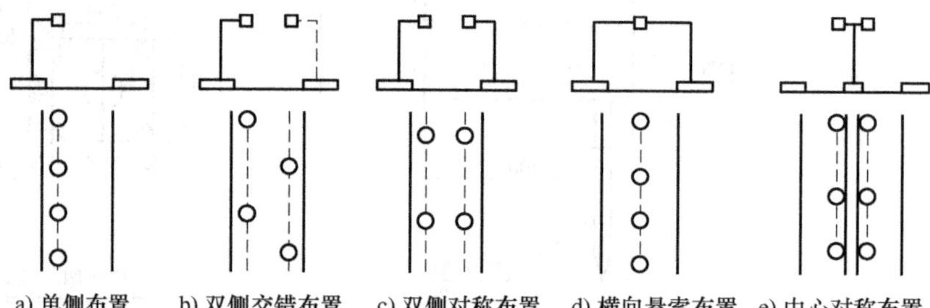

图 2-61　常规照明灯具布置的五种基本形式

2）采用常规照明方式时，灯具的配光类型、布灯方式、安装高度和间距应满足表 2-13 的规定，灯具的悬挑长度不宜超过安装高度的 1/4，灯具的仰角不宜超过 15°。

表 2-13　灯具的配光类型、布灯方式与安装高度、间距的关系

灯具配光类型	截光型		半截光型		非截光型	
布灯方式	安装高度 H/m	间距 S/m	安装高度 H/m	间距 S/m	安装高度 H/m	间距 S/m
单侧布置	$H \geqslant W_{eff}$	$S \leqslant 3H$	$H \geqslant 1.2W_{eff}$	$S \leqslant 3.5H$	$H \geqslant 1.4W_{eff}$	$S \leqslant 4H$
双侧交错布置	$H \geqslant 0.7W_{eff}$	$S \leqslant 3H$	$H \geqslant 0.8W_{eff}$	$S \leqslant 3.5H$	$H \geqslant 0.9W_{eff}$	$S \leqslant 4H$
双侧对称布置	$H \geqslant 0.5W_{eff}$	$S \leqslant 3H$	$H \geqslant 0.6W_{eff}$	$S \leqslant 3.5H$	$H \geqslant 0.7W_{eff}$	$S \leqslant 4H$

注：W_{eff}为路面有效宽度（m）。

本项目学校主干道路为双向双车道，路宽 8m，采用双侧对称布置，考虑充分节能，选择 LED 截光型灯源，因考虑到主干道路车辆行驶安全，灯杆高度选择为 6m，灯杆间距选择 18m。

3）光源功率选择。选择 LED 作为太阳能路灯光源具有高效、寿命长和节能环保的优

点，且使用直流电源供电避免使用逆变设备带来的功率损耗。

光源的功率选择，一般情况下可以采用道路照明设计软件或照明计算表得出，也可以通过道路平均照度计算公式计算得到，计算公式为

$$\phi = E_{av}WS/(KUN) \tag{2-28}$$

式中，ϕ 为光源的总光通量（lm）；E_{av} 为光源平均照度（lx）；U 为利用系数（可以从灯具利用系数曲线查出，这里不详述，读者自行查阅）；K 为维护系数；W 为道路宽度（m）；S 为路灯安装间距（m）；N 为路灯的排列方式，单侧排列或双侧交错排列时 $N=1$，双侧对称排列时 $N=2$。

本项目 E_{av} 取 20lx，U 取 0.7，维护系数 K 取 0.7，道路宽度 W 取 8m，路灯安装间距 S 取 18m，N 为双侧对称排列取 2，代入式（2-28）得

$$\phi = (20 \times 18 \times 8)/(0.7 \times 0.7 \times 2)\text{lm} = 2938\text{lm}$$

考虑到校园学生夜间活动照明需求，采用 40W LED 暖白大功率光源，其光通量为 110×40lm＝4400lm，大于所计算值 2938lm，符合项目设计要求。

2. 蓄电池、组件配置

太阳能路灯系统的配置，一般选择比较简单的配置方法，可通过相关软件来完成，也可以通过计算公式来进行。相关软件读者可以上网查询，本项目采用公式法计算得到。

（1）负载工作电压　选择 40W LED 大功率光源，其额定工作电压为 36V，工作电流为 1650mA，采用 DC 24V～36V PWM 恒流控制型电源，以满足光源用电需求。

（2）光伏组件功率计算

太阳能路灯组件功率　$$P = \frac{\text{光源功率} \times \text{每天工作时间} \times 1.43}{\text{峰值日照时数} \times \text{蓄电池库仑效率} \times \text{其他综合损耗}} \tag{2-29}$$

式（2-29）中 1.43 是太阳能电池组件峰值工作电压与系统工作电压的比值；峰值日照时数海口为 4.43h，蓄电池库仑效率及其他综合损耗上节中已经讲述过，这里全部取 0.85，代入式（2-29）得太阳能路灯组件功率

$$P = \frac{40 \times 10 \times 1.43}{4.43 \times 0.85 \times 0.85}\text{W} = 178\text{W}$$

这里选择 90Wp、组件面积为 985mm×665mm、最佳工作电压为 16.5V、工作电流为 5A 的两块单晶组件串联，其串联后工作电压为 33V，满足对 24V 蓄电池充电要求，工作电流为 5A。

这里读者要注意，市场上 160Wp 单晶组件种类比较多，在选择的时候一定要注意其工作电压能满足项目蓄电池充电要求，如果选择 160Wp、工作电压为 18.2V、工作电流为 8.79A 的组件，就应该考虑将两组件串联，这样串联后的组件电压为 36.4V，电流为 8.79A，也能满足系统需求。

（3）蓄电池容量计算

$$\text{蓄电池容量} = \frac{\text{负载功率} \times \text{日工作时间} \times \text{自始时间}}{\text{放电深度} \times \text{系统电压}} \tag{2-30}$$

$$\text{蓄电池容量} = \frac{40 \times 10 \times 6}{0.7 \times 24}\text{A} \cdot \text{h} = 142\text{A} \cdot \text{h}$$

选用两组 12V/150A·h 蓄电池串联，串联后蓄电池工作电压为 24V，总容量为 150A·h，能满足系统正常工作。

3. 抗风计算（本小节内容，可以不要求读者掌握）

（1）太阳能电池组件抗风设计　根据最大风力的大小进行太阳能路灯抗风设计，风力与风速对应关系见表2-14。

表2-14　风力和风速对应关系

名　称	最大风速/(m/s)	风力（级）	名　称	最大风速/(m/s)	风力（级）
热带低压（TD）	10.8～17.1	6～7（底层中心）	台风（TY）	32.7～41.4	12～13
热带风暴（TS）	17.2～24.4	8～9	强台风（STY）	41.5～50.9	14～15
强热带风暴（STS）	24.5～32.6	10～11	超强台风（Super TY）	>51.0	≥16

注：摘自GB/T 19201—2006《热带气旋等级》。

我国南方沿海台风偏多，太阳能路灯灯杆至少应能抗12级以上台风，像2014年肆虐海南的超强台风“威马逊”，中心风力达17级，风速达60m/s。北方多数地区应能抗10级大风。

（2）路灯灯杆的抗风设计

1）组件抗风分析。

太阳能电池组件支架的抗风设计依据电池组件厂家的技术参数资料，太阳能电池组件可以承受的迎风压强为2400Pa。依据灯杆标准参数，考虑抗风需要，将灯杆杆锥度设计为10‰，灯杆材质为优质低硅碳钢Q235A钢材，其屈服强度σ为235MPa，灯杆上底直径d为80mm，下底直径D为180mm，灯杆厚δ为4mm。

风压就是垂直于气流方向的平面所受到的风的压力。根据伯努利方程得出的风-压关系，风的动压为

$$W_p = \frac{1}{2}R_0V^2 \tag{2-31}$$

式中，W_p为风压（N/m^2）；R_0为空气密度（kg/m^3）；V为风速（m/s）。空气密度（R_0）和重度（r）的关系为$r = R_0g$，因此有$R_0 = r/g$。代入式（2-31）得

$$W_p = \frac{1}{2}rV^2/g \tag{2-32}$$

此式为标准风压公式。在标准状态下（气压为101300Pa，温度为15℃），空气重度$r = 0.01225kN/m^3$。重力加速度$g = 9.8m/s^2$。

$$\begin{aligned} W_p &= \frac{1}{2}rV^2/g \\ &= \frac{1}{2\times 9.8}\times 0.01225\times 60^2 kN/m^2 \\ &= 2250N/m^2 = 2250Pa \end{aligned}$$

两块太阳能电池板面积　$S_{组件} = \sin 15°\times 0.985\times 0.665\times 2m^2 = 0.34m^2$

灯杆面积：灯杆为锥体，近似梯形，其纵剖面面积

$$S_{灯杆} = (d + D)H/2 = (80mm + 180mm)\times 6000mm/2 = 0.78m^2$$

灯头面积　$S_{灯头} = 600mm\times 220mm = 0.132m^2$

灯臂面积　$S_{灯臂} = 60mm\times 1200mm = 0.072m^2$；

系统总迎风面积 $S_{总} = (0.34 + 0.78 + 0.132 + 0.072)m^2 = 1.324m^2$

2）组件与灯杆抗风。

灯杆剖面为梯形，其几何重心高度为

$$Y_c = H(2d + D)/[3(d + D)]$$

式中，d 为上底直径；D 为下底直径；h 为灯杆高度。

则 $$Y_c = 6000 \times (2 \times 80 + 180)/[3 \times (80 + 180)]\text{mm} = 2.62\text{m}$$

灯杆对杆底扭矩 $$M_{灯杆} = W_p S_{灯杆} Y_c = 2250 \times 0.78 \times 2.62\text{N} \cdot \text{m} = 4598\text{N} \cdot \text{m}$$

组件对杆底扭矩 $$M_{组件} = W_p S_{组件} h = 2250 \times 0.34 \times 6\text{N} \cdot \text{m} = 4590\text{N} \cdot \text{m}$$

灯头灯臂对杆底的扭矩 $$M_{灯具} = W_p(S_{灯头} + S_{灯臂})h = 2250 \times (0.132 + 0.072) \times 6\text{N} \cdot \text{m} = 2754\text{N} \cdot \text{m}$$

系统总扭矩 $$M_{总} = M_{灯杆} + M_{组件} + M_{灯具} = (4598 + 4590 + 2754)\text{N} \cdot \text{m} = 11942\text{N} \cdot \text{m}$$

3）圆形灯杆抗风分析。

根据数学推导，圆环形破坏面的抵抗矩

$$W = \pi(3\theta^2\delta + 3\theta\delta^2 + \delta^3) \tag{2-33}$$

式中，θ 是圆环内半径；δ 是圆环宽度。

圆环内半径 $$\theta = (180 - 4 \times 2)/2\text{mm} = 86\text{mm}$$

破坏面抵抗矩
$$\begin{aligned} W &= \pi(3\theta^2\delta + 3\theta\delta^2 + \delta^3) \\ &= \pi \times (3 \times 86^2 \times 4 + 3 \times 86 \times 4^2 + 4^3)\text{mm}^3 \\ &= 291844\text{mm}^3 \\ &= 2.91844 \times 10^{-4}\text{m}^3 \end{aligned}$$

风荷载在破坏面上的作用矩引起的应力为

$$M_{总}/W = 11942/(2.91844 \times 10^{-4}) \approx 40.9\text{MPa}$$

$$40.9\text{MPa} < 215\text{MPa}$$

其中，215MPa 是 Q235 钢的抗弯强度。所以，设计选取的焊缝宽度满足要求，只要焊接质量能保证，灯杆的抗风是没有问题的。

路灯地基承载力设计验算将在模块六中详细介绍，太阳能路灯涉及的基础设计、基础螺杆设计等请读者自己查询相关资料完成。

4. 防雷和接地

(1) 接地保护要求　太阳能路灯一般使用 DC 12V 直流或 DC 24V 直流供电。属安全电压，不做电气保护接地。

(2) 防雷接地注意事项

1）不可用路灯、太阳能电池板作为接闪器。

2）用金属灯柱兼作接闪器和引下线。

3）路灯基础钢筋笼在 -0.50m 以下、其钢筋表面积大于 0.37m^2 时，可作为防雷接地体。否则应增加人工接地极，接地电阻 $\leqslant 10\Omega$。必要时将接地体连接。接地做法同一般路灯。

4）在路灯控制器内设置 TVS（瞬态电压抑制）防雷保护。

5. 路灯安装

路灯安装示意图如图 2-62 所示。

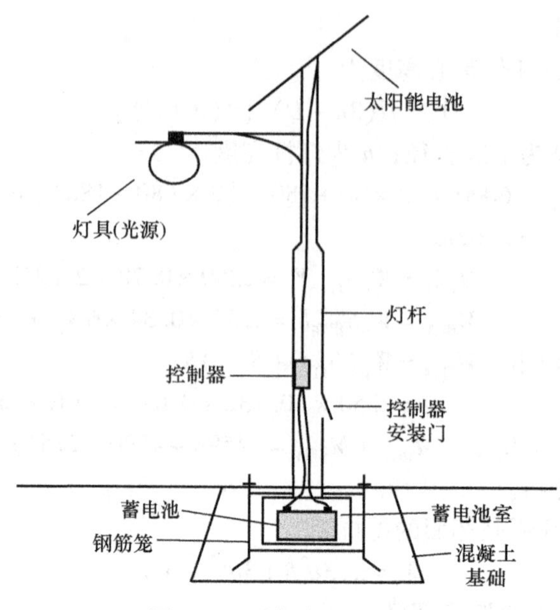

图 2-62　路灯安装示意图

任务四　以超级电容为储能单元的草坪灯设计

任务内容

光伏发电的储能系统制约了光伏发展，当前光伏发电站的储能系统一般用铅酸蓄电池、锂电池、镍氢电池等，这些存储电池都有充放电次数少、使用寿命短等局限性，超级电容器能反复充放电数十万次，且具有绿色环保、免维护等优点，现在超级电容在很多的领域作为电源得到使用与普及。本任务内容如下：

设计一个太阳能草坪灯，采用一个 LED 作为灯源，其电流为 15mA，工作电压为 1.8V，放电截止电压为 0.8V，每天工作 4h 以上，用超级电容作为存储设备，设计其容量。

任务实施

超级电容的容量设计，以保持负载正常工作所需的能量等于超级电容器减少的能量来进行，其计算公式为

$$C=(U_1+U_2)IT/(U_1^2-U_2^2) \tag{2-34}$$

式中，C 为超级电容的容量（F）；U_1 为超级电容的工作电压（V）；U_2 为超级电容的放电截止电压（V）；T 为负载持续工作的时间（s）；I 为负载工作电流（A）。

任务中已知量代入上式得

$$\begin{aligned}C&=(U_1+U_2)IT/(U_1^2-U_2^2)\\&=(1.8+0.8)\times0.015\times14400/(1.8^2-0.8^2)\text{F}\\&=216\text{F}\end{aligned}$$

根据计算结果，选择耐压为 2.5～2.7V、容量 216F 以上的超级电容能满足本系统的正常工作需求。

任务五 太阳能草坪灯制作

↘ 任务内容

利用 IC 驱动芯片 CL0119A、太阳能电池板 5.5V/100mA，制作太阳能草坪灯。

↘ 任务所需设备

1）IC 驱动芯片 CL0119A。

2）多晶硅太阳能滴胶板电池板 5.5V/100mA。

3）一只 LED（1.8～2.0V，15～20mA）。

4）两节 1.2V/600mA 以上镍氢电池。

5）电感 47μH、56μH、68μH、82μH、100μH、150μH 和 270μH 等中任一个。

6）草坪灯模具一套。

↘ 任务实施方法与过程

1. IC 驱动芯片准备

草坪灯驱动芯片种类比较多，工程中常用的有 CH8618A、QX5252F、QX1803、QX5259C 和 QX2306 等，不同 IC 芯片的工作电压、电路各不相同，所以在选择时一定要认真阅读其资料，弄清楚其工作电路，以免影响任务制作，这里以 CL0119A 为例。

2. CL0119A 资料

1）CL0119A 是一款专用于单节电池驱动的太阳能草坪灯驱动控制电路，其内部集成了充电控制和驱动控制两部分电路。充电控制部分能完成太阳能板（以下简称能板）电平检测、充电控制和防电池电流倒灌等功能；驱动控制部分能完成可充电池（以下简称电池）电平检测、产生脉冲波、手动待机和最大峰值电流限制等功能。该电路仅需一个外围电感元件，就可以构成 STEP-UP 型开关电源系统，且充电效率和驱动效率最高值均超过 80%。该电路有高效、低功耗、工作电压可低至 0.90V、可自动完成充电和驱动功能等特性，特别适合于单节或双节电池供电的照明方案，通常用于室外太阳能草坪灯、太阳能景观灯和小型太阳能路灯等。其封装如图 2-63 所示，引脚说明见表 2-15。

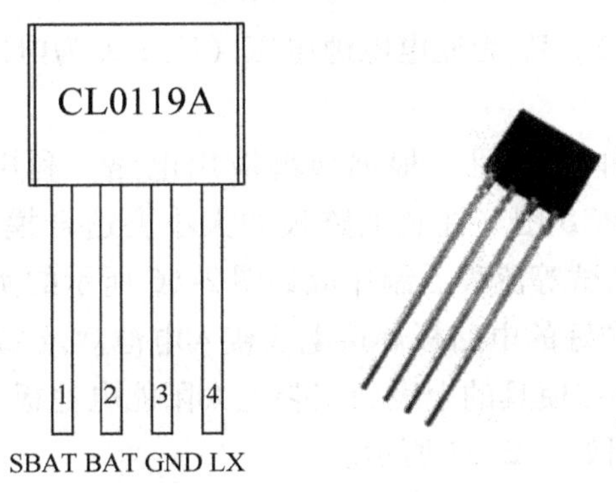

图 2-63　CL0119A 封装与实物图

表 2-15　CL0119A 引脚说明

管脚名称	引脚说明	功能描述
1	SBAT	接太阳能电池正端
2	BAT	接充电电池正端
3	GND	接地
4	LX	功率开关管漏极

2）CL0119A 特点。外围电路元器件简单，适合各种 LED 的驱动，并且可以选择光敏电阻和太阳能板光控。低电压应用：0.9～2.4V；过放保护：电压低于 0.9V 时，系统关闭并锁存，直到第二天晚上开启。输出电流：在输出 0.9～2.4V 之间实现恒流输出，负载接不同开启电压的 LED 时，输入电流保持恒定；高效率：效率在 80% 以上。

3）工作电路。典型应用电路如图 2-64 所示。

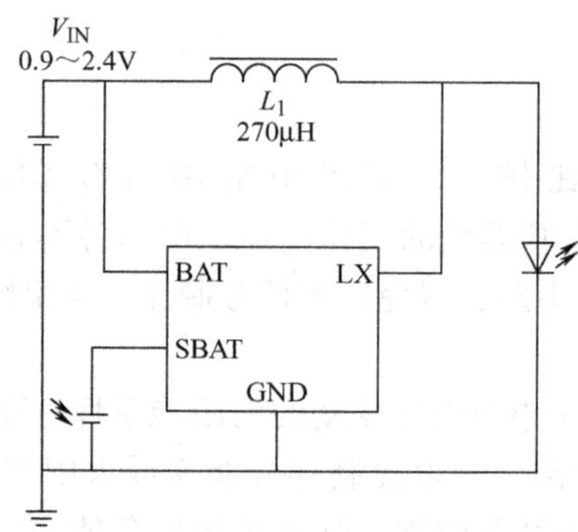

图 2-64　CL0119A 典型应用电路

4）LED 输出功率计算。CL0119A 驱动芯片输出功率由电路所接入的电感值决定，其算法大致可描述为

$$P_{LED}=\frac{V_{IN}^2}{L}$$

式中，P_{LED}为输出功率（W）；V_{IN}为充电电池电压（V）；L 为电感值（H）。

3. 电路制作过程

（1）利用 PROTEL 制作电路图　根据典型应用电路，利用 PROTEL 制作电路图，如图 2-65所示。转换制作成 PCB 图（注意电路板的大小要适合模具要求），再经过转印、腐蚀、装配元器件、焊接和测试等流程后制作成如图 2-66 所示的实际 PCB。

（2）材料装配　将制作好的电路板焊接电线接入电池盒及 LED 后再装配到草坪灯模具，接上电源 1200mA 电池、再在模具的上表面安装上太阳能电池板，这样太阳能草坪灯的制作就完成了。制作安装实物图如图 2-67 所示。

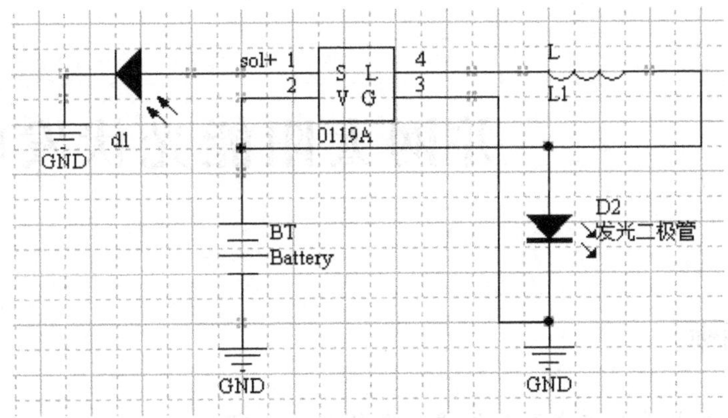

图 2-65　PROTEL 制作的电路图

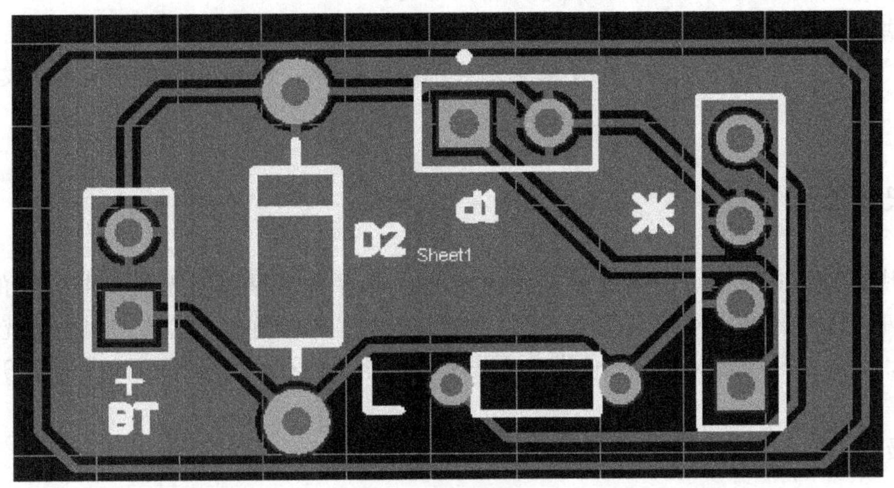

图 2-66　PCB 图

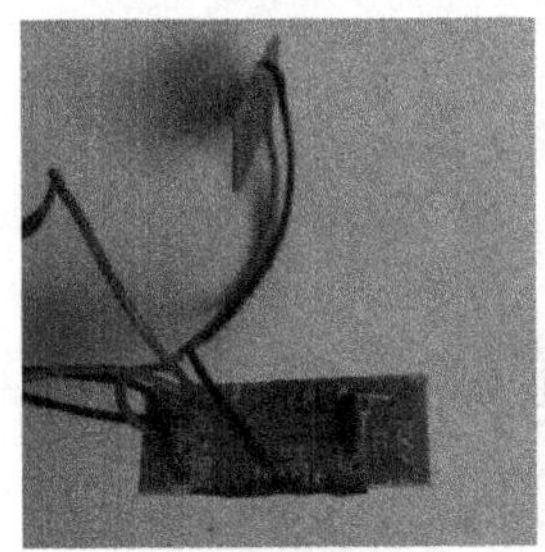

a）电路板接线图

b）电路板安装到模具上实物图

c）太阳能草坪灯实物图

图 2-67　太阳能草坪灯制作安装实物图

模块三

并网太阳能光伏发电系统

知识能力目标

掌握并网光伏发电系统组成及各组成设备的工作原理。

熟悉光伏建筑一体化项目未来发展。

掌握光伏发电站建设几个必备概念及相关理论。

掌握并网光伏发电站容量计算方法。

通过广州五羊—本田屋顶光伏发电施工实际项目介绍，能真正掌握并网光伏发电站总体概况。

模块描述

本模块重点讲述几种并网光伏发电站的情况，读者要掌握并网光伏发电系统的汇流箱、逆变器等几个重要组成设备的原理与选型，以及光伏方阵倾角、光伏阵列间距等光伏发电站重要参数。通过实际项目对并网光伏发电系统有一个全面的认识，为后面的模块学习作铺垫。

考核标准

能表述并网光伏发电站各主要设备的工作原理及其选型标准。

能掌握最佳倾角、光伏阵列间距计算方法与确定原则。

熟悉太阳能电池组件的分类。

掌握太阳能光伏发电站接入电网的技术要求。

掌握并网光伏发电站容量的设计与计算。

情境一　几种并网光伏发电站介绍

一、光伏发电站

光伏发电站是通过太阳能电池方阵将太阳能辐射能转换为电能的发电站。光伏发电站按照运行方式可分为独立光伏发电站和并网光伏发电站。

与公共电网相连接，且共同承担供电任务的太阳能光伏发电站称为并网光伏发电站。它是太阳能光伏发电进入大规模商业化发电阶段、成为电力工业组成部分的重要发展方向，是

当今世界太阳能光伏发电技术发展的主流趋势。并网系统一般由太阳能电池方阵、系统控制器和并网逆变器等组成，如图 3-1 所示。

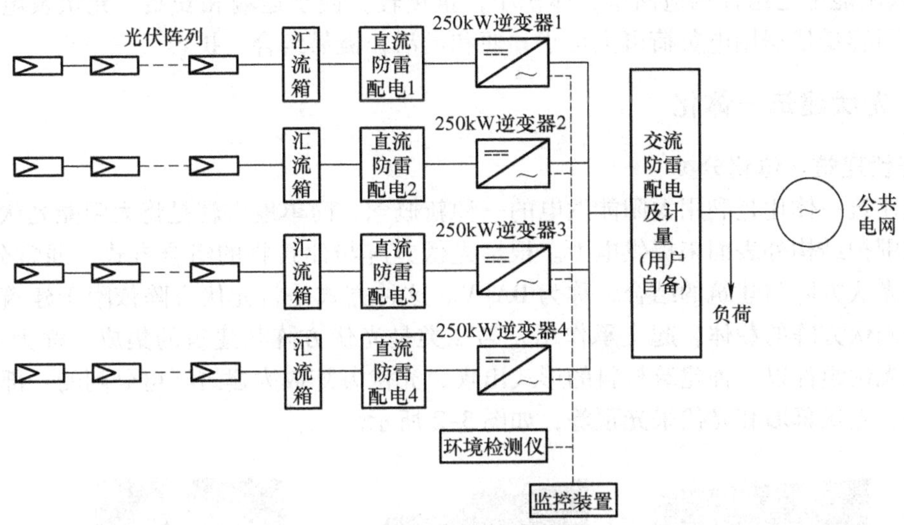

图 3-1　某分布式并网光伏发电示意图

与其他新型发电技术（风力发电与生物质能发电等）相比，太阳能光伏发电是一种具有可持续发展理想特征（最丰富的资源和最洁净的发电过程）的新能源发电技术，其主要优点有以下几点：

1）太阳能资源取之不尽，用之不竭，照耀到地球上的太阳能要比人类当前耗费的能量大 6000 倍。并且太阳能在地球上散布普遍，只需有光照的地方就可以运用光伏发电系统，不受地区、海拔等因素的限制。

2）太阳能资源到处可得，可就近供电。不用长距离输送，避免了长距离输电线路的电能损耗，节约了输电成本。这也为家用太阳能发电系统在输电不方便的西部地区大量运用创造了条件。

3）太阳能光伏发电的能量转换进程简单，是直接从光子到电子的转换，没有中间进程（如热能转换为机械能、机械能转换为电磁能）和机械活动，不存在机械磨损。依据热力学分析，光伏发电具有很高的理论发电效率，可达 80% 以上，技术开拓潜力巨大。

4）太阳能光伏发电自身不燃烧燃料，不排放包括温室气体和其他废气在内的任何物质，不污染空气，不发生噪声，对环境友好，不受能源危机或燃料市场变动的冲击，是真正绿色环保的新型可再生能源。

5）太阳能光伏发电进程无须冷却水，可以装设在没有水的荒凉沙漠上。光伏发电系统还可以很便利地与修建物整合，组成光伏修建一体化发电系统，不需要独自占地，可节约珍贵的土地资源。

6）太阳能光伏发电无机械传动部件，操作、维护简单，运行可靠。一套光伏发电系统只需有太阳能电池组件就能发电，加之自动控制技术的普遍采用，基本上可实现无人值守，维护成本低。

7）太阳能光伏发电系统运行可靠、稳定，运行寿命长。晶体硅太阳能电池寿命可达20～35年。

8）太阳能电池组件构造简单，体积小，重量轻，便于运输和安装。光伏发电系统建立周期短，而容量依据用电负荷可大可小，便利灵活，极易组合、扩容。

二、光伏建筑一体化

1. 光伏建筑一体化分类

光伏建筑一体化是利用太阳能发电的一种新概念，简单地讲就是将太阳能光伏方阵安装在建筑的围护结构外表面来提供电力。根据光伏方阵与建筑物的组合方式，通常分为两类。第一类是光伏方阵与建筑的结合，称为 BAPV。这种方式是将光伏方阵依附于建筑物上，建筑物作为光伏方阵的载体，起支承作用。第二类是光伏方阵与建筑的集成，称为 BIPV。这种方式是光伏组件以一种建筑材料的形式出现，光伏方阵成为建筑不可分割的一部分，如光伏瓦屋顶、光伏幕墙和光伏采光顶等，如图 3-2 所示。

a) 光伏瓦屋顶实际图

b) 海南英利光伏幕墙外观图

c) 上海世博会主题馆光伏采光顶图

图 3-2　几种光伏建筑一体化实例图

在这两种方式中，光伏方阵与建筑的结合是一种常用的形式，特别是与建筑屋面的结合。由于光伏方阵与建筑的结合不占用额外的地面空间，是光伏发电系统在城市中广泛应用的最佳安装方式，因而倍受关注。如 2008 年承担奥运会体育赛事的国家游泳中心和国家体育馆等奥运场馆中，采用的就是光伏方阵与建筑结合的太阳能并网光伏发电系统，这些系统年发电量可达 70 万 kW·h，相当于节约标煤 215.3t，减少二氧化碳排放 655.2t。光伏方阵与建筑的集成对光伏组件的要求较高。光伏组件不仅要满足光伏发电的功能要求，还要兼顾建筑的基本功能要求。

2. 光伏建筑一体化的特点

能够满足建筑美学的要求；能够满足建筑物的采光要求；能够满足建筑的安全性能要求；能够满足安装方便的要求；能够具有寿命长的优势；具有绿色环保的效果；无须占用宝贵的土地资源；能有效地减少建筑能耗，实现建筑节能；能降低墙面及屋顶的温升。

3. 光伏建筑一体化存在的问题

虽然太阳能光伏建筑一体化有高效、经济、环保等诸多优点，并已在上海世博会场馆和示范工程上得以运用，但光伏建筑还未进入寻常百姓家，成片使用该技术的民宅社区并未出现。这是由于太阳能光伏建筑一体化存有几大问题：

1）造价较高：太阳能光伏建筑一体化建筑物造价较高。

2）成本高：太阳能发电的成本是常规发电成本的两倍多。

3）不稳定：太阳能光伏发电不稳定，受天气影响大，有波动性。这是由于太阳并不是一天24h都可利用，因此如何解决太阳能光伏发电的间歇性、如何储电也是亟待解决的问题。

4. 光伏建筑一体化的形式

光伏建筑一体化适合大多数建筑，如平屋顶、斜屋顶、幕墙和天棚等形式都可安装。下面简单介绍几种应用形式。

（1）平屋顶　从发电角度看，平屋顶经济性是最好的：

1）可以按照最佳角度安装，获得最大发电量。

2）可以采用标准光伏组件，具有最佳性能。

3）与建筑物功能不发生冲突。

4）光伏发电成本相对最低，从发电经济性考虑是最佳选择。

（2）斜屋顶　南向斜屋顶具有较好经济性：

1）可以按照最佳角度或接近最佳角度安装，因此可以获得最大或者较大发电量。

2）可以采用标准光伏组件，性能好、成本低。

3）与建筑物功能不发生冲突。

4）光伏发电成本相对最低或者较低，是光伏发电系统优选安装方案之一。

（3）光伏幕墙　光伏幕墙要符合BIPV要求。除发电功能外，其力学、美学和安全等特性要满足幕墙所有功能要求；光伏幕墙要与建筑物同时设计、施工和安装，其工程进度受建筑总体进度制约；光伏阵列安装一般根据建筑物的结构、朝向，往往都偏离最佳安装角度，所以其输出功率偏低，发电成本高；光伏幕墙降低建筑能耗，为建筑提升社会价值，带来绿色概念的效果。德国太阳能电池与太阳能电池组件工厂光伏建筑与环境浑然一体的效果图如图3-3所示。

图3-3　德国太阳能电池与太阳能电池组件工厂

（4）光伏天棚　光伏天棚要求组件透明，组件效率较低；除要求具备发电功能和透光性能外，天棚还要满足一定的力学、美学、结构连接等建筑方面的要求，组件成本高；发电成本高；为建筑提升社会价值，带来绿色概念的效果。

5. BIPV 设计时应把握的要点

（1）光伏组件性能　作为普通光伏组件，只要通过 GB/T 9535—1998《地面用晶体硅光伏组件　设计鉴定和定型》的检测，满足抗阵风安全系数 3，满足抗 130km/h（2400Pa）风压和抗 25mm 直径冰雹 23m/s 的冲击的要求。用做幕墙面板和采光顶面板的光伏组件，不仅需要满足光伏组件的性能要求，同时要满足幕墙的三性实验要求（幕墙三性为风压变形性能、雨水渗透性能、空气渗透性能）和建筑物安全性能要求，因此需要有更高的力学性能和采用不同的结构方式。例如尺寸为 1200mm × 530mm 的普通光伏组件一般采用 3. 2mm 厚的超白钢化玻璃加铝合金边框就能达到使用要求。但同样尺寸的组件用在 BIPV 建筑中，不同的地点、不同的楼层高度以及不同的安装方式，对它的玻璃力学性能要求就可能是完全不同的。南玻大厦外循环式双层幕墙采用的组件就是两块 6mm 厚的超白钢化玻璃夹胶而成的光伏组件，这是通过严格的力学计算得到的结果。

（2）建筑的美学要求　BIPV 首先是一个建筑，它对光影要求甚高。但普通光伏组件所用的玻璃大多为布纹超白钢化玻璃，其布纹具有磨砂玻璃阻挡视线的作用。如果 BIPV 组件安装在大楼的观光处，这个位置需要光线通透，这时就要采用光面超白钢化玻璃制作双面玻璃组件，用来满足建筑物的功能。同时为了节约成本，电池板背面的玻璃可以采用普通光面钢化玻璃。

一个建筑物的成功与否，关键一点就是建筑物的外观效果，有时候细微的不协调都是不能容忍的。但普通光伏组件的接线盒一般粘在电池板背面，接线盒较大，很容易破坏建筑物的整体协调感，通常不为建筑师所接受，因此 BIPV 中要求将接线盒省去或隐藏起来，这时旁路二极管没有了接线盒的保护，要考虑采用其他方法来保护它，需要将旁路二极管和连接线隐藏在幕墙结构中。比如将旁路二极管放在幕墙骨架结构中，以防阳光直射和雨水侵蚀。

（3）结构性能配合　在设计 BIPV 时，要考虑电池板本身的电压、电流是否方便光伏系统设备选型，但是建筑物的外立面有可能是由一些大小、形式不一的几何图形组成，这会造成组件间的电压、电流不同，这个时候可以考虑对建筑立面进行分区及调整分格，使 BIPV 组件接近标准组件电学性能，也可以采用不同尺寸的电池片来满足分格的要求，以最大限度地满足建筑物外立面效果。另外，还可以将少数边角上的电池片不连接入电路，以满足电学要求。

6. 光伏建筑一体化的发展方向

随着《京都议定书》的正式生效，如何实现环境保护的可持续发展成为全球最强的呼声。中国作为发展中国家，能源消耗逐年以惊人的速度增长，而建筑作为能耗大户（发达国家的建筑能耗一般占到全国总能耗的 1/3 以上），其节能效益则变得尤其重要，BIPV 因此成为 21 世纪建筑及光伏技术市场的热点。

《2013—2017 年中国光伏建筑一体化（BIPV）行业市场前瞻与投资战略规划分析报告》数据显示，光伏发电是 21 世纪科学技术的前沿阵地，世界各地的政府均支持光伏发电事业。从国内来看，“十一五”时期，我国重点在北京、上海、江苏、山东和广东等地区开展城市建筑屋顶光伏发电试点。到 2010 年，全国建成约 1000 个屋顶光伏发电项目，总容量 5 万 kW。预计到 2020 年，全国将建成 2 万个屋顶光伏发电项目，总容量 100 万 kW。

BIPV 作为庞大的建筑市场和潜力巨大的光伏市场的结合点，存在着无限广阔的发展前景。可以预计，光伏与建筑相结合是未来光伏应用中最重要的领域之一，发展前景十分广

阔，并且有着巨大的市场潜力。

7. 未来研究重点

建筑物空气温度调节消耗着大量的能量，在我国，它要占到建筑物总能耗的约70%。用空调机和燃煤来控制室温不仅消耗能量，带来环境污染，而且并不能给室内人员带来健康的环境（虽然暂时它是舒适的）。太阳能用于采暖方面，除造价较高的被动式太阳房有一些示范型建筑外，还没有大规模应用。主动式太阳能供能由于成本更高，与我国的经济发展也是远不相适应。因此，建筑供能应该将主动式与被动式相结合、太阳能与常规能源相结合。按照房间的功能，采用不同方案的配合及交叉，这样可以大大降低太阳能用于建筑供能的一次投资和运行成本，使得整个方案在商业化的意义下具有可操作性。被动采暖与降温的意义在于使建筑本身能量负荷大大降低（节能率约70%），使其要求主动供能装置提供的能量大大降低。也就是说，它将对昂贵装置的要求降低。另外，被动供能是巧妙利用自然条件的变化来调节室内温度的。我们认为，建筑物内空气温度调节技术发展方向不应当是改变自然环境来满足人的要求，而是应当尽量巧妙地利用并顺应自然界来满足人们对健康和舒适的要求。研究空调的目的应当是尽量减少人工环境，而不是相反。主动供能的意义在于保障建筑室内的舒适性增加。在主动供能与被动供能相互配合组成供能系统的情况下，整套建筑供能系统的设备性能将会提高，而尺寸和造价将会降低。

随着新能源的不断发展和城市节能减排、绿色环保需求的日益增加，太阳能光伏建筑一体化越来越成为太阳能发电应用的新潮流。

三、分布式光伏发电站

分布式光伏发电站通常是指利用分散式资源，布置在用户附近以用户侧自发自用、多余电量上网为运行方式的装机规模较小的发电系统。它一般接入35kV或更低电压等级的电网。分布式光伏发电遵循因地制宜、清洁高效、分散布局和就近利用的原则，充分利用当地太阳能资源，替代和减少化石能源消耗。

目前应用最为广泛的分布式光伏发电系统是建在城市建筑物屋顶的光伏发电项目。该类项目必须接入公共电网，与公共电网一起为附近的用户供电。如果没有公共电网支撑，分布式系统就无法保证用户的用电可靠性和用电质量。

1. 分布式光伏发电站的发展趋势

作为人口大国的中国，国土资源却极为稀缺。因此，分布式光伏应用的重点，不应该以占用大量土地资源的地面发电站为主，而是以和建筑物结合的应用形式为主，包括应用在建筑物的屋顶、墙壁、幕墙等建筑外立面上。光伏建筑一体化应当是分布式光伏应用的重点。

纵观国内外的产业环境和发展趋势，不管是产业界还是政府，都已经认识到，发展分布式光伏发电是启动市场、消化产能、实现战略转型和拉动整个光伏产业的关键所在。

不管是2013年出台的《关于促进光伏产业健康发展的若干意见》，以及再之前出台的《可再生能源发展“十二五”规划》、《太阳能发电发展“十二五”规划》、《能源发展“十二五”规划》和《绿色建筑行动方案》，都充分体现了这种国家意志和政策精神。

那么，在这种统一认识和前提下，分布式光伏应用怎么落实就成了关键，包括分布式光伏应用的重点在哪里、政策如何引导和鼓励以及未来的方向是什么。

（1）分布式重点是光电建筑　光电建筑一体化应用的重点，应当是阳光最好的屋顶。

屋顶光电建筑一体化应用按照屋顶的属性，分为工商企业的屋顶光伏应用、政府与学校等公建屋顶光伏应用和民居屋顶光伏应用等三大类。

从投资角度分析，屋顶光伏应用很重要的一个原则是鼓励“自发自用、余电上网”。因此，屋顶业主消纳屋顶光伏发电的质量影响着它的投资回报和安全性。

对于工商企业屋顶，由于企业本身经营情况存在着好坏差异，能耗高、电价较高和持续性经营能力强的企业最适合实施屋顶发电项目。“十一五”期间国内推广“金太阳”示范项目已经消化了大量这类屋顶，因此空间已经不大，竞争日益激烈。

而至于公建和民居屋顶，由于电价水平较低，基本处于开发空白状态，从发展空间角度看，这是一片蓝海。而且，由于公建和民居的持续耗能稳定，如果有合适的政策及相关边际条件界定，投资回报率则相对更为稳定。所以，从这个角度看，公建和民居屋顶应当可以成为光电建筑一体化应用的重中之重，包括光伏发电进家庭和社区、送光伏下乡进村等，空间巨大。

（2）鼓励政策应当叠加　由于“自发自用、余电上网”的政策，与光伏发电时间对应的平均电价水平成为影响屋顶光伏项目经济性及推广的主要因素。

目前，国内商业用电白天的平均电价水平一般维持在0.7～1.0元/(kW·h)，2013年8月国家发展和改革委员会（简称：国家发改委）正式明确了分布式光伏发电的补贴标准，不管是自用还是卖电，每kW·h电均补贴0.42元，这类项目已有相当的经济可行性，如果再加上各地方政府的配套政策激励，推广相对比较容易。

公建和民居屋顶白天的平均电价水平一般维持在0.48～0.6元/(kW·h)，其中农村的民居电价最低，即使加上分布式光伏上网度电补贴，这类项目的收益也较低。如果再采用光伏建筑一体化材料，如太阳能光伏瓦等产品（这类产品需要具备建材和发电器材的双重属性，质量、材料和美观等性能要求较高，生产成本一般情况下都比普通的光伏组件要高），由此造成这类屋顶项目的经济可行性相对较差。

但随着2014年国家能源局、国务院扶贫开发领导小组办公室联合印发《关于实施光伏扶贫工程工作方案》以及国务院办公厅关于印发《能源发展战略行动计划（2014—2020年）》的通知等各项具体的政策的颁布，各级政府结合政策推进“光电建筑一体化示范项目”、“分布式光伏发电集中示范区”、“可再生能源示范城镇”、“节能减排示范城镇”、“绿色建筑示范城镇”和“新能源示范城镇”等项目改革，考虑以节能减排、低碳环保、扩大投资、拉动内需、农民增收、扶持和拉动光伏产业、光伏进家入社区、下乡进村、生态文明建设和美丽中国建设为主要目的，以新一轮城镇化的屋顶空间利用为主，以鼓励光伏建筑结合应用为重点，采取政府管理引导和财政政策鼓励结合的方式，综合运用财政政策、规划审批、能源评估和环境评估等手段，实施和启动全国性的光伏建筑一体化应用示范工程。

从光伏应用的发展趋势看，光伏应用发展的未来在“一高三低”。

“一高”，是指高光电转换效率的材料。如果材料的光电转换效率达到25%，则意味着中国范围内的光伏发电成本在0.3～0.5元/(kW·h）之间，届时家家户户都会考虑安装屋顶光伏发电。

“三低”，就是在光伏产品终端应用上应当符合三个原则，即低空间资源成本、低输变电成本、低安装使用维护成本，家家户户使用屋顶光伏是最符合这三个原则的。

满足“一高三低”，家家户户用光伏瓦和光伏幕墙来建造自己的房屋将成为普遍趋势。

所以说，不管从哪个角度，我们都应当重点鼓励光伏建筑一体化应用，政策上给予扶持，方向上给予鼓励，那么中国的光伏产业将会真正占据全球产业链分工的战略制高点，也会真正发挥经济转型中的战略作用。

2. 分布式光伏发电站对现有电网的影响

1）对电网规划产生影响。分布式光伏的并网，加大了其所在区域的负荷预测难度，改变了既有的负荷增长模式。大量的分布式电源的接入，使配电网的改造和管理变得更为复杂。

2）不同的并网方式影响各不相同。离网运行的分布式光伏对电网没有影响；并网但不向电网输送功率的分布式光伏发电会造成电压波动；并网并且向电网输送功率的并网方式会造成电压波动并且影响继电保护的配置。

3）对电能质量产生影响。分布式光伏接入的重要影响是造成馈线上的电压分布改变，其影响的大小与接入容量、接入位置密切相关。光伏发电一般通过逆变器接入电网，这类电力电子器件的频繁开通和关断容易产生谐波污染。

4）对继电保护的影响。中国的配电网大多为单电源放射状结构，多采用速断、限时速断保护形式，不具备方向性。在配电网中接入分布式电源后，其注入功率会使继电保护范围缩小，不能可靠地保护整体线路，甚至在其他并联分支故障时，引起安装分布式光伏系统的继电保护误动作。

情境二　并网光伏发电站相关概念

一、最大功率

以较小投入获取最大受益是每一项投资的永恒主题。光伏方阵是实现光电转换的主要器件，光伏发电系统的发电量多少除与电池板功率和运行状况有关，还与安装站点地理位置、太阳能辐射总量和温度有关。对于一个已设定地理位置和容量的光伏发电站而言，确保光伏方阵总能获得阳光的直射的安装方式对整个发电系统的效率影响非常大。

以目前技术水平，太阳能电池板只有在直射阳光的照射下，才能获得最大输出功率。因此，在发电站装机规模和安装地点确定的前提下，如何选择光伏方阵安装位置及角度，使之尽可能获取最大发电量，就成为提高整个发电站投资收益的先决手段。

二、最佳倾角

光伏方阵安装方式分为跟踪支架式和固定支架式。

跟踪支架式有单轴跟踪、双轴跟踪和斜轴跟踪等方式，即其角度始终面对太阳方位。但此类型支架初期投入成本与后期维护成本过高。

现阶段主要的光伏方阵安装方式即固定支架式安装，其电池板固定在支架结构上，其角度不能自主随太阳位置的变化而移动，无法每时每刻获得最大辐照量，这样的结果是影响转换效率，降低发电量。因此，合理设定支架位置和角度对提高光伏发电站效率具有重要意义！

所有支架位置的选择首要的是要使阵列面避开阴影、间距合理，固定光伏方阵角度调整

有方位角调整与倾角调整。

1. 光伏方阵方位角的选择

太阳能光伏方阵的方位角是方阵的垂直面与正南方向的夹角（向东偏设定为负角度，向西偏设定为正角度）。

太阳的直径是地球109倍，相对地球它不是点光源，而是一个面光源。除去地球南北极地区，太阳总是东升西落，但不是正东正西。运动轨迹北半球南倾、南半球北倾。如地处北半球中纬度地区，夏至日前后太阳从东北方升起，于西北方落下，昼长夜短；冬至日前后太阳从东南方升起，于西南方落下，昼短夜长。太阳辐照量随日出逐渐升高，正午前后最高，随后逐渐下降，至日落后为零。对于北半球来说，正午（不是北京时间）前后太阳位于正南上空。一般情况下，固定光伏阵列沿东西方向排列正向正南北方向（北半球向南，南半球朝北）时，即方阵垂直面与正南的夹角为0°（北半球）时，才能获取年平均最大辐射能量，在此种情况下，获得年平均最大发电量。

当受太阳能电池设置场所（如屋顶、土坡、山地、建筑物结构及阴影等）的限制时，则应考虑与它们的方位角一致，以求充分利用现有地形和有效面积，并尽量避开周围建、构筑物或树木等产生的阴影。只要在正南±20°之内，都不会对发电量有太大影响，在偏离正南30°（北半球）时，方阵的发电量将减少约10%～15%；在偏离正南60°（北半球）时，方阵的发电量将减少约20%～30%。

2. 太阳能电池倾角的选择

确定了光伏方阵位置和方位角，再选择倾角。理想的倾角是使太阳能电池全年发电量尽可能大，而冬季和夏季发电量差异尽可能小时的倾角，其倾角与仰角如图3-4所示。

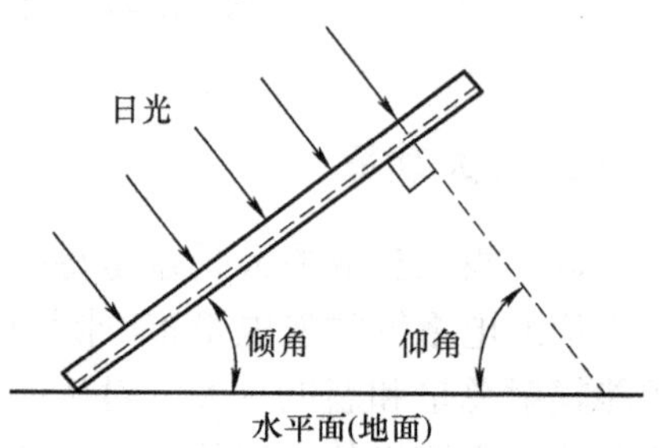

图3-4　光伏方阵组件倾角与仰角

光伏组件倾角的设计主要取决于光伏发电系统所处纬度和对一年四季发电量分配的要求。不同类型的太阳能光伏发电系统，其最佳安装倾角是有所不同的。对于同一地理位置（不含南北极）而言：冬季时白天日照时间短，太阳高度角小，太阳能辐射能量小；夏季白天日照时间长，太阳高度角大，太阳能辐射能量大。若是按冬天时能得到最大发电量确定倾角，其倾角应该比当地纬度的角度大一些；若是夏季光伏发电系统为负载供电，则应考虑夏季为负载提供最大发电量，其倾角应该比当地纬度的角度小一些。如果没有条件对倾角进行计算机优化设计，也可以根据当地纬度粗略确定太阳能电池的倾角。

1）一年四季发电量要求基本均衡的情况，按表3-1方式选择组件倾角。

表3-1　不同纬度光伏组件倾角粗略确定方法

光伏发电系统所处纬度	光伏组件水平倾角
纬度0°～25°	倾角等于纬度
纬度26°～40°	倾角等于纬度加5°～10°
纬度41°～55°	倾角等于纬度加10°～15°
纬度>55°	倾角等于纬度加15°～20°

2）在我国大部分地区通常可以采用所在纬度加7°作为水平倾角。

对于要求冬季发电量较多的地区，可以采用所在纬度加11°作为水平倾角。

对于要求夏季发电量较多的地区，可以采用所在纬度减11°作为水平倾角。

如需精确数据，可采用专用光伏设计软件分析。

三、光伏方阵间距设计

光伏方阵间距设计是指光伏方阵前后两排间距或与前方遮挡物之间的间距设计。固定式布置的光伏方阵在冬至日当天9：00～15：00不被遮挡的间距如图3-5所示。

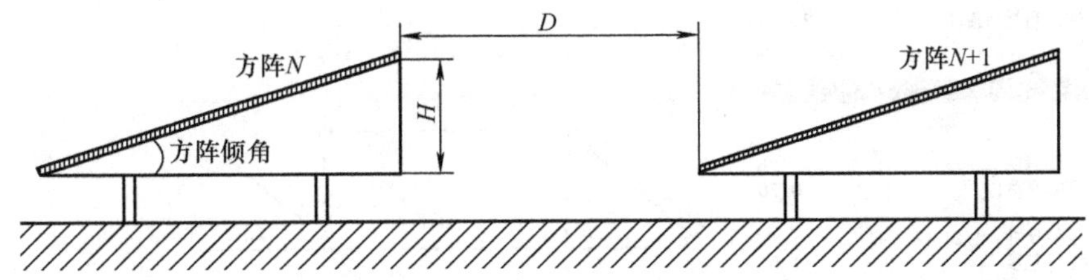

图3-5　方阵间距模拟

图3-5中，D为两排方阵之间最小的距离；H为后排光伏方阵底边至前排遮挡物上边的垂直高度。

光伏方阵前后间距或与前方遮挡物之间的间距如果设计不合理，则会影响光伏系统的发电量，尤其在冬季。光伏方阵前后间距或与前方遮挡物之间的间距的设计与光伏系统所在纬度、前排方阵或遮挡物高度有关。

设D为前后间距，则其计算公式为

$$D = 0.707H/\tan[\arcsin(0.648\cos\phi - 0.399\sin\phi)] \tag{3-1}$$

式中，ϕ为光伏系统所处纬度（°）（北半球为正，南半球为负）；H为后排光伏方阵底边至前排遮挡物上边的垂直高度（m）。

H值可通过三角公式$H = L\sin\beta$计算得到，其中，L为方阵倾斜长度（m）；β为方阵倾角（°）。也可以直接测量H的值。

【例3-1】　湖北黄石北纬$\phi = 30.11°$，最佳倾角为25°，使用英利YL-255P-32b组件，其组件长1810mm，求该地区安装光伏方阵最小距离。

解：1）计算H值。

$$H = L\sin\beta = 1.81\text{m} \times \sin 25° = 0.76\text{m} \tag{3-2}$$

2）计算D值。

$$\begin{aligned} D &= 0.707H/\tan[\arcsin(0.648 \times \cos 30.11° - 0.399 \times \sin 30.11°)] \\ &= 0.707H/\tan[\arcsin(0.648 \times 0.865 - 0.399 \times 0.502)] \\ &= 0.707H/\tan[\arcsin(0.56 - 0.20)] \\ &= 0.707H/\tan(\arcsin 0.36) \\ &= 0.707H/\tan 21.1° = 0.707H/0.386 = 1.83H = 1.83 \times 0.76\text{m} = 1.39\text{m} \end{aligned}$$

对于固定方阵光伏发电站而言，方阵的方位角、倾角、间距之间不是孤立存在的。方位角及倾角决定方阵接受阳光的量。科学的间距则保证方阵不被阴影笼罩（阴影下的电池片不发电反成为其他电池片的负载，引发热斑效应，减低电池板的寿命），使方阵中每个电池片均衡工作保证其更长寿高效。倾角的大小直接影响方阵间距，从而影响系统建设面积及总装机容量。所以，合理的倾角是权衡光伏发电站地理、气象、投资、收益等多项条件后才能做出的选择，非常重要！

实际应用过程中还可以使用一些计算小工具帮助我们解决复杂的计算过程，将相关参数输入即可得到两排方阵之间最小的距离，这类小工具读者可以自己从网络下载，本教材以 EXCEL 表格展示给读者，所计算的结果与上述计算基本一致，如图 3-6 所示。

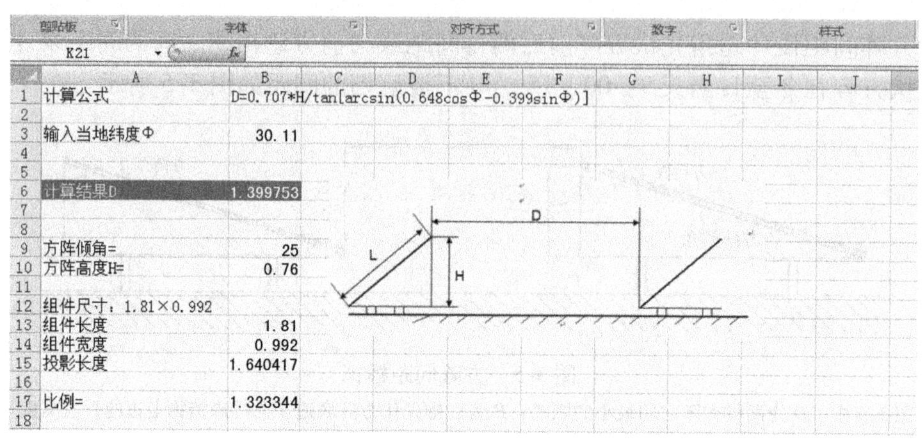

图 3-6 计算两排方阵之间最小的距离的 EXCEL 表格

情境三 光伏并网设备

一、太阳能电池组件

太阳能电池组件是太阳能发电系统中的核心部分，也是太阳能发电系统中最重要的部分。其作用是将太阳能转化为电能，或送往蓄电池中存储起来，或推动负载工作。太阳能电池组件的质量和成本将直接决定整个系统的质量和成本。

目前太阳能电池主要包括晶体硅太阳能电池和薄膜太阳能电池两种，它们各自的特点决定了它们在不同应用中拥有不可替代的地位。但是，未来 10 年晶体硅太阳能电池所占份额尽管会因薄膜太阳能电池的发展等原因而下降，但其主导地位仍不会根本改变；而薄膜太阳能电池如果能够解决转换效率不高、制备薄膜太阳能电池所用设备价格昂贵等问题，会有巨大的发展空间。

最早问世的太阳能电池是单晶硅太阳能电池。硅是地球上极丰富的一种元素，几乎遍地都有硅的存在，可说是取之不尽。用硅来制造太阳能电池，原料可谓不缺。但是提炼它却不容易，所以人们在生产单晶硅太阳能电池的同时，又研究了多晶硅太阳能电池和非晶硅太阳能电池，至今商业规模生产的太阳能电池，还没有跳出硅的系列。其实可供制造太阳能电池的半导体材料很多，随着材料工业的发展、太阳能电池的品种将越来越多。目前已进行研究和试制的太阳能电池，除硅系列外，还有硫化镉、砷化镓和硒铟铜等许多类型的太阳能电池，举不胜举。图 3-7 所示简单地介绍了太阳能电池的分类。

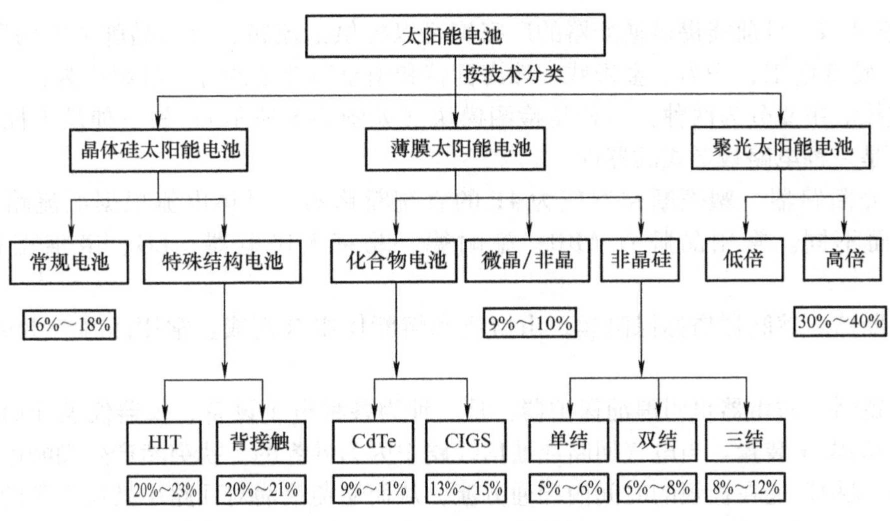

图 3-7　太阳能电池分类

二、光伏汇流箱（PV Array Combiner Box）

1. 光伏汇流箱的介绍

（1）光伏汇流箱的作用　太阳光经过太阳能电池阵列被转换为直流电，然后再通过逆变器转换为交流电并入电网或者直接供给负载使用。但是，由于光伏电池的转换效率不高，所以光伏发电站往往占用很多的土地或屋顶，范围比较大。为了减少光伏阵列和逆变器之间的连线，并且在电池阵列和逆变器之间进行保护，就需要把多路太阳能电池阵列输出进行汇流、保护后，变为较少路数的输出输入到逆变器里。而光伏汇流箱就是起到这个作用。

汇流箱是指用户可以将一定数量、规格相同的光伏电池串联起来，组成一个个光伏串列，然后再将若干个光伏串列并联接入光伏汇流箱，在光伏汇流箱内汇流后，通过直流配电柜、光伏逆变器、交流配电柜等配套使用，从而构成完整的光伏发电系统，实现与市电并网。

（2）光伏汇流箱的组成　光伏直流汇流箱内配置有光伏专用直流熔断器（根据光伏组件输出电流规格设计）、光伏专用直流断路器和光伏专用防雷模块等，光伏汇流箱实图如图 3-8所示，通信方面设有通信采集模块和声、光报警指示，使光伏发电系统更加智能化，

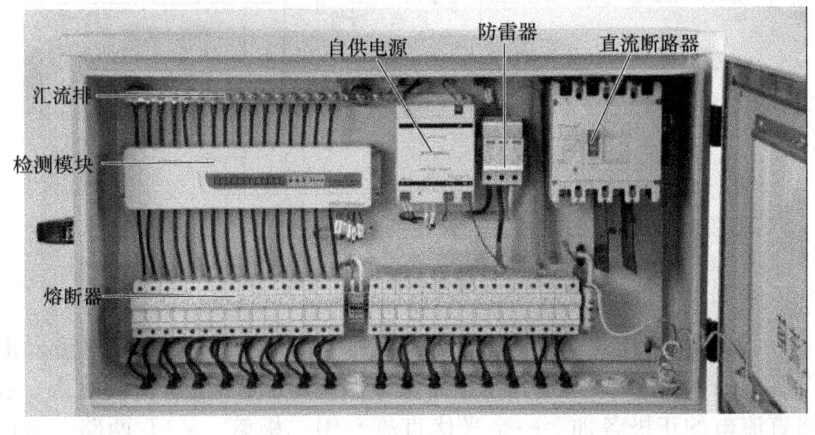

图 3-8　光伏汇流箱内部结构

操作更方便可靠。目前能提供逆变器的厂家均可以提供汇流箱，市场品牌主要为阳光电源、正泰电气、特变电工、华为、金宏威、珠海瓦特和南京冠亚电源等。各组成为：

1）监控。主要分为两种：一种是检测模块（如图3-8所示）；另一种是主控板（通信计量板），是一种电路板形式的器件。

2）塑壳断路器。塑壳断路器应为4P的直流断路器，具体电流根据汇流路数和串联电流不同而不同。常用品牌有ABB、施耐德、北京人民电器、LG、诺雅克和正泰电气等。

3）熔断器。熔断器俗称保险丝，由熔座和熔断体组合而成。常用品牌有Bussman、菲尼克斯。

4）防雷器。防雷器也叫浪涌保护器，是一种为各种电子设备、仪器仪表和通信线路提供安全防护的电子装置。当电气回路或通信线路中因为外界的干扰突然产生尖峰电流或者电压时，浪涌保护器能在极短的时间内导通分流，从而避免浪涌对回路中其他设备的损害。常用品牌有菲尼克斯、诺雅克、ABB、天盾和普天等。

5）其他还有箱体、电力电缆、接地线、接线端子和汇流排等。

1）~4）为汇流箱中的电气配置，而电气配置在整个汇流箱中是最关键的，如果选型不当或者产品质量不过关很容易造成汇流箱不能正常运行，或者彻底烧毁。

（3）光伏汇流箱的分类　汇流箱有4路、8路、12路和16路标准规格型号，可接入4路、8路、12路和16路太阳能电池串，每路电流最大可达10A。汇流箱另有带监控和不带监控选配。

2. 光伏汇流箱基本工作原理

光伏汇流箱可同时接入多路太阳能光伏阵列，具备防雷功能，确保雷击不影响光伏阵列正常输出，采用高压断路器，安全可靠，具有实时显示电流、电压和发电量的功能，便于观察工作状况，防护等级达IP65，满足室外安装的使用要求。

整个系统原理图如图3-9所示。

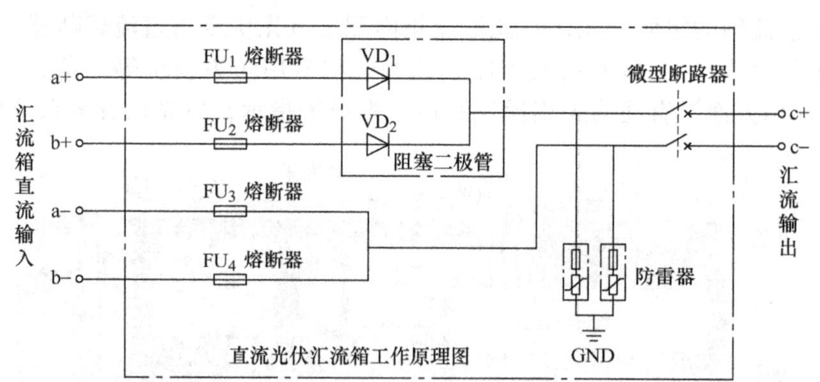

图3-9　直流光伏汇流箱主电路图

如图3-9所示，太阳能电池阵列将光能转化为电能后，以直流形式输入汇流箱。图中“a+”、“b+”和“a−”、“b−”分别是a、b两路直流电的正、负极输入。在汇流前，我们将a、b两路直流电的正极各加上一个光伏直流专用二极管。a、b两路直流电经过汇流箱汇流后，输入到光伏逆变器进行逆变，将直流电逆变为与电网同幅、同频、同步的交流电，

然后并入电网，或直接供给负载使用。由于一个逆变器可以接入几个汇流箱，所以在逆变器内还要进行二次汇流。

3. 光伏汇流箱的防雷设计

由于光伏汇流箱是安装在室外环境的，我们必须考虑对汇流箱进行雷击保护。为此，我们在汇流箱直流输出部分并联了一个光伏直流专用的雷击浪涌保护器（即防雷器）。一旦发生雷击，浪涌保护器会迅速将过大的电能泄放掉，保证电能的稳定输出，保护汇流箱不受雷击损害。图3-10a所示为光伏汇流箱防雷器接线图，图3-10b所示为某品牌单相雷击浪涌保护器内部结构，图中 U 为高能压敏电阻，t°为热脱钩结构，C为遥信节点，Ft为熔丝，MI为失效指示。

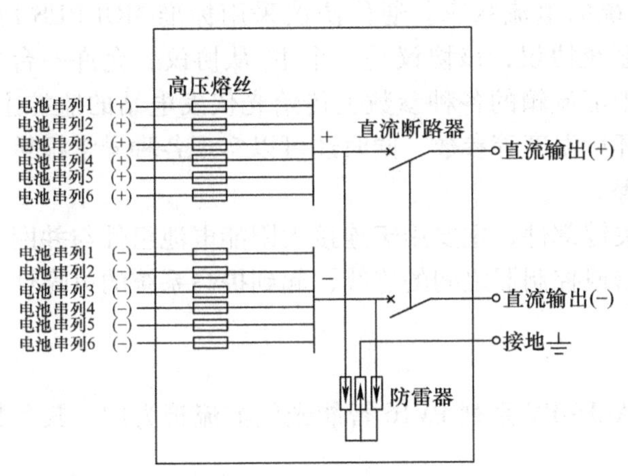

a) 光伏汇流箱防雷器接线图

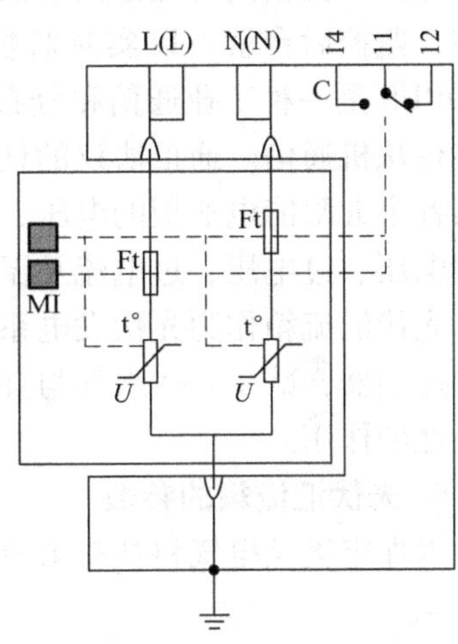

b) 单相雷击浪涌保护器内部结构

图3-10　雷击浪涌保护器内部结构

雷击浪涌保护器将直流输出正、负极通过热脱扣器和压敏电阻接地。正常工作时，压敏电阻呈现高阻状态。系统一旦受到雷击，电路里会产生一个很大的电压值，这时压敏电阻阻值迅速下降，电路正、负极与地导通，起到迅速泄放过大电能的作用。当过大电能泄放后，电压恢复正常，压敏电阻又恢复到高阻状态。某光伏直流雷击浪涌保护器技术参数见表3-2。

表3-2　光伏直流雷击浪涌保护器技术参数

型号规格	DS50PV-600
最大持续工作电压（DC）/V	680
标称放电电流 I_n/kA	20（8/20μs）
放电次数	50
标称通流容量 I_{max}/kA	40（8/20μs）
保护水平（标称放电电流下）/kV	2.5
保护模式	L+—PE、L-—PE
环境温度/℃	-40～+85
产品尺寸$\left(\frac{宽}{mm}\times\frac{高}{mm}\right)$	36×67

由于汇流箱要通过大电压、大电流，这就对电路板的保护措施有着严格的要求，根据国

标要求，电气间隙和爬电距离必须满足表3-3。

表3-3　电气间隙和爬电距离

额定直流电压 U_N/V	最小电气间隙/mm	最小爬电距离/mm
$U_N \leqslant 250$	15	20
$250 < U_N \leqslant 690$	20	25
$690 < U_N \leqslant 1000$	25	35

4. 光伏汇流箱的状态监控

光伏汇流箱内可配置监控模块，对太阳能电池板电路状态进行检测，将数据传送到监控后台，监控后台就可以实时监控整个系统的电流状态。通信协议采用标准MODBUS协议。MODBUS是一种工业通信和分布式控制系统协议，该协议是一个主-从协议，允许一台主机与多台从机通信。通信协议的任务就是把汇流箱的各种参数上传给光伏发电站的监控主机，包括各个太阳能电池板的电压、电流及环境温度等参数，同时还可以实现各种异常报警，包括欠电压、过电压、过电流及温度过高等。

光伏汇流箱作为光伏发电系统中的关键部件，主要用于连接太阳能电池组件与并网逆变器或控制器，减少光伏组件与并网逆变器或控制器之间的连线，起到提高系统的可靠性、可维护性的作用。

5. 光伏汇流箱的参数

以保定奥兰电气科技有限责任公司ALDBPV系列PV16智能光伏汇流箱为例，其参数见表3-4。

表3-4　ALDBPV系列智能光伏汇流箱参数

型　号		ALDBPV16
物理参数	尺寸$\left(\frac{长}{mm}\times\frac{宽}{mm}\times\frac{高}{mm}\right)$	750×540×185
	质量/kg	25
环境参数	防护等级	IP65
	环境温度/℃	-25～+65
	相对湿度（%）	0～95
	最高海拔/m	6000（超过3000m须降容）
电气参数	工作电压范围（DC）/V	400～1200
	最大直流输入电压/V	1000
	最大直流输入电流/A	160
	支路最大输入电流/A	15
	输入支路数	16
	每根电线的横截面积/mm²	4～6
	输入、输出端口对地绝缘电阻/MΩ	>100
	通信接口	RS—485/无线（可选）
	安装方式	螺栓固定
保护参数	熔丝（型号）	PV—15A10F
	DC熔丝数量	32
	防雷器（型号）	DS20PV—1000S
	断路器（型号）	GM—P/160A

从表3-4参数可以看出，工程中光伏汇流箱的选择主要考虑：①选择汇流路数，每一路最大直流输入电压、电流不能超过所选汇流箱的规定范围，一般情况下每路接入组串的开路电压值可达900V；再考虑汇流箱的使用环境，如果是户外则要求其防护等级。②对不装组串过流保护的汇流箱，光伏方阵反向电流额定值 I_r 应大于可能发生的反射电流，直流电缆的过载能力应能承受来自并联组串的最大故障电流，即不小于 $1.25I_{sc}$，I_{sc} 为标准测试条件下光伏组件的短路电流。③对于装有过电流保护装置的汇流箱，组串过电流保护应不小于 $1.25I_{sc}$。④对装有隔离二极管的汇流箱，隔离二极管的反向电压应不低于标准测试条件下开路电压 U_{oc} 的2倍。

本书附录A列举了易事特几种汇流箱参数，供读者参考。

三、逆变器（Inverter）

1. 逆变器的主要技术性能及评价选用

表征逆变器性能的基本参数与技术条件内容很多，下面仅就评价时常用的参数做一简要说明。

（1）额定输出电压　逆变器的额定输出电压通常给出的是一个电压变化范围，接入电网或直接给负荷供电时，其值应满足电网或负荷的要求。在规定的输入条件下，逆变器输出电压的波动范围一般为：单相220V ±11V，三相380V ±19V。

（2）输出电压的不平衡度　三相逆变器不存在三相电压不平衡问题。只有经单相逆变器接入时，如果没有将逆变器输出均匀地分配，可能会出现三相电压不平衡问题。我国规定，电力系统的公共连接点正常电压不平衡度允许值为2%，短时不得超过4%。

（3）输出电压的谐波电压含有率　因为逆变器主要是由电子元器件构成的，其输出必然含有谐波，谐波的大小用谐波电压含有率或谐波电流含有率表示，其值应符合国家或行业标准。正弦波逆变器在阻性负载下，输出电压的最大谐波含量应≤10%。

（4）额定输出频率　逆变器输出交流电压的频率是一个相对稳定的值，标准值为工频50Hz。正常工作条件下应不超过50.5Hz。

（5）功率因数　功率因数是表征无功功率含有量的参数。为了获得最大收益，逆变器的功率因数宜设置为1。

（6）额定输出电流（或额定输出容量）　额定输出电流表示在规定的负载功率因数范围内，逆变器的额定输出电流。有些逆变器产品给出的是额定输出容量，其单位以V·A或kV·A表示。逆变器的额定容量是当输出功率因数为1（即纯阻性负载）时额定输出电压与额定输出电流的乘积。

（7）额定输出效率　逆变器的效率是在规定的工作条件下，其输出功率与输入功率之比，以百分数表示。逆变器在额定输出容量下的效率为满负荷效率，在10%额定输出容量下的效率为低负荷效率。

（8）过电流保护　逆变器的过电流保护应能保证在负载发生短路或电流超过允许值时按设定动作，避免供配电线路和设备受损。

（9）噪声　电力电子设备中的变压器、滤波电感、电磁开关及风扇等部件均会产生噪声。逆变器正常运行时，其噪声水平应符合国家或行业标准。不经常操作、监视和维护的逆

变器，噪声应小于95dB，经常操作、监视和维护的逆变器，噪声应小于80dB。

（10）防护等级　IP（Ingress Protection）防护等级系统是由IEC（International Electrotechnical Commission）所起草。IP防护等级是由两个数字所组成，第1个数字表示防尘、防止外物侵入的等级，第2个数字表示防湿气、防水侵入的密闭程度，数字越大表示其防护等级越高。

2. 逆变器选型设计的基本方法

光伏发电站是通过逆变器连接到电网上的，现在世界上比较通行的太阳能逆变器有：集中型逆变器、组串型逆变器和微型逆变器。不同的发电站类型安装载体、容量、接入方式以及制约因素都有所不同，因此逆变器选型应结合发电站特性，充分发挥组串型、集中型的优势，综合考虑安全性、可靠性及项目收益而定。

（1）三种逆变器适用范围对比　对于大型荒漠地面发电站而言，从安全性、可靠性和建设成本看，集中型有一定优势，现有组串型系统效率提升缺乏数据支撑。因此在大型荒漠地面发电站中，集中型逆变器仍占主导地位。

对于山地发电站而言，从安全性、可靠性和建设成本看，集中型占优；但由于地形地貌复杂多变，组串型效率高，在组串配置、安装方式方面占优，因此建议采用组串型与集中型复合并网方案。

对于屋顶发电站而言，集中型建设成本稍低；组串型在安全性、灵活性、能效性方面更有优势，体现在防范火灾、提升发电量等方面。因此目前屋顶发电站中组串型已逐渐成为主流。

微型逆变器采用的是并联工作原理方式，支持多台相连，当任意部分电池板遭到遮挡或损坏，只对其部分电池板的发电量受到影响，可大幅提高电站的整体发电效率，可以远程监控到每个组件，可以快速安装更换，适用范围以家庭屋顶、阳台以及中小型的商业光伏发电站。

（2）逆变器类型选择　并网逆变器主要分高频变压器型、低频变压器型和无变压器型三大类。根据所设计发电站以及业主的具体要求，主要从安全性和转换效率两个层面来考虑变压器类型。它们之间的对照见表3-5。

表3-5　三类逆变器安全性与转换效率对照

类型＼因素	安全性	转换效率	成本价格	重量、尺寸
高频变压器型	中	低	中	中
低频变压器型	高	中	高	大
无变压器型	低	高	低	小

（3）容量匹配设计　并网系统设计中要求组件方阵装机容量与所接逆变器的功率容量相匹配，计算组件方阵总功率公式为

$$组件方阵总功率=组件标称功率\times组件串联数\times组件并联数 \tag{3-3}$$

在容量设计中，并网逆变器的最大输入功率应近似等于组件方阵功率，以实现逆变器资源的最大化利用。

（4）MPPT电压范围与电池组件方阵电压匹配　根据太阳能电池的输出特性，电池组件

存在最大功率输出点，并网逆变器具有在特定输入电压范围内自动追踪最大功率点的功能，因此电池阵列的输出电压应处于逆变器 MPPT 电压范围以内。组件方阵电压的计算公式为

$$组件方阵电压=电池组件电压\times组件串联数 \tag{3-4}$$

组件方阵电压的一般设计思路是组件方阵的标称电压近似等于并网逆变器 MPPT 电压的中间值，这样可以达到 MPPT 的最佳效果。

（5）最大输入电流与电池组件方阵电流匹配　电池组件方阵的最大输出电流应小于逆变器最大输入电流。为了减少组件方阵到逆变器过程中的直流损耗，以及防止电流过大对逆变器造成过热或电气损坏，逆变器最大输入电流值与电池阵列的电流值的差值应尽量大一些。电池方阵最大输出电流的计算方法为

$$电池方阵最大输出电流=电池组件短路电流\times组件并联数 \tag{3-5}$$

（6）转换效率　并网逆变器的效率标示一般分最大效率和欧洲效率，通过加权系数修正的欧洲效率更为科学。

在其他条件满足的情况下，逆变器转换效率应越高越好。

（7）配套设备　并网光伏发电系统是完整的体系，逆变器是重要的组成部分，与之配套相关的设备主要是配电柜和监控系统。

并网发电站的监控系统包括硬件和软件，根据自身特点需要而量身定做，一般大型的逆变器厂家都针对自己的逆变器而专门开发了一套监控系统，因此在逆变器选型过程中，应考虑相关的配套设备是否齐全。

除上述几点外，还应考虑逆变器的品牌与质量、价格与服务。

四、支架

太阳能光伏支架是固定太阳能电池板的重要部件，在获得太阳能电池板最大发电效率的前提下，保证支架的安全可靠性是光伏组件厂家需要考虑和研究的。

1. 光伏支架分类

根据不同形式的太阳能光伏发电的需要，支架系统一般分为单立柱太阳能支架、双立柱太阳能支架、矩阵太阳能支架、屋顶太阳能支架、墙体太阳能支架和跟踪系统系列支架等若干规格型号；同时按照不同的安装方式又分为地面安装系统、屋顶安装系统和建筑节能一体化支架安装系统。目前商品化的太阳能光伏组件支架大多不可以调节角度，采用跟踪方式进行太阳能发电又浪费大量人力物力，投入产出比受到一定程度的局限。

2. 光伏支架材质选型

目前我国普遍使用的太阳能光伏支架系统从材质上分主要有混凝土支架、钢支架和铝合金支架三种。混凝土支架主要应用在大型光伏发电站上，因其自重大，只能安放于野外且基础较好的地区，但稳定性高，可以支撑尺寸巨大的电池板。铝合金支架一般用在民用建筑屋顶或金属屋面太阳能应用上，铝合金具有耐腐蚀、质量轻和美观耐用的特点，但其承载力低。钢支架抗弯强度比铝合金支架要大，且价格要低于铝合金支架，一般在大风地区、跨度要求比较大的项目采用钢支架在经济上有明显的效益。

3. 光伏支架载荷分析

主要包括计算固定载荷（组件自身重量及其他）、风载荷及雪载荷。

风载荷是指垂直于气流方向的平面所受的风的压力。通俗地讲，从支架前面吹来（顺

风）的风压及从支架后面吹来（逆风）的风压，引起材料的弯曲、支撑臂的压曲（压缩）以及拉伸，使正常的地面、屋顶震动、沉降引起结构变化。

雪载荷是建筑学术语，指作用在建筑物或构筑物顶面上计算用的雪压。一般工业与民用建筑物屋面上的雪载荷是由积雪形成的，是自发性的气象载荷（自然载荷）。雪载荷值的大小主要取决于依据气象资料而得的各地区降雪量、屋盖形式、建筑物的几何尺寸以及建筑物的正常使用情况等。

关于风载荷与雪载荷的详细计算，我们将在模块六中详细讲解。

情境四　光伏发电站接入电网标准

一、光伏发电站接入电网的一般原则

国际能源署（International Energy Agency，IEA）根据太阳能光伏发电站规模分为小规模、中规模、大规模和超大规模四类；根据接入电网的电压等级，可分为小型、中型和大型光伏发电站，其分类见表3-6；根据是否允许通过公共连接点向公用电网送电，可分为可逆和不可逆的接入方式。

表3-6　光伏发电站接入电网标准

电站规模	装机容量	并入电网等级
小规模光伏发电站	100kW以下	0.4kV的低压配电网
中规模光伏发电站	100kW～1MW	10～35kV的配电网
大规模光伏发电站	1MW～10MW	66kV及以上
超大规模光伏发电站	10MW以上	66kV及以上

光伏发电站接入公用电网的连接方式分为专线接入、T接入（支线接入）以及通过用户内部电网接入三种方式，原则上，专线接入送出线路进入变电站间隔，且变电站间隔内一、二次设备齐全。支线接入不是从变电站间隔内直接引出，而是从一条线路上或环网柜中引出一个分支进行供电，分支点没有断路器、CT等电气设备。专线接入和支线接入连接方式如图3-11所示。

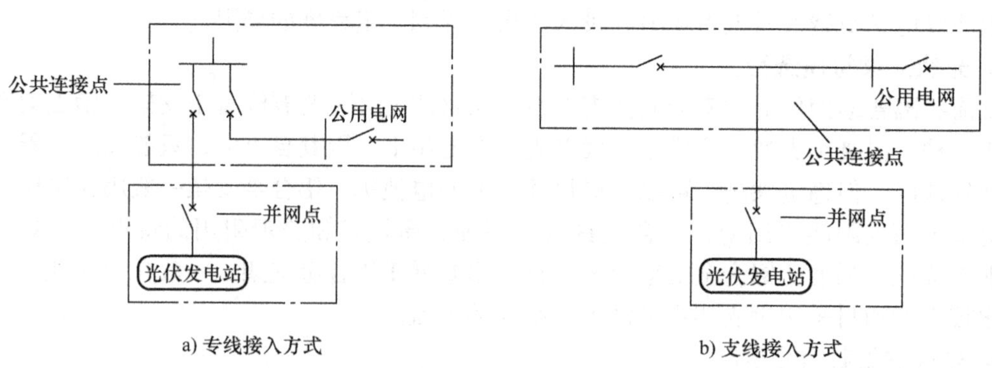

a) 专线接入方式　　b) 支线接入方式

图3-11　光伏发电站接入电网的两种方式

二、光伏发电站接入电网的技术要求

并网光伏发电站向当地交流负载提供电能和向电网输送电能的质量应受控，在谐波、电压不平衡度、直流分量、电压波动和闪变以及功率因数方面应满足国家相关标准。

1. 谐波和波形畸变

光伏发电站接入电网后，公共连接点的谐波电压应满足 GB/T 14549—1993《电能质量　公用电网谐波》的规定，见表 3-7。

表 3-7　公用电网谐波电压限值

电网标称电压/kV	电压总谐波畸变率（%）	各次谐波电压含有率（%）	
		奇次	偶次
0.38	5.0	4.0	2.0
6	4.0	3.2	1.6
10			
35	3.0	2.1	1.2
66			
110	2.0	1.6	0.8

光伏发电站接入电网后，公共连接点处的总谐波电流分量（方均根）应满足 GB/T 14549—1993《电能质量　公用电网谐波》的规定，应不超过表 3-8 中规定的允许值，其中光伏发电站向电网注入的谐波电流允许值按此光伏发电站安装容量与其公共连接点的供电设备容量之比进行分配。

表 3-8　注入公共连接点的谐波电流允许值

标称电压/kV	基准短路容量/MVA	谐波次数及谐波电流允许值/A											
		2	3	4	5	6	7	8	9	10	11	12	13
0.38	10	78	62	39	62	26	44	19	21	16	28	13	24
6	100	43	34	21	34	14	21	11	11	8.5	16	7.1	13
10	100	26	20	13	20	8.5	15	6.4	6.8	5.1	9.3	4.3	7.9
35	250	15	12	7.7	12	5.1	8.8	3.8	4.1	3.1	5.6	2.6	4.7
66	300	16	13	8.1	13	5.1	9.3	4.1	4.3	3.3	5.9	2.7	5
110	750	12	9.6	6	9.6	4	6.8	3	3.2	2.4	4.3	2	3.7

标称电压/kV	基准短路容量/MVA	谐波次数及谐波电流允许值/A											
		14	15	16	17	18	19	20	21	22	23	24	25
0.38	10	11	12	9.7	18	8.6	16	7.8	8.9	7.1	14	6.5	12
6	100	6.1	6.8	5.3	10	4.7	9	4.3	4.9	3.9	7.4	3.6	6.8
10	100	3.7	4.1	3.2	6	2.8	5.4	2.6	2.9	2.3	4.5	2.1	4.1
35	250	2.2	2.5	1.9	3.6	1.7	3.2	1.5	1.8	1.4	2.7	1.3	2.5
66	300	2.3	2.6	2	3.8	1.8	3.4	1.6	1.9	1.5	2.8	1.4	2.6
110	750	1.7	1.9	1.5	2.8	1.3	2.5	1.2	1.4	1.1	2.1	1	1.9

2. 电压偏差

光伏发电站接入电网后，公共连接点的电压偏差应满足 GB/T 12325—2008《电能质量 供电电压偏差》的规定，即：

35kV 及以上公共连接点电压正、负偏差的绝对值之和不超过标称电压的 10%。

20kV 及以下三相公共连接点电压偏差为标称电压的 ±7%。

注：如公共连接点电压上下偏差同号（均为正或负）时，按较大的偏差绝对值作为衡量依据。

3. 电压波动和闪变

光伏发电站接入电网后，公共连接点处的电压波动和闪变应满足 GB/T 12326—2008《电能质量 电压波动和闪变》的规定。

光伏发电站单独引起公共连接点处的电压变动限值与变动频度、电压等级有关，见表 3-9。

表 3-9 电压变动限值

r/（次/h）	d（%）	
	LV，MV	HV
r≤1	4	3
1 < r≤10	3 *	2.5 *
10 < r≤100	2	1.5
100 < r≤1000	1.25	1

注：1. 很少的变动频度 r（每日少于 1 次），电压变动限值 d 还可以放宽，但不在本标准中规定；
2. 对于随机性不规则的电压波动，如电弧炉负荷引起的电压波动，表中标有“ * ”的值为其限值；
3. 本标准中系统标称电压 U_N 等级按以下划分：
低压（LV） $U_N \leqslant 1kV$
中压（MV） $1kV < U_N \leqslant 35kV$
高压（HV） $35kV < U_N \leqslant 220kV$

光伏发电站在公共连接点单独引起的电压闪变值应根据光伏发电站安装容量占供电容量的比例以及系统电压，按照 GB/T 12326—2008《电能质量 电压波动和闪变》的规定分别按三级作不同的处理。光伏发电站公共连接点，在系统正常运行的较小方式下，以一周（168h）为测量周期，所有长时间闪变值 P_{lt} 都应满足表 3-10 所列的限值要求。

表 3-10 各级电压下的闪变限值

P_{lt}	
≤110kV	>110kV
1	0.8

注：P_{lt} 为长时间闪变值，每次测量周期为 2h。

4. 电压不平衡度

光伏发电站接入电网后，公共连接点的三相电压不平衡度应不超过 GB/T 15543—2008《电能质量 三相电压不平衡》规定的限值，公共连接点的负序电压不平衡度应不超过 2%，短时不得超过 4%；其中由光伏发电站引起的负序电压不平衡度一般为 1.3%，短时不超过 2.6%。

5. 直流分量

光伏发电站并网运行时，向电网馈送的直流电流分量不应超过其交流额定值的 0.5%。

对于不经变压器直接接入电网的光伏发电站，因逆变器效率等特殊因素可放宽至1%。

6. 功率控制和电压调节

大型和中型光伏发电站应具有有功功率调节能力，并能根据电网调度部门指令控制其有功功率输出。

大型和中型光伏发电站应具有限制输出功率变化率的能力，但可以接受因太阳光辐照度快速减少引起的光伏发电站输出功率下降速度超过最大变化率的情况。

大型和中型光伏发电站参与电网电压调节的方式包括调节光伏发电站的无功功率、调节无功补偿设备投入量以及调整光伏发电站升压变压器的电压比等。

接入10~35kV电压等级公用电网的光伏发电站，功率因数应能在超前0.98和滞后0.98范围内连续可调。有特殊要求时，可以与电网企业协商确定。在其无功输出范围内，大型和中型光伏发电站应具备根据并网点电压水平调节无功输出、参与电网电压调节的能力，其调节方式、参考电压和电压调差率等参数应可由电网调度机构远程设定。

接入110kV（66kV）及以上电压等级公用电网的光伏发电站，其配置的容性无功容量应能够补偿光伏发电站满发时站内汇集线路、主变压器的全部感性无功及光伏发电站送出线路的一半感性无功之和；其配置的感性无功容量能够补偿光伏发电站站内全部充电无功功率及光伏发电站送出线路的一半充电无功功率之和。

7. 电网异常时的响应特性

大、中型光伏发电站应具备一定的低电压穿越能力（如图3-12所示），避免在电网电压异常时脱离，引起电网电源的损失。当并网点电压在图3-12中电压曲线及以上区域时，光伏发电站应保持并网运行。当并网点在电压轮廓线以下时，允许光伏发电站停止向电网送电；当并网点运行电压高于110%电网额定电压时，光伏发电站的运行状态由光伏发电站的性能确定。接入用户内部电网的大、中型光伏发电站的低电压穿越要求由电力调度部门确定。图中U_{L2}为正常运行的最低电压限值，宜取0.9倍额定电压。U_{L1}为需要耐受的电压下限，宜取0.2倍额定电压。T_1为电压跌落到0时需要保持并网的时间，T_2为电压跌落到U_{L1}时需要保持并网的时间。T_1、T_2、T_3的数值需根据保护和重合闸动作时间等实际情况来确定。

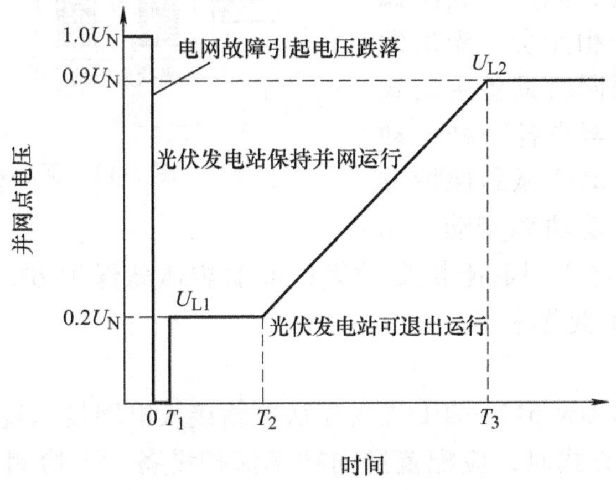

图3-12 电网异常响应特性

小型光伏发电站并网点电压在不同的运行范围时，光伏发电站在电网电压异常的响应要求应符合表3-11的规定。

表3-11　小型光伏发电站并网电压异常下的响应要求

并网点电压	最大分闸时间
$U<50\%U_N$	0.1s
$50\%U_N\leqslant U<85\%U_N$	2.0s
$85\%U_N\leqslant U\leqslant 110\%U_N$	连续运行
$110\%U_N<U<135\%U_N$	2.0s
$135\%U_N<U$	0.05s

表3-11中，U_N为光伏发电并网点的电网标称电压；最大分闸时间是指异常状态发生到逆变器停止向电网送电的时间。

8. 安全与保护

光伏发电站或电网异常、故障时，为保证设备和人身安全，应具有相应继电保护功能，保证电网和光伏设备的安全运行。因此光伏发电站的保护应符合可靠性、选择性、灵敏性和速动性的要求。

9. 过电流与短路保护

光伏发电站具备一定的过电流能力，在120%额定电流以下时，光伏发电站连续可靠工作时间不应小于1min；在120%～150%额定电流范围内，光伏发电站连续可靠工作时间不小于10s。当检测到电网侧发生短路时，光伏发电站向电网输出的短路电流应不大于额定电流的150%。

10. 防孤岛

孤岛效应是指电网失压时，光伏电站仍保持对失压电网中的某一部分线路继续供电的状态，如图3-13所示。

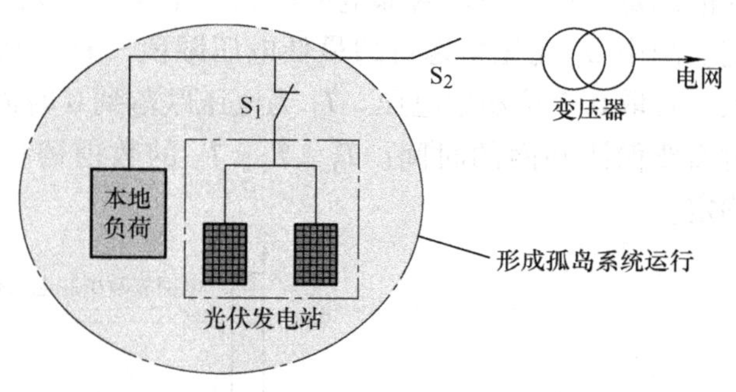

图3-13　孤岛效应形成图

光伏发电站必须具备快速检测孤岛且立即断开与电网连接的能力，其防孤岛保护应与电网侧保护相配合。光伏发电站的防孤岛保护必须同时具备主动式和被动式两种，应设置至少各一种主动和被动防孤岛保护。主动防孤岛保护方式主要有频率偏离、有功功率变动、无功功率变动和电流脉冲注入引起阻抗变动等；被动防孤岛保护方式主要有电压相位跳动、3次电压谐波变动和频率变化率等。

11. 逆功率保护

（国家电网公司Q/GDW 617—2011）《光伏电站接入电网技术规定》规定要求：光伏发电站设计为不可逆并网方式时，应配置逆向功率保护设备，当检测到逆流超过额定输出的5%时，逆向功率保护应在0.5～2s内将光伏发电站与电网断开。

图3-14所示为某品牌采用AS-6085逆功率监控装置。检测交流电网（380V/220V，

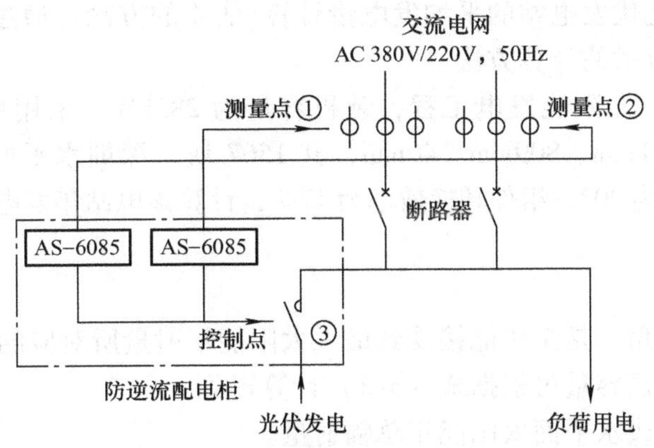

图 3-14　防逆流系统原理框图

50Hz）供电回路电压、电流（测量点①或②），判断功率流向和功率大小。如果电网供电回路出现逆功率现象，防逆流装置立即逐级断开光伏并网系统中的逆变器模组，直到逆功率现象消失。

如整体断电后，重新对负载送电过程中，防逆流开关（控制点③）处于断开状态，防逆流装置如果检测到测量点①或②的电压为正常供电电压（满足设定的合理电压），防逆流装置把光伏并网系统中接入点合上（控制点③），光伏并网系统处于待机并网状态。

12. 恢复并网

系统发生扰动后，在电网电压和频率恢复正常范围之前光伏发电站不允许并网，且在系统电压频率恢复正常后，光伏发电站需要经过一个可调的延时时间后才能重新并网，这个延时一般为 20s 到 5min，取决于当地条件。

任务实现

任务内容

上面重点介绍了几种并网光伏发电系统、并网光伏发电系统的几个重要组成部分、并网系统所涉及的相关理论知识以及光伏发电站接入电网的原则与技术要求，让读者掌握并网光伏发电站与独立光伏发电站在设备配置方面、系统建设所考虑的问题方面存在的异同点。

本节任务主要为：

1）通过装机容量计算系统的年发电量。

2）通过太阳能电池方阵的计划占用面积计算系统的年发电量。

3）通过实际大型项目帮助大家巩固并网光伏发电系统的组成。

任务一　并网光伏发电系统的年发电量计算

任务目标

每个有经验的光伏人心里都有一个简便的估算方法，可以得出和计算值相差不多的数

据，本任务总结列举光伏发电站的平均发电量计算/估算的方法，通过案例分析各方法的差异，方便读者选择最合适的计算方法。

例如深圳万科中心太阳能发电工程，装机容量为282kW，采用单晶光伏组件180Wp，长、宽、高分别为1581mm、809mm、40mm，共1567块，深圳水平面太阳能年总辐射量为5225MJ/m^2，安装倾角为20°，组件转换效率为17%，计算该电站年发电量（单位：kW·h）。

↘ 任务知识准备

1）组件方阵的倾角，是全年能接受到最大太阳能辐射量所对应的角度。

2）光伏方阵的装机容量可根据式（3-3）计算得到。

3）当地日照时数或水平面太阳能年总辐射量。

↘ 任务实施方法与过程

光伏发电站发电量预测应根据站址所在地的太阳能资源情况，并考虑光伏发电站系统设计、光伏方阵布置和环境条件等各种因素后计算确定。

1. 并网光伏发电站年发电量计算方法

（1）通过装机容量计算年发电量　根据GB50797—2012《光伏发电站设计规范》，光伏发电站上网电量E_p为

$$E_p = KH_A P_{AZ}/E_S \tag{3-6}$$

式中，E_p为上网发电量（kW·h）；K为综合效率系数；H_A为水平面太阳能总辐照量（kW·h/m^2，年峰值日照时数）；P_{AZ}为组件安装容量（kWp）；E_S为标准条件下的辐照度（常数，1000W/m^2）。

综合效率系数K是考虑了各种因素影响后的修正系数，其中包括：

光伏组件类型修正系数，一般取0.95；光伏方阵的倾角、方位角修正系数，根据图3-15所示选择；光伏发电系统可用率，一般取0.9；光照利用率，一般取组件转换效率；逆变器效率，一般取0.9，正常情况下购买逆变器，其说明书中都有效率说明；集电线路、升压变压器损耗，一般取0.95；光伏组件表面污染修正系数，一般取0.85，具体要看相应地区的空气污染情况；光伏组件转换效率修正系数。

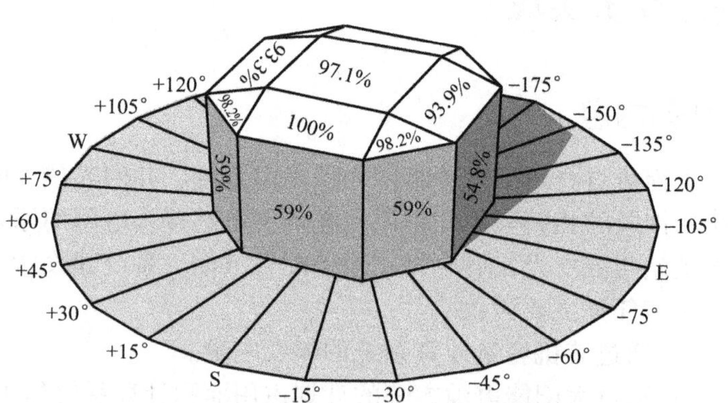

图3-15　组件朝向与倾角修正系数

图3-15中，W指west，S指south，E指east。

设定正南方向与水平面成20°夹角时效率为100%。

这种计算方法是最全面一种，但是对于综合效率系数的把握，对非资深光伏从业人员来讲，是一个考验，总体来讲，K的取值在75%~85%之间，视情况而定。

（2）通过组件面积、辐射量计算　光伏发电站上网电量 E_p 为

$$E_p = K_1 K H_B S \tag{3-7}$$

式中，K_1 为组件转换效率；K 为系统综合效率；H_B 为倾斜面太阳能总辐照量（$kW \cdot h/m^2$，年峰值日照小时数）；S 为组件面积总和（m^2）。

系统综合效率系数 K 是考虑了各种因素影响后的修正系数，其中包括：

① 厂用电、线损等能量折减。交直流配电房和输电线路损失约占总发电量的3%，相应折减修正系数取为97%。

② 逆变器折减。逆变器效率为95%～98%。

③ 工作温度损耗折减。电池的效率会随着其工作时的温度变化而变化。当它们的温度升高时，光伏组件发电效率会呈降低趋势。一般而言，工作温度损耗平均值为2.5%左右。

④其他因素折减。除上述各因素外，影响光伏发电站发电量的还包括不可利用的太阳辐射损失和最大功率点跟踪精度影响折减以及电网吸纳等其他不确定因素，相应的折减修正系数取为95%。

这种计算方法是第一种方法的变化公式，适用于光伏组件倾斜安装的项目，只要得到倾斜面辐照度（或根据水平辐照度进行换算：倾斜面辐照度＝水平面辐照度/cos（组件倾角），就可以计算出较准确的数据。

（3）通过峰值日照小时数、安装容量计算　光伏发电站上网电量 E_p 为

$$E_p = KHP \tag{3-8}$$

式中，K 为系统综合效率（取值为75%～85%）；H 为当地年峰值日照时数（h）；P 为系统安装容量（kWp）。

这种计算方法也是第一种方法的变化公式，简单方便，可以计算每年平均发电量，非常实用。

（4）经验系数法　光伏发电站年均发电量 E_p 为

$$E_p = K_0 P \tag{3-9}$$

式中，K_0 为经验系数（取值根据当地日照情况，一般取值为900～1800h）；P 为系统安装容量（kWp）。

这种计算方法是根据当地光伏项目实际运营经验总结而来，是估算年均发电量最快捷的方法。

2. 实例计算

我们利用表3-12的方式对万科中心太阳能发电工程年发电量进行计算，方便读者比较。

表3-12　并网光伏发电站发电量几种计算方法比较

	通过装机容量计算	通过组件面积、辐射量计算	通过峰值日照小时数、安装容量计算	经验系数法
计算公式	$E_p = KH_A P_{AZ}/E_S$	$E_p = K_1 K H_B S$	$E_p = KHP$	$E_p = K_0 P$
计算过程	=0.8×5225/3.6×282	=0.17×0.8×5225/3.6×1.581×0.809/cos20°×1567	=(0.8×5225/3.6/365)×282×365	=1150×282
说明	K 取综合效率0.8	K 取综合效率0.8	K 取综合效率0.8	K_0 取1150
计算结果	327433	421004	327433	324300

从上述计算过程可以看出，装机容量与峰值日照小时数计算结果一样，这是因为峰值日照小时数的概念是这样定义的：峰值日照小时数是将当地的太阳辐射总量，折算成标准测试条件（辐照度1000W/m²）下的小时数。而组件面积计算法发电量最大，这是因为该公式考虑到了组件倾角。

任务二　实际太阳能光伏并网项目介绍

↘ 任务目标

本任务以宁夏太阳山10MW地面光伏并网项目设计为例，通过实际项目的具体配置，从中学习大型光伏并网项目的设计思路。

↘ 任务掌握的内容

1）根据总装机容量分配太阳能电池组件、方阵数目。

2）根据方阵数目设计光伏防雷汇流箱数目与直流配电柜数目。

3）设计光伏并网逆变器数目与选型。

4）交流防雷配电系统。

↘ 任务实施方法与过程

1. 项目系统组成

项目系统组成如图3-16所示。

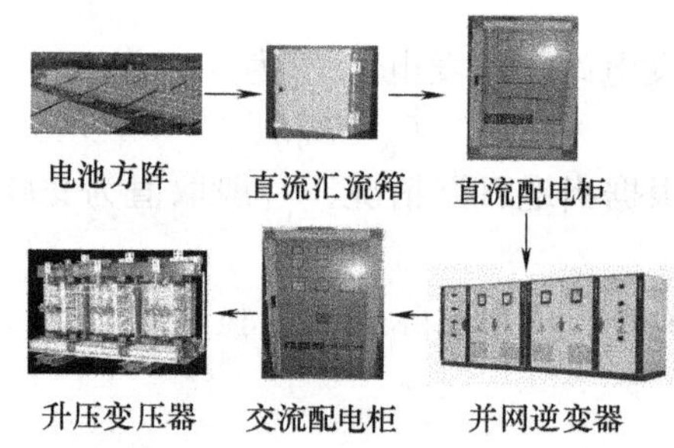

图3-16　宁夏太阳山10MW地面光伏并网项目系统组成

2. 系统配置说明

（1）太阳能电池组件　整个项目分为10个子单元，每个子单元为1.012MW，选用功率为230Wp的太阳能电池多晶硅组件，需配置4400块太阳能电池组件，每个子单元共有220个光伏方阵（阵列朝向一致），每个方阵由20块电池组件串联组成，每个方阵的功率为4.6kWp。

项目整体子单元分配情况如图3-17所示。

（2）光伏并网逆变器　采用20台功率为500kV·A的光伏并网逆变器，选用阳光电源逆变器，型号为SG 500KTL。

（3）直流防雷汇流箱　按照每7个光伏阵列进行并联，选择七进一出汇流箱，每个子

1.012MWp多晶硅固定式光电场(2台500kW并网逆变器)	1.012MWp多晶硅固定式光电场(2台500kW并网逆变器)
1.012MWp多晶硅固定式光电场(2台500kW并网逆变器)	1.012MWp多晶硅固定式光电场(2台500kW并网逆变器)
1.012MWp多晶硅固定式光电场(2台500kW并网逆变器)	1.012MWp多晶硅固定式光电场(2台500kW并网逆变器)
1.012MWp多晶硅固定式光电场(2台500kW并网逆变器)	1.012MWp多晶硅固定式光电场(2台500kW并网逆变器)
1.012MWp多晶硅固定式光电场(2台500kW并网逆变器)	1.012MWp多晶硅固定式光电场(2台500kW并网逆变器)

图 3-17　10MW 项目 10 个子单元分配

单元共有 220 个光伏阵列，需 32 个直流汇流箱（其中 2 台汇流箱为 5 路方阵输入）。16 台汇流箱的输出接入 1 台直流配电柜，共需 20 台直流配电柜。

（4）交流防雷配电柜　光伏并网逆变器的交流输出，经过交流防雷配电柜的计量电度表和配电后，连接至并网接口。

3. 项目系统主要配置

项目子单元系统配置如图 3-18 所示。

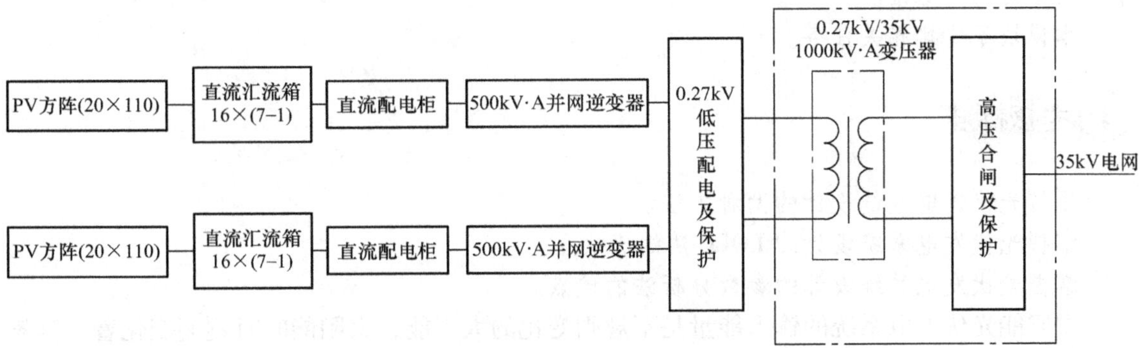

图 3-18　项目子单元系统配置情况

模块四

太阳能光伏发电系统的设计原理和方法

知识能力目标

了解太阳能光伏发电系统设计的解析法。
掌握太阳能光伏发电系统设计的 LOLP 法。
掌握太阳能光伏发电系统设计的参数分析法。
了解太阳能光伏发电系统设计的模拟法。

模块描述

本模块主要介绍太阳能光伏发电系统设计的两种方法，即解析法与模拟法，其中，解析法可分为 LOLP 法与参数分析法。参数分析法是比较实用的一种方法，是采用定型化经验公式来进行设计的方法。读者在学习本模块的过程中可以体会每一种设计方法的利弊，为下面章节的学习打下基础。

本模块不安排相关任务。

考核标准

了解光伏发电系统设计的两种方法。
掌握光伏发电系统设计的 LOLP 法的优缺点。
掌握光伏发电系统设计的参数分析法的优点。

太阳能光伏发电系统的输入能量是不规则变化的太阳能，太阳能时时刻刻变化着，其累计值也在不规则变动着，太阳能电池的性能也并非固定不变。显然，太阳能光伏发电系统的设计是相当麻烦的。本模块主要讨论太阳能光伏发电系统的几种常用的设计方法。其中，比较实用的一种方法是不直接处理不规则的事项，而是采用定型化经验公式的方法，也就是参数分析法。太阳能光伏发电系统设计方法分类如图 4-1 所示，大致可分为解析法和模拟法两类。

一、解析法

对于解析法而言，首先要组建表示系统动态的代数式，之后要使用电脑或设计图线，按照公式依次顺序求解，旨在求得设计中必需的未知数。

1. LOLP 法

各种状态量和系数是不规则变动着的，直接处理相当困难，其中的一种处理方法是将系

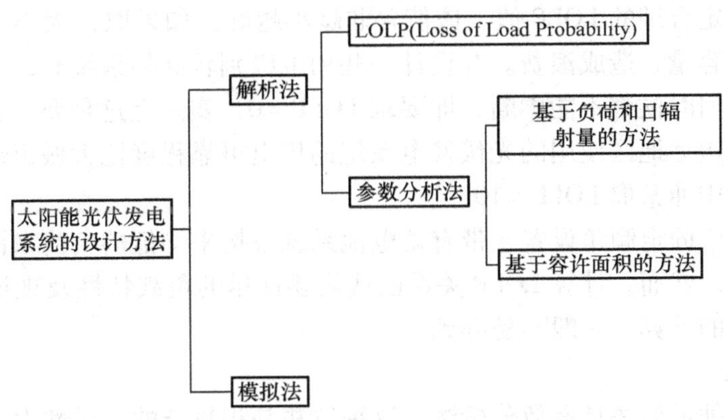

图 4-1　太阳能光伏发电系统的设计方法分类

统以概率变数记述。此法作为理论上的处理是灵活的，但在使用时还缺乏实用性。具有代表性的此类方法是负荷概率损失（Loss of Load Probability，LOLP），用这一方法可在设计上反映独立系统的停电概率。太阳能电池板发出的电力是到达太阳能电池板的太阳辐射强度与其面积和效率的乘积。电池板发电量不仅随每日循环、季节循环等气候条件的变化而变化，同时由于负荷所要求的电力和日射模型并不一致，所以必须要有蓄电池作为缓冲。系统设计中应预料日射的变化，对太阳能电池板与蓄电池容量进行优化组合，以满足向用户供电的可靠性。这种可靠性的水平就叫作负荷概率损失。LOLP 表示系统满足负荷要求的水平，当 LOLP = 0时，意味着系统能完全满足负荷的要求；当 LOLP = 1 时，表示系统不能满足负荷的要求。

近年来国际上使用的设计方法是：根据负载的用电需求和现场的地理及气象资料，用模拟法计算并画出一系列相应于不同 LOLP 值的光伏组件发电量及蓄电池容量关系曲线（近似于双曲线），再按照负载的用电级别等因素定出 LOLP 值，确定其中一条曲线，这样得到了许多满足同一 LOLP 值的不同光伏方阵发电量与蓄电池容量的组合，即在同一条等值 LOLP 曲线下，既可增加光伏组件而减少蓄电池容量，也可相反，然后再根据经济性确定最佳组合。

光伏系统的寿命周期总成本 TLC_i 为

$$TLC_i = aP_i + bB_i + c \tag{4-1}$$

式中，TLC_i 为寿命周期总成本（元）；a 为光伏组件的单价（元/W）；P_i 为光伏组件峰瓦数(Wp)；b 为蓄电池单价（元/(Wh)）；B_i 为蓄电池瓦时数（Wh）；c 为其他投资费用(元)，包括设备、工程、安装、运行和维护等费用，以及在寿命周期内更换蓄电池及控制器元件等费用，此外还要考虑银行利率等因素。将各组的 P_i 及 B_i 值分别代入式（4-1）（对等号右面第三项 c 也有影响），得出 TLC_i 最小的一组 P_i 和 B_i，即为最佳的光伏方阵及蓄电池容量组合。由于目前太阳能电池和蓄电池价格昂贵，因此光伏系统的设计总原则是：在保证满足负载用电需要的前提下，应采用最少的光伏组件和蓄电池容量，以尽量减少投资，对于系统的可靠性指标，用负荷概率损失 LOLP 来衡量。LOLP = 0，表示任何时候发电系统都能满足负载的用电需要，可靠性为 100%；LOLP = 1，则表示在所有时间内都不能满足负载用电需要。所以一般情况下，系统的 LOLP 值都在 0 与 1 之间。在设计时可以根据负载的用电级别等因素，确定合理的 LOLP 值。该值并非越小越好，如果取得太小，将会大大增加光伏方阵量及蓄电池容量，造成浪费。在设计一些用电级别较高的系统时，常有用户提出要求光伏系统供电在任何时候都不能中断，即要求 LOLP = 0，实际上这种要求连交流电网都难以做到，如果要求在边远地区使用的光伏发电系统的供电可靠程度比大城市还高，显然是不合理的。实际在设计中通常取 LOLP = 10^{-3}。

这些技术，对于固定倾角设置、带有蓄电池系统及按平均值的负荷来设计的系统，其电力供给量是有效的，然而，计算 LOLP 关系曲线需要详尽的负载特性及现场地理和气象等资料，还要经过复杂的计算，一般不易办到。

2. 参数分析法

解析法的第二种近似法是参数分析法，这种方法是将复杂的非线性太阳能光伏发电系统简化为线性系统。首先，作为前提，表现在以某一期间的能量平均值代替所有的参数。当然这么做会在某些部分产生矛盾，但可以导入修正参量。按照此种方法，设计中可直接利用所列公式，于是设计就变得极为简单了。参数分析方法，即使对于系统设计的入门者来说，也是易于理解的。特别在系统的初步计划阶段可迅速地反复进行研究，是一种实用价值较高的方法。此种设计方法又分为基于负荷和日辐射量的方法和基于容许面积的方法。

二、模拟法

模拟法是将系统的状态动态地表现成太阳辐射与负荷等的模型，实际上是再现系统的工作状态。它是一种适合利用计算机的方法。一般而言，就像太阳能电池和蓄电池等的理论公式所表示的那样，计算系统 30min 的状态量，就可以模拟一年内的系统运行，再逐次决定光伏发电系统组成部分的太阳能电池板、蓄电池和负荷的非线性电压、电流的特性工作点。作为特别重要的数据，有必要用 30min 日照强度和负荷用电量甚至用更长时间的量值来进行计算。由于使用此法可以正确地表示日射模型和负荷模型的偏离，所以对比参数分析法来说，可以较为精确地对系统做出事先评价。对于已运用参数分析法的基本设计而言，往往可用模拟法作进一步确认。此外，也可以反过来先研究模拟结果，再用于参数分析法中的参数确定。为了优化系统的规模和运行状态，有必要对太阳能光伏发电系统（分为无蓄电池系统和有蓄电池系统两种类型）进行模拟。通常用逐次逼近的方法，也可以用概率论的方法进行处理。

模块五

太阳能光伏仿真软件

知识能力目标

熟悉 PV * SOL、PVSYST 和 Meteonorm 三种工程常用模拟软件的作用及使用方法。

利用 PV * SOL 设计独立光伏发电站、并网光伏发电站。

利用 PVSYST 设计独立光伏发电站、并网光伏发电站。

结合 Meteonorm 创建一个地区的气象资料。

模块描述

太阳能光伏仿真软件在现代光伏工程中起到“未见其人、先闻其声”的作用，欲建设光伏发电站，必须先对该地区气象条件、太阳辐射情况等进行充分了解，对光伏发电站的年发电量、光伏发电的总投入和光伏发电的经济效益等进行初步科学估算，这些必须要借助相关软件来进行。本模块将利用实际项目进行独立屋面光伏发电站、并网楼顶光伏发电站的仿真实训。

考核标准

能通过 Meteonorm 得到不同地区的气象条件及太阳辐射情况等。

能通过实际项目进行独立与并网仿真分析，得到业主所需要的相关信息。

熟练使用仿真软件，通过细节仿真对项目起到一定的辅助促进作用。

情境一　太阳能光伏仿真软件在工程中的作用

在进行光伏系统设计时，可以通过专业的光伏仿真软件来辅助设计。如果使用得当，能大大减少计算量、节约时间、提高效率和准确度。例如，我们获得的气象数据中的太阳辐照度一般情况下都是气象站记录的水平面上的数值，而进行光伏系统设计还需要特定倾角下的数值，一般这样的转换计算相对复杂。借助软件只需要输入方位角或者倾角就能马上看到变化的系统结构，十分方便有效。

现在国际上比较常用的系统设计软件大约有十多种，如荷兰壳牌太阳能的 PV Designer、德国 Gerhard Valentin 博士开发的 PV * SOL、加拿大的 RETScreen 和瑞士 Mermoud 博士开发的 PVSYST 等，主要集中在美国、德国和日本几个光伏产业比较先进发达的国家，其他国家很少开发。日本的软件普遍可视化程度很高、界面友好、操作方便，可以说是将相对复杂的光伏系统设计做得简单、有趣、生动。德国的软件则功能齐全，比较注重实用性。美国软件的特点是气象数据库比较丰富（如 NASA 的数据库非常全面）。光伏系统设计人员可以结合实际的需要进行选择。图 5-1 为光伏工程师可能会涉及的光伏系统容量计算及设计的相关软件分类。

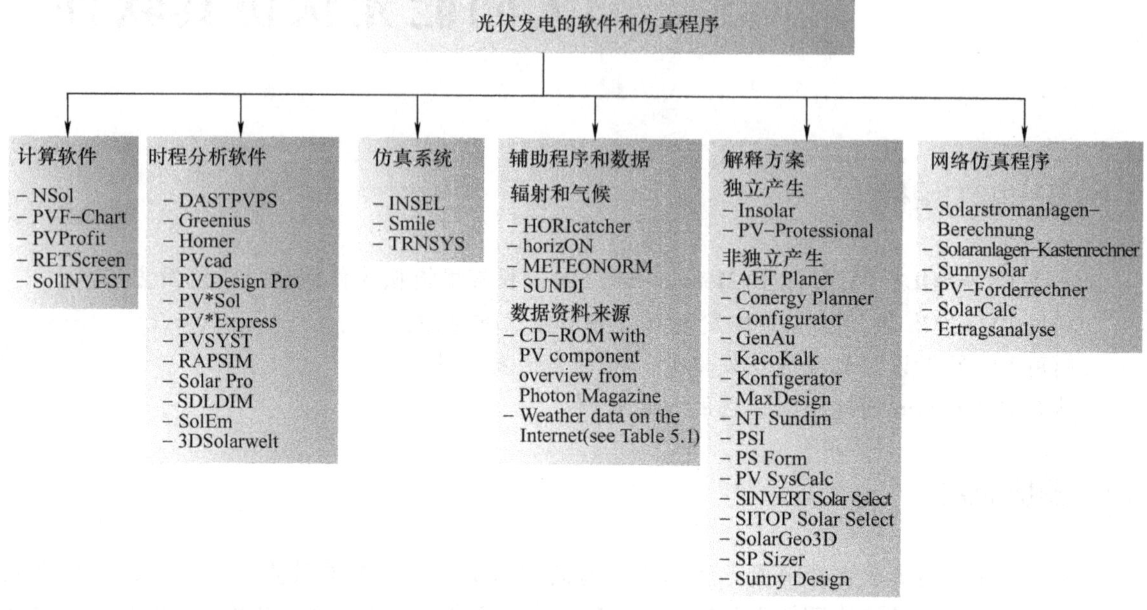

图 5-1　光伏系统容量计算及设计软件的分类

情境二　太阳能光伏仿真软件 PV * SOL 基础

一、PV * SOL 仿真效果

现今广为使用的 Time-Step 模拟软件之一是由柏林 Valentin-Energie Software GmbH 开发的 PV * SOL。这个公司也开发了用于太阳能热系统的相当有名的 T * SOL。PV * SOL 可以用于并网系统及独立系统的设计和模拟。在这些年里，这个程序也经历了许多的改进，因此现在可以用来协助实现比较专业的光伏系统设计工作。它的快速设计工具使它能够更容易地计算系统的大小，并以很快的速度在软件运行时得出最重要的结果。一些老用户从它广泛的用途特色中受益匪浅。温度、不匹配效应和特性数据的散射都要考虑在内。

二、PV * SOL 介绍

PV * SOL 是用来模拟和设计光伏发电系统的软件。丰富的相关数据是进行光伏系统设计的基础。PV * SOL 在数据库的建立方面做得比较出色。它提供了许多欧美国家和地区详尽的气象数据，而且是以 1h 为间隔的。这些数据包括太阳辐照度、指定地点 10m 高处的风速和环境温度。所有数据均能够按日/周/月的时间间隔以表格或者曲线的形式显示出来。除此之外，它还包含丰富的负载数据、500 多种太阳能电池组件、70 种蓄电池的特性数据、150 种独立系统和并网系统的逆变器特性数据。所有的数据都可以通过用户自己定义而得到

扩展，增加了设计的灵活性。PV＊SOL 软件设计界面如图 5-2 所示。

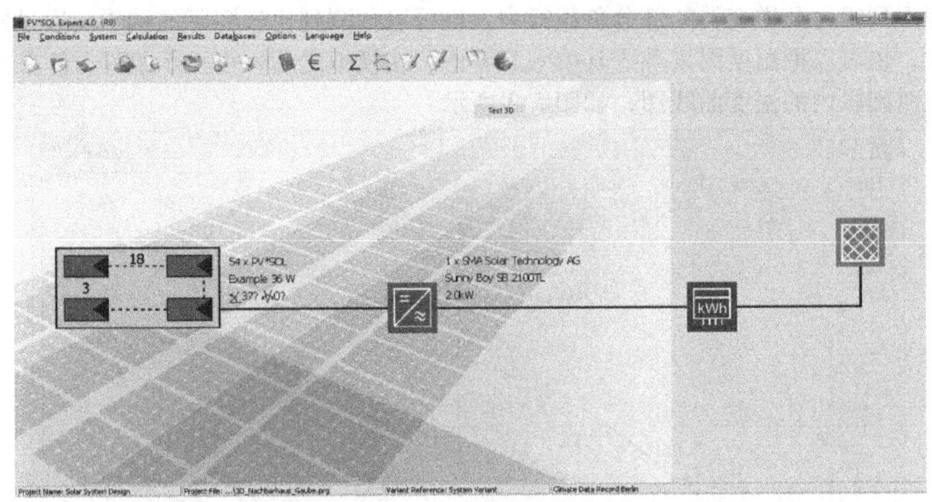

图 5-2　PV＊SOL 软件设计界面

三、PV＊SOL 设计方法

在进行实际设计时，首先选择光伏发电系统的安装地点。如果数据库里面没有确切的地点数据，可以选择相近的地点数据或者通过其他途径获得相关数据并输入软件。然后就要选择系统的类型，PV＊SOL 软件将系统分成三种：独立系统、并网系统以及混合系统，每种系统的设计方法都有所不同。

接下来就是负载的选择和输入。负载类型的丰富以及参数的详尽是 PV＊SOL 软件的最大特点之一。很多软件只能确定负载全年总的工作时间以及所消耗的电量，其实这对光伏系统设计来说是不准确的。我们还需要知道某一小时内同时工作的负载的数量和功率，负载每天工作的特定小时数，全年在哪些天工作、哪些天工作时间长及哪些天工作时间短等类似的详细信息。这些都影响着太阳能电池组件和蓄电池的匹配、逆变器的选择。举个简单的例子，假设一盏 11W 的节能灯一年工作 365h，它可以每天工作 1h，也可以上半年不工作而下半年每天工作 2h。这两种情况下太阳能电池组件和蓄电池的选择显然不一样。所以负载信息的详尽是很有必要的。

在确定了负载以后，软件就能够计算出系统需要的太阳能电池组件输出和蓄电池容量。此时我们选择好组件、蓄电池和其他设备的型号，软件就会给出组件和蓄电池的数量、串并联情况等。

上面说到的是 PV＊SOL 软件的计算功能，其另一大功能是模拟。进行模拟后，会显示出详细的模拟报告，内容参数包括 PV 组件的年发电量、负载的年耗电量、PV 阵列的太阳辐射、PV 组件效率、系统效率、系统效率损失的可能性及蓄电池状态等。此外它还可以进行光伏发电系统经济效益和环保效益的分析。经济效益的分析涉及利率、净现值、通货膨胀率、生命周期等简单的经济学知识，只需要输入这些参数，就可以得到系统生命周期内成本，以元/(kW·h) 表示。环保效益是指温室气体的减排的量化。

PV＊SOL 适用于各种设计理念所设计的光伏发电系统。PV＊SOL 在非常复杂的阴影情形里的精确度比不上 PVSYST，但可以通过在其阴影编辑器里预定义的投影物进行阴影分析，只要在阴影编辑器输入投影物相关参数后，阴影的相关曲线图就自动生成了。在没有阴影的情况下，考虑到组件及逆变器的部分负载行为，也可以预测到比较实际的结果。通过使用动态温度模式，也可以把温度因素并入其中一起考虑。在模拟之后，可显示组件方阵在无通风情形下特定时间段内的温度曲线图，如图 5-3 所示。

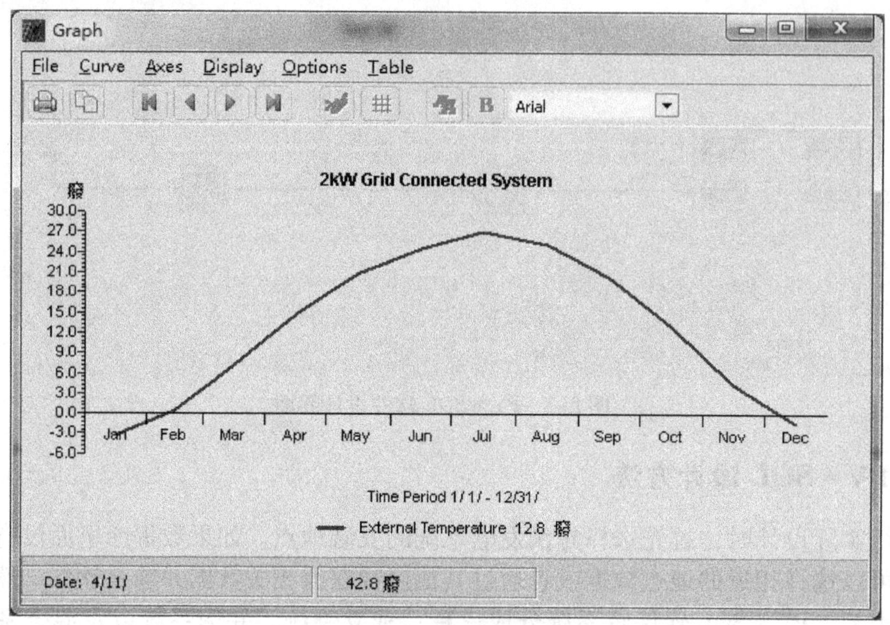

图 5-3　组件的温度曲线

在模拟时，光伏发电系统的各种损失因素都是要考虑在内的，比如说不匹配、温度、电压及电极损失，还有漫反射系统损失。PV＊SOL 还会对输入的数据进行一个可行性检查，这样就可以在最初阶段避免输入错误并通知到用户。设计错误时的错误提示信息如图 5-4 所示。

System Check

Output Check

PV Output per Inverter:	2.16 kW
Inverter AC Power Rating:	0.000 kW
Sizing Factor: (PV Output (STC) / AC Power Rating)	200 %
Permissible Sizing Factor:	62 % - 92 %

Currents Check

Current through Cabling under STC:	6.8 A
Max. Capacity of Insulated Copper Wiring, Group C:	102 A
Rel. Cabling Losses under STC:	0.101 %
max. Current through Inverter at 25 °C and 1000 W/m2	6.84 A
Max. Inverter Input Current:	11.0 A

MPP Voltage Check

Inverter MPP Tracking Range:	120 - 200 V
PV Array MPP Voltage at 70 °C + 1000 W/m2 or 15 °C + 1000 W/m?	241 - 333 V

Upper Voltage Threshold Check

Inverter Max. System Voltage:	250 V
Module Max. System Voltage:	600 V
PV Array Open Circuit Voltage at -10 °C and 1000 W/m2	528 V

Unbalanced Load Check

Current Unbalanced Load:	0.0 kVA	Maximum Permissible Unbalanced Load:	4.6 kVA

The database files contain incorrect values!
Please observe any design recommendations made by the manufacturer.

Total System

Calculations with set extremes (see Options->Settings)　Continue　Help

图 5-4　设计错误时的错误提示信息

在选择逆变器的时候，可根据用户需要只显示出那些与已选定的组件相符合的配线模型。其数据库中有极为广泛的部件选择，除了部件数据库外，还有大量预先定义的消费参数文件、电力税及输入模式等一系列数据库。用户通过使用精心设计的菜单就可以很容易地指定个人的负载概况。

程序里包含了欧洲各地约 250 套天气信息资料以及美国的所有州的信息。当然还包括其他地区（无限制地区）的天气信息数据。所有的数据在未来的更新中都可以进行编辑。最后，PV * SOL 可以提供光伏系统的普通评估变量的计算，并通过报告或图表表现出来大量结果。这些结果将会通过 1h 内的处理输出为表格或图表。

模拟结果可以以广泛的项目报告的形式或其他形式输出。除了把所有可能的补贴、税率及输入模式等因素考虑在内的详尽的经济效益计算外，PV * SOL 程序还可以进行污染排放的计算。这个程序还有直接的界面可以进入到 Meteonorm 程序来进行气象数据的合成。PV * SOL程序里结果的显示如图 5-5 所示。

Variantenbez.: Vergleichsanlage
Projektnummer: RH 021-02
Datum: 11.07.02

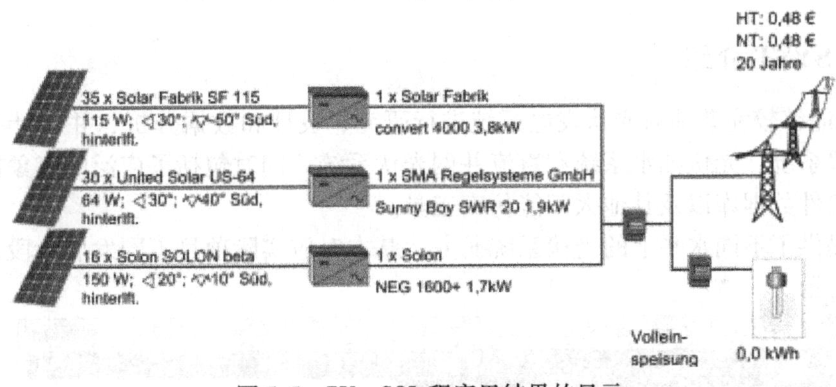

图 5-5　PV * SOL 程序里结果的显示

情境三　太阳能光伏仿真软件 PVSYST 介绍

一、PVSYST 仿真效果

本书介绍 PVSYST 6.0.6。PVSYST 因为它的多功能性（瑞士的 Geneva 大学还在进一步开发新的功能）使得它成为同类软件中功能最强大也是最全面的光伏仿真软件。然而，它在使用时相对有点复杂。相比之前的版本，当前的版本在替用户着想、软件的操作及 3D 阴影仿真方面等都进行了改进。PVSYST 现在以一种多层次的方法工作。按照不同的用户组（如建筑师、光伏专家、工程师及科学家）的期望值及光伏知识掌握情况，程序设置有不同层次的不同功能的应用；软件对阴影仿真有一系列功能，比如用于直接输入的比较测量及模拟数值的 3D 阴影仿真工具以及一个有太阳几何、气象及光伏工作特性等工具的工具箱。PVSYST 软件为用户提供在线支持，可以让用户通过邮件或网上论坛很快直接地和编程者们联络。PVSYST 还可以进行其他特殊分析。比如，可以计算出部分阴影时光伏组件的特性曲线，这样可以帮助决定光伏组件的热负载。此外，PVSYST 展示出大量的参数，如气象数据、电压、电流、能量及性能等。图 5-6 为 PVSYST 支持的三维阴影分析用户界面。

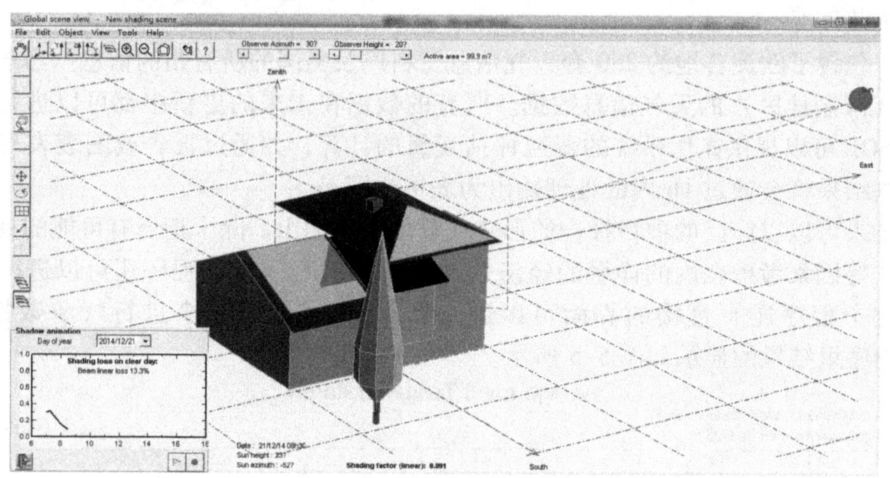

图 5-6　PVSYST 进行三维阴影分析时的用户界面

二、PVSYST 介绍

PVSYST 能够较完善地对光伏发电系统进行研究、设计和数据分析，并设计并网光伏系统、独立光伏系统、光伏抽水系统和直流并网光伏系统，同时包括了广泛的气象数据库、光伏发电系统组件数据库以及其他太阳能仿真工具。

该软件提供了不同水平上的光伏系统研究，基本对应实际项目不同发展阶段，其软件界面如图 5-7 所示。

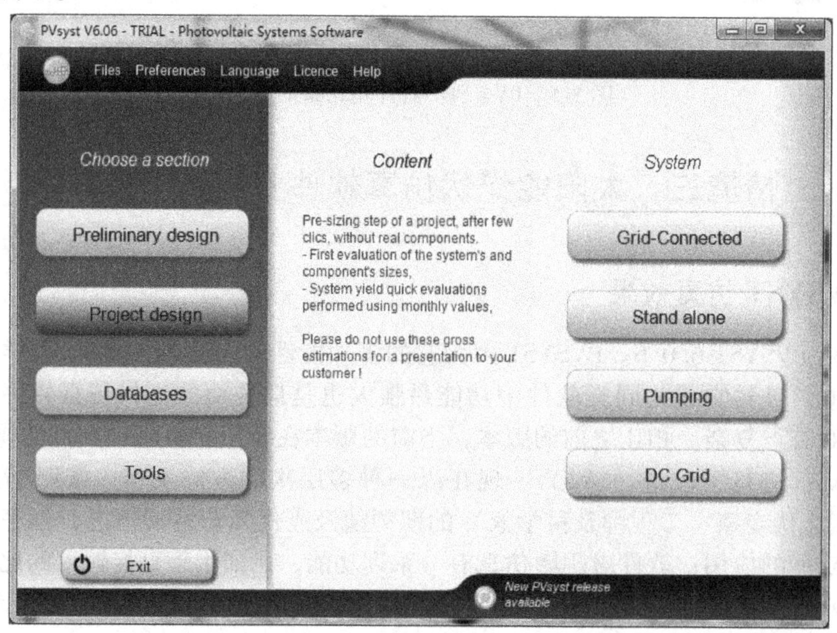

图 5-7　PVSYST 的主界面图

左侧功能选项为：①初步设计（Preliminary design）；②项目设计（Project design）；③数据库（Databases）；④工具（Tools）。

右侧系统类型选项为：①并网光伏系统（Grid- Connected）；②独立光伏系统（Stand alone）；③光伏抽水系统（Pumping）；④直流并网光伏系统（DC Grid）。

三、PVSYST 设计方法

当用户开始使用 PVSYST 设计光伏发电系统时，需要针对项目地域，导入设计所需相关信息。其中包括以下信息：

1）系统安装位置：查询经纬度。

2）应用类型：独立/并网。

3）荷载情况：荷载的功率和使用时间。

4）环境条件：持续阴天数/遮阳情况。

5）输出类型：交流/直流，电压，频率。

同时，PVSYST 也给用户集成了数据库、工具，主要包括气象、组件数据管理、光伏设计工具与测量数据管理及分析等专用工具，Databases 对话框如图 5-8a 所示，Tools 对话框如图 5-8b 所示。

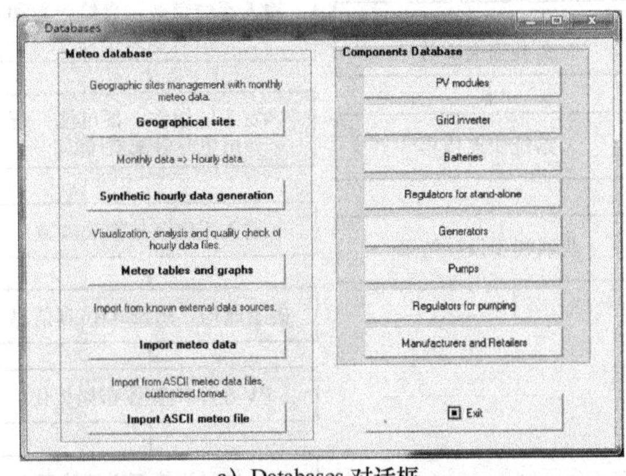

a）Databases 对话框

b）Tools对话框

图 5-8　PVSYST 6.0.6 Databases/Tools 对话框

下面就让我们来看看 PVSYST 几种光伏系统的设计类型都有哪些。

四、独立光伏系统设计

在开始设计独立光伏系统时，我们要了解光伏系统寿命周期内的费用，包括 PV 方阵、蓄电池组和逆变器等投资、运行维护费用及更新费用。当然，最大负荷损失率、最低蓄电池寿命也会给我们带来设计上的约束条件。

根据条件目标，我们要设计并决定 PV 方阵倾角、方阵方位角、方阵容量、组件型号及组件串并联形式，蓄电池组容量、蓄电池型号及串并联形式，备用柴油发电机（如果有）的型号及容量。

图 5-9 所示为独立光伏系统 PVSYST 设计步骤。

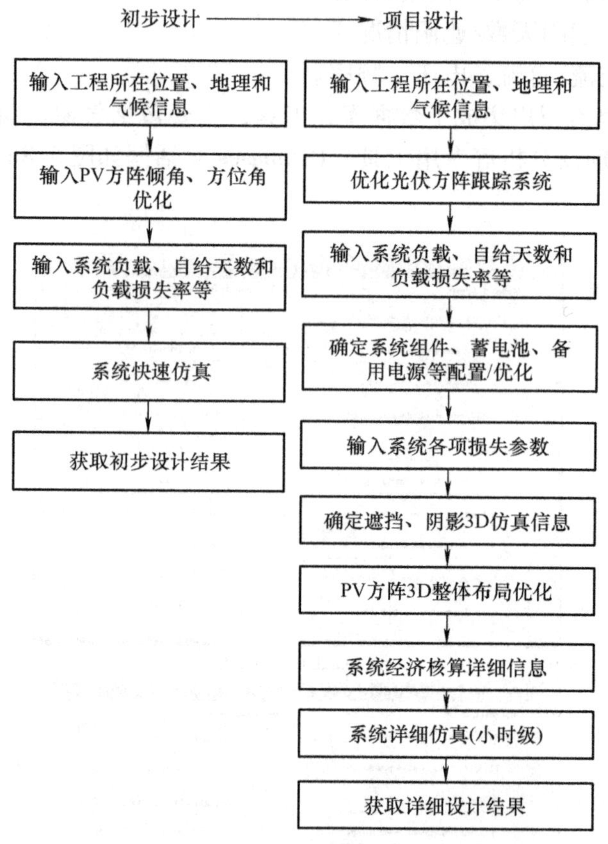

图 5-9　独立光伏系统 PVSYST 设计步骤

五、并网光伏系统设计

在开始设计并网光伏系统时，要了解光伏发电系统寿命周期内的费用，包括 PV 方阵、逆变器与线路等投资、运行维护费用及更新费用。在设计中，要充分考虑环境情况，以满足 PV 组件安装面积、额定功率和年发电量。

根据条件目标，我们要设计并决定 PV 方阵倾角、方位角、容量和组件型号及串并联形式，逆变器容量及型号。图 5-10 所示为并网光伏系统 PVSYST 设计步骤。

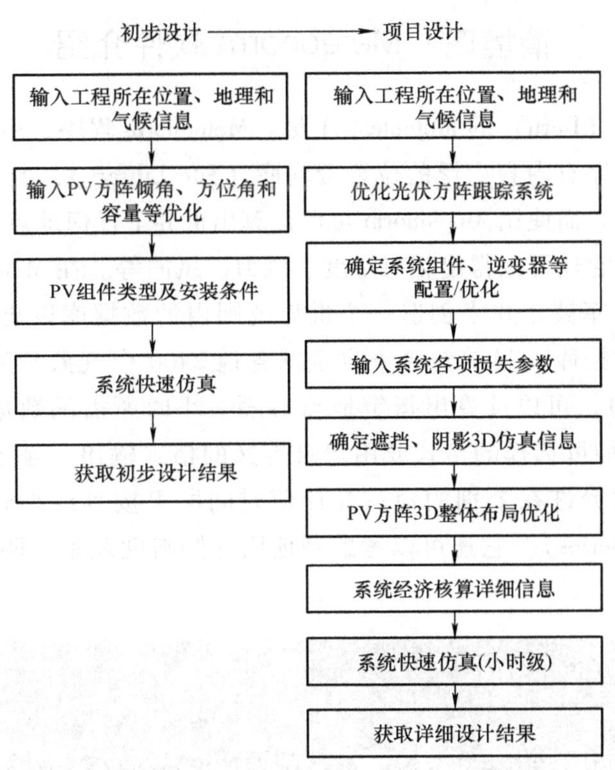

图 5-10 并网光伏系统 PVSYST 设计步骤

六、光伏抽水系统设计

在开始设计光伏抽水系统时，设计程序会有些许不同。我们要考虑到光伏发电系统寿命周期内的费用，包括 PV 方阵、抽水泵和控制器等初始投资、运行维护及更新费用。在设计中，最大负荷损失率、设备寿命等都可能会影响到系统的效率。

根据条件目标，我们要设计并决定 PV 方阵倾角、方位角、容量、组件型号及串并联形式，抽水泵容量、型号及串并联形式，控制策略。图 5-11 所示为光伏抽水系统 PVSYST 设计步骤。

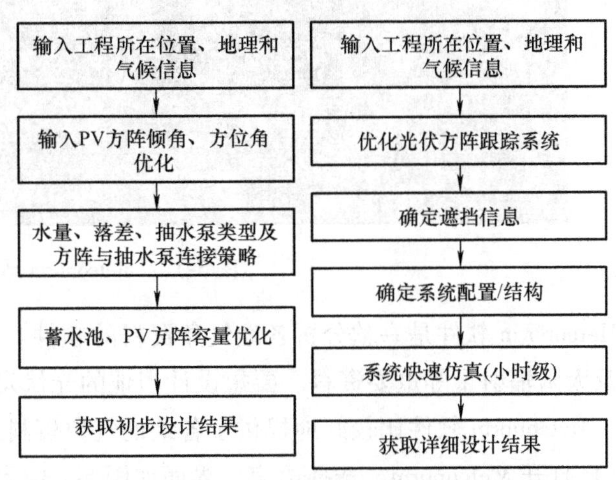

图 5-11 光伏抽水系统 PVSYST 设计步骤

情境四　Meteonorm 软件介绍

瑞士首都伯尔尼（Bern）的 Moteotest 开发了 Meteonorm 程序，用气象数据进行相关的计算。虽然大多数程序有内容广泛的位置资料库（Site Library），但有时还是会模拟一些没有相关资料的地点。而使用 Meteonorm 可以计算出世界上任何地点的辐照度及温度数据等。除了这些参数，它还可以得出相对湿度、风力、风向等。在 Meteonorm 程序里，大量经过质量检测的数据库被合并来创造一个世界范围内的数据库以更好地模拟能量系统。使用基于这个全面数据库（目前包含来自全球各地 2400 个气象站的数据）的空间内插（Spatial Interpolation），可以计算出指定地点每隔一小时所需的数据。接下来的数据可以每隔一小时以 16 种可选择的格式或用户自定义的格式输出。至于单独记录的辐照度及温度数据，该程序允许在个别的地点在任何时间段里按月或小时使用统计计算来创造时间序列（Time Series）。它还可以考虑到地面的倾斜度及系统阴影。Meteonorm 地图如图 5-12 所示。

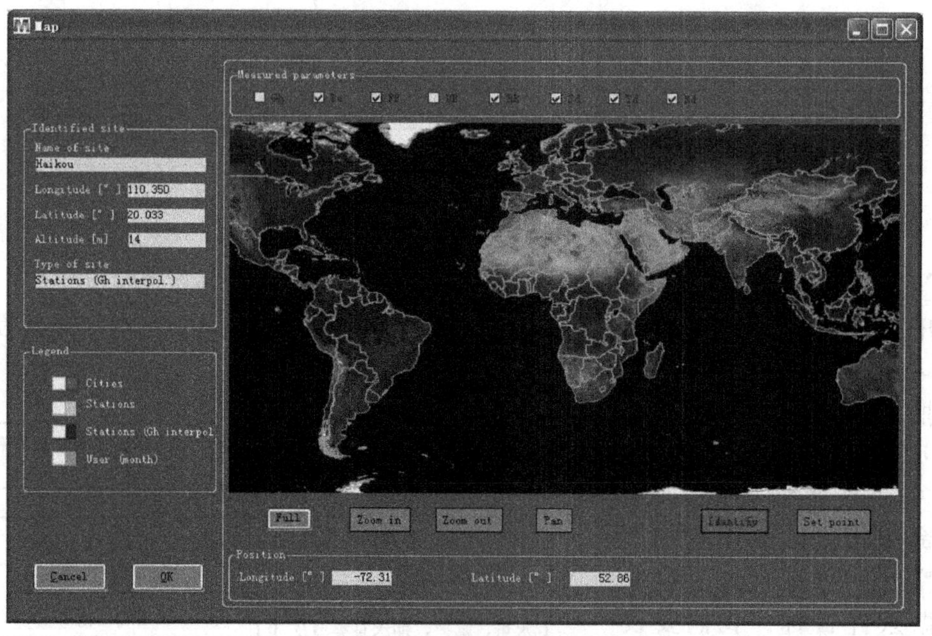

图 5-12　Meteonorm 地图

Meteonorm 软件是一款分析各地气象资料的软件。气象资料包括当地的经度、纬度、海拔以及太阳辐射量等重要资料。要想设计当地的光伏发电系统，当地的气象资料必须准确且完整。Meteonorm 软件比较好地提供了各地的气象资料。

1）打开 Meteonorm，选择语言。界面如图 5-13 所示。

2）查询所在地气象数据，以北京为例。界面如图 5-14 所示。

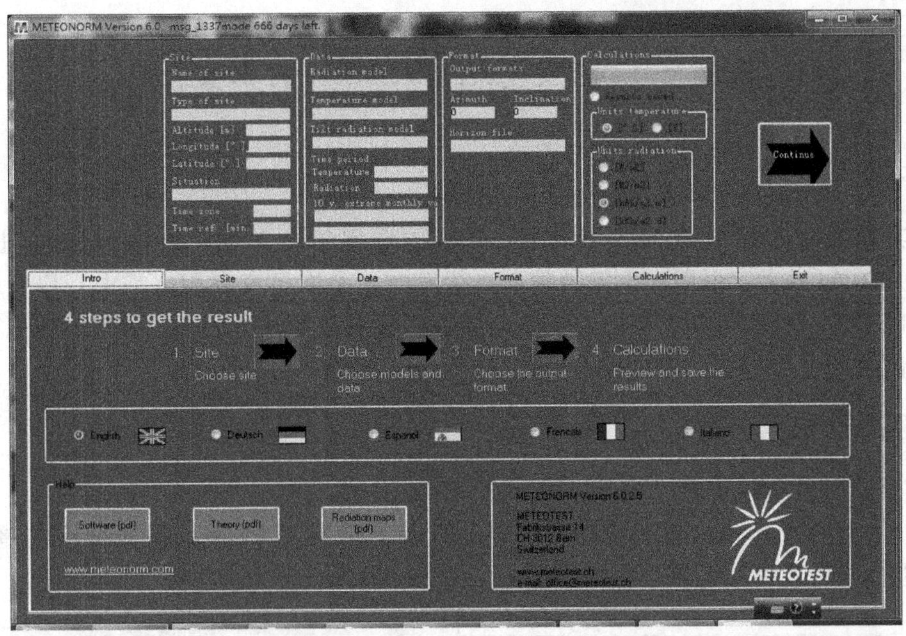

图 5-13　Meteonorm 界面（一）

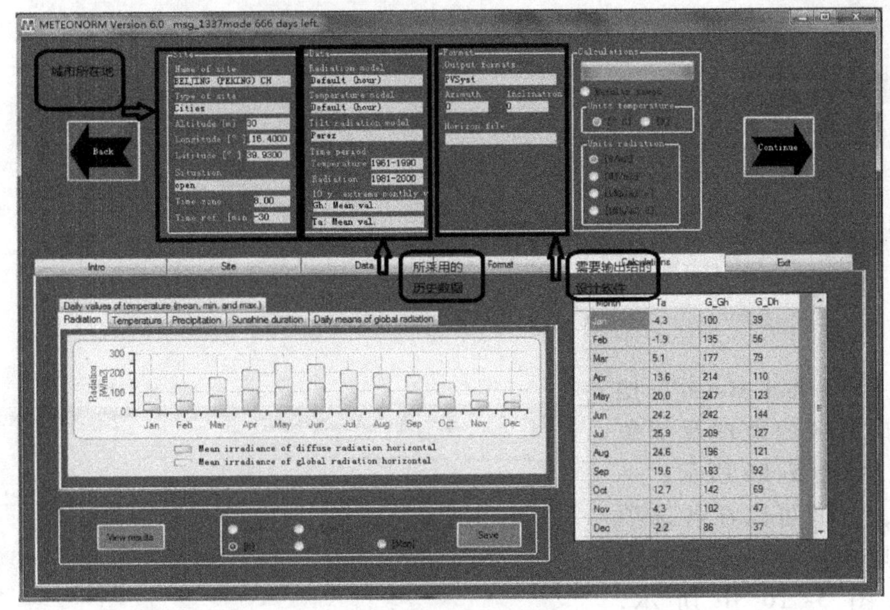

图 5-14　Meteonorm 界面（二）

任务实现

以海南海口某家庭为例，利用 PVSYST 仿真来实现独立光伏发电站的建设；以海口某建筑为例，利用 PVSYST 来实现分布式光伏屋面发电站的建设仿真。通过两个例子并将 Meteonorm结合起来实现对软件的灵活运用。

任务一　独立电站 PVSYST 仿真实例

任务内容

海口某家庭每天用电量为 6kW · h，希望在自家正南方向、坡度为 25°、长 × 宽为 1250cm × 1000cm 的人字形屋面上安装独立光伏发电站来满足家庭用电需求，房屋周围有几棵高大的椰子树，利用仿真模拟出发电站的组件、蓄电池等设备的匹配情况，模拟算出发电站的阴影情况等。

任务实施方法与过程

1. 项目及气象条件实现

打开 PVSYST 6.0.6，界面如图 5-15a 所示，选择 “Project design”，选择 “Stand alone”，进行项目名称及气象资料的设置，如图 5-15b 所示。

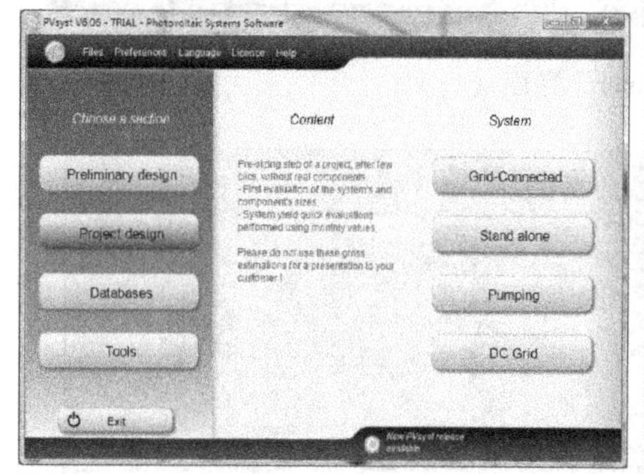

a) 打开界面

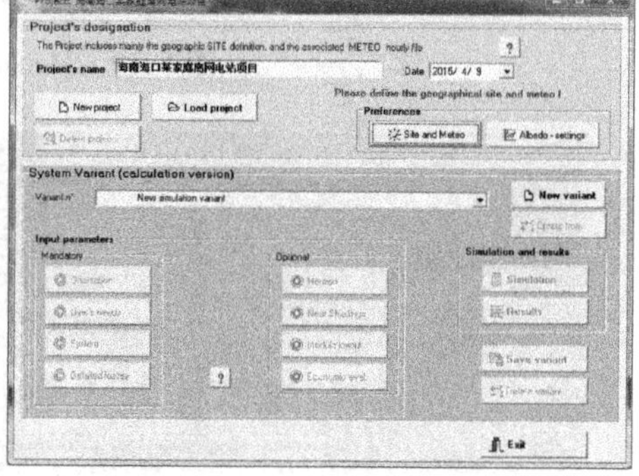

b) 项目名称及气象资料设置

图 5-15　PVSYST 6.0.6 界面

单击 “Site and Meteo” 按钮进行海口地区的地理及气象资料选择，如图 5-16 所示。一般情况下，我们可以在各选项中直接选取国家、位置和气象文件，如图 5-16 中所示，“Country”选 “China”，“Site” 选 “Beijing Meteo Norm6. 1 station”，此时，“Meteo File” 选项会自动出现北京气象文件信息。因为 PVSYST 气象资料库中不自带海南海口信息资料，需要我们自己设置。单击图 5-16 所示 “Open”

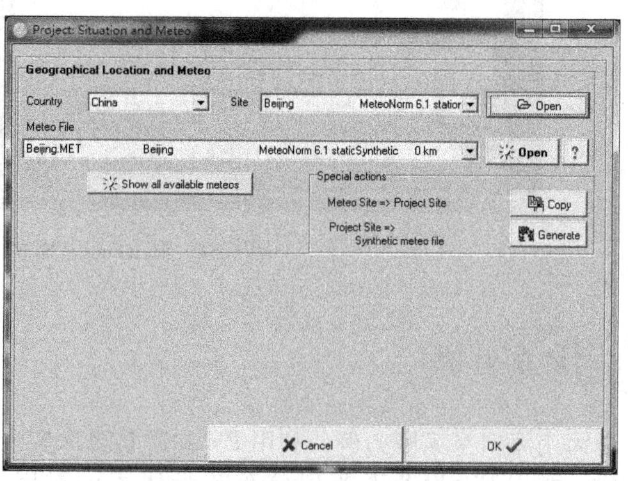

图 5-16　地理及气象资料选择对话框

进入地区地理、气象信息设置对话框，如图5-17所示。这里可以通过三种方法对某地区的地理与气象情况进行设置：一是直接输入海口地区的经度、纬度和海拔等相关信息，确认可直接得到；二是通过“Show map”按钮进入到软件链接的谷歌地图（Google Map），可以在地图和卫星之间进行切换，一般情况下是在卫星上寻找项目地点，再单击项目地点后导入；三是通过Meteonorm 6.0上的数据导入得到。因为本章后要对Meteonorm6.0进行专门的项目训练，这里只对第一、第二种方法进行讲解。

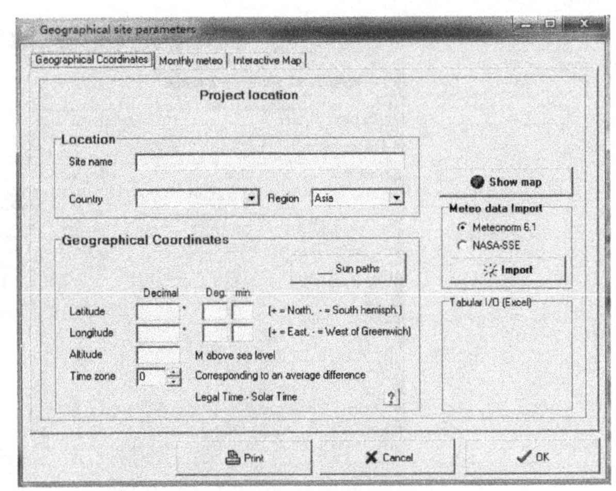

图5-17　海口地理、气象信息设置对话框

（1）第一种方法　海南海口地区的经度为110°21′，纬度为20°1′，海拔14m，时区（Time Zone）为北京所在地东八区，分别填入图5-17所示的“Location”与“Geographical Coordinates”选项组，如图5-18所示，再单击“Import”，此时软件会自动根据经度、纬度将气象资料与软件自带的Meteonorm6.1或NASA-SSE进行匹配，即进入如图5-19所示界面，单击“OK”保存后图5-16改变为如图5-20所示。此时海口地区的地理信息就已经保存在软件中，以后再用时可直接调用。

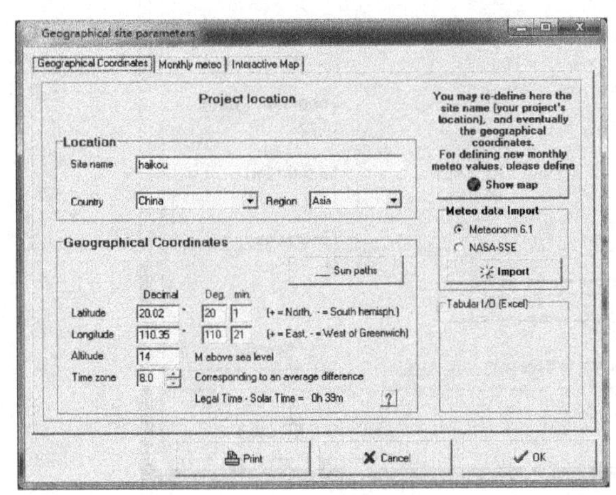

图5-18　海口地理位置设置图

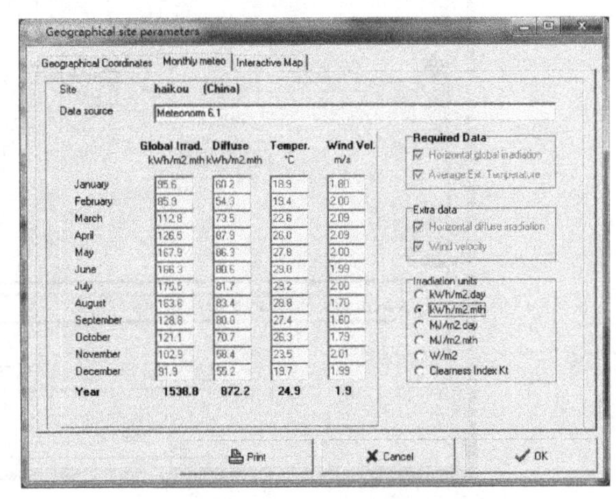

图5-19　海口气象资料设置图

（2）第二种方法　直接单击图5-17中的“Show map”按钮进入谷歌地图，选取了项目地点后在地图上单击“Import”并导入，如图5-21所示。注意，因为谷歌地图属于外网，一般情况下直接单击“Show map”是无法访问的，所以必须下载安装HOST TOOL后，再下载HOST配置才能保证正常使用。这里不详细操作。

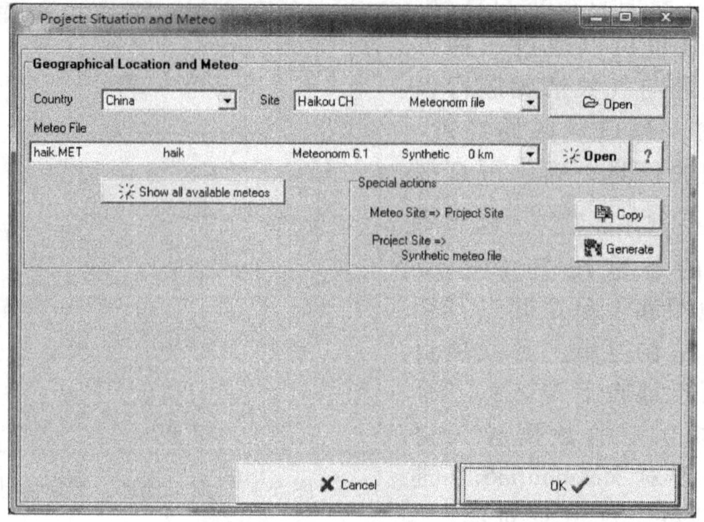

图 5-20　海口气象信息设置后图

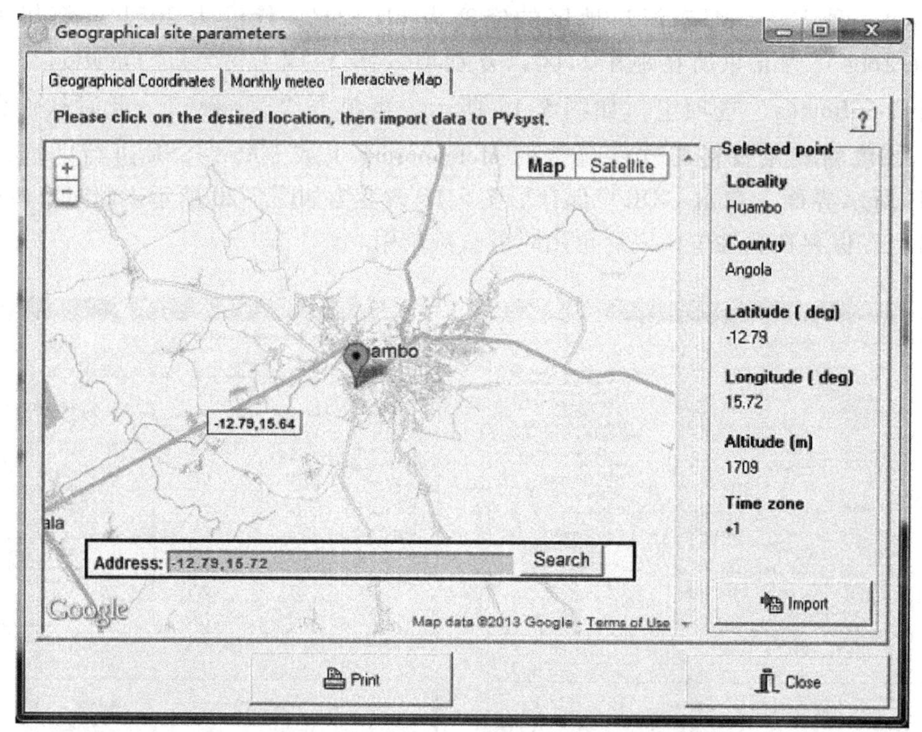

图 5-21　导入谷歌地图界面

2. 项目环境反射值设定

单击图 5-15b 中“Albedo - settings”按钮，出现项目环境反射设置对话框，如图 5-22a 所示，图中列出了常见的几种物体反射值。图 5-22b 所示是对每个月及全年设置一个平均值，然后再单击“Set”按钮，这里取系统默认值。

接下来设定项目地点相关参数，对绝对电压最低温度限制、跟踪点最大电压值设计冬季

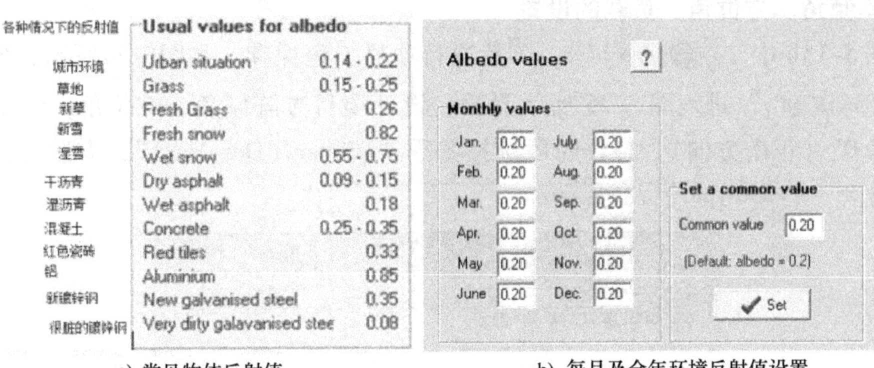

a) 常见物体反射值　　　　b) 每月及全年环境反射值设置

图 5-22　反射值设置

工作温度、跟踪点最小电压设计值夏季工作温度和 1000W/m² 辐射强度下一般工作温度等进行设置，本书对对话框进行了翻译，如图 5-23 所示。

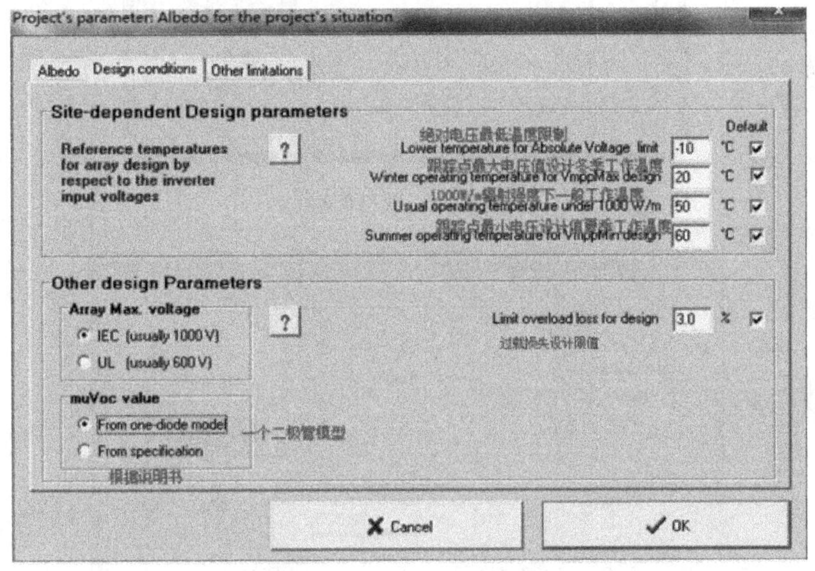

图 5-23　项目地点相关参数设置对话框的翻译

“Other limitations”中“Max. orientation difference shading planes”主要是针对建立的两个光伏平面方位角相差小于 3°的情况，系统会默认建立的光伏平面只有一个方位角，当两个平面方位角差值大于 3°时，系统会提示。我们在安装方式设置栏“Field type　Fixed Tilted Plane”中选择双平面“Double orientation（heterogeneous)”选项来进行模拟；“Heterogeneous fields：maximum angle difference for shadings”填 25.0°，这里允许模拟两个阵列方位角相差 25°；“Helios 3D：maximum plane orientation differences”指 3D 测量工具，一般不设置；“Maximum field/shadings area ration”设置为 3.0，主要是指在系统设计时计算出的组件面积和在 3D 近阴影模拟里画的面积的比值，如果实际组件间隔比较大，此值就要相应提高。

3. 方阵倾角、方位角、负载的设置

单击图5-15b中“Orientation”后进行项目工程保存，如图5-24所示，保存后再单击“Orientation”进入图5-25所示界面。设计项目方阵倾角、方位角，倾角选择25°，方位角选择0°（正南方向），最佳时段选择冬季“Winter（Oct-Mar）”，安装方式选择固定角度安装方式“Field type Fixed Tilted Plane”。

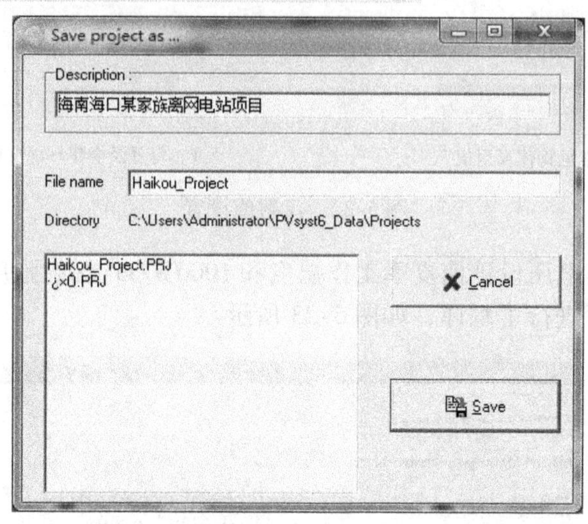

图5-24　项目保存

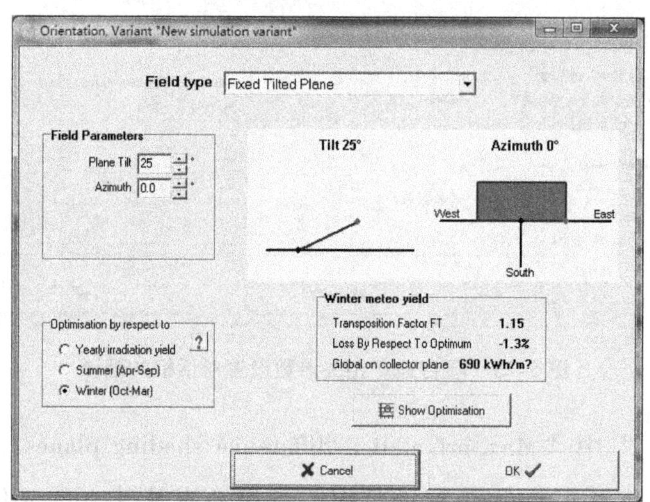

图5-25　项目倾角与方位角设置

单击图5-15b中“User's needs”，主要设置家庭负载情况，该家庭日用电量为6kW·h，具体负载如图5-26所示。

4. 房子外部特征设置

下面进行3D近阴影模拟，单击图5-15b“Near Shadings”进入近阴影设置，如图5-27所示，单击“Construction / Perspective”进入如图5-28a所示对话框，选择菜单命令“Object→new”，

Daily use of Energy, Variant "New simulation variant"

Definition of Daily Household consumptions

Daily consumptions

Number		Power		Mean Daily use		Daily energy
1	Fluorescent lamps	40	W/lamp	5.0	h/day	200 Wh
1	TV / Magnetoscope / PC	75	W/app.	8.0	h/day	600 Wh
5	Domestic appliances	150	W/app.	4.0	h/day	3000 Wh
1	Fridge / Deep-freeze			0.60	kWh/day	600 Wh
1	Dish-washer, Cloth-washer			0.30	kWh/day	300 Wh
	Other uses	100	W tot	6.0	h/day	600 Wh
	Stand-by consumers	30	W tot	24h/day		720 Wh

? Appliances info　Hourly distribution　?　Total daily energy 6020 Wh/day　Total monthly energy 180.6 kWh/month

Consumption definition by: Year / Seasons / Months　?

Week-end use: Use only during 7 days in a week

Model: Load　Save

Other profile　Cancel　OK

图 5-26　项目总负载设置

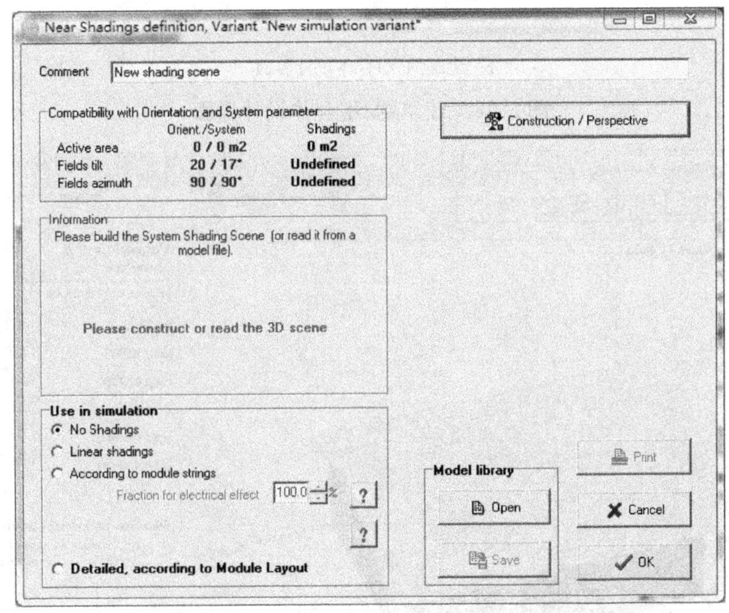

图 5-27　阴影设计界面

选择“Building/Composed Object”（建筑/组合体）进入如图 5-28b 所示界面。

选择菜单命令“Elementary object”，在“Parameters”选项组中选择“House + 2- sided roof”，并根据实际房子的长、宽、高、坡度和屋檐等房子参数进行设置，对墙壁、房顶等进行修饰，如图 5-29 所示。

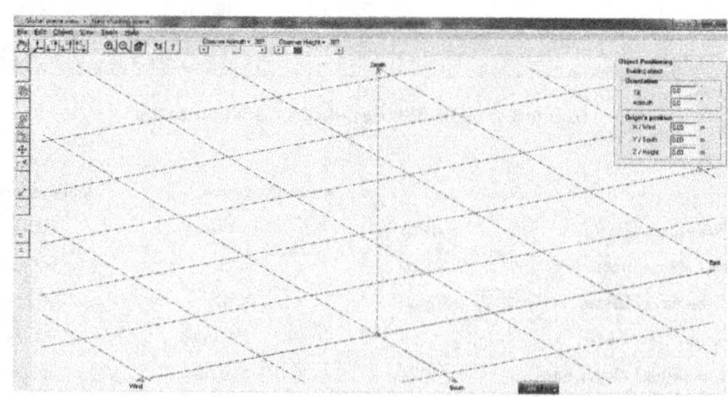

a）阴影设计整体场景设置界面

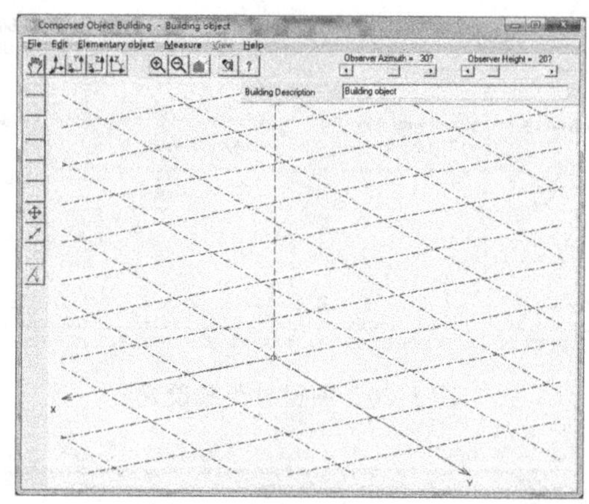

b）建筑物/组合体设计界面

图 5-28　建筑物/组合体设计界面

图 5-29　项目建筑物设计图

利用同样的方法制作一个宽 0.5m、长 0.5m、高 0.8m、坡度 25°的烟囱，并制作几棵代

表海南特色的椰子树，其“Medium- point height”、“Medium height”、“Low part height”、“Trunk height”、“Medium diameter”和“Trunk diameter”分别为4m、3m、5m、6m、8m和0.5m。二者的设计如图5-30和图5-31所示。

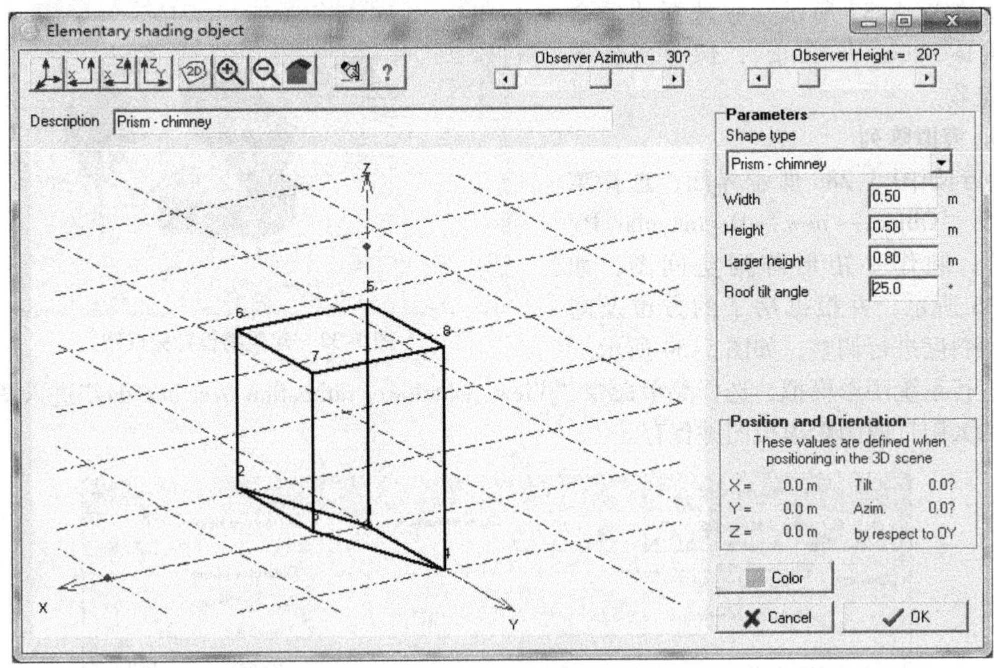

图5-30　烟囱设计图

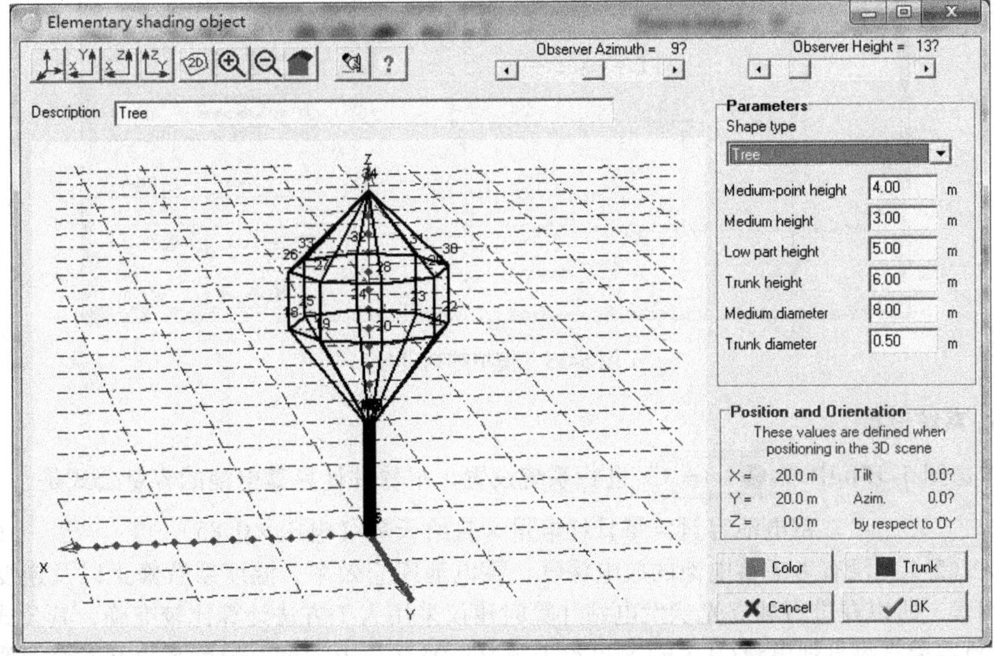

图5-31　椰子树的设计

单击“OK”按钮后进行烟囱、树木位置的调整，并通过旋转对房子进行90°移动，使房子的大门朝向正南方向，如图5-32所示，并选择菜单命令“File→save building”，保存所制作的建筑物。

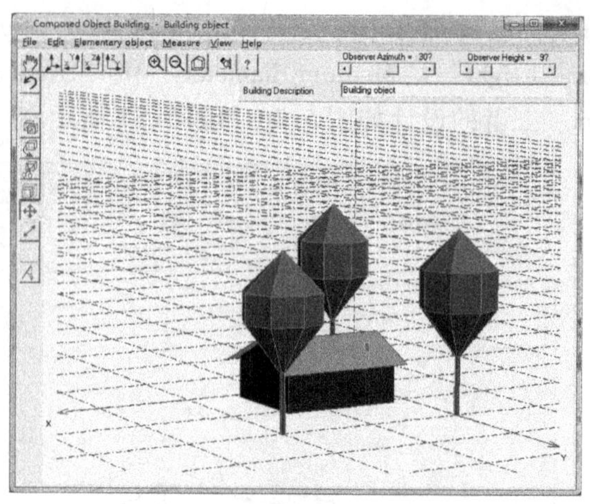

图5-32 建筑物设计完成图

5. 模拟阵列

回到如图5-28a所示界面，选择菜单命令“Object→new→Rectangular PV Plane”，制作一矩形阵列空间图，如图5-33所示，并根据房子的方位及高度、倾斜度进行调整，如图5-34所示。

进行系统阴影模拟，选择菜单命令“View→shadower animation over one day”进入图5-35所示的太阳日照阴影模拟图并保存。

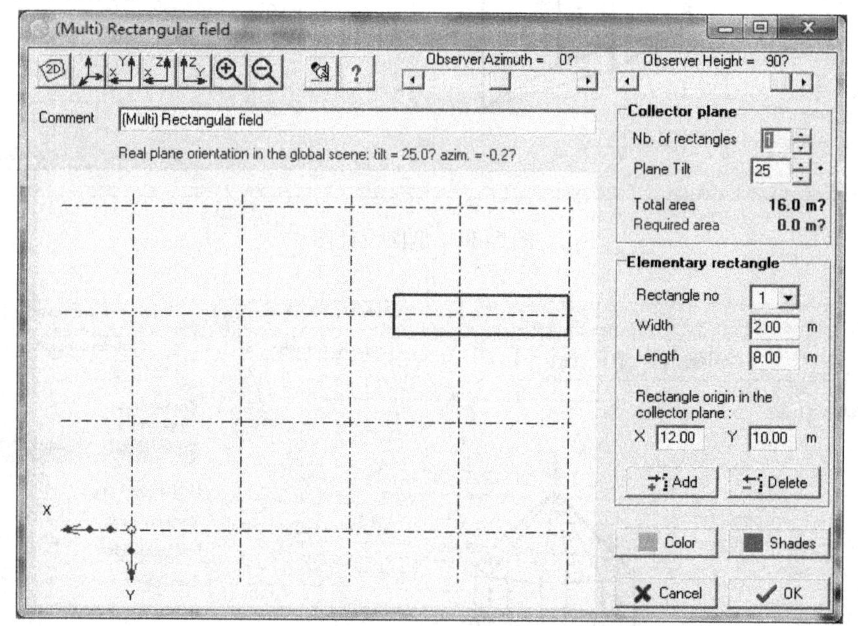

图5-33 模拟阵列设计

6. 系统设置

单击图5-15b中“System”进行系统设置，本软件计算蓄电池的容量公式是

蓄电池容量 = 每日耗电量 × 自给天数/(电压 ×0.85)　　(5-1)

式（5-1）没有考虑蓄电池的放电深度、蓄电池库仑效率、温度系数修正以及逆变器效率等因素，所以在进行独立光伏发电站计算时建议采用人工方法计算比较准确，其公式为

蓄电池容量 = 每日耗电量(A·h) × 自给天数 ×1.05/(放电深度 × 温度系数 × 逆变器效率)　　(5-2)

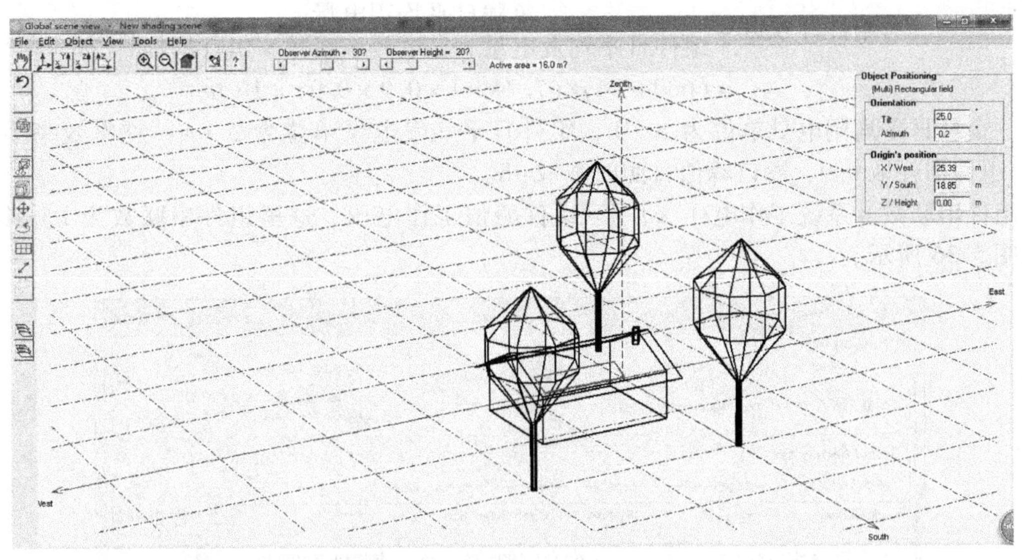

图 5-34　项目阵列、建筑物全图

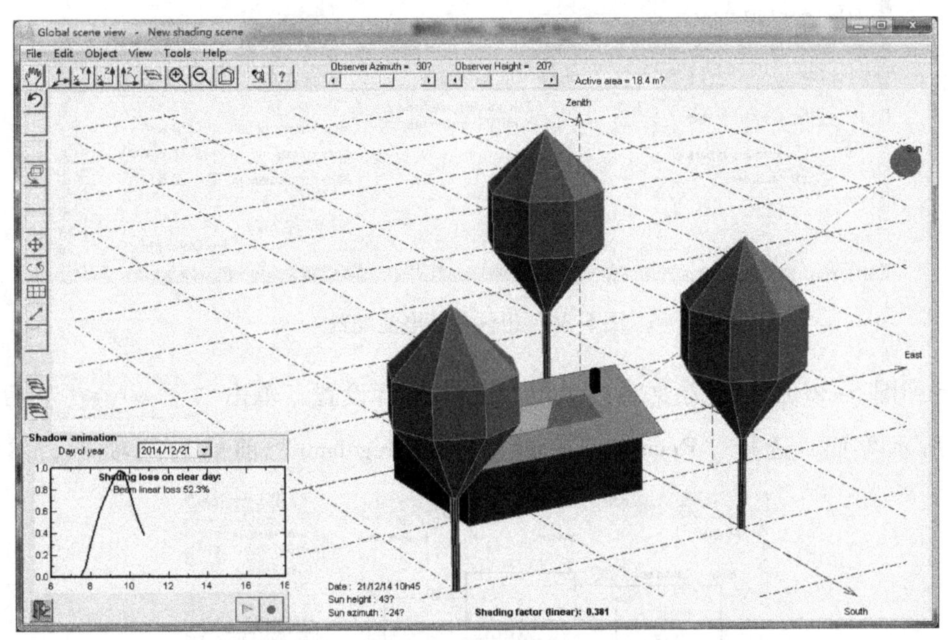

图 5-35　项目建筑、阵列阴影模拟

式中，1.05 为放电率修正系数。项目中自给天数为 4 天，蓄电池电压采用 24V，深循环放电深度为 0.5，海南海口温度平均气温为 25℃，不涉及蓄电池温度修正，逆变器效率为 90%，则结合式（5-2）计算得到系统蓄电池容量约为 2330A · h，选用标称电压为 2V、容量为 1174A · h 的蓄电池经 12 串 2 并后能满足用户需求，蓄电池的选型详细参数如图 5-36 所示。

组件计算系统与人工计算值基本接近，这里用人工计算值，为 10 块，选用峰值功率为 250Wp、峰值电压为 28.6V、峰值电流为 7.74A 的组件，公式为

$$\text{组件并联数}=\frac{\text{负载日平均用电量}}{\text{组件日平均发电量}\times\text{充电效率系数}\times\text{组件损耗}} \tag{5-3}$$

$$=(6000/24)/(7.74\times4\times0.9\times0.9)=10\text{ 块}$$

式中，负载日平均用电量单位为A·h；组件日平均发电量单位为A·h；充电效率系数取0.9；组件损耗取0.9；海口峰值日照时数取4h。

组件串联数=系统工作电压×1.43/组件峰值工作电压，这里组件串联数为1。具体配置如图5-36所示。

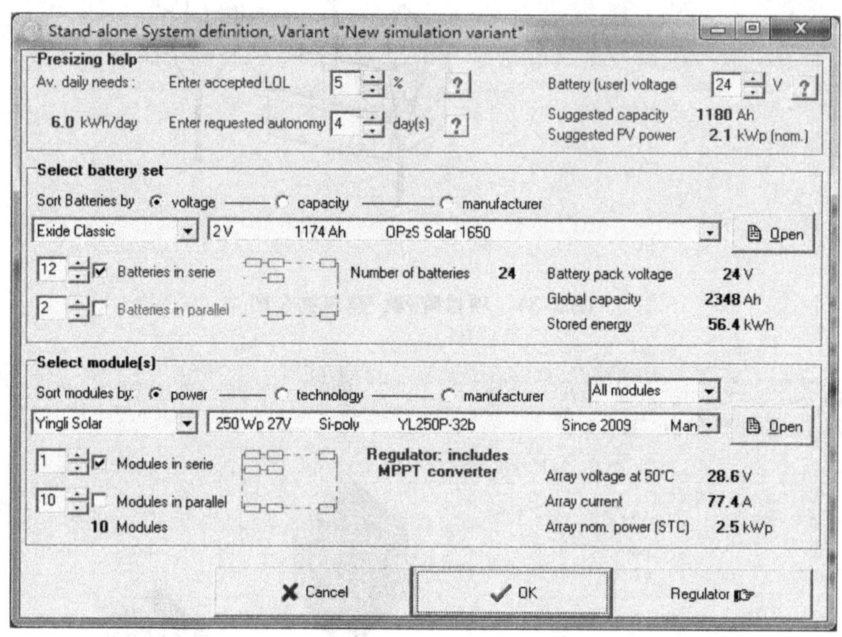

图5-36　组件与蓄电池配置

执行到图5-36后，还需要对相关电气参数进行设置，单击“Regulator”后进入如图5-37所示界面，选择“Regulator”下“Default regulator”前的勾选项☑，然后单击

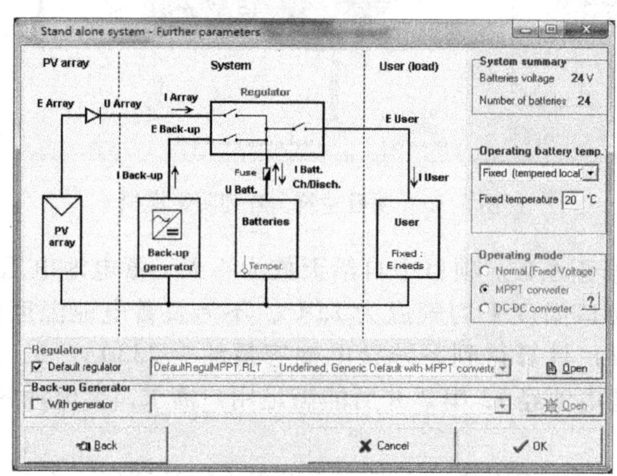

图5-37　系统校准对话框

"Open"，进入图 5-38 所示界面，在这对话框中主要是电气参数设置，包括系统自动跟踪电流、电压，蓄电池的温度补偿，MPPT 校准等。这里系统一般会根据用户选择的组件、蓄电池，自动进行匹配，不需要太多的改变。设置完毕后单击"OK"，图 5-15b 变化为图 5-39 所示界面。

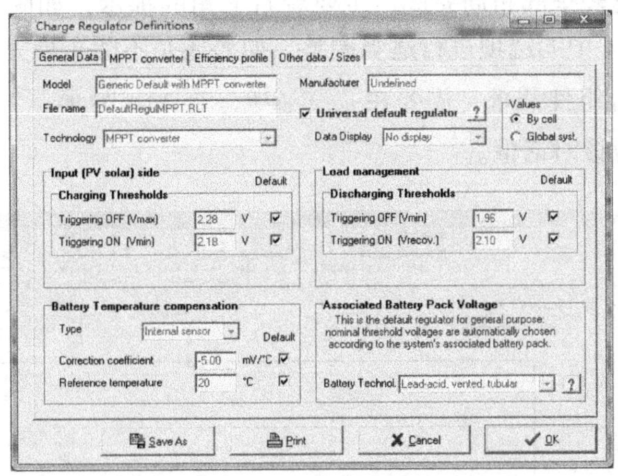

图 5-38　MPPT、效率校准内容对话框

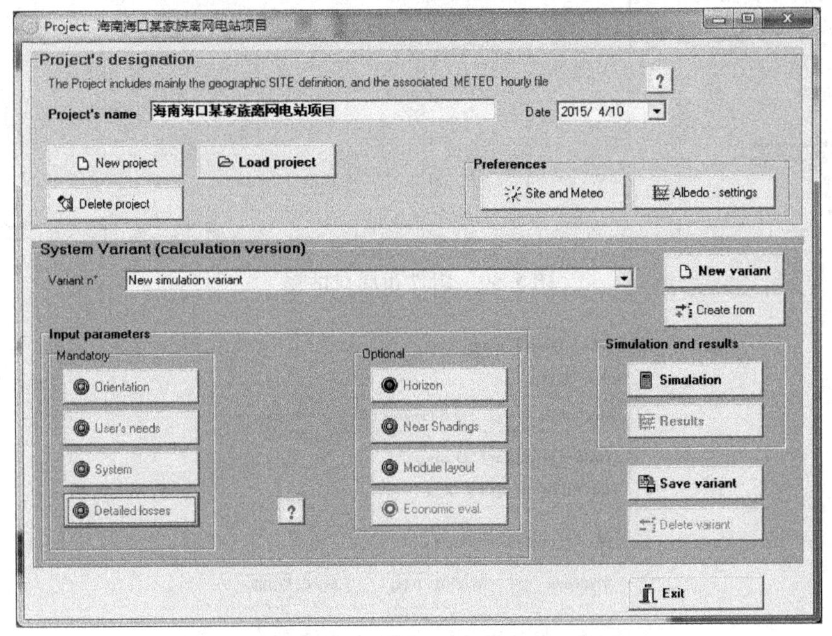

图 5-39　项目系统设置完成

7. 组件布局

单击图 5-39 中"Module layout"进入图 5-40 所示界面，就可以将设置好的组件布局到如图 5-34 所示的矩形区域内，选项组"Table choice (3D subfields areas) Multi) Rectangular field 10.28 x 1.83"是项目所有组件所要分配的区域集合，可以通过下拉菜单选择每一组组件分配的安装区域，选择后在

“Table (3D Subfield Area) Layout”选项组中会自动显示区域预览图。在“Mechanical”选项卡中进行组件布局设置，如图 5-41 所示，单击“Set modules”，软件会自动将组件模拟布局显示在“Table (3D Subfield Area) Layout”中，如图 5-42 所示。这里在布局组件时要注意看组件是否已经全部布局完成，主要看右上角的提示，如图 5-43 所示，如果不能布局完，可通过图 5-41 中的选项进行适当调整，如果还是不能布局完，则说明图 5-34 中所设计的矩形区域不符合组件需求，需要在“This table: Width 11.00 "Height" 2.00 m”中重新调整其面积大小，注意该对话框。

Definitions of Module Layout on 3D-shading sensitive areas
Please set the module arrangement on each table.
General PV system
PV module YL250P-32b
W x H 1.610 x 0.990 m?
System
Total area 17.9 m?
Total Power 2.5 kWp
10 mod. left to be positioned
Table choice (3D subfields areas)
Get From 3D shadings
Module Layout Parameter
Mechanical
Table (3D Subfield Area) Layout
Table Elementary 3D area :
(Multi) Rectangular field
Resize all identical tables
This table: Width 11.00 "Height" 2.00 m
Module arrangement
Module spacing in X 0.04 in Y 0.04 m
Filling mode
From left
Centered
From right
From top
Centered
From botton
Mod orient
Vertical
Horizontal
Set modules
Match the table sizes to these modules
Match this table
Summary for this table
Total on this table 0 modules
Manual Tests
Print
Cancel
Erase def.
OK

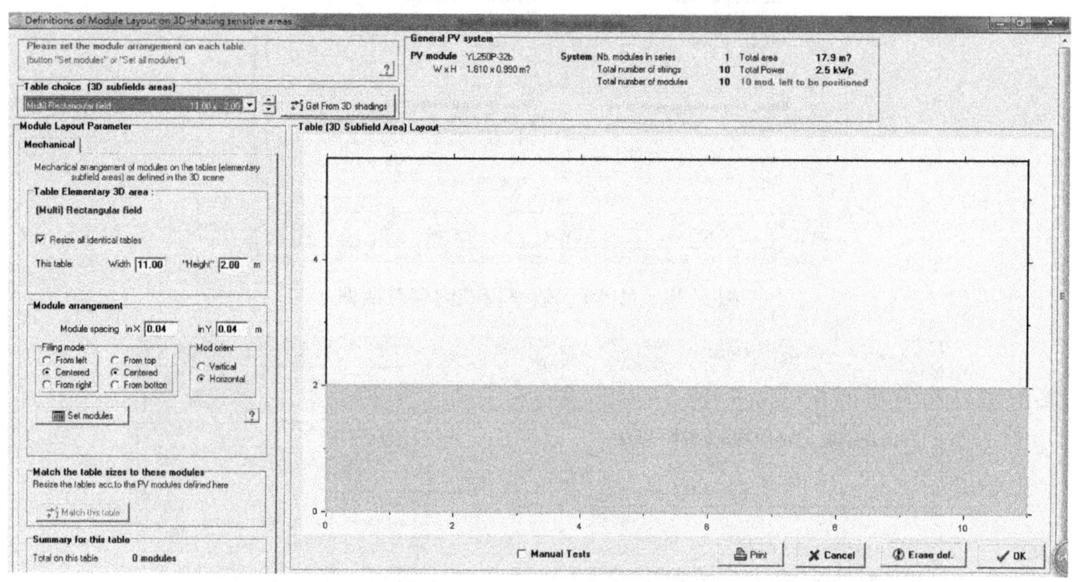

图 5-40　组件布局对话框

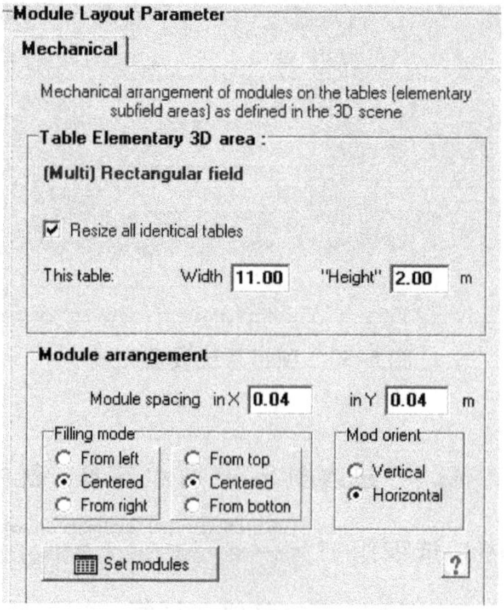

Module Layout Parameter
Mechanical
Mechanical arrangement of modules on the tables (elementary subfield areas) as defined in the 3D scene
Table Elementary 3D area :
(Multi) Rectangular field
Resize all identical tables
This table: Width 11.00 "Height" 2.00 m
Module arrangement
Module spacing in X 0.04 in Y 0.04 m
Filling mode
From left
Centered
From right
From top
Centered
From botton
Mod orient
Vertical
Horizontal
Set modules
?

图 5-41　放置组件

组件布满后，图5-42中“Match this table”按钮将自动变为可用，单击该按钮，系统将根据组件的尺寸自动调整阵列区域，调整后“this table”自动调整为“This table Width 10.28 "Height" 1.83 m”，同时图5-42变化为图5-44所示，选择选项卡“Electrical”，单击“Auto attribution”按钮进入图5-45所示界面。

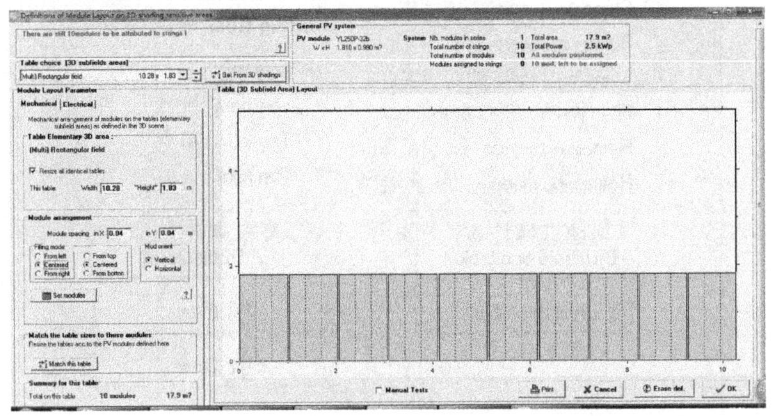

图5-42　组件布局显示

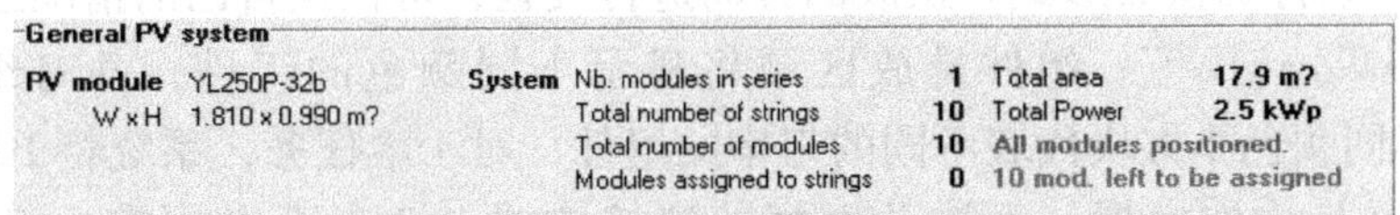

图5-43　组件全部放置表示

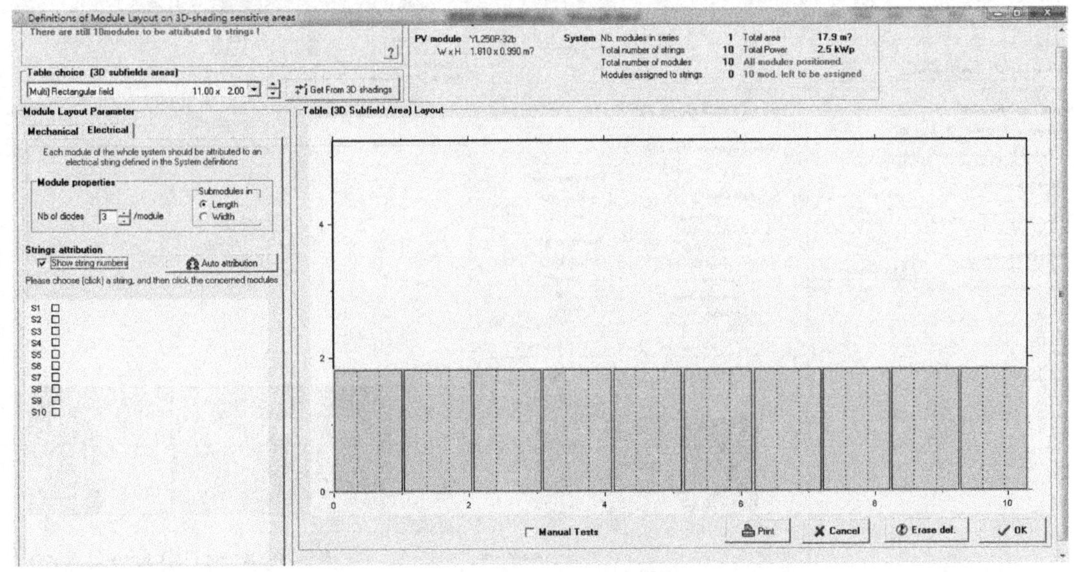

图5-44　组件阵列模拟图

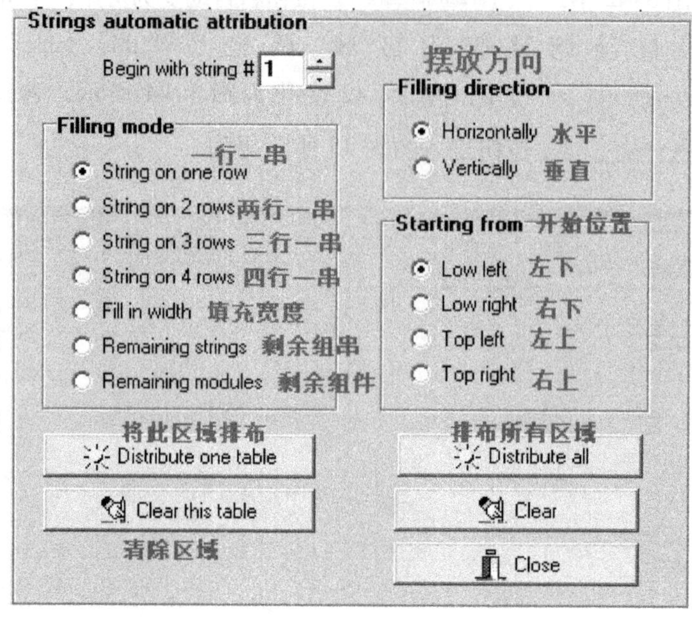

图 5-45 组件排列形式

这里主要对组件的摆放形式、摆放的方向进行设置，可根据自己的情况进行相应设置后单击“ Distribute one table ”，组件排放区域将显示不同颜色的组件，并对组件自动编号，图 5-46 左侧不同颜色小方块代表不同的组串的组件，对于本任务，系统将 10 块组件自动分为十个组串，这是软件模拟，不涉及电气的连接方式，读者不必深究。组件排列效果如图 5-46所示。

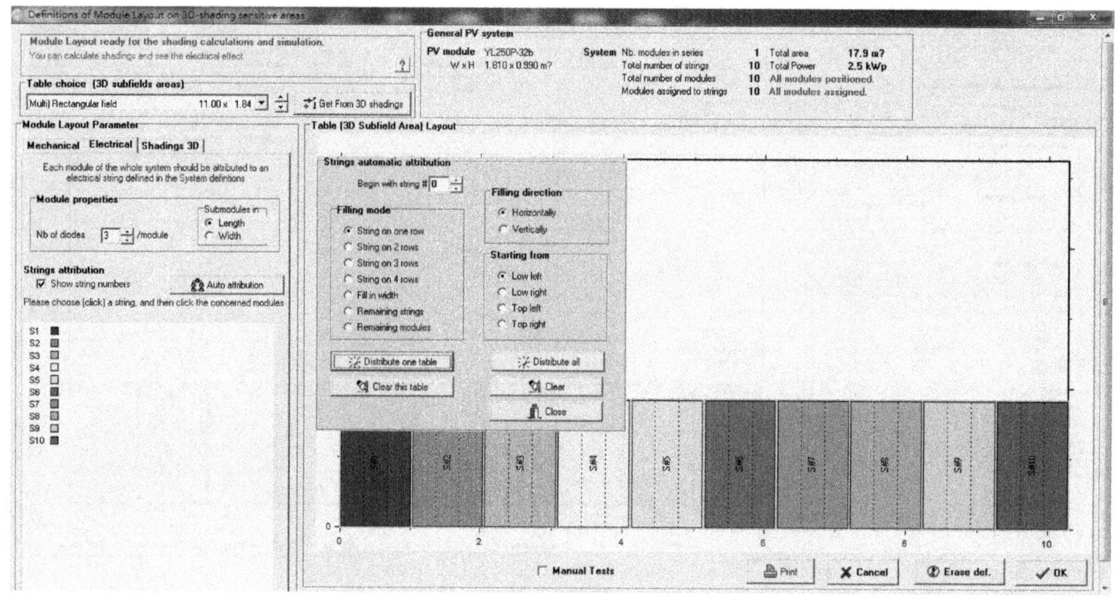

图 5-46 组件排列效果

下面就可以进行3D阴影模拟了，单击“Shadings 3D”选项卡中“Calculate”按钮，系统将结合图5-34所绘制的建筑屋面进行光照模拟，模拟完后可拉动“Shadings animation Date 2015/ 4/12 HH:MM”的时间流动条直观地看到右侧阵列模拟图即时近阴影情况，如图5-47所示。

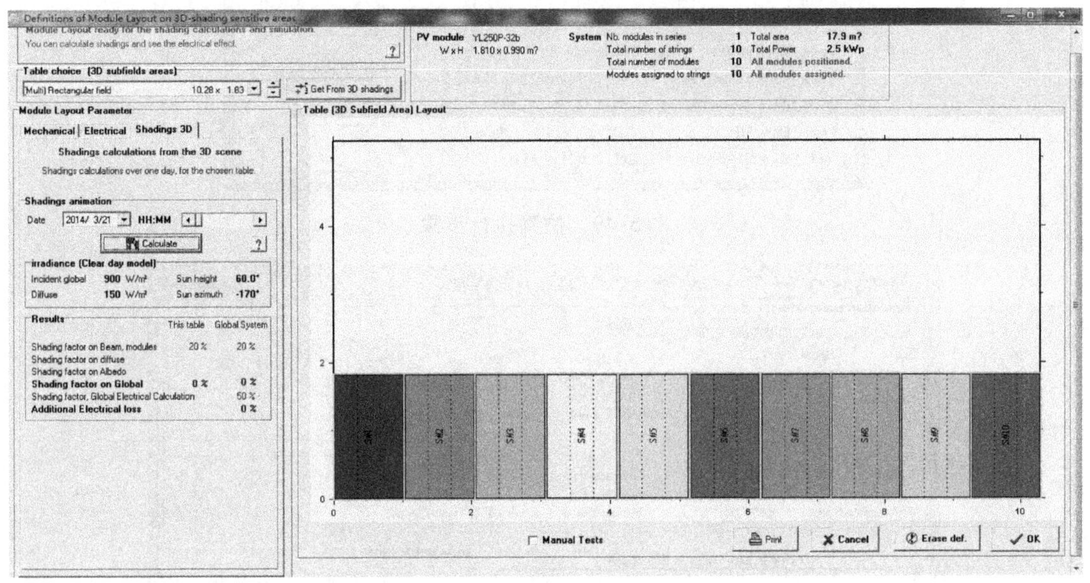

图5-47 组件近阴影模拟

图5-39中“Detailed losses”是电站损耗设置，任务二中将详细讲解。截止到现在，本项目仿真就全部完成了，下面直接单击图5-39中的“Simulation”可看到详细仿真结果。如图5-48所示，执行“Simulation”。系统自动执行后如图5-49所示，单击“OK”后就能看到相应的报告对话框，如图5-50所示。图5-48已经将本项目主要概况反映出来，单击图5-50“Detailed results”中“Report”、“Tables”可得到更详细的项目报告，如图5-51所示。

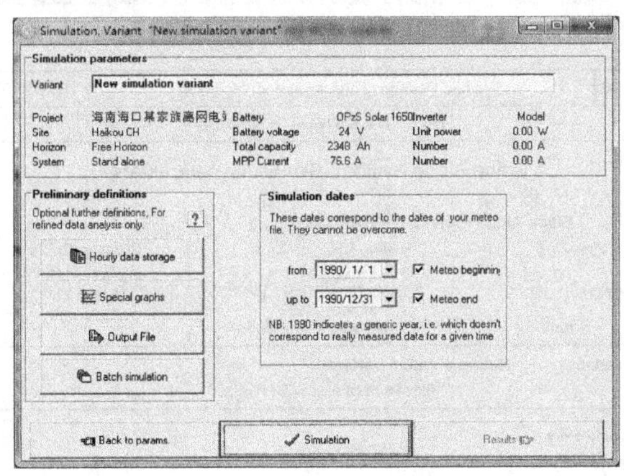

图5-48 项目仿真对话框

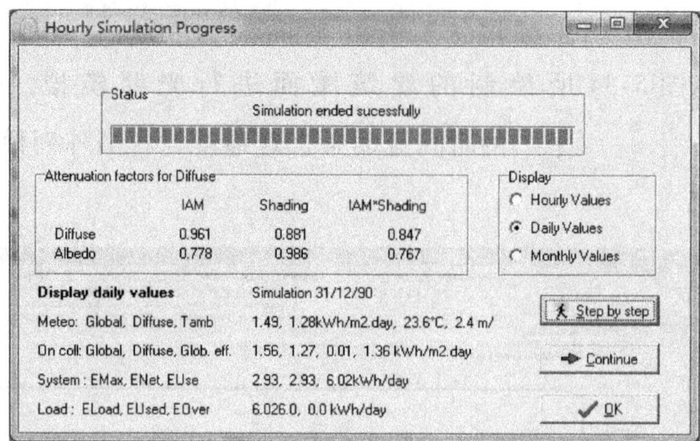

图 5-49　仿真执行步骤

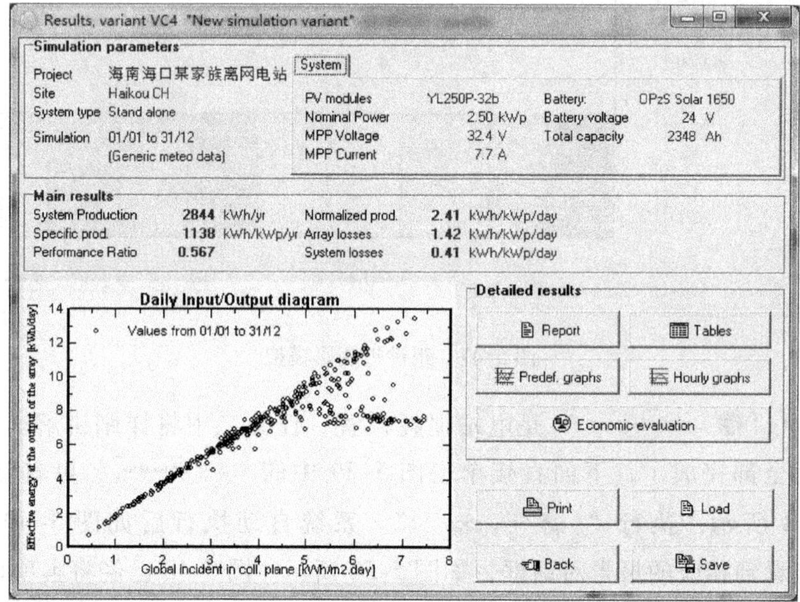

图 5-50　仿真模拟结果对话框

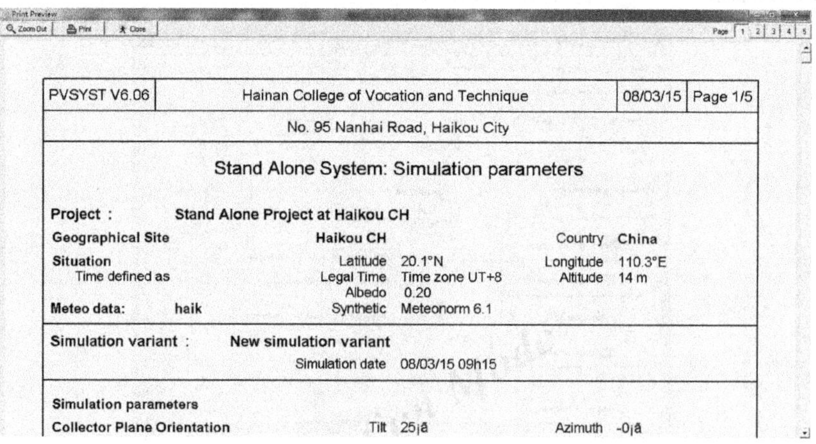

PVSYST V6.06	Hainan College of Vocation and Technique	08/03/15	Page 1/5

No. 95 Nanhai Road, Haikou City

Stand Alone System: Simulation parameters

Project :	**Stand Alone Project at Haikou CH**				
Geographical Site		**Haikou CH**		Country	**China**
Situation		Latitude	20.1°N	Longitude	110.3°E
Time defined as		Legal Time	Time zone UT+8	Altitude	14 m
		Albedo	0.20		
Meteo data:	**haik**	Synthetic	Meteonorm 6.1		

Simulation variant :　**New simulation variant**

Simulation date　08/03/15 09h15

Simulation parameters

Collector Plane Orientation　Tilt　25ja　Azimuth　-0ja

图 5-51　仿真报告

通过任务一，我们基本掌握了光伏仿真软件 PVSYST 的设计流程，但是 PVSYST 是光伏发电站的模拟辅助软件，必须在一定专业理论知识的基础上根据不同情况进行相应参数的设计，才能灵活使用，它是成功的光伏人所必须掌握的专业工具之一。

任务二　并网电站 PVSYST 仿真实例

↘ 任务内容

海南某学院图书馆楼顶，实图一角如图 5-52 所示，希望安装分布式光伏发电站，图书馆楼顶可用面积近 $1500m^2$，大楼共 6 层，高 18m，周围空旷且无高大建筑物，楼面防水完好，周围女儿墙高 2m，图书馆年用电量约为 94000kW·h，有独立防雷系统，楼顶至升压变电站距离为 80m，利用 PVSYST 仿真其布局，并分析其经济参数。

图 5-52　海南某学院图书馆楼顶一角

↘ 任务实施方法与过程

1. 安装形式思考

因项目楼顶有较好的隔热层、防水基础，为了不破坏现有楼面，项目不适合采用组件平铺的方式。考虑到海南近年来极端风力的影响，项目采用条形基础、固定倾角结构安装形式或采用条形基础、无固定棚式结构安装形式，本项目采用后者。

2. 项目地理位置及气象参数设置

打开 PVSYST 6.0.6，如图 5-53 所示。选择菜单命令“Preferences”进入“Preferences”对话框，定义项目表头“Printer Forms”选项卡如图 5-54 所示，本项目设置表头为“Hainan College of Vocation and Technique（海南职业技术学院）、Haikou City Nanhai Road No. 95（海口市南海大道 95 号）”。单击“OK”按钮。

单击图5-53设置窗口的“Grid-Connected”进入并网项目的环境与气象设置对话框，如图5-15所示，单击“Site and Meteo”按钮进行项目所在地海南海口的环境与气象设计，任务一中第一、第二种方法已经实训过，本任务利用Meteonorm 6.0获得相应数据。

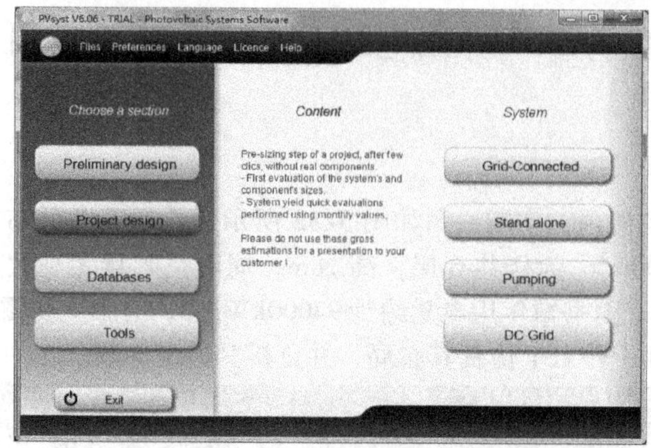

图5-53 PVSYST 6.0.6仿真软件设置窗口

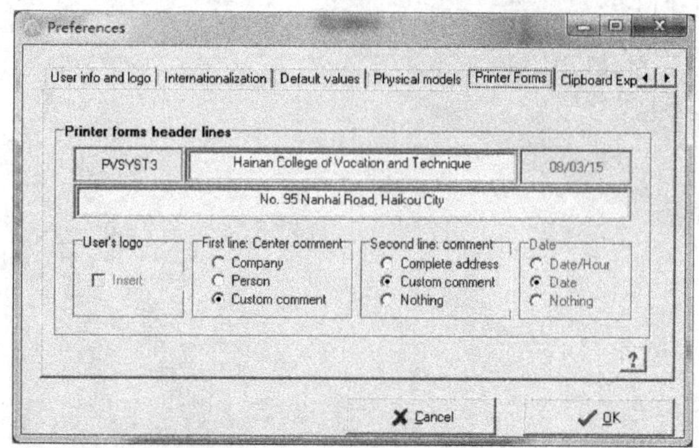

图5-54 项目表头设计

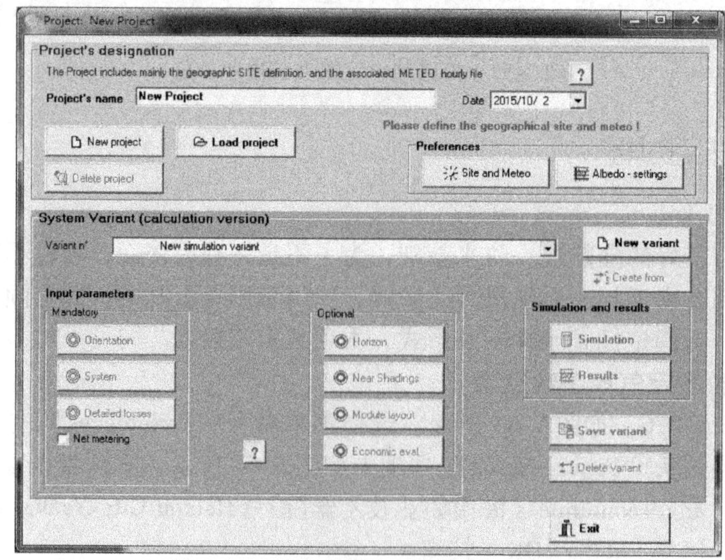

图5-55 地理位置与气象资料对话框

（1）地理位置设置　打开 Meteonorm 6.0 软件，选择语言“English”，如图 5-56 所示。选择“Site”选项卡在“Search site”文本框中输入“haikou”后单击“Search site”按钮，系统将自动查找海口的相关地理信息，如图 5-57 所示。

注意，如果软件中没有查找的城市，就必须借助图 5-56 中“Map”来进行确认；或者单击“Enter / edit”按钮，通过输入相应城市的相应信息来设置。

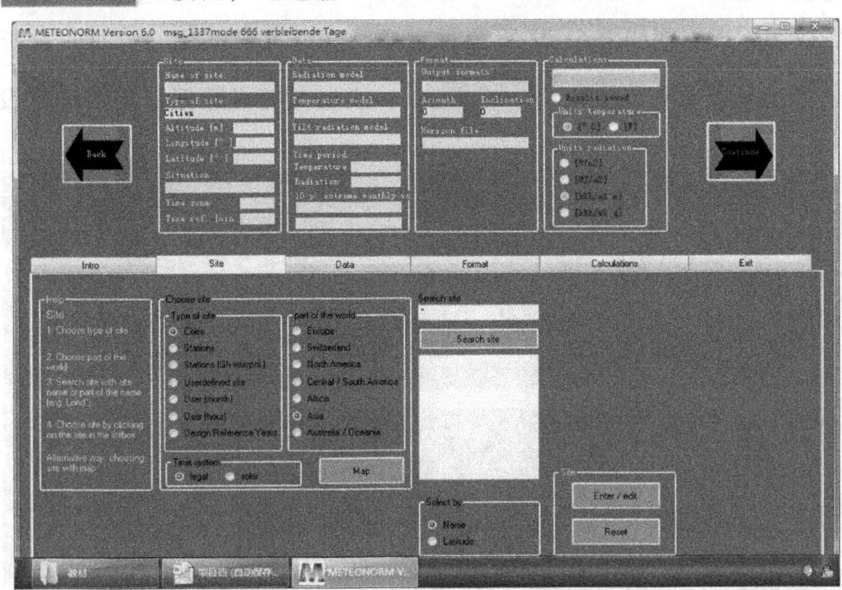

图 5-56　Meteonorm 地理位置设置

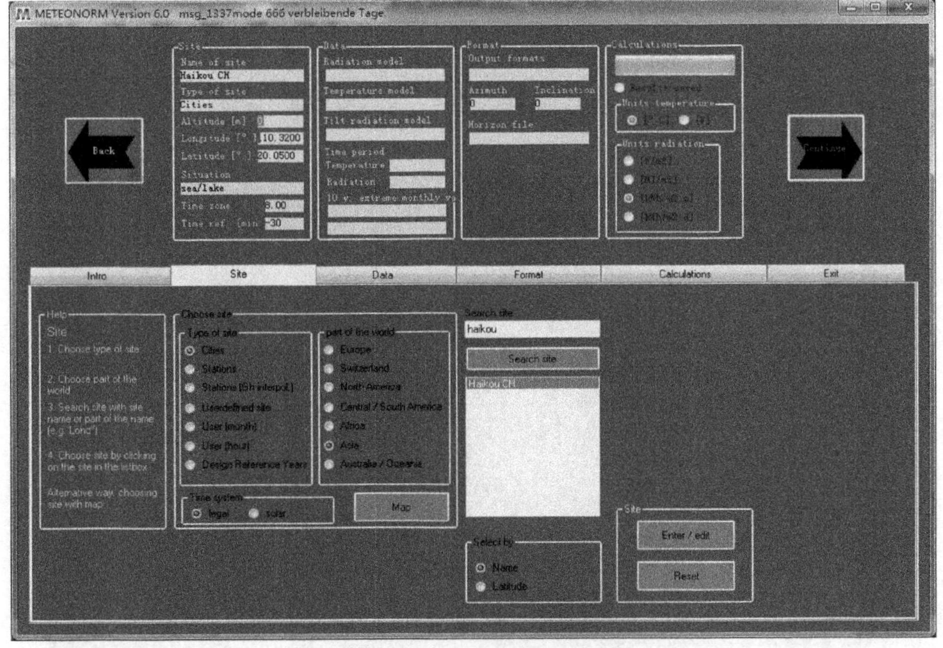

图 5-57　查找海口地理信息

（2）数据设置　选择“Data”选项卡，如图5-58所示。在太阳辐射模式栏“Radiation model”中选择默认值“Default（hour）”；在温度模式栏“Temperature model”中选择10年极端值“10 years Extreme（hour）”；在其他辐射模式栏“Tilt radiation model”中选择“Perez”。在时间统计期间栏“Time period”中选择“1996-2005”。在附加设置栏“Additional settings”中单击“Atmosph turbidity”按钮后，出现如图5-59所示对话框，这里主要反映一定时间内所监测到的环境混浊情况；单击采集随机数按钮“1. random seed”，主要对随机数据采集数进行设置，这里选

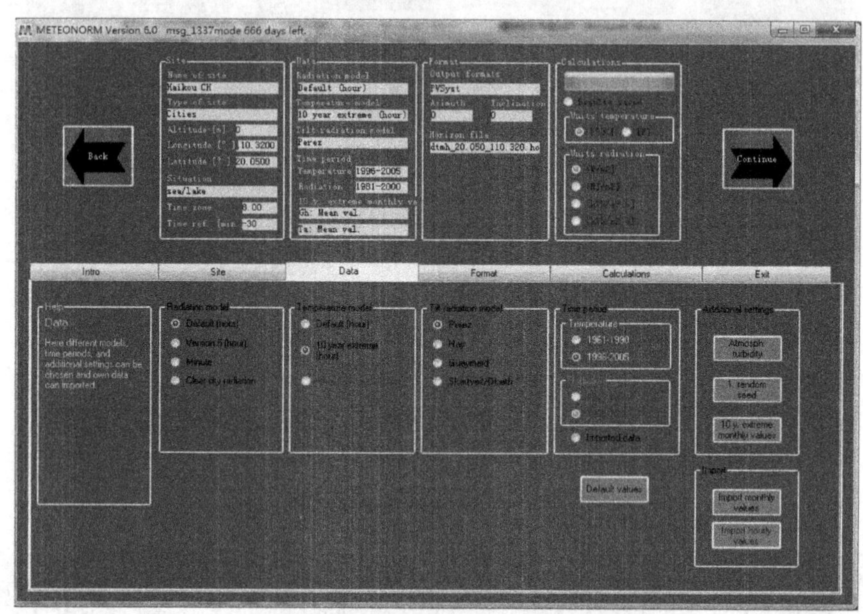

图5-58　选择“Data”后的对话框

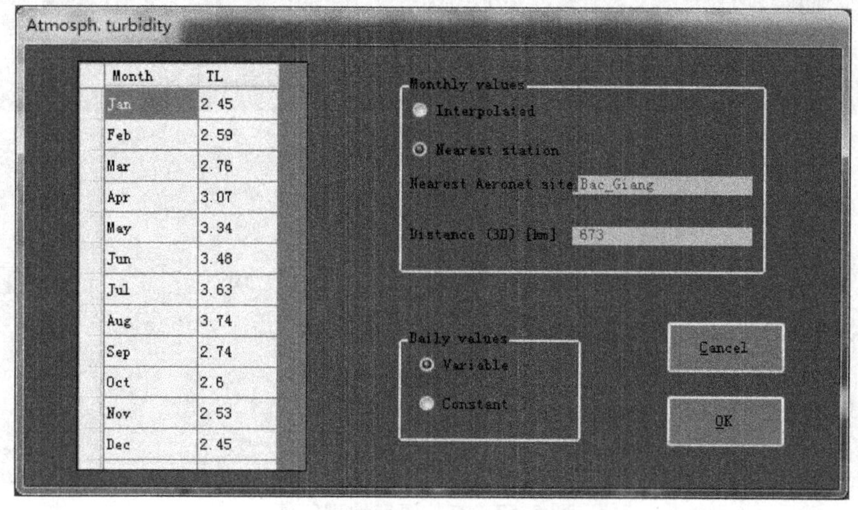

图5-59　项目位置监测大气混浊情况

择默认设置；单击极端气候按钮“10 y. extreme monthly values”，主要反映10年极端月份相关数据情况，这里选择默认设置；单击“Import monthly values”后再单击“Current data”按钮，这里汇总了数据设置中所有相关信息，如图5-60所示。

Import monthly values

Month	Gh	Dh	Ta	RH	RR	Rd	Tadmin	Tadmax	Ta min	Ta max
Jan	133		18.1				15.1	21.5	7.5	30.1
Feb	116		21.6				19.0	25.0	12.7	30.3
Mar	113		23.0				19.6	26.8	14.5	36.0
Apr	145		27.6				24.2	32.5	20.5	38.7
May	165		28.8				25.7	33.0	23.8	37.1
Jun	117		29.6				26.0	34.2	23.8	37.8
Jul	153		29.8				26.0	34.4	23.7	37.0
Aug	135		29.0				25.8	33.2	23.8	35.7
Sep	113		27.7				25.3	30.7	24.3	33.4
Oct	137		26.3				23.3	29.5	20.8	34.6
Nov	115		23.7				20.9	26.5	14.8	31.4

Current data　Begin of period (12 months)　Year 2003　Month 1　Current data

Units radiation　[W/m2]　[MJ/m2]　[kWh/m2 m]　[kWh/m2 d]

Units temperature　[°C]　[F]　Year 2003

Import file　Cancel　OK

图5-60　数据信息

（3）输出数据格式　单击“Format”，这里主要对气象输出模式“Output formats”进行设置，此处主要用于PVSYST，所以选择“PVSyst”，如图5-61所示。

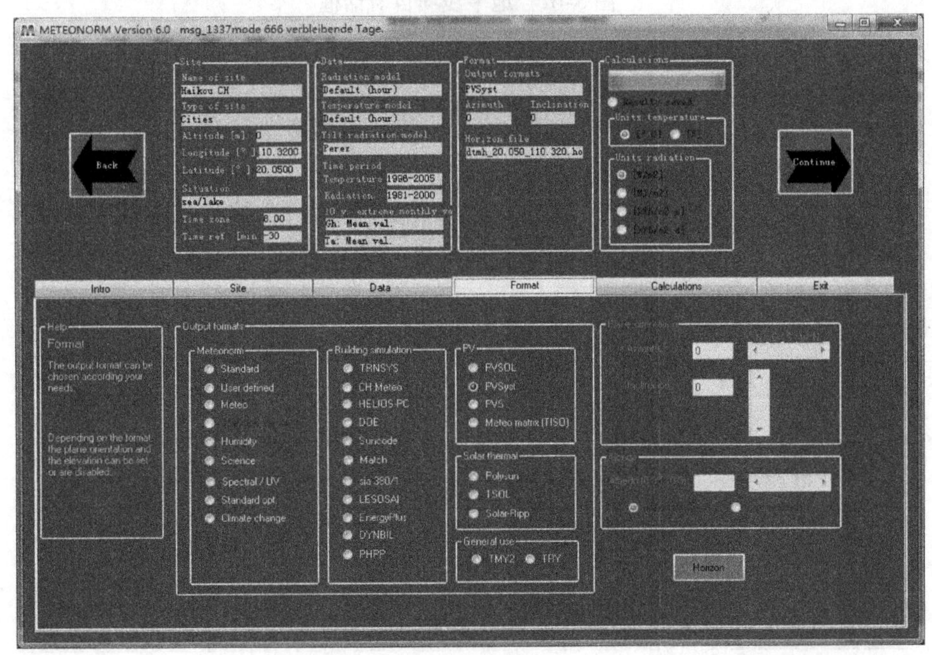

图5-61　输出格式设置对话框

如果要进行项目地平线设置，单击图 5-61 中“Horizon”按钮，出现如图 5-62 所示对话框。单击图中“Sunrise- / -set”可得到某一年度各月份的 15 日太阳日出与日落时间表。单击图中“Calc horizon”按钮可以得到某年度各月太阳路径图，用鼠标单击其小方格任意位置，可以改变其地平线，本项目设置为默认值，设置结果如图 5-63 所示。单击“OK”按钮确认。

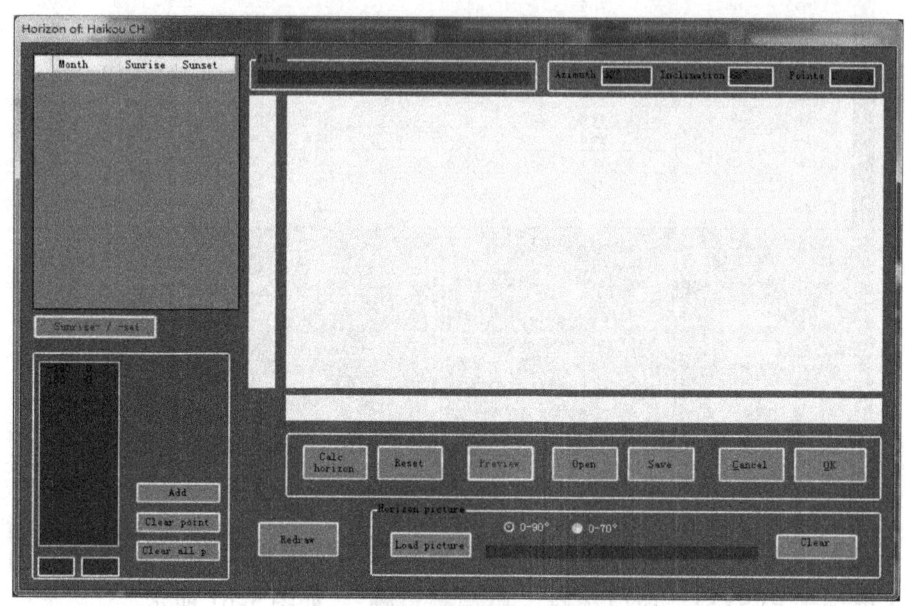

图 5-62 地平线项目对话框

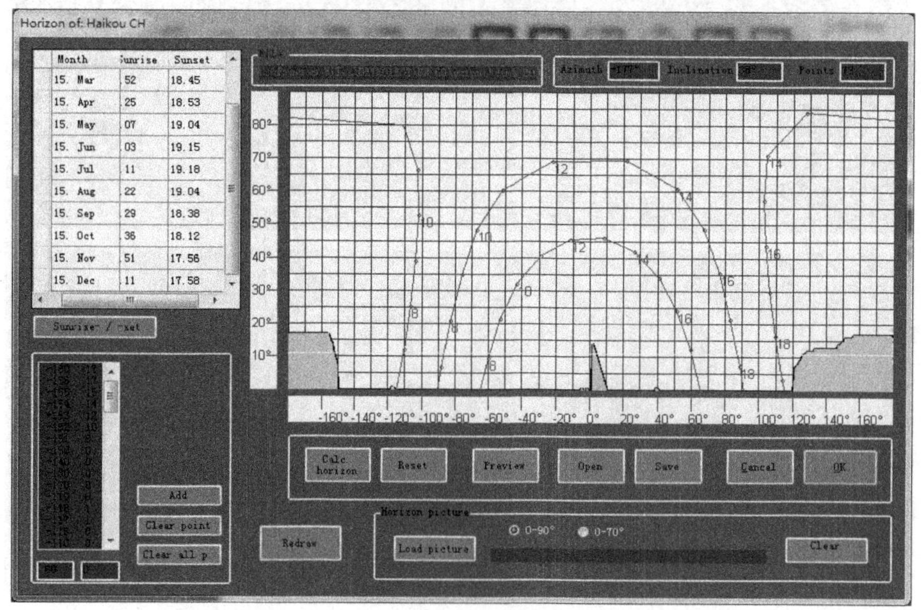

图 5-63 地平线设置结果

（4）运算结果　单击“Calculations”，软件将自动进行运算，运算结果如图 5-64 所示，在保存单选框中选择 [h] 或 [Mon]，单击“Save”选择系统自动以“Haikhour. dat”或“Haikmon. dat”文件名保存到“C：\Program Files\METEOTEST\MN_ 60\output”目录下（注意一定要以“Haikhour. dat”或“Haikmon. dat”命名，否则无法导入 PVSYST），到这里我们可以直接将“Haikhour. dat”文件导入 PVSYST 中调用。

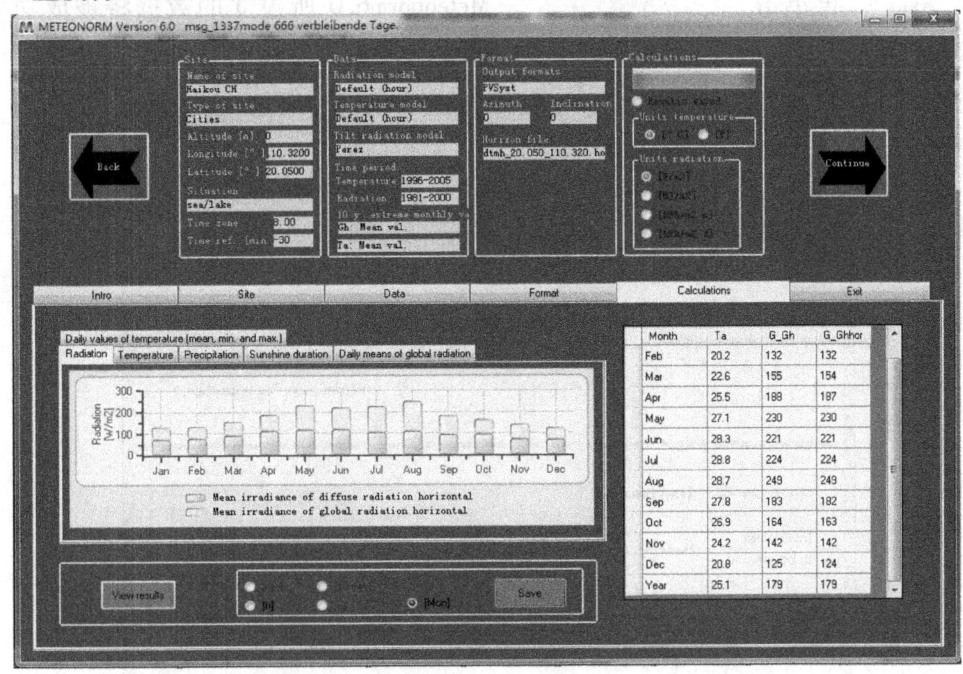

图 5-64　软件运算结果

（5）PVSYST 调用　单击图 5-53 中“Databases”按钮，进入如图 5-65 所示数据库对话框，

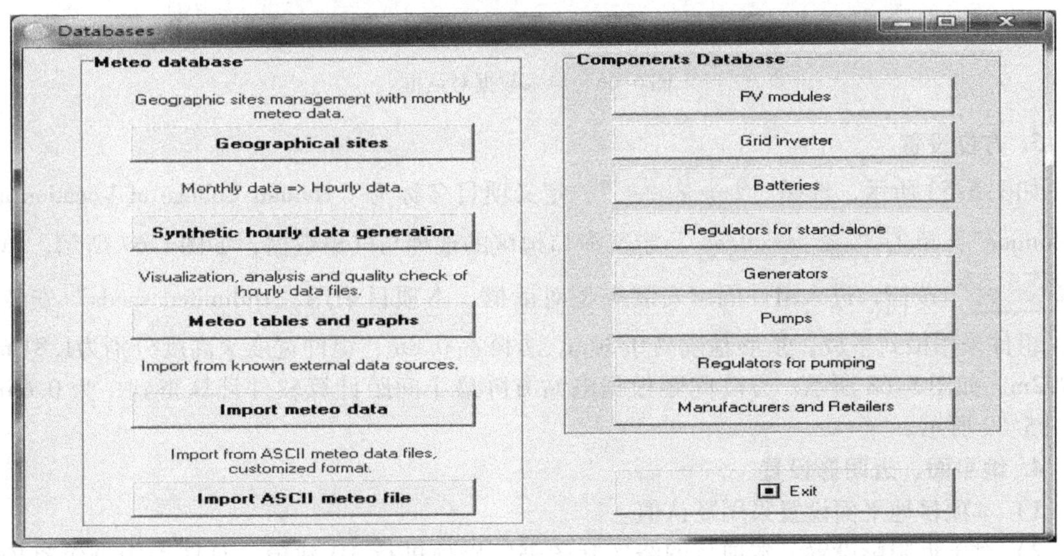

图 5-65　数据库对话框

单击“Import meteo data”进入导入数据对话框，如图5-66所示，在“External Data Source”中选择“Meteonorm software 1996-2000”，可以看出，PVSYST只能导入“Hourly Data”或“Monthly Data”两种文件。单击“Choose”选择步骤（4）中所保存的“Haikhour. dat或Haikmon. dat”文件，并在“Country”下拉列表框中选择“China”，“Region”下拉列表框中选择“Asia”。再单击“Import”，Meteonorm6. 0所建立的数据将被成功导入到PVSYST 6. 0. 6中。

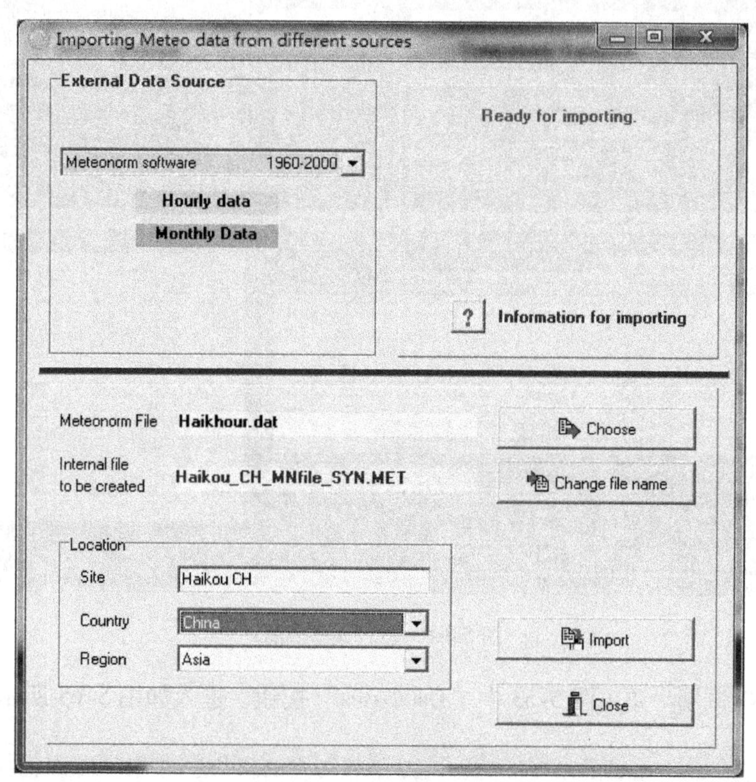

图5-66　导入数据对话框

3. 方位设置

如图5-53所示，选择“Grid-Connected”，定义项目名称为“Hainan College of Vocation and Technique”，单击“Site and Meteo”定义海口地区的地理与气象数据，如图5-67所示。单击“Orientation”按钮，进入组件固定安装类型对话框，本项目采用“Unlimited sheds”安装模式，组件采用横式平放，条形基础高0. 30m，方阵高0. 8m，组件宽度×高度分别为1. 81m×0. 992m，如图5-68所示。方阵间距根据电站方阵最小间距计算软件计算得到，为0. 65m，如图5-69所示。

4. 地平面、近阴影设置

1）本项目地平面设置采用默认值。

2）对于近阴影设置，本项目围绕实际图书馆楼顶进行3D建模，具体为图书馆整栋楼南北朝向，正东方向为图书馆大门；楼顶分为南北两侧，每侧长70m、宽17m，中间连接处

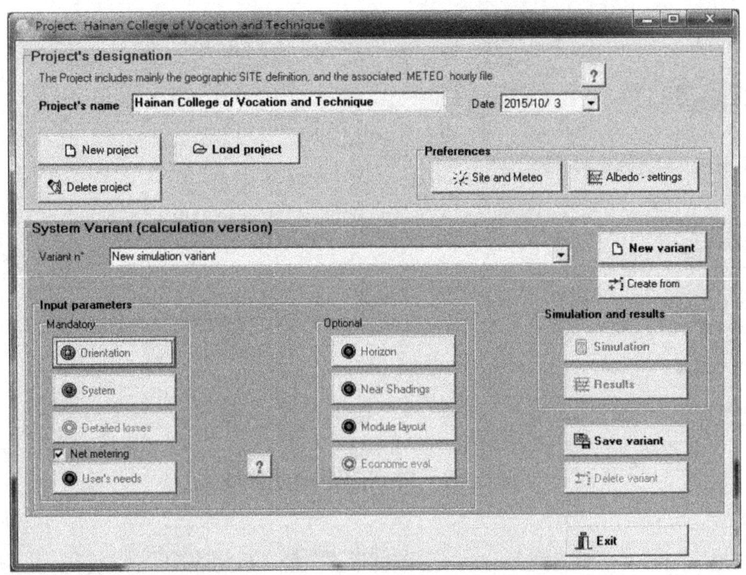

图 5-67　项目名称、地理位置及气象设置

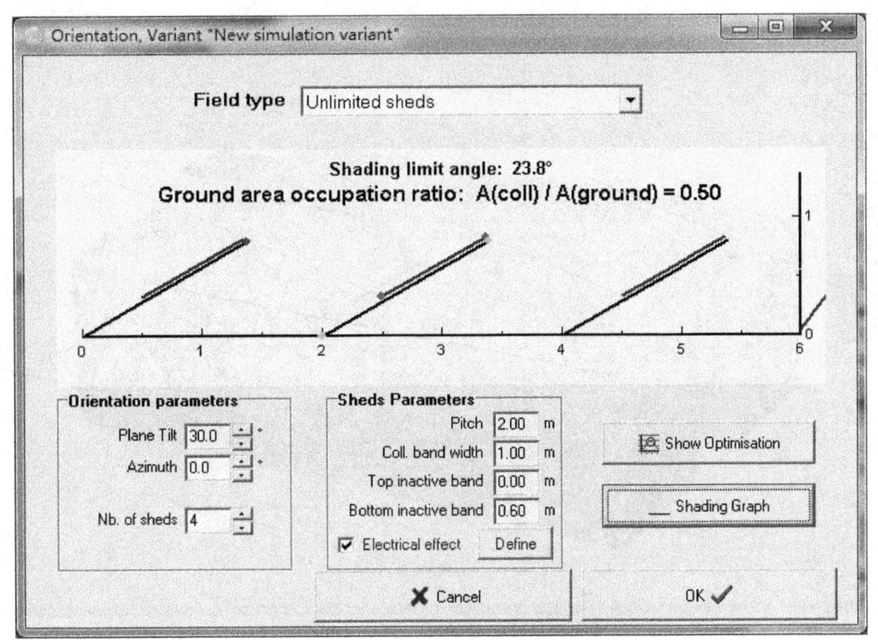

图 5-68　棚式结构组件安装对话框

长 8m、宽 12m；楼顶四周女儿墙头高 2. 0m。根据实际图形，结合任务一建立 3D 模型的方法，建立图 5-70 所示的 3D 模型图。

3）模拟阵列。如图 5-28 所示选择菜单命令“object→new- PV plan in sheds”，制作棚式阵列图，具体考虑如下：

组件采用 16 块一排横式倾斜铺放，倾角为 30°。

组件采用 YL 250P-32b，宽 × 高分别为 1. 81m × 0. 99m，一排方阵总长为 30m，宽为 1m。

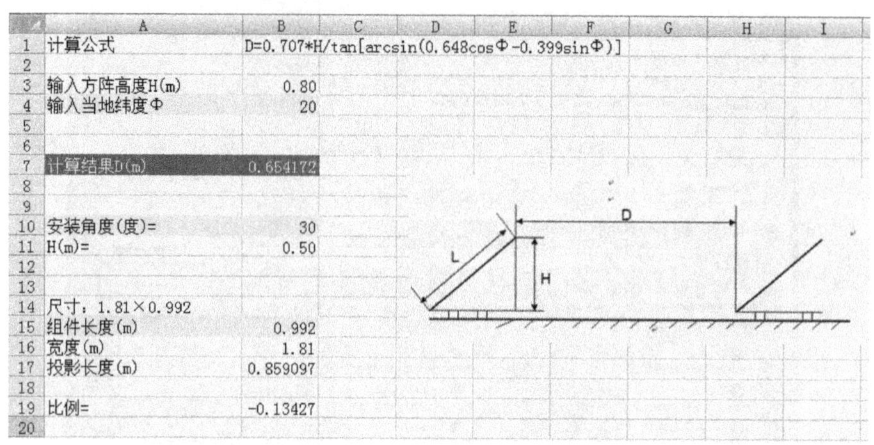

	A	B
1	计算公式	D=0.707*H/tan[arcsin(0.648cosΦ-0.399sinΦ)]
2		
3	输入方阵高度H(m)	0.80
4	输入当地纬度Φ	20
5		
6		
7	计算结果D(m)	0.654172
8		
9		
10	安装角度(度)=	30
11	H(m)=	0.50
12		
13		
14	尺寸：1.81×0.992	
15	组件长度(m)	0.992
16	宽度(m)	1.81
17	投影长度(m)	0.859097
18		
19	比例=	-0.13427
20		

图 5-69　阵列间距设计软件

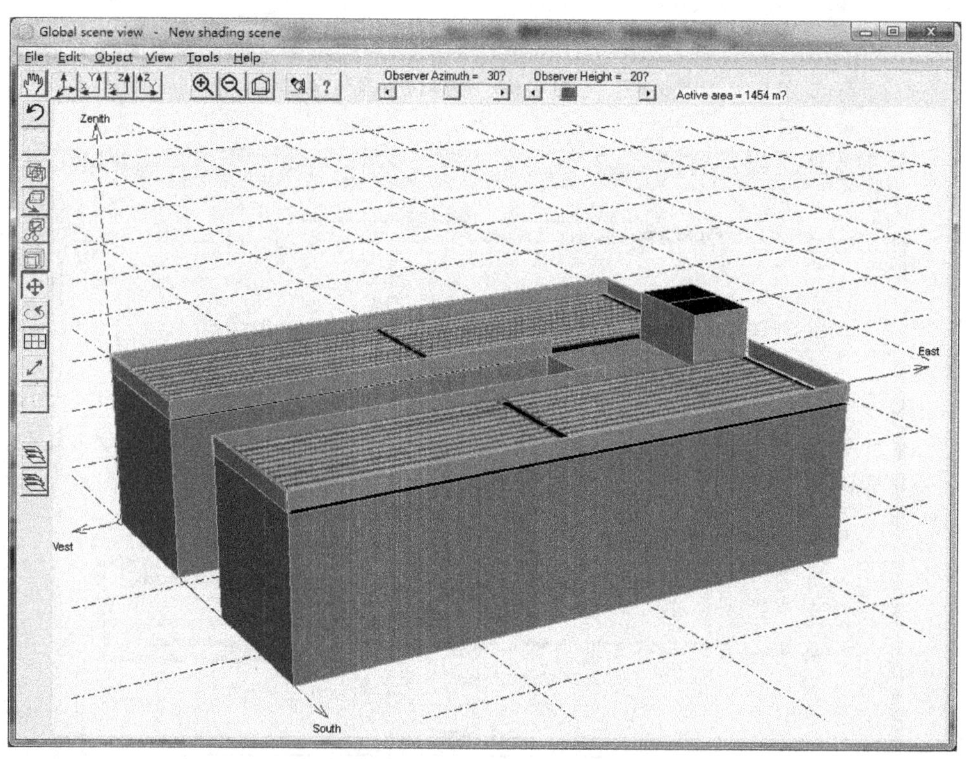

图 5-70　图书馆 3D 建模图

楼顶屋面南侧与北侧对称，每侧可安排 22 个阵列。

根据上述条件制作的棚式阵列如图 5-71 所示。

棚式阵列再经过复制、放置高度调整等，最后制作的本项目楼顶 3D 建模图如图 5-72 所示。

5. 系统设置

项目采用 1 个系统，总功率 176kWp，总面积约 1261m^2；组件峰值电压为 27V，峰值功

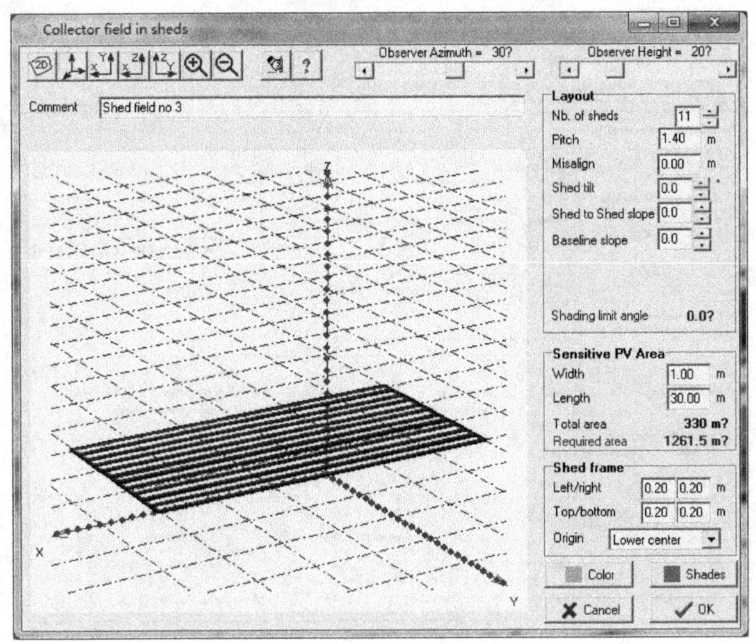

图 5-71　棚式阵列图

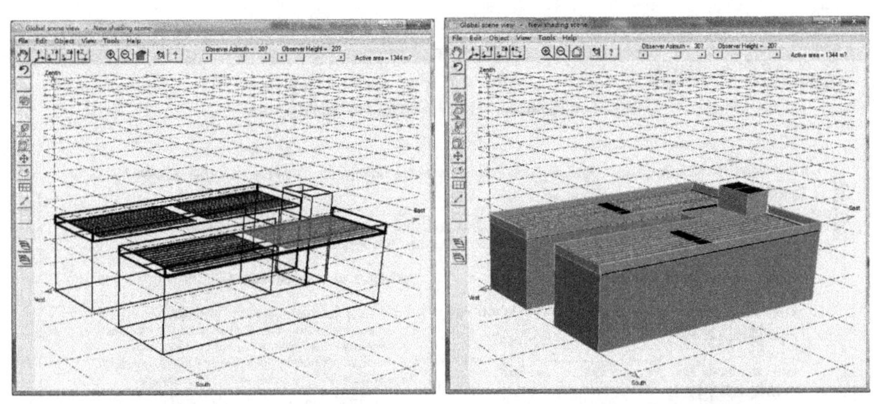

a) 楼顶 3D 实现视图　　　　b) 楼顶 3D 建模视图

图 5-72　楼顶项目 3D 建模效果图

率为 250Wp，共 704 块，每 16 块一串，共 44 串；采用逆变器的功率为 40kW，4 组共 160kW，工作电压 340～800V。具体设置如图 5-73 所示。

6. 损失分析

单击“Detailed losses”进入系统详细损失对话框，如图 5-74 所示。本选项主要对热损失参数、欧姆损失、组件不匹配、污染损失、IAM 损失和无效时间六项进行设置。

(1) 热损失参数　图 5-74 所示为热损失参数选项卡，海南地区气温较高，这里连续热损失系数“Constant loss factor Uc”为 29.0W/(m^2·K)。通风情况选择“Free mounted modules with air circulation”。

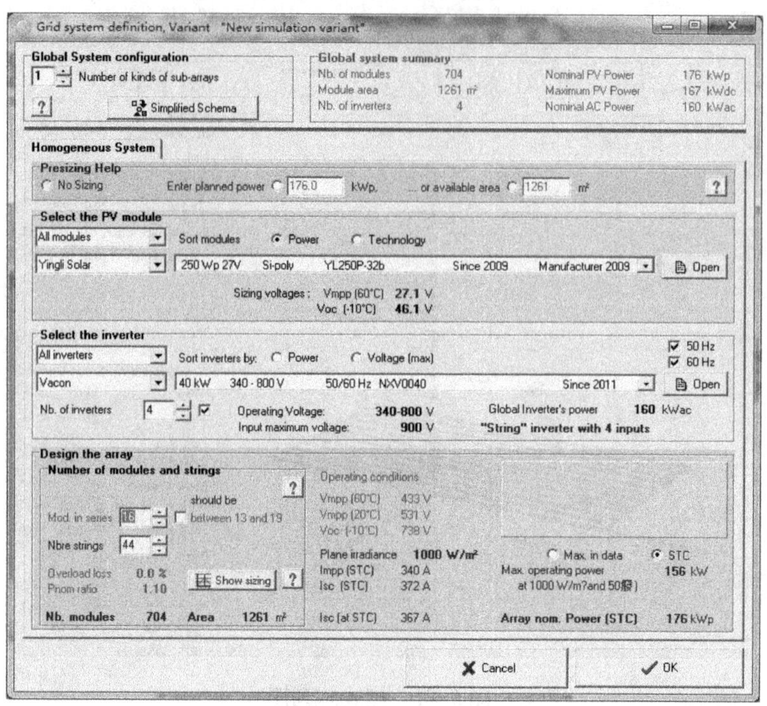

图 5-73　系统设置

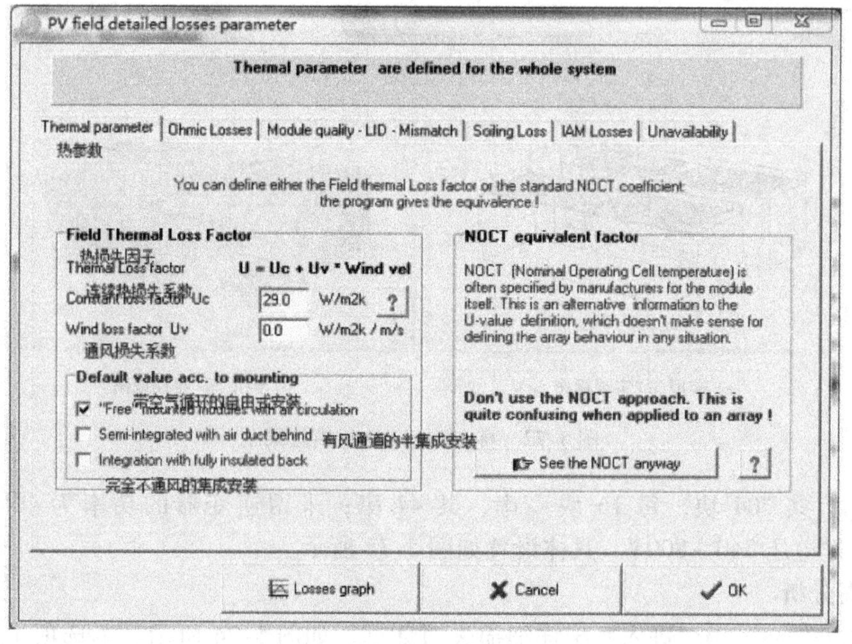

图 5-74　热损失参数选项卡

（2）欧姆损失　欧姆损失选项卡如图 5-75 所示，选项卡中线缆电阻可通过详细计算得到，单击“Detailed computation”后进入如图 5-76 所示界面设置，本项目采用 4 个逆变器，

组串连接用 6mm² 线缆，汇流箱到逆变器线缆选择 25mm² 导线、汇流箱到逆变器距离为 100m。

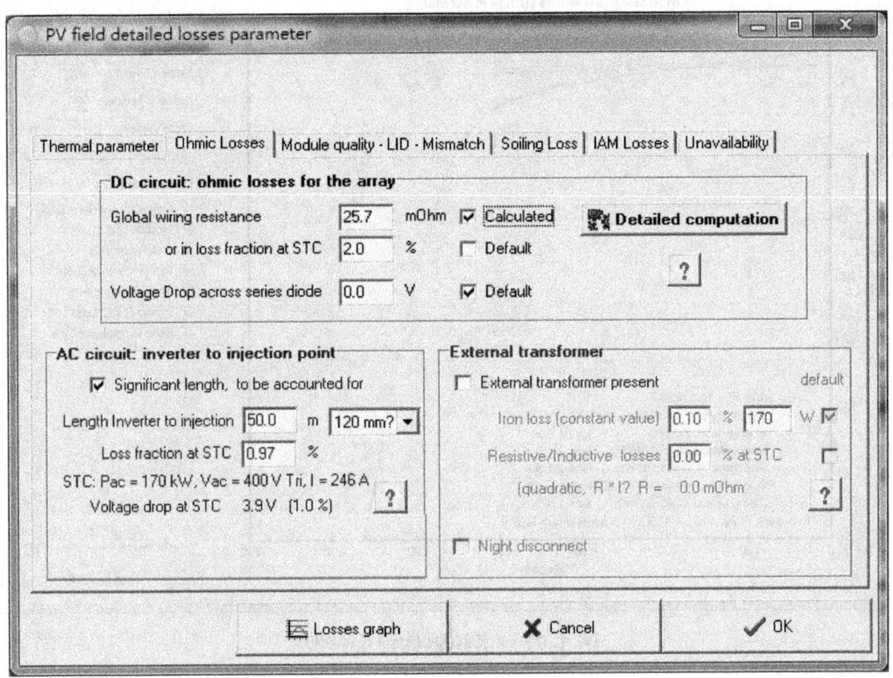

图 5-75 欧姆损失选项卡

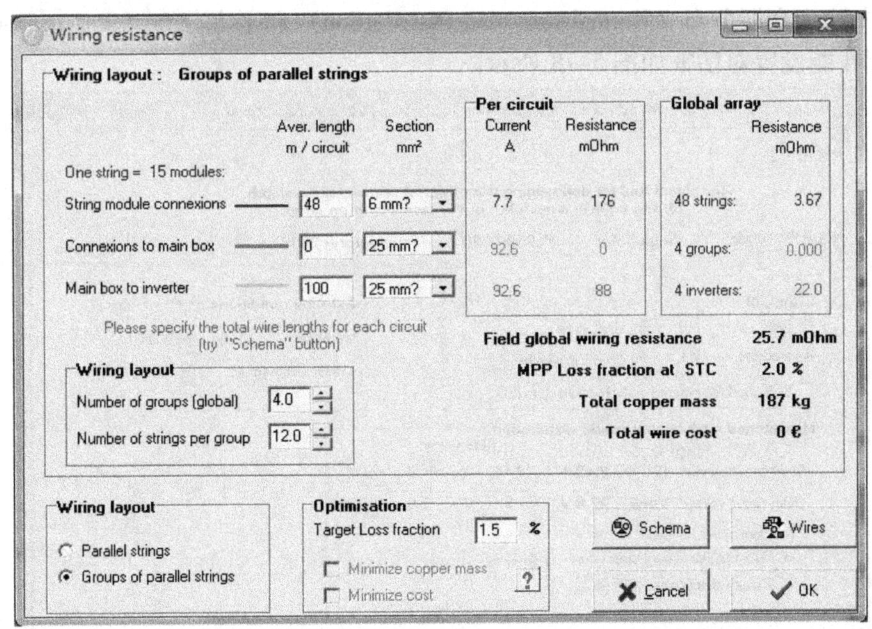

图 5-76 线缆损失详细设置

单击图 5-75 “Losses graph” 可看到系统整体损失情况，如图 5-77 所示。

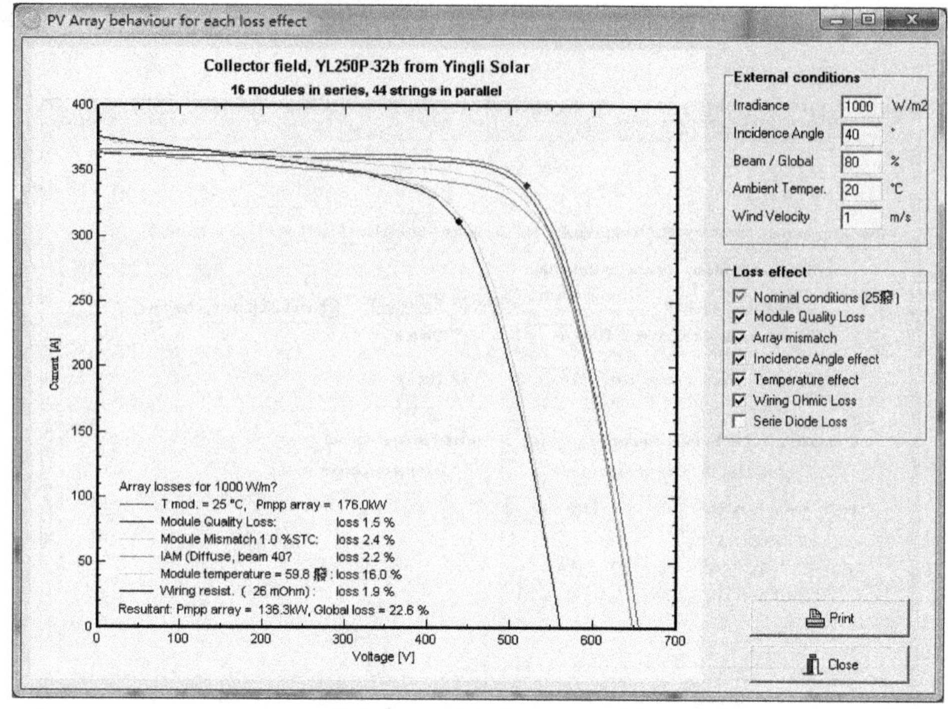

图 5-77　系统整体损失情况

（3）组件不匹配　本项目无法得到每个组件准确的电性能参数，所以无法进行准确的组件失配情况分析，需要通过人为对开路电压与短路电流进行加高或降低，加高程度一般为 5%，分布方法为高斯分布（Normal Gaussian Distribution）和平方分布（Square Distribution）。组件不匹配性能设置对话框如图 5-78 所示。

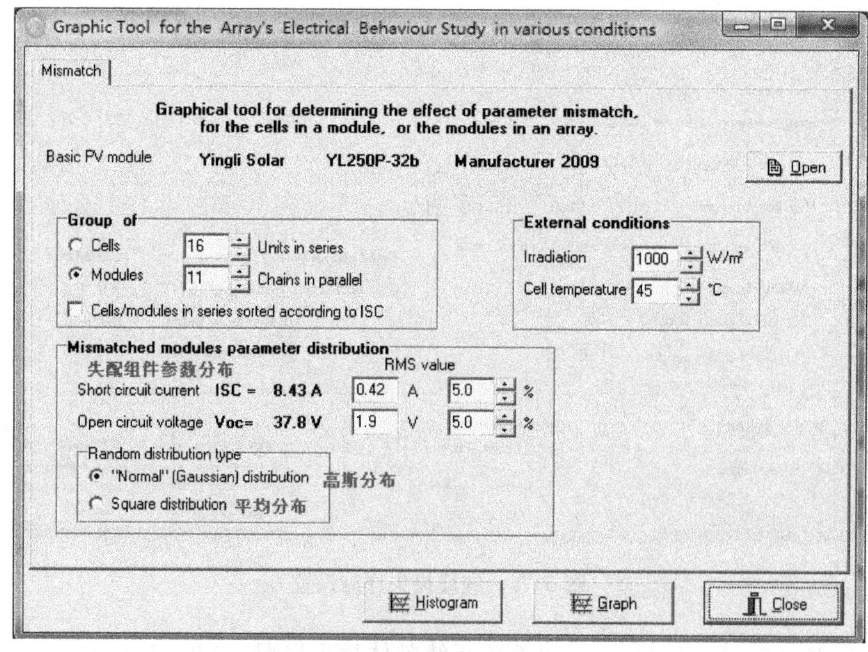

图 5-78　组件不匹配性能设置对话框

（4）污染损失　项目地处海南海口，周围没有污染源，空气质量较好，年损失率选择2%，其他选择默认值。污染损失选项卡如图5-79所示。

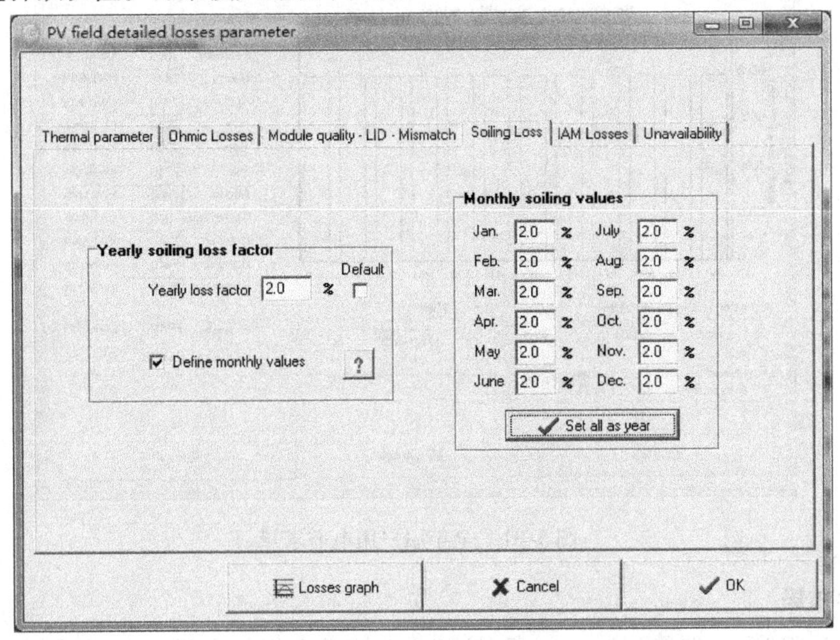

图5-79　污染损失选项卡

（5）IAM损失及无效时间设置　IAM损失主要是描述透过组件玻璃到达电池表面的光线的入射角改变时，其反射损失值变化情况，这里采用系统默认值。

无效时间设置主要是系统一年或多年内不计发电量的时间，如系统运营调试时间、系统运营维护时间等，这里采用系统默认值。

7. 净计量

这里讲述的净计量指“自发用电、余电上网”模式，单击“User's needs”进入负载类型选择，如图5-80所示，因本项目图书馆年用电量约为94000kW·h，选择“Monthly values”（月值），单击“Define profile”进入每月用电量设置对话框，这里采用将年用电量平均分配到全年每个月来考虑，如图5-81所示。

图5-80　用电负载类型选项组

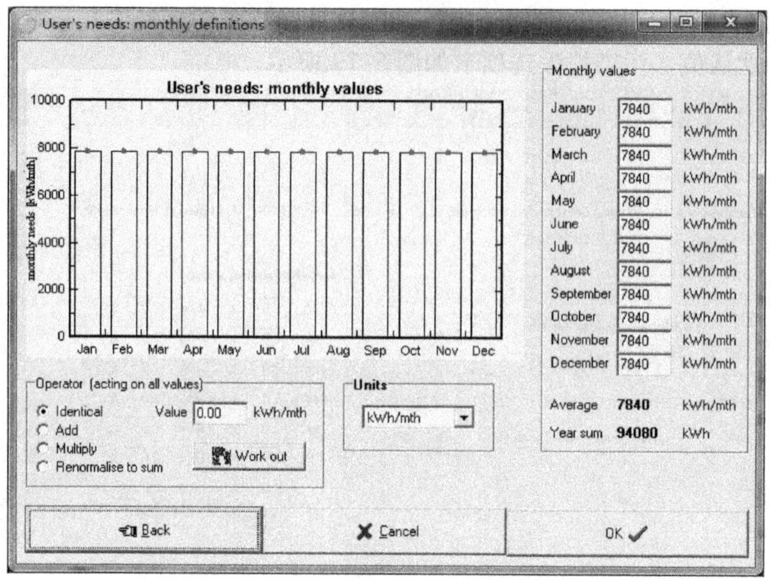

图 5-81　全年用户用电需求量

8. 组件布局

单击图 5-67 所示"Module layout"按钮，系统进入组件布局设置对话框，其步骤与任务一相同，这里只给出设计图，请读者自己根据所给出的图进行操作。

（1）布局组件　单击"Get From 3D shadings"获取 3D 近阴影，然后单击"Set modules"进行单阵列排布并调整布局，单击"Set all modules"进行全部组件布局，布局后要注意观察组件排列完整情况，如图 5-82 所示。

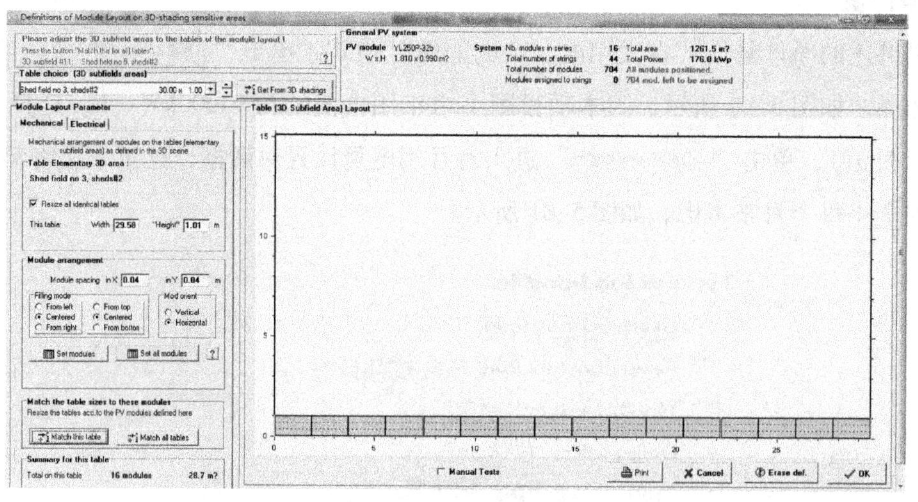

图 5-82　组件布局

（2）组件电气特性　图 5-83 所示是组件电气特性选项卡，单击"Auto attribution"对话框中"Distribute all"对所有组件归属进行编号确认，如图 5-84 所示。

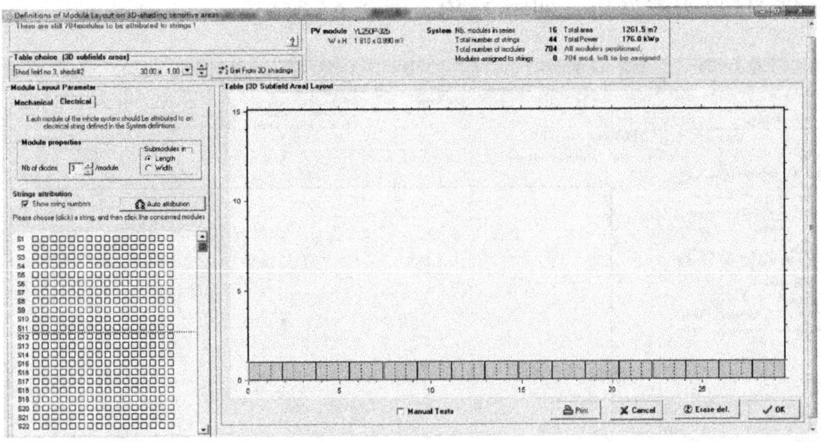

图 5-83　组件电气特性选项卡

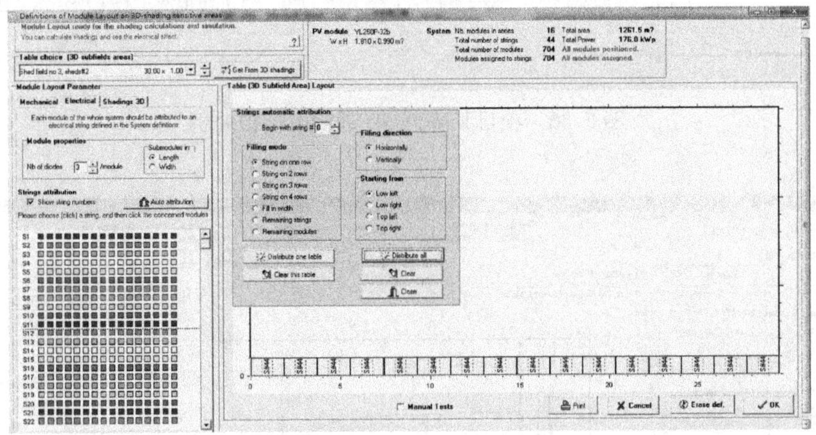

图 5-84　组件归属编号图

（3）3D 近阴影模拟　选择任一阵列后单击图 5-85 中“Calculate”按钮，系统

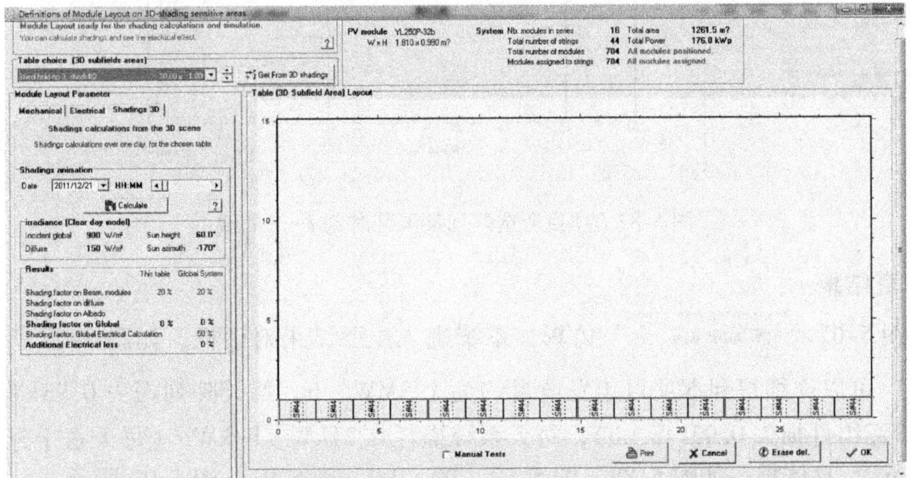

图 5-85　3D 近阴影对话框

对所选阵列进行3D近阴影分析，如图5-86、图5-87所示。

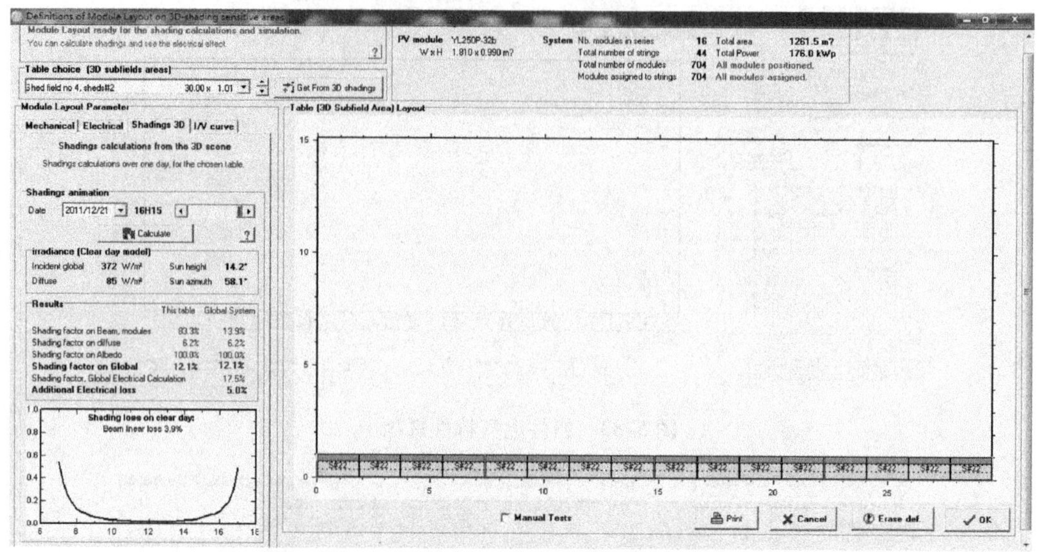

图5-86　项目某阵列3D近阴影模拟分析

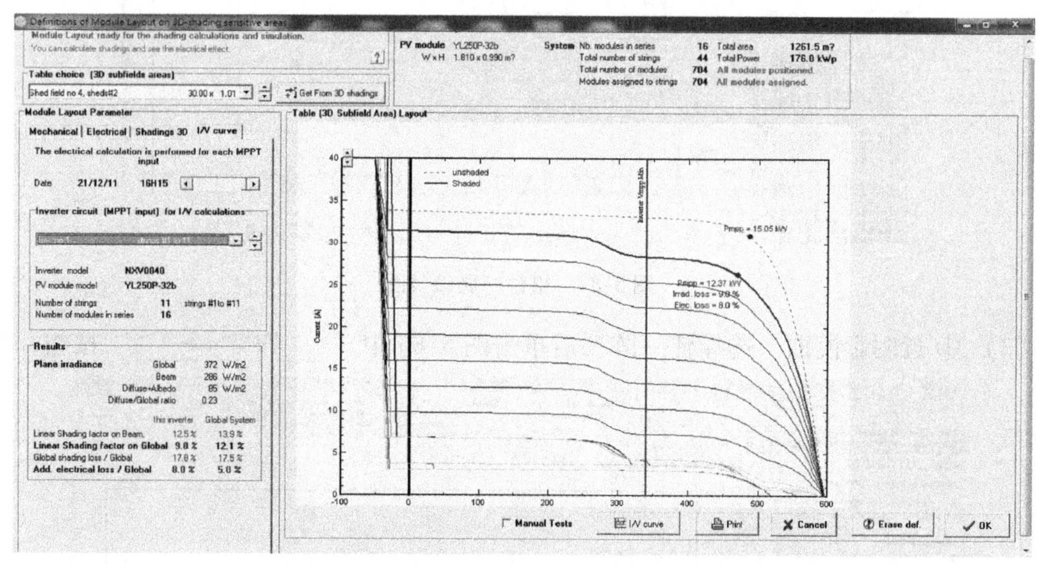

图5-87　项目所选阵列某天某时刻$I—V$曲线

9. 仿真结果

执行图5-67“Simulation”仿真，系统进入主要结果对话框，如图5-50所示，单击“Report”可以详细得到本项目年发电量约为195MW·h，每天阵列损失0.93kW·h/kWp（每天每千瓦组件损失0.93kW·h），每天系统损耗0.21kW·h/kWp（每天每千瓦组件损失0.21kW·h），具体报告如图5-88、图5-89、图5-90、图5-91、图5-92所示。

PVSYST V6.06	Hainan College of Vocation and Technique	03/10/15	Page 1/5

No. 95 Nanhai Road, Haikou City

Grid-Connected System: Simulation parameters

Project :	**Hainan College of Vocation and Technique**			
Geographical Site	**Haikou CH**		Country	**China**
Situation	Latitude	20.1°N	Longitude	110.3°E
Time defined as	Legal Time	Time zone UT+8	Altitude	14 m
	Albedo	0.20		
Meteo data: haik	Synthetic	Meteonorm 6.1		

Simulation variant :	**New simulation variant**			
	Simulation date	03/10/15 13h02		

Simulation parameters				
Collector Plane Orientation	Tilt	30¡ã	Azimuth	0¡ã
5Sheds	Pitch	2.00 m	Collector width	1.00 m
Inactive band	Top	0.00 m	Bottom	0.60 m
Shading limit angle	Gamma	23.79 ¡ã	Occupation Ratio	50.0 %
Models used	Transposition	Perez	Diffuse	Measured
Horizon	Free Horizon			
Near Shadings	Linear shadings			
PV Array Characteristics				
PV module Si-poly	Model	**YL250P-32b**		
	Manufacturer	Yingli Solar		
Number of PV modules	In series	16 modules	In parallel	44 strings
Total number of PV modules	Nb. modules	704	Unit Nom. Power	250 Wp
Array global power	Nominal (STC)	**176 kWp**	At operating cond.	156 kWp (50°C)
Array operating characteristics (50¡ãC)	U mpp	457 V	I mpp	340 A
Total area	Module area	**1261 m?**	Cell area	1131 m?
Inverter	Model	**NXV0040**		
	Manufacturer	Vacon		
Characteristics	Operating Voltage	340-800 V	Unit Nom. Power	40.0 kW AC
Inverter pack	Number of Inverter	4 units	Total Power	160.0 kW AC
PV Array loss factors				
Thermal Loss factor	Uc (const)	29.0 W/m²K	Uv (wind)	0.0 W/m²K / m/s
=> Nominal Oper. Coll. Temp. (G=800 W/m2, Tamb=20??C, Wind=1 m/s.)			NOCT	45 °C
Wiring Ohmic Loss	Global array res.	26 mOhm	Loss Fraction	1.7 % at STC
Module Quality Loss			Loss Fraction	1.5 %
Module Mismatch Losses			Loss Fraction	1.0 % at MPP
Incidence effect, ASHRAE parametrization	IAM =	1 - bo (1/cos i - 1)	bo Param.	0.05
User defined profile				
System loss factors				
AC wire loss inverter to transfo	Inverter voltage	400 Vac tri		
	Wires	50 m 3x120 mm?	Loss Fraction	1.0 % at STC
External transformer	Iron loss (24H connexion)	167 W	Loss Fraction	0.1 % at STC
	Resistive/Inductive losses	0.0 mOhm	Loss Fraction	0.0 % at STC

PVsyst Evaluation mode

图 5-88　仿真结果报告（一）

PVSYST V6.06	Hainan College of Vocation and Technique	03/10/15	Page 2/5
	No. 95 Nanhai Road, Haikou City		

Grid-Connected System: Simulation parameters (continued)

User's needs : monthly values

Jan.	Feb.	Mar.	Apr.	May	June	July	Aug.	Sep.	Oct.	Nov.	Dec.	Year	
7840	7840	7840	7840	7840	7840	7840	7840	7840	7840	7840	7840	94080	kWh/mth

图 5-89 仿真结果报告（二）

PVSYST V6.06	Hainan College of Vocation and Technique	03/10/15	Page 3/5
	No. 95 Nanhai Road, Haikou City		

Grid-Connected System: Near shading definition

Project : **Hainan College of Vocation and Technique**

Simulation variant : **New simulation variant**

Main system parameters	System type	**Grid-Connected**		
Near Shadings	Linear shadings			
PV Field Orientation	Sheds disposition, tilt	30¡ã	azimuth	0¡ã
PV modules	Model	YL250P-32b	Pnom	250 Wp
PV Array	Nb. of modules	704	Pnom total	**176 kWp**
Inverter	Model	NXV0040	Pnom	40.0 kW ac
Inverter pack	Nb. of units	4.0	Pnom total	**160 kW ac**
User's needs	monthly values		global	94.1 MWh/year

Perspective of the PV-field and surrounding shading scene

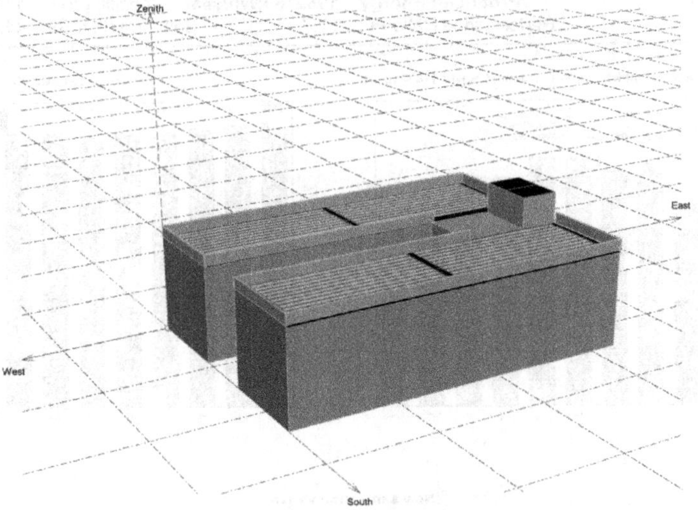

Zenith
East
West
South

Iso-shadings diagram

Hainan College of Vocation and Technique: New shading scene

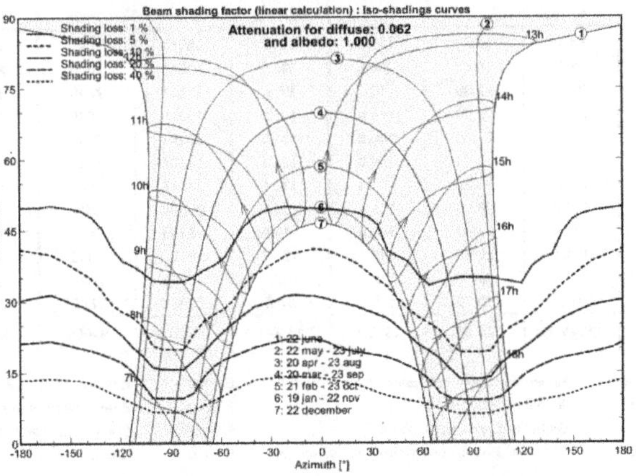

Beam shading factor (linear calculation) : Iso-shadings curves

Shading loss: 1 %
Shading loss: 5 %
Shading loss: 10 %
Shading loss: 20 %
Shading loss: 40 %

Attenuation for diffuse: 0.062
and albedo: 1.000

1: 22 june
2: 22 may - 23 july
3: 20 apr - 23 aug
4: 20 mar - 23 sep
5: 21 feb - 23 oct
6: 19 jan - 22 nov
7: 22 december

Sun height [°]

Azimuth [°]

PVsyst Evaluation mode

图 5-90 仿真结果报告（三）

PVSYST V6.06	Hainan College of Vocation and Technique	03/10/15	Page 4/5

No. 95 Nanhai Road, Haikou City

Grid-Connected System: Main results

Project : **Hainan College of Vocation and Technique**

Simulation variant : **New simulation variant**

Main system parameters	System type	**Grid-Connected**		
Near Shadings	Linear shadings			
PV Field Orientation	Sheds disposition, tilt	30¡ã	azimuth	0¡ã
PV modules	Model	YL250P-32b	Pnom	250 Wp
PV Array	Nb. of modules	704	Pnom total	**176 kWp**
Inverter	Model	NXV0040	Pnom	40.0 kW ac
Inverter pack	Nb. of units	4.0	Pnom total	**160 kW ac**
User's needs	monthly values		global	94.1 MWh/year

Main simulation results				
System Production	**Produced Energy**	**195276 kWh/year**	Specific prod.	1110 kWh/kWp/year
	Performance Ratio PR	72.7 %	Solar Fraction SF	41.3 %

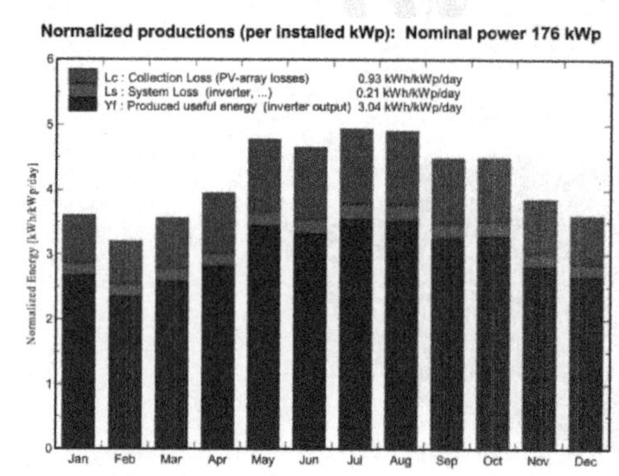

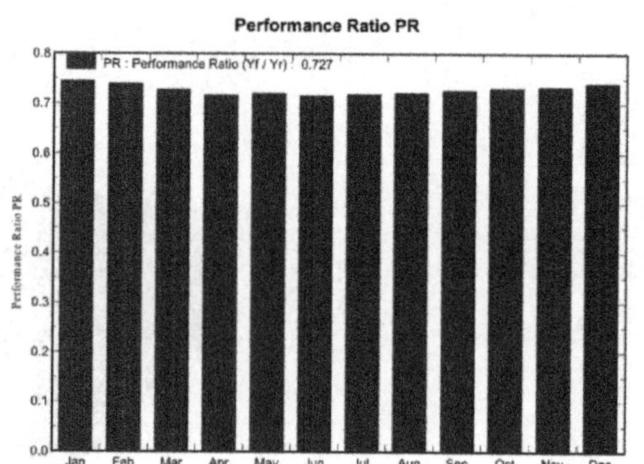

New simulation variant

Balances and main results

	GlobHor kWh/m2	T Amb °C	GlobInc kWh/m2	GlobEff kWh/m2	EArray kWh	E Load kWh	E User kWh	E_Grid kWh
January	94.1	18.90	111.7	98.3	15672	7840	2878	11777
February	83.0	19.40	89.6	78.7	12541	7840	2907	8760
March	109.9	22.60	110.7	97.1	15211	7840	3174	11018
April	126.3	26.00	118.4	103.5	15973	7840	3356	11588
May	169.3	27.80	148.2	131.5	20041	7840	3558	15238
June	166.8	29.00	139.8	123.6	18771	7840	3581	14025
July	180.6	29.20	153.3	136.5	20677	7840	3565	15844
August	167.2	28.80	152.1	136.1	20594	7840	3469	15853
September	133.8	27.40	134.8	119.9	18365	7840	3361	13884
October	124.1	26.30	139.4	125.7	19131	7840	3118	14820
November	99.0	23.50	115.7	102.1	15968	7840	2997	11948
December	91.3	19.70	111.6	97.2	15571	7840	2913	11645
Year	1545.5	24.91	1525.1	1350.1	208516	94080	38877	156399

Legends:	GlobHor	Horizontal global irradiation	EArray	Effective energy at the output of the array
	T Amb	Ambient Temperature	E Load	Energy need of the user (Load)
	GlobInc	Global incident in coll. plane	E User	Energy supplied to the user
	GlobEff	Effective Global, corr. for IAM and shadings	E_Grid	Energy injected into grid

图 5-91　仿真结果报告（四）

PVSYST V6.06	Hainan College of Vocation and Technique	03/10/15	Page 5/5
	No. 95 Nanhai Road, Haikou City		

Grid-Connected System: Loss diagram

Project : **Hainan College of Vocation and Technique**

Simulation variant : **New simulation variant**

Main system parameters	System type	**Grid-Connected**		
Near Shadings	Linear shadings			
PV Field Orientation	Sheds disposition, tilt	30¡ã	azimuth	0¡ã
PV modules	Model	YL250P-32b	Pnom	250 Wp
PV Array	Nb. of modules	704	Pnom total	**176 kWp**
Inverter	Model	NXV0040	Pnom	40.0 kW ac
Inverter pack	Nb. of units	4.0	Pnom total	**160 kW ac**
User's needs	monthly values		global	94.1 MWh/year

Loss diagram over the whole year

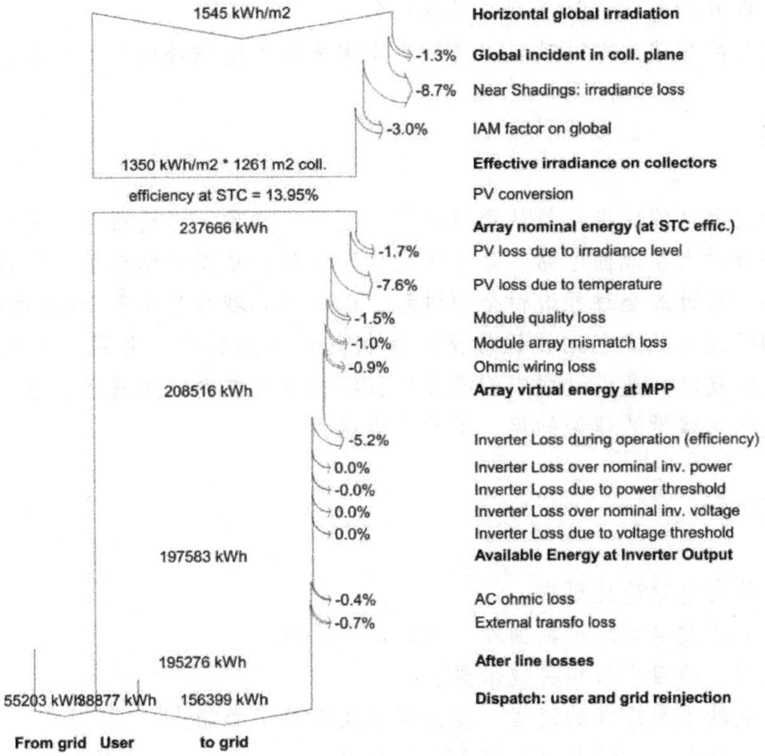

1545 kWh/m2		**Horizontal global irradiation**
	-1.3%	**Global incident in coll. plane**
	-8.7%	Near Shadings: irradiance loss
	-3.0%	IAM factor on global
1350 kWh/m2 * 1261 m2 coll.		**Effective irradiance on collectors**
efficiency at STC = 13.95%		PV conversion
237666 kWh		**Array nominal energy (at STC effic.)**
	-1.7%	PV loss due to irradiance level
	-7.6%	PV loss due to temperature
	-1.5%	Module quality loss
	-1.0%	Module array mismatch loss
	-0.9%	Ohmic wiring loss
208516 kWh		**Array virtual energy at MPP**
	-5.2%	Inverter Loss during operation (efficiency)
	0.0%	Inverter Loss over nominal inv. power
	-0.0%	Inverter Loss due to power threshold
	0.0%	Inverter Loss over nominal inv. voltage
	0.0%	Inverter Loss due to voltage threshold
197583 kWh		**Available Energy at Inverter Output**
	-0.4%	AC ohmic loss
	-0.7%	External transfo loss
195276 kWh		**After line losses**
55203 kWh (**From grid**), 38877 kWh (**User**), 156399 kWh (**to grid**)		**Dispatch: user and grid reinjection**

PVsyst Evaluation mode

图 5-92　仿真结果报告（五）

模块六

太阳能光伏发电系统设计

知识能力目标

掌握光伏发电站设计的主要内容。
掌握光伏发电站前期勘察的内容与方法，初步确定系统的配置。
掌握并网光伏发电站的详细设计。
掌握光伏支架设计的力学分析。
熟悉光伏发电站的电气设计原则与设备选型。
通过三种实际的光伏发电站项目，进一步掌握光伏发电系统的设计步骤。

模块描述

太阳能光伏发电站的建设一般从项目筹备，到项目立项，再进行项目建设，最后实现并网验收。本模块针对大型地面电站、分布式光伏发电站，从发电站选址、项目前期勘察，到项目立项、申报和设计等全过程进行全面讲解，以住房和城乡建设部2012年6月28日颁布的GB50797—2012《光伏发电站设计规范》等相关规范为标准，并穿插光伏建筑一体化内容，把企业在光伏发电站建设过程中的实际项目实施及运作过程相关经验融入其中，使读者全面掌握光伏发电站建设的理论知识，提升实操能力。

考核标准

熟练掌握光伏发电站选址要求。
能独立进行光伏发电站的前期勘察、气象数据分析。
掌握项目立项、项目申报相关技术要求。
掌握光伏发电站系统设计的流程、设计要求及设计实操能力。
了解光伏发电站电气设计与电气接入相关知识。

情境一　光伏发电站建设项目立项设计

一、项目核准制

1. 光伏发电站核准制

光伏发电项目的立项主要是根据光伏发电站规模、发电站所在地行政审批要求等，对各类文件审批、核准和备案，俗称“路条”。

“路条”是一种简便的通行凭证，是国家发改委办公厅同意开展该工程前期工作的批文。一般形式为国家发改委下发的《关于同意××工程开展前期工作的批复》。一个光伏发电站项目，只有拿到“路条”后，环评、水土保持、地质灾害、土地预审、电网接入等支持性文件才能启动。业内对“路条”有“小路条”与“大路条”之分，“小路条”一般是指当地省发改委签发的允许开展前期工作的复函，拿到“小路条”之后还需要获取包括可行性研究报告、土地许可、环境评价、矿产压覆、电网接入在内的“大路条”批准。

2. 项目审批、核准、备案文件与落实部门

项目审批按国家法律法规和国务院有关规定执行；核准依据《政府核准的投资项目目录》，涉及该目录的项目需要按现行制度进行核准；备案指其余的社会投资项目按现行制度进行备案登记。

1）项目核准所需的支持性文件有：可行性研究报告批复意见、开展项目前期工作的通知、土地初审文件、土地预审文件、环境评价批复文件、水土保持批复文件、项目贷款文件和系统接入文件。

2）以上支持性文件由以下单位发文：可行性研究报告和开展前期工作的通知由省发改委发放，土地初审文件由项目所属当地国土部门发放，土地预审文件由省国土厅发放，环境评价批复文件由省环保厅发放，水土保持批复文件由省水利厅发放，项目贷款文件由项目所申请贷款的银行发放，系统接入文件由电网公司发放。

3）在申请土地预审时需要的文件：土地初审文件、土地现状图、土地规划图、土地预审申请表、土地预审请示文件和土地影响规划报告。

4）申请土地预审时国土厅有以下处室参与：规划处、耕保处、利用处、地籍处和执法大队。

5）当确定在一地区建设项目时，应注意项目所在地占有土地的性质，注意是否与当地土地规划部门所规划的建设项目用地冲突。应注意项目所在地附近是否有可靠电网接入点。

6）在申报项目建设用地时需提供以下文件：项目所在地压覆矿产评估报告、地质灾害评价书、项目所在地勘测定截图和土地复垦报告书。

二、光伏发电站的备案制

自国务院发布《国务院关于投资体制改革的决定》（国发〔2004〕20号）后，国家能源局先后发布《分布式光伏发电项目管理暂行办法》（国能新能〔2013〕433号）与《光伏电站项目管理暂行办法》（国能新能〔2013〕329号），对于企业不使用政府投资建设的项目，一律不再实行审批制，区别不同情况实行核准制和备案制。

光伏发电站由原来的核准制改为正在推行的备案制，由省级主管部门对光伏项目实施备案管理，国内大型地面光伏发电站项目及分布式光伏发电站项目的申报流程产生了较大变化。

光伏发电站项目前期阶段主要的工作有项目洽谈、考察、备案申请、开工前准备和开工许可等。

1. 项目洽谈

一般包括三个方面洽谈，即政府与投资人之间达成的项目投资意向，屋顶业主与投资人之间达成的投资意向，投资人与总承包人之间达成的项目合作意向。

2. 做好土地的尽调工作

投资者在光伏发电站项目前期，首先需要确定土地性质类别，土地大概面积、使用年限，土地的地形地貌，项目用地是否在城市总体规划范围内，项目用地范围内是否压矿、压文物，朝向和日照情况、周边环境和电网结构、送出线路的条件和当地电网公司的政策等条件，进行考察和尽调。考察和尽调的内容还应当包括是否有铁路、高速公路等跨越光伏发电站所利用土地，光伏发电站所利用土地是否为泄洪区，线路走廊有无油库、气源、地下管网和水源等。

（1）土地性质确认　到看好的地块考察结束后，需要到当地国土局查询最新的土地利用政策、土地性质现状以及土地利用规划，以确定是否符合政策、规划等要求。我国土地分为农用地、建设用地和其他土地。基本农田仅指受国家特别保护的耕地，农用地经法定程序可以转为建设用地，而基本农田依法确定后，任何单位和个人不得改变或占用，除非是国家能源、交通、水利、军事设施等重点建设项目选址确实无法避开基本农田保护区的，才能占用，并必须经国务院批准。我国土地规划用途分类及含义见表6-1。

表6-1　我国土地规划用途分类及含义

一级类	二级类	三级类	含　　义
农用地			指直接用于农业生产的土地，包括耕地、园地、林地、牧草地及其他农用地
	耕地		指种植农作物的土地，包括熟地、新开发复垦整理地、休闲地、轮歇地及草田轮作地；以种植农作物为主，间有零星果树、桑树或其他树木的土地；平均每年能保证收获一季的已垦滩地和海涂。耕地中还包括南方宽 <1.0m，北方宽 <2.0m 的沟、渠、路和田埂
		水田	指用于种植水稻、莲藕等水生农作物的耕地，包括实行水生、旱生农作物轮种的耕地
		水浇地	指有水源保证和灌溉设施，在一般年景能正常灌溉，种植旱生农作物的耕地。包括种植蔬菜等的非工厂化的大棚用地
		旱地	指无灌溉设施，主要靠天然降水种植旱生农作物的耕地，包括没有灌溉设施，仅靠引洪淤灌的耕地
	园地		指种植以采集果、叶和根茎等为主的集约经营的多年生木本和草本作物（含其苗圃），覆盖度大于50%或每亩有收益的株数达到合理株数70%的土地
	林地		指生长乔木、竹类、灌木和沿海红树林的土地。不包括居民点内绿化用地，以及铁路、公路、河流、沟渠的护路、护岸林
	牧草地		指生长草本植物为主，用于畜牧业的土地
	其他农用地		指上述耕地、园地、林地和牧草地以外的农用地
		设施农用地	指直接用于经营性养殖的畜禽舍、工厂化作物栽培或水产养殖的生产设施用地及其相应附属用地，农村宅基地以外的晾晒场等农业设施用地
		农村道路	指公路用地以外的南方宽度≥1.0m、北方宽度≥2.0m 的村间、田间道路（含机耕道）
		坑塘水面	指人工开挖或天然形成的蓄水量 <10 万 m^3 的坑塘常水位岸线所围成的水面
		农田水利用地	指农民、农民集体或其他农业企业等自建或联建的农田排灌沟渠及其相应附属设施用地
		田坎	主要指耕地中南方宽度≥1.0m、北方宽度≥2.0m 的地坎

（续）

一级类	二级类	三级类	含　　义
建设用地			指建造建筑物、构筑物的土地。包括居民点用地、独立工矿用地、特殊用地、风景旅游用地、交通用地和水利设施用地等
	城乡建设用地		指城镇、农村区域已建造建筑物、构筑物的土地，包括城市、建制镇、农村居民点和采矿用地等
		城市用地	指城市居民点，以及与城市连片的和区政府、县级市政府所在地镇级辖区内的商服、住宅、工业、仓储、机关和学校等单位用地
		建制镇用地	指建制镇居民点，以及辖区内的商服、住宅、工业、仓储和学校等企事业单位用地
		农村居民点用地	指农村居民点，以及所属的商服、住宅、工矿、工业、仓储和学校等用地
		采矿用地	指独立于居民点之外的采矿、采石、采砂（沙）场、砖瓦窑等地面生产用地及尾矿堆放地（不含盐田）
		其他独立建设用地	指采矿地以外，对气候、环境和建设有特殊要求及其他不宜在居民点内配置的各类建筑用地
	交通水利用地		指城乡居民点之外的交通运输用地和水利设施用地。其中，交通运输用地是指用于运输通行的地面线路、场站等用地，包括公路、铁路、民用机场、港口、码头、管道运输及其附属设施用地；水利设施用地是指用于水库、水工建筑的土地
		铁路用地	指用于铁道线路、轻轨、场站的用地，包括设计内的路堤、路堑、道沟、桥梁和林木等用地
		公路用地	指用于国道、省道、县道和乡道的用地，包括设计内的路堤、路堑、道沟、桥梁、汽车停靠站、林木及直接为其服务的附属用地
		民用机场用地	指用于民用机场的用地
		港口码头用地	指用于人工修建的客运、货运、捕捞及工作船舶停靠的场所及其附属建筑物的用地，不包括常水位以下部分
		管道运输用地	指用于运输煤炭、石油和天然气等管道及其相应附属设施的地上部分用地
		水库水面	指人工拦截汇集而成的总库容≥10 万 m^3 的水库正常蓄水位岸线所围成的水面
		水工建筑用地	指除农田水利用地以外的人工修建的沟渠（包括渠槽、渠堤和护堤林）、闸、坝、堤路林、水电站和扬水站等常水位岸线以上的水工建筑用地
	其他建设用地		指城乡建设用地范围之外的风景名胜设施用地、特殊用地和盐田
		风景名胜设施用地	指城乡建设用地范围之外的风景名胜（包括名胜古迹、旅游景点和革命遗址等）景点及管理机构的建筑用地
		特殊用地	指城乡建设用地范围之外的，用于军事设施、涉外、宗教和殡葬等的土地
		盐田	指以经营盐田为目的的土地，包括盐场及附属设施用地

（续）

一级类	二级类	三级类	含　　义
其他土地			指农用地和建设用地以外的土地
	水域	河流水面	指天然形成或人工开挖河流常水位岸线之间的水面，不包括被堤坝拦截后形成的水库水面
		湖泊水面	指天然形成的集水区常水位岸线所围成的水面
		滩涂	指沿海大潮高潮位与低潮位之间的潮浸地带，河流、湖泊常水位至洪水位间的滩地；时令湖、河洪水位以下的滩地；水库、坑塘的正常蓄水位与最大洪水位间滩地；生长芦苇的土地
	自然保留地		指水域以外，规划期内不利用、保留原有性状的土地，包括冰川及永久积雪、沼泽地、荒草地、盐碱地、沙地、裸地、高原荒漠和苔原等

（2）光伏发电站使用土地政策　因为建设大型地面电站、渔光互补和农光互补项目，涉及征地、土地租赁等事项的光伏发电站手续，一定要弄清楚涉农土地的相关政策。2014年国家能源局发布《关于进一步落实分布式光伏发电有关政策的通知》，通知中提到“因地制宜利用废弃土地、荒山荒坡、农业大棚、滩涂、鱼塘、湖泊等建设就地消纳的分布式光伏电站”。文件中提到的滩涂、湖泊和荒山荒坡属于未利用地，鱼塘、农业大棚属于农用地；废弃土地可能属于建设用地，如采矿用地。

2015年国土资源部、国家发改委、科技部、工业和信息化部、住房和城乡建设部、商务部六部委联合发布的《关于支持新产业新业态发展促进大众创业万众创新用地的意见》（国土资规〔2015〕5号）（以下简称《意见》）对光伏、风电等用地进行了明确解释。

综上所述，土地为国有资源，开发光伏发电站，必须了解相关的土地政策，前期必须落实清楚土地性质、土地规划、建设规划、土地权属、土地用途以及地上附属物等。读者可以结合2014年国家能源局发布的《通知》及2015年六部委发布的《意见》，对照表6-1进行项目工程开发，可以少走弯路。

3. 地面光伏发电站备案申请的主要工作内容

项目用地尽调完成后，确定没有问题，可进入项目的备案申请阶段（也称立项阶段），根据所选项目性质确定是建设地面电站还是分布式电站（地面分布式或屋顶分布式电站）。

1）项目立项建设书。项目立项建设书由业主单位委托有资质做大型地面光伏发电站项目的单位编制，项目立项建设书是项目投资前，通过对拟建项目建设的必要性、条件可行性和利益的可能性的宏观性初步分析和轮廓设想，向决策部门推荐的一个建议性文件。

项目立项建议书内容包括项目的战略、市场和销售、规模、选址、物料供应、工艺、组织和定员、投资、效益和风险等，把项目投资的设想变为概略的投资建议。

项目立项建设书的备案程序由建设单位提出申请；当地发改委对申请进行产业政策和行政规定方面的审查，并按照投资限额和审批权限，下发审批批文，亦即所说的“立了项”。

2）建设项目选址意见书。“选址”工作的具体组织的承担者是建设单位（业主单位），

审批主管部门是规划行政主管部门，国土、环保部门也要参与有关管理工作。建设项目必须是“城市规划区内的”，才办理选址意见书；规划区以外的可对项目进行独立选址或按当地规划行政主管部门要求办理。

建设单位利用项目立项建议书中拟建项目的特点和要求，通过系统、全面的比较分析，征求相关规划部门、环保部门、土地主管部门和电力公司的意见后，确定项目建设地点，这一阶段称为定点；在确定的地点范围内，依据选址原则，通过深入勘查及钻探，确定具体地址，供决策讨论，这一阶段称为选址。

① 建设项目选址意见书备案程序。由建设单位向规划部门申请印发五百分之一或千分之一或更小比例的地形图及项目选址内外的城市规划设计条件资料，委托设计部门开展建设项目的总体规划设计；持项目立项建设书批文和以上准备材料向土地、环保行政主管及电力公司正式申请选址的“用地预审报告”、“环境影响报告书”和“并网接入承诺文件”；将得到的政府批文、选址申请报告（含规划设计、技术分析资料）报送文物、武装、林业及规划行政主管部门；规划行政主管部门对项目选址进行审查，直至选址能满足各方面的规划与协调后，核发“建设项目选址意向书”。国土资源管理部门在建设项目备案阶段，依法对建设项目涉及的土地利用事项进行审查。

② 环境影响报告书。建设单位（业主单位）填写建设项目环境保护申报表，报环保部门审批，环保部门根据项目行业性质、投资额度，批复建设项目的“环境影响评价表”或者“环境影响报告书”。

环境影响报告书的内容包括：建设项目概况，建设项目周围环境现状，建设项目对环境可能造成的影响分析和预测，环境保护措施及其经济、技术论证，环境影响经济损益分析，建设项目实施环境检测的建议，应有国家环保行政主管部门认定的影响环境评价结论。

③ 并网接入承诺文件审批程序。并网接入承诺文件主要指编制并网接入技术咨询报告，委托具备由国家发改委认定的设计资质的单位编制并网接入技术咨询报告，报电力公司规划部门审批，审批权限实行分级审批。

④ 可行性研究报告。可行性研究报告阶段是我国现行基本建设程序继“选址”之后的第三个阶段。可行性研究报告的主要作用是依据国家五年计划的安排，通过最终决策，作为正式确定建设项目的依据。此时的“确定”不仅是对“项目立项建议书”阶段选择的项目进一步的肯定，更主要的是对项目的技术、工程、经济和外部协作等基本轮廓方面的认可。

可行性研究报告由业主单位委托有资质做大型地面光伏发电站项目的单位编制，编制内容包括项目概述、太阳能资源和气象地理条件、电力系统概述、工程建设方案和发电量测算、工程建设条件、材料供应、工程设想、机构设置、生产定员及人员培训、环境保护和劳动安全、节约和合理利用能源、项目实施计划进度和工程管理、投资估算和财务评价、结论和建议以及有关证明材料。

3）争取所在省份当年配额。国务院有关部门对符合条件的备案项目纳入可再生能源资金补贴目录，未纳入补贴目录的光伏发电站项目不得享受国家可再生能源发展基金补贴。

建设单位（业主单位）将项目立项建设书，国土、电网公司和林业等相关部门的审核意见，建设项目选址意向书，环境影响报告书，资金证明，并网接入承诺函，申报建设项目概况以及项目公司三证（营业执照、组织机构代码证、税务登记证）等资料准备完毕后提交到当地发改委进行审核，逐级报送，经过层层筛查最终列入省发改委项目清单。

4）取得备案证。须向省级（市级）发改部门提交资料如下：

建设单位（业主单位）在省发改委公布项目清单后，持省发改委公布的项目清单、项目可行性研究报告和公司三证到省（市）发改委填写基础信息登记表、节能登记表和招投标方案并提交申请备案的请示；省（市）发改委审核无误后下发备案证。项目备案必备文件及批复部门见表6-2。

表6-2　项目备案必备文件及批复部门表

序号	部　门	批 复 文 件
1	国土部门	选址意见函（县级）
		用地预审报告（省级）
		未压覆重要矿产资源（市级）
		地灾评估备案登记表（省级）
2	电网公司	电网接入方案批复（部分地区把电能质量评估报告作为前置手续）（市级）
3	环保部门	环境影响报告书的批复（市级）
4	安监部门	安全预评价表的批复（市级）（由建设单位组织评审工作）
5	水利部门	选址意见函（县级）水土保持方案的批复（省级）（平原地区可不做）
6	建设规划管理部门	选址意见函（县级）
7	文物部门	选址意见函（县级）
8	武装部门	选址意见函（县级）
9	林业部门	选址意见函（县级）

5）获得开工许可证。建设单位（业主单位）获得项目备案证后可以持备案证、银行资金证明（不少于项目总投资的20%）到银行办理项目贷款意向书或贷款协议（不高于项目总投资的80%），委托具有资质的单位做项目设计（包括现场测绘（前期已完成），地勘，勘界，提资设计，接入系统报告编制评审意见，施工总图，结构、土建、电气图纸绘制，各产品技术规范书，现场技术交底，图纸会审意见，送出线路初设评审上会出电网意见等）并报送当地建设局审批获得项目开工许可证。

4. 分布式光伏发电站备案申请的主要工作内容

分布式光伏发电站，因装机容量小、投资规模小和并网等级低等特点，具有较大的应用市场，但分布式光伏发电站也分为多种类型，其手续在办理过程中也不尽相同，不同省份不同市县办理过程也不尽相同，本文只对屋面分布式光伏发电站备案手续进行介绍。

（1）分布式定义　国家电网公司《关于分布式电源并网服务管理规则的通知》（国家电网营销〔2014〕174号）中对分布式电源的定义为：

第一类：10kV及以下电压等级接入，且单个并网点总装机容量不超过6MW的分布式电源。

第二类：35kV电压等级接入、年自发自用大于50%的分布式电源，或10kV电压等级接入且单个并网点总装机容量超过6MW、年自发自用电量大于50%的分布式电源。

（2）分布式发电站装机政策　国家能源局发布《关于下达2015年光伏发电建设实施方案的通知》（国能新能〔2015〕73号），文件对光伏发电站进行了较细致的区分，同时规定

对屋顶分布式光伏发电项目及全部自发自用的地面分布式光伏发电项目不限制建设规模，各市发改部门随时受理项目备案，电网企业及时办理并网手续，项目建成后即纳入补贴范围。

（3）备案手续办理　分布式备案准备材料中，不同于大型光伏发电站，其手续相对简单，免除大型地面电站发电业务许可、规划选址、土地预审、环境影响评价、节能评估及社会风险评估等支持性文件。对于分布式光伏发电站的备案手续，主要体现在投资主体上，即自然人和法人。对于自然人建小型分布式光伏发电站，备案手续非常简单；对于法人投资承建则要稍稍复杂点，但总的手续大体相同，基本流程见表6-3。

表6-3　分布式光伏发电站备案手续流程顺序表

办理顺序	项目准备内容及材料		办理部门
1	提交《分布式电源项目接入申请表》		当地供电公司
2	确认供电公司出具的《分布式电源接入系统方案》或《同意接入电网的函》		
3	自然人	组织设计施工	
4	法人	配合其他材料到发改委备案后，组织设计施工	相应部门
5	项目竣工后，提交并购验收及调试申请		
6	签订购售电合同，安装关口计量装置		
7	建立项目电费及补贴发放账户		

注：上述流程为正常情况下的顺序，实际过程中，顺序可能存在变化，如同步进行、手续补办、流程简化等。

自然人投资项目和法人投资项目，手续区别在第4步，对于自然人利用自有宅基地及其住宅区域内建设的380/220V分布式光伏发电项目，不需要单独办理立项手续，只需要准备好支持性资料，到当地（市级）供电公司营销部（或办事大厅）提交并网申请表，供电公司受理后，根据当地能源主管部门项目备案管理办法，按月集中代自然人（项目业主）向当地能源主管部门进行项目备案，并于项目竣工验收后，办理项目立户手续，负责补贴及电费发放。

支持性文件主要有：经办人身份证原件及复印件、户口本、房产证（购房合同或屋顶租赁合同）和项目实施方案等项目合法性支持性文件及银行账户（用于立户手续）。

对于法人投资的分布式光伏发电项目，在表6-3中第4步大体需要增加如下备案资料：

1）项目立项的请示、县区初审意见。

2）董事会决议。

3）法人营业执照、组织机构代码证。

4）规划部门选址意见（规划局）。

5）土地证（非直接占地项目，为所依托建筑的土地证）。

6）资金证明。

7）节能审查意见（发改委）。

8）电力接入系统方案（供电公司营销部）。

9）合同能源管理协议或企业是否同意证明。

10）屋顶抗压、屋顶面积可行性证明（设计院复核证明）。

11）项目申请报告（或可研）。

12）登记备案申请表。

项目竣工验收合格并签订发售电合同后，法人单位需要提交工商营业执照、组织机构代码和银行开户证明用于立户手续的办理。

5. 项目实施阶段的主要工作内容及流程

项目获得备案、开工许可后，就要进入实施阶段，业主可以总包（Engineering Procurement Construction，EPC，即设计、采购、施工、试运行的综合承包）的方式发包，也可以分别选定设计方、施工方、供应商和监理方等。下面分别进行阐述，项目具体实施如图6-1所示。

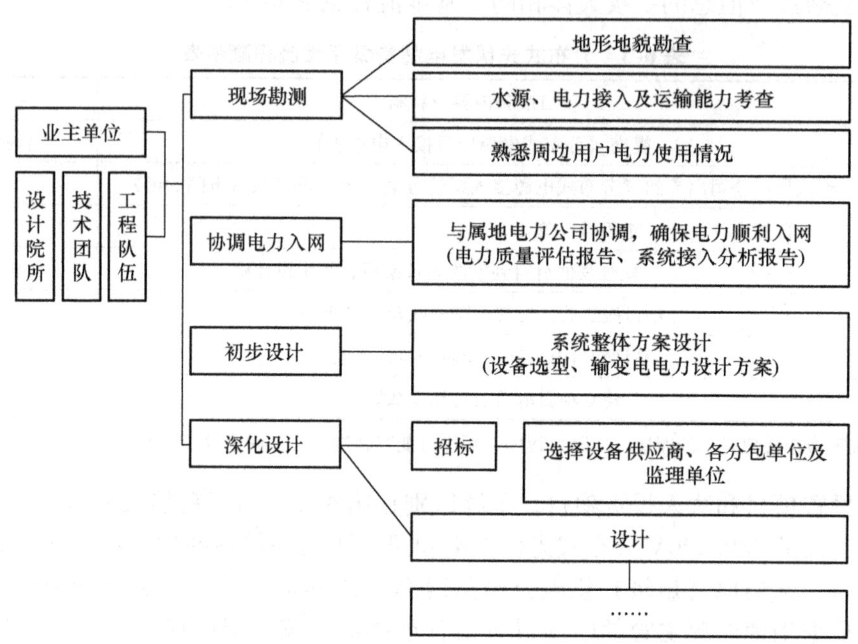

图6-1　光伏项目立项后系统设计建设流程

1）合格EPC承包商的选定：组件和其他材料设备供应商的选定、太阳能光伏发电站的建设，通常选用EPC模式。所以，选择一家有经验且信誉卓越的EPC承包商，对于建设太阳能光伏发电站至关重要。

2）监理方的选定：选择一个好的监理方，对于太阳能光伏发电站建设过程中质量的把控非常重要。监理方应当具有太阳能发电站建设监理的相关经验，所指派人员应当熟悉EPC所使用组件等设备和材料。

项目的立项过程的手续办理是非常繁琐的过程，近年来国务院常务会议多次提出取消和调整行政审批项目，如2015年江苏、天津已经提前全面取消非行政许可审批事项，光伏行业繁琐的非行政审批有望更加简便。

情境二　光伏发电站建设项目设计

一、光伏发电站设计原则与设计优化

1. 设计概述

设计是对拟建工程的实施在技术上和经济上所进行的全面而详尽的安排，是基本建设的

具体化，是把先进技术和科研成果引入建设的渠道，是整个工程的决定性环节，是组织实施的依据。

设计范围一般包括单项设计、初步可行性研究、可行性研究、初步设计、司令图设计、施工图设计和竣工图设计等相关技术服务；另一种为工程总承包的设计，包括基本设计、详细设计和竣工图设计。

初步设计是根据可行性研究报告和设计基础资料对设计对象进行通盘的研究，阐明在指定的地点、时间和投资控制数内拟建工程在技术上的可行性、经济上的合理性。通过对设计的基本技术规定，制定项目的总概算。

司令图是全厂总布置图（含竖向布置），是由工厂布置专业（也叫总图运输专业）根据参与设计专业人员提出的各种装置布置要求、管网（含电缆、光缆）走向要求、工程地形和地质情况、交通运输条件、地震烈度等级、航空控制限高、工厂防洪的需要、与周围环境的安全和环境要求（应双向考虑）以及场地平整的土方量等因素综合平衡考虑和进行工程优化后形成的设计输出。

施工图设计主要是根据批准的方案设计的内容和要求，对建设项目的结构、土建、电气等绘制出正确完整和尽可能详尽的图样，应能满足预算及施工组织设计的编制。

施工图设计包括：

1）设备接线图（设备间关系、线缆类型、长度和节点方式）。

2）设备位置图（设备相对位置、体积和间距）。

3）系统走线图（走线路径、线缆长度型号）。

4）线缆选型（电压降、容量和损耗率）。

5）设备细化选型（附加模块、连接端子、环境要求和通信方式等）。

6）防雷设计（防雷等级、避雷针、避雷带、引下线以及电力与通信防雷保护器）。

7）配电设计（防逆流、三相平衡调节、峰值功率控制和保护功能等）。

8）基础设计（基础结构、基础稳定性、地基摩擦力与附着力）。

9）支架强度计算（风压、积雪和地震）。

10）支架部件、装配详图（零件三维装配图、部件加工用详图）。

11）系统效率计算（线损、设备损耗、环境损耗及其他损耗）。

2. 优化设计原则

1）认真研究项目建设的条件，通过多方案比较，确定较为合理的技术方案。

2）分析选址资源情况。

3）合理布局太阳能电池方阵。

4）大尺寸组件安装快速便捷。主要考虑减少安装时间，减少系统的安装材料，减少系统连线，降低线损。

5）直流侧系统电缆布线要最优化，要做到避免电缆浪费，设备与设备之间的连线尽量采用短连线，要做到近处汇流。

6）高效逆变器是系统稳定运行的保证。

7）选择合适的变压器是提高效率的重要环节。

8）系统要集中监控，预防事故的发生。

二、现场勘察内容

现场勘察一般要完成与项目有关资料的收集、了解用户对项目的需求。

1. 对拟定安装点环境勘察

环境包括地理环境和人文环境。首先了解地理环境，对当地的气候环境做适当的了解，包括经纬度、降雨量、湿度、气温和最大风力等。而后了解人文环境，了解用户的需求，了解用户每年、每月大致用电量和用户对项目的要求，并记录。对于不合理或很难办到的要求要和用户及时、透彻地进行沟通，就地理环境可能影响到项目质量或项目进度的问题最好和用户签订必要的备忘录或纪要。

2. 安装位置区域勘察

首先根据项目信息，到项目建设现场进行勘察，了解现场的实际情况，如场址地貌，地表附着物情况，有无坟头，是否涉及赔偿；有无军事设施、文物等；路径情况，道路宽度，材料堆放场所的位置及宽度，脚手架搭建的位置及高度与宽度情况，屋面的高度和宽度，厂区屋面或地面是否有障碍物和遮挡物，确定各方阵电池板的安装的具体位置。

3. 安装区域线缆路径勘察

主要确定场址附近是否有可接入的变电站及其距离、容量、电压等级以及有无间隔（一般接入110kV变电站的低压或者35kV高压侧为宜；距离最好不要超过10km，否则会增加成本；大部分地区只能接入容量的30%～50%），确定现场桥架走向优劣势、电房位置及通向路径、防雷建设程度、电房及柜体安放位置、通信走向和高低压电源输入等。

4. 资料收集内容

收集资料主要从看、听和查三方面进行。

（1）看　对地面并网工程，首先，要对施工现场进行勘察，在整体上本工程的形式有一定的掌握；对于BIPV工程，同样要对在建或已建建筑进行勘察。其次，看施工现场的工程图样，若是还未完工的工程，通过图样能有更直观了解。再次，观察工程周围的环境，看是否有较高的建筑或遮挡物，会不会对后续的工程设计产生影响。企业用两种电站现场勘察“看”内容见表6-4。

表6-4　企业用两种电站现场勘察“看”内容

工程类型	地面电站	BIPV
现场情况 （现场情况的不同，势必影响到施工的难易程度、电站的结构形式、工期、工程造价等诸多因素）	1. 地势：平坦还是坑洼，是碎石还是回填土 2. 遮挡：有无建筑物、树木和山体等的遮挡 3. 选址：是否安全，有无发生滚石、山体滑坡和洪水的危险 4. 施工：是否便于大型机械进场 5. 土质：黏土、砂土、砂石土还是回填土，还需要有现场的《岩土工程勘察报告》	1. 建筑物：建筑物高度、建筑物结构、屋面状况（女儿墙、排风口、楼梯、广告牌及管道等）和屋顶承重等 2. 遮挡：楼与其他建筑物的间距，有无其他建筑物、树木和山体等的遮挡 3. 防雷：避雷装置的安排 4. 作业：大型机械作业能否展开，如起重机等

（2）听（沟通，问）　对地面并网工程，通过向项目客户、相关人员和当地群众咨询，了解掌握当地的情况，这会对后续的设计工作有一定的帮助。“听”的内容可参照表6-5执

行。不同的客户在进行沟通的过程中，进行沟通的方式也不同。对老客户，可直接切入重点；对新客户，积极发展；对官方客户，政策方针很重要。另外不同的客户对工程也有不同的关注点。首先和施工现场的工程师沟通，结合图样对项目建筑的整体状况有充分把握。其次通过和项目客户的沟通，了解客户对本项目的要求及侧重点。这会对后续的设计工作有一定的影响，以便为后续进行的太阳能电池组件的安装施工做好准备。

表 6-5　企业用两种电站现场勘察“听”内容

工程类型	地面电站	BIPV
电网情况	变电站距离现场的距离，变电站的规格，线缆敷设方式（架空、地埋），施工的难易程度，当地电压等级	1. 是否有临时场地、临时仓库 2. 离居民区的远近，是否存在扰民情况 3. 劳动力的成本，劳动力是否充足，吃饭、住宿的安排，当地的民俗民风，当地的物价水平等
人员联系	主要负责人的联系方式，包括姓名、职务、电话、手机、E-mail、传真、QQ（名片）和主要负责哪方面事务	
土地	土地所有权归属情况，土地的性质（耕地，备用，废弃等）	

（3）查　对地面并网工程，要重点查项目当地的气象资料，最好能有当地气象局的数据报告。对于 BIPV 项目，还要查项目当地的地理资料。是否是地震多发区等因素都会对工程的设计产生影响。企业用电站现场勘察“查”内容见表 6-6。

表 6-6　企业用电站现场勘察“查”内容

项　　目	数据（地面电站/BIPV）
日照强度	
日照时数	
年最高辐照量	
年最低辐照量	
年平均辐照量	
温度	
湿度	
海拔	
地震	
年降雨量	

5. 现场勘察综合表格

现场勘察就是到拟建设工程项目现场勘探查看“三通一平”、周围环境、地质条件和水文等实际情况。通常招标项目都是在招标文件中规定的时间内，由招标人或招标代理组织投标人到现场勘察，或者由投标人自行前去勘察。企业一般都会将现场勘察内容列出表格，勘察员根据表格内容逐条完成，表格一般归纳了现场地质情况，如果是 BIPV 项目还要求了解屋面结构情况、阴影遮挡情况、方位朝向、安装面积、屋面线缆下线路径、配电房位置及相应配电柜摆放位置等情况。企业获得项目所在地的地理位置、气候特征及日照条件等文件后交予设计部门进行阴影分析，进而得到最准确的装机容量。企业用现场勘察综合表格见表 6-7。

表 6-7　企业用现场勘察综合表

光伏项目现场勘察登记卡		项目编号
客户信息		
地理、气象信息		

所在地区经度、纬度：

所在地区年平均温度：　　湿度：　　；年最高温度：　　最低温度：　　；

年平均辐照度：　　日照时数：　　日照最佳月份

日照最差月份：　　连续阴雨天数：

极端天气描述：

甲方公司名称： 项目大小：	项目名称： 项目地点：

1. 业主提供图样及资料信息

结构专业施工图：□已提供　□未提供　建筑专业施工图：□已提供　□未提供

电气专业施工图：□已提供　□未提供（应包括厂区主接线图，配电房设备布置图等）

防雷专业施工图：□已提供　□未提供

屋面设备（如风机、管道安装位置）图纸：□已提供　□未提供

厂区内最近两年的用电负荷表：□已提供　□未提供

厂区内最近两年的用电电费单：□已提供　□未提供

2. 本项目概况信息

各个安装场所名称及总数量： 各个安装场所面积：	
各个安装场所女儿墙：□有　□无	女儿墙高度：

2.1 地面电站场地类型

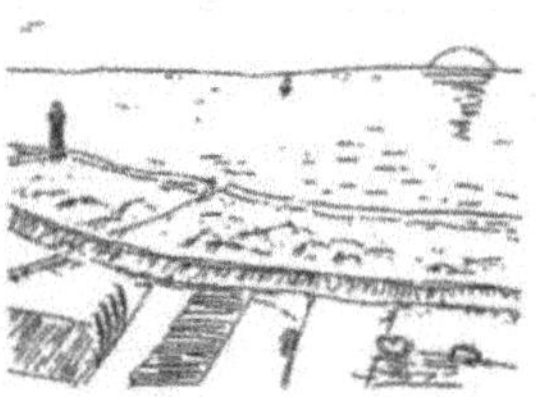 □类型一	 □类型二	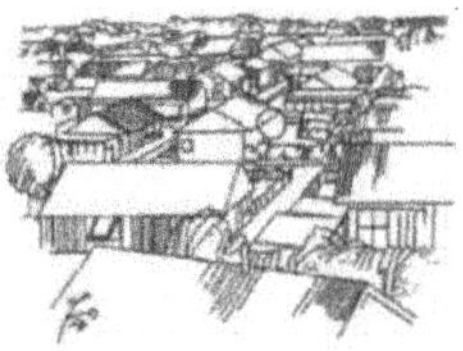 □类型三	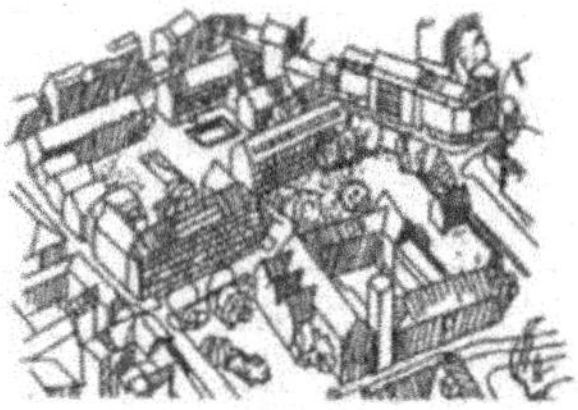 □类型四
平坦、开阔的地面，无遮挡	有篱笆，农场，少量独立建筑或者树木	近郊，工业区，森林	市区，15%以上区域有建筑，建筑物平均高度超过15m

地勘报告：□已提供　□未提供

光伏升压变电站到并网点的距离及敷设方式：

2.2 混凝土屋面信息

屋面情况是否良好：□是　□否。　　屋面是否有风机、管道等：□是　□否。

屋面防水是否良好：□是　□否。　　屋面电缆敷设路径情况：

2.3 彩钢瓦屋面信息

彩钢瓦类型

（续）

光伏项目现场勘察登记卡		项目编号
□	□	
□	□	
□	□	
□	□	
□	□	□
其他（例如：混凝土屋面，柔性防水，防水情况，屋面是否漏水）：		
请描述彩钢瓦厚度：		
檩条类型：	檩条间距：	屋顶朝向：
屋面荷载承受能力： kN/m²		
3. 组件信息		
组件类型：	组件尺寸：	组件重量：
组件功率：	方阵排布要求：	安装角度：
4. 并网路径信息		
组件安装点至并网点距离（单位：m）：	现有电缆沟：□有 □无	

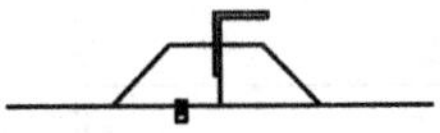

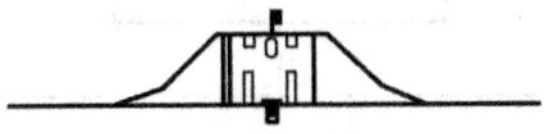

是否需要二次开挖电缆沟：□是 □否，（需要开挖的长×宽×高分别是 ）。

屋面与屋面之间电缆连接如何固定，请描述：

是否有现成配电房：□是 □否。 配电房是否有空调或轴流风机散热设施：□有 □没有

并网电压等级：□400V □10kV。

是否有现成配电房电缆沟：□是 □否。请附简图。

项目是否已备案：□是 □否。分布式发电发电量□自发自用余电上网□全部自用□全部上网

是否有电力接入报告：□是 □否。 电力接入报告是否已评审：□是 □否。

业主是否提供本工程光伏项目图样：□是 □否。

安装场所现场拍照：□有 □没有。

其他情况请描述：

5. 补充说明（其他需要向业主了解的经济、技术、工期等方面的需求）：

勘察人：

勘察日期：

三、项目详细设计

首先，通过现场勘察的施工区域尺寸分析，遵循高效转换、低损耗的原则，选择合适的电池板、汇流箱、电缆、直流柜、逆变器、交流柜、变压器、并网柜等设备。项目设计包括项目系统设计、方阵设计、电气设计和辅助设计，具体如图 6-2 所示。发电站设计大部分内容在前几模块中已经描述，这里主要补充几点内容。

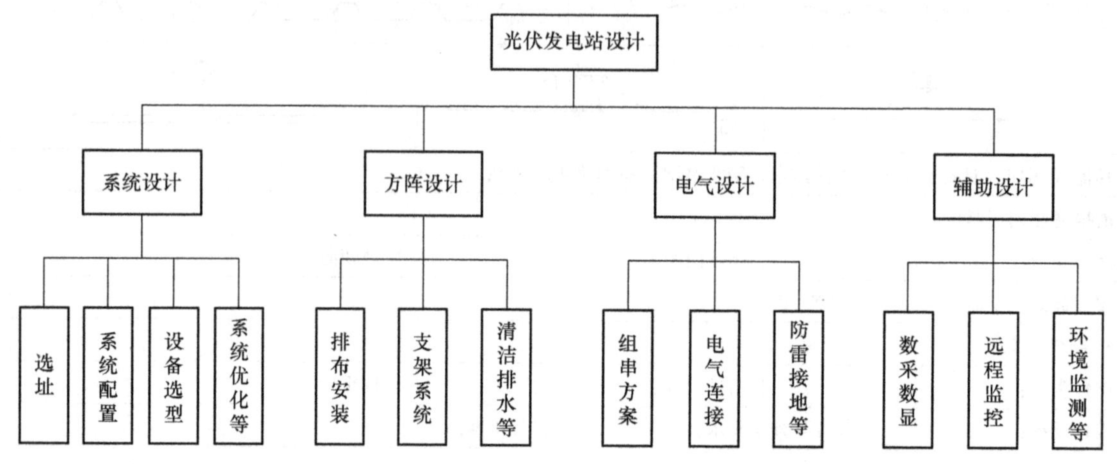

图 6-2　光伏发电站设计综合内容

1. 配电室设计

由于并网发电系统没有蓄电池、太阳能充放电控制器，因此，如果条件允许的话可以将并网发电系统逆变器放在并网点的低压配电室内，否则需要单独建立变配电室。

2. 并网发电系统的防雷设计

为了保证系统在雷雨等恶劣天气下能够安全运行，要对这套系统采取防雷措施。主要有以下几个方面：

1）地线是避雷、防雷的关键，在进行配电室基础建设和太阳能电池方阵基础建设的同时，选择光伏发电站附近土层较厚、潮湿的地点，挖 2m 深地线坑，采用 40 扁钢，添加降阻剂并引出地线，引出线采用 $35mm^2$ 铜芯电缆，接地电阻应小于 1Ω。

2）在配电室附近建一避雷针，高 15m，地线与配电室地线相连。

3）太阳能电池方阵电缆进入配电室的电压为 DC220V，采用 PVC 管地埋，加防雷器保护。方阵的支架应保证良好接地，也与配电室地线相连。

4）并网逆变器交流输出线采用防雷箱一级保护（并网逆变器内有交流输出防雷器）。

3. 光伏方阵的设计

光伏方阵中，同一光伏组件串中各光伏组件的电性能参数要保持一致，光伏组件串的串联数应按照公式计算得到

$$N \leqslant \frac{V_{\mathrm{dcmax}}}{V_{\mathrm{oc}}\left[1+(t-25)K_{\mathrm{v}}\right]} \tag{6-1}$$

或

$$\frac{V_{\mathrm{mpptmin}}}{V_{\mathrm{pm}}[1+(t'-25)K_{\mathrm{v}}']} \leqslant N \leqslant \frac{V_{\mathrm{mpptmax}}}{V_{\mathrm{pm}}[1+(t-25)K_{\mathrm{v}}']} \tag{6-2}$$

式中，N 为光伏组件的串联数（N 取整数）；V_{dcmax} 为逆变器允许的最大直流输入电压（V）；V_{oc} 为光伏组件的开路电压（V）；t 为光伏组件工作条件下的极限低温（℃）；K_{v} 为光伏组件的开路电压温度系数；V_{mpptmin} 为逆变器 MPPT 电压最小值（V）；V_{pm} 为光伏组件的工作电压（V）；K_{v}' 为光伏组件的工作电压温度系数；t' 为光伏组件工作条件下的极限高温（℃）；V_{mpptmax} 为逆变器 MPPT 电压最大值（V）。

4. 装机容量计算

主要依据是用户侧每路的用电量和各施工区域所能安装的电池板数量，其装机容量 = 每块电池板的峰值功率 × 总的电池板数目。

5. 光伏支架及固定基础设计

支架的设计主要侧重于系统的选址、支架的夹角、支架的抗压强度以及光伏支架系统的连接方式、材质和选型。

（1）光伏支架与基础设计

1）以《太阳能光伏支架基础技术规范》为基础，一般情况下，光伏支架的选择要根据安装地的土质情况、安装地点实际情况决定。对于地面电站，如果安装地为疏松土质，一般采用混凝土底座，混凝土底座以柱形基础为主，如图 6-3 所示；对于坚硬土质可采用混凝土底座或直接使用螺旋桩直打入地面以下，如图 6-4 所示。

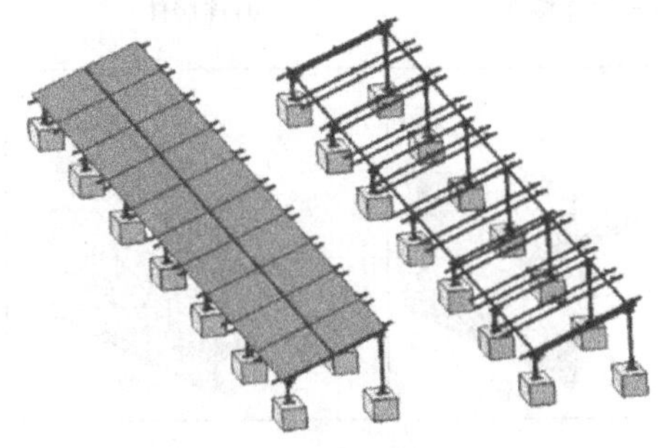

图 6-3　地面电站混凝土基础

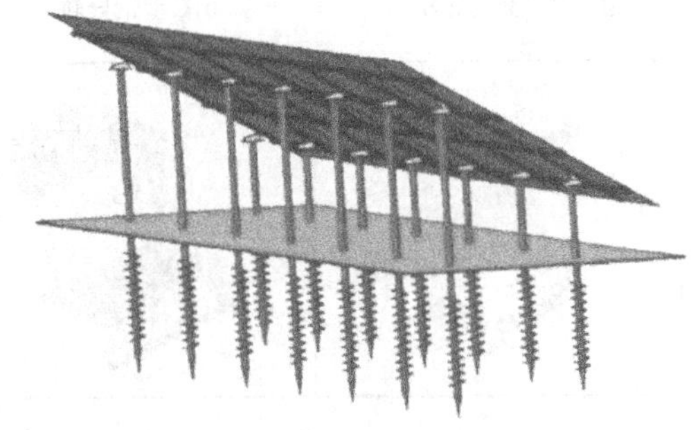

图 6-4　地面电站螺旋桩基础

对于混凝土柱形基础型地面电站，其支架组成部分与混凝土屋面电站有很大相似之处，如图 6-5、图 6-6 所示，支架由 C 型钢导轨（如超重型、普通型）、连接底座、连接件、边压块和中压块等组成。

2）对于混凝土屋面电站，则可以根据屋面的实际情况来选择相应的基础，如果是新建房，可以在浇制混凝土屋面时预埋件，如图 6-7 所示，这种方法安装基础牢固，代价小。如果是现有建筑，其基座可考虑采用水泥压块负重、条形基础、柱形基础安装，如图 6-8 所示。

根据不同的安装形式及安装要求，光伏支架材料选择不一样，但就支架的构成来说，一般情况下，混凝土屋面电站基座为条形基础，其支架组成部分如图 6-9 所示，它由 C 型钢导轨、连接底座、连接件、边压块和中压块等组成，如图 6-10 所示。

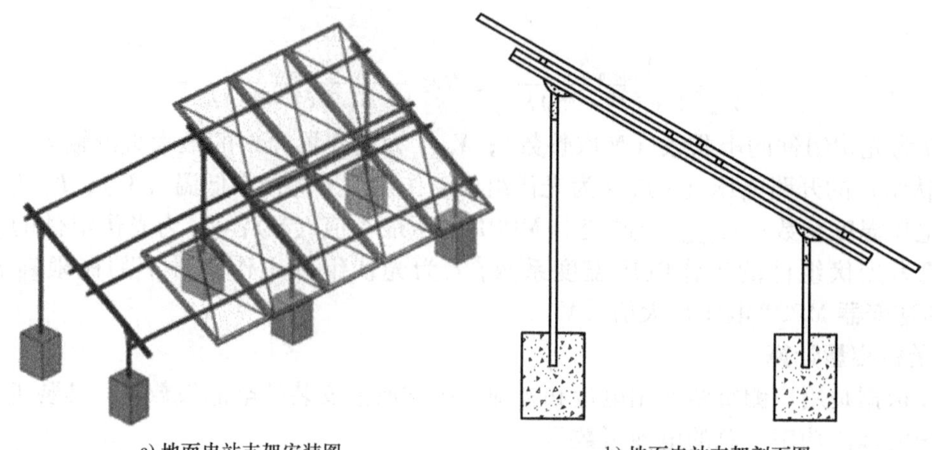

a) 地面电站支架安装图　　b) 地面电站支架剖面图

图 6-5　地面电站支架安装

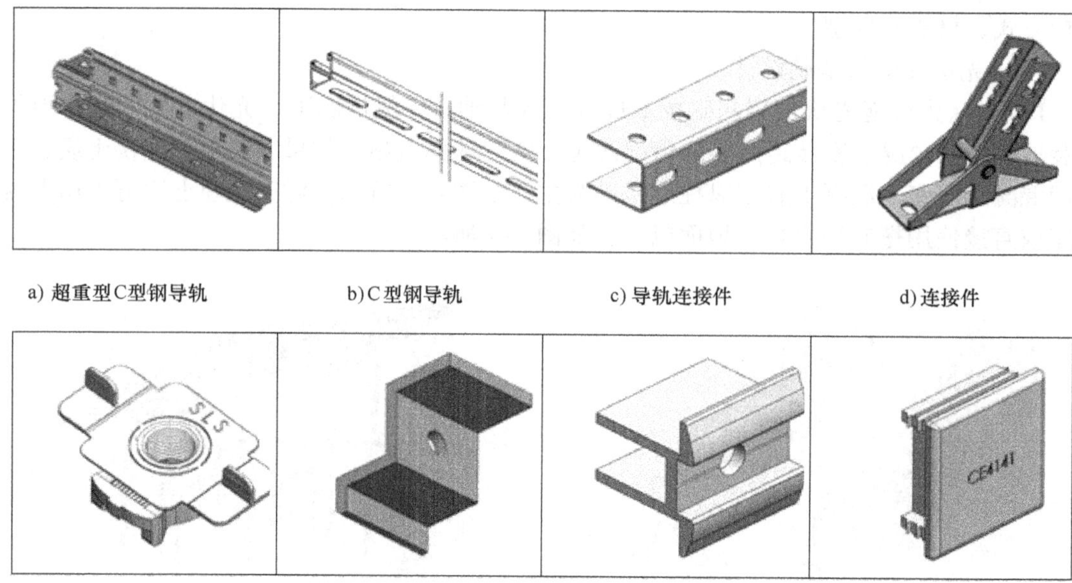

a) 超重型C型钢导轨　　b) C型钢导轨　　c) 导轨连接件　　d) 连接件

e) 塑翼母　　f) 边压块　　g) 中压块　　h) C型钢边盖

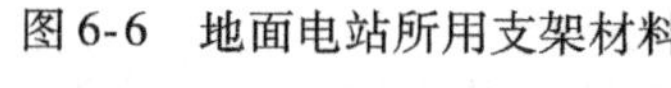

图 6-6　地面电站所用支架材料

图 6-7　预埋基础

图 6-8　负重基础

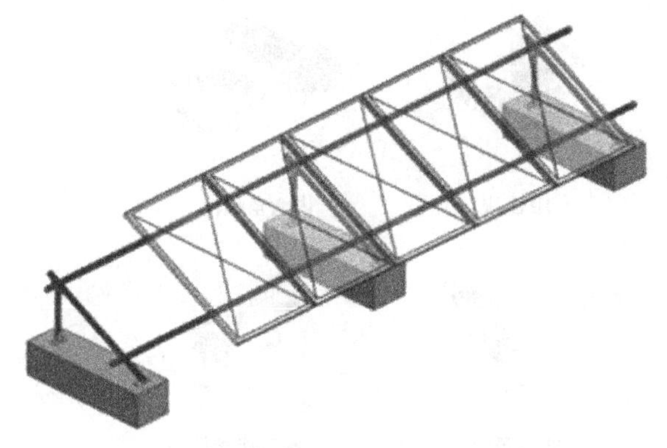

a) 混凝土支架结构

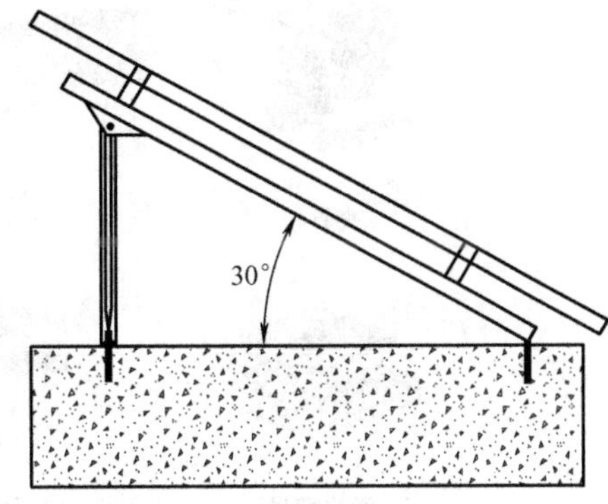

b) 混凝土支架安装倾角示意图

图 6-9　混凝土屋面电站支架安装图、截面图

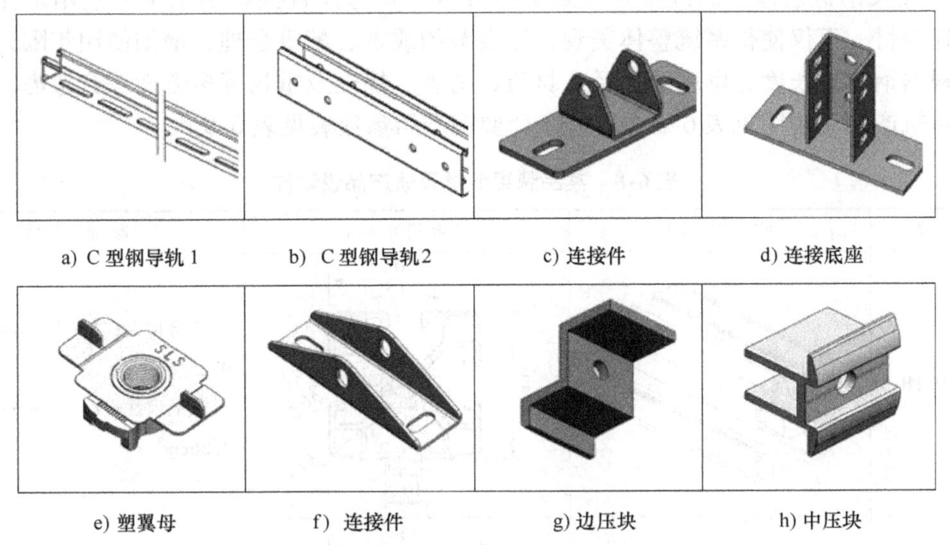

a) C 型钢导轨 1　b) C 型钢导轨 2　c) 连接件　d) 连接底座

e) 塑翼母　f) 连接件　g) 边压块　h) 中压块

图 6-10　混凝土屋面电站支架材料

3）对于金属屋面，要根据金属屋面的结构选择相应的固定方式，可采用不锈钢夹块固定、特殊导轨固定以及双头螺杆固定等方式，如图 6-11 所示。

a) 不锈钢夹块固定　b) 特殊导轨固定　c) 双头螺杆固定

图 6-11　金属屋面基础

对于直立锁边彩钢瓦屋面支架，其组成如图 6-12 所示，它由 C 型钢导轨、夹具、连接件、边压块和中压块等组成。

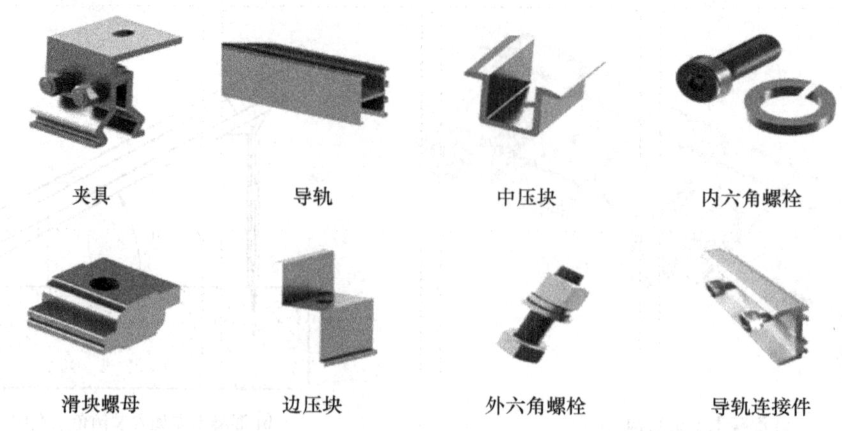

图 6-12　直立锁边彩钢瓦屋面支架材料

（2）支架钢材选择　钢材作为支架制作材料，其选择直接影响系统的使用寿命，而正确地选择钢材，不仅使得系统整体美观，还会节约成本、配重合理，增加使用年限，选择钢材时可根据钢材的长度、厚度、孔径、材质、荷载、挠度及重量等多方面综合考虑。某品牌铝型材导轨产品说明图见表 6-8，某品牌 C 型钢产品参数表见表 6-9。

表 6-8　某品牌铝型材导轨产品说明图

产　　品	实　物　图	产品尺寸 mm	断 面 参 数
HL4040W1B		40, 20.5, 40, 1.3, 14, φ6.8, 8.2, 10.2, R4.5	集合惯性：L_x：9.25cm^4，L_y：9.25cm^4 截面惯性：Z_x：4.86cm^3，Z_y：4.86cm^3
HL5050W1H		50, 22.4, 50, 4.3, 12.4, 10.2, 12.2, R2.5	集合惯性：L_x：20.34cm^4，L_y：20.34cm^4 截面惯性：Z_x：8.14cm^3，Z_y：8.14cm^3
HL4040W2H		40, 20.5, 40, φ6.8, 12.3, 2.1, 8.2, 10.2, R4.5	集合惯性：L_x：9.25cm^4，L_y：9.25cm^4 截面惯性：Z_x：4.86cm^3，Z_y：4.86cm^3

（续）

产　品	实　物　图	产品尺寸 mm	断 面 参 数
HL2040W1			集合惯性：L_x：4.64cm^4，L_y：1.42cm^4 截面惯性：Z_x：2.32cm^3，Z_y：1.32cm^3
HL4040WT			集合惯性：L_x：9.25cm^4，L_y：9.25cm^4 截面惯性：Z_x：4.86cm^3，Z_y：4.86cm^3
AM4040			集合惯性：L_x：9.25cm^4，L_y：9.25cm^4 截面惯性：Z_x：4.86cm^3，Z_y：4.86cm^3

表 6-9　某品牌 C 型钢产品参数表

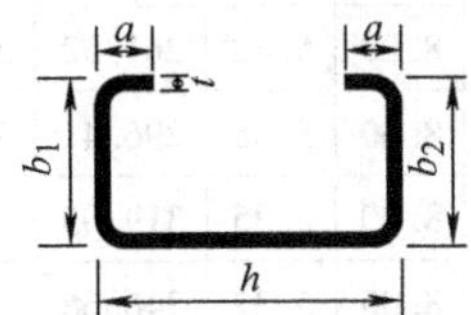

尺寸				截面面积	单位重量	重心		弯心	断面参数						
h /mm	b /mm	a /mm	t /mm	A /cm^2	m /(kg/m)	e_x /cm	e_y /cm	e_0 /cm	惯性矩 I_x /cm^4	截面模量 W_x /cm^3	回转半矩 r_x /cm	惯性矩 I_y /cm^4	回转半矩 r_y /cm	截面模数 W_{ymax} /cm^3	截面模数 W_{ymin} /cm^3
80	45	10	2.00	3.57	2.80	1.71	3.75	3.93	31.98	8.53	2.99	10.08	1.68	5.91	3.61
80	45	10	2.30	4.05	3.18	1.70	3.75	3.89	35.78	9.54	2.97	11.18	1.66	6.56	4.00

（续）

尺寸				截面面积	单位重量	重心		弯心	断面参数						
h /mm	b /mm	a /mm	t /mm	A /cm^2	m /(kg/m)	e_x /cm	e_y /cm	e_0 /cm	惯性矩 I_x /cm^4	截面模量 W_x /cm^3	回转半矩 r_x /cm	惯性矩 I_y /cm^4	回转半矩 r_y /cm	截面模数 W_{ymax} /cm^3	截面模数 W_{ymin} /cm^3
80	45	10	2.50	4.36	3.42	1.70	3.75	3.86	38.18	10.18	2.96	11.85	1.65	6.97	4.23
80	45	10	2.75	4.73	3.72	1.70	3.75	3.83	41.03	10.94	2.94	12.63	1.63	7.44	4.51
80	45	10	3.00	5.10	4.01	1.69	3.75	3.80	43.70	11.65	2.93	13.33	1.62	7.87	4.75
100	50	15~20	2.00	4.47	3.51	1.86	5.00	4.38	69.62	13.92	3.95	16.44	1.92	8.86	5.23
100	50	15~20	2.30	5.08	3.99	1.85	5.00	4.34	78.35	15.67	3.93	18.35	1.90	9.91	5.83
100	50	15~20	2.50	5.48	4.30	1.85	5.00	4.32	83.92	16.78	3.91	19.55	1.89	10.57	6.21
100	50	15~20	2.75	5.97	4.69	1.85	5.00	4.28	90.63	18.13	3.90	20.96	1.87	11.34	6.65
100	50	15~20	3.00	6.45	5.07	1.84	5.00	4.25	97.03	19.41	3.88	22.27	1.86	12.07	7.06
120	50	15~20	2.00	4.87	3.82	1.71	6.00	4.11	106.94	17.82	4.69	17.57	1.90	10.27	5.34
120	50	15~20	2.30	5.54	4.35	1.71	6.00	4.08	120.58	20.10	4.66	19.62	1.88	11.49	5.96
120	50	15~20	2.50	5.98	4.70	1.71	6.00	4.05	129.33	21.55	4.65	20.91	1.87	12.26	6.35
120	50	15~20	2.75	6.52	5.12	1.70	6.00	4.02	139.89	23.31	4.63	22.43	1.85	13.17	6.80
120	50	15~20	3.00	7.05	5.54	1.70	6.00	3.99	150.02	25.00	4.61	23.85	1.84	14.02	7.23
140	60	15~20	2.00	5.67	4.45	1.98	7.00	4.77	173.04	24.72	5.53	28.65	2.25	14.49	7.12
140	60	15~20	2.30	6.46	5.07	1.97	7.00	4.73	195.70	27.96	5.50	32.11	2.23	16.28	7.97
140	60	15~20	2.50	6.98	5.48	1.97	7.00	4.71	210.33	30.05	5.49	34.31	2.22	17.41	8.51
140	60	15~20	2.75	7.62	5.98	1.97	7.00	4.68	228.10	30.59	5.47	36.92	2.20	18.77	9.16
140	60	15~20	3.00	8.25	6.48	1.96	7.00	4.64	245.28	35.04	5.45	39.40	2.18	20.06	9.76
160	60	15~20	2.00	6.07	4.76	1.85	8.00	4.54	236.56	29.57	6.24	29.96	2.22	16.17	7.22
160	60	15~20	2.30	6.92	5.43	1.85	8.00	4.50	267.81	33.48	6.22	33.60	2.20	18.16	8.09
160	60	15~20	2.50	7.48	5.87	1.85	8.00	4.48	288.05	36.01	6.21	35.90	2.19	19.43	8.64
160	60	15~20	2.75	8.17	6.42	1.84	8.00	4.45	312.66	39.08	6.19	38.64	2.17	20.95	9.30
160	60	15~20	3.00	8.85	6.95	1.84	8.00	4.41	336.52	42.07	6.17	41.24	2.16	22.40	9.92
160	70	15~20	2.00	6.47	5.08	2.24	8.00	5.42	261.52	32.69	6.36	43.42	2.59	19.40	9.12
160	70	15~20	2.30	7.38	5.79	2.23	8.00	5.38	296.41	37.05	6.34	48.82	2.57	21.85	10.24
160	70	15~20	2.50	7.98	6.27	2.23	8.00	5.35	319.05	39.88	6.32	52.26	2.56	23.42	10.96
160	70	15~20	2.75	8.72	6.85	2.23	8.00	5.32	346.66	43.33	6.30	56.38	2.54	25.31	11.81
160	70	15~20	3.00	9.45	7.42	2.22	8.00	5.29	373.50	46.69	6.29	60.32	2.53	27.12	12.63
180	70	15~20	2.00	6.87	5.39	2.11	9.00	5.19	343.90	38.21	7.08	45.14	2.56	21.35	9.24
180	70	15~20	2.30	7.84	6.16	2.11	9.00	5.15	390.09	43.34	7.05	50.76	2.54	24.06	10.38
180	70	15~20	2.50	8.48	6.66	2.11	9.00	5.13	420.11	46.68	7.04	54.34	2.53	25.79	11.11
180	70	15~20	2.75	9.27	7.28	2.10	9.00	5.09	456.77	50.75	7.02	58.64	2.51	27.87	11.98
180	70	15~20	3.00	10.05	7.89	2.10	9.00	5.06	492.47	54.72	7.00	62.74	2.50	29.87	12.81

（续）

尺寸				截面面积	单位重量	重心		弯心	断面参数						
								e_0	惯性矩 I_x	截面模量 W_x	回转半矩 r_x	惯性矩 I_y	回转半矩 r_y	截面模数 W_{ymax}	截面模数 W_{ymin}
h /mm	b /mm	a /mm	t /mm	A /cm²	m /(kg/m)	e_x /cm	e_y /cm	/cm	/cm⁴	/cm³	/cm	/cm⁴	/cm	/cm³	/cm³
200	75	15~20	2.00	7.47	5.86	2.19	10.00	5.40	459.63	45.96	7.85	55.19	2.72	25.25	10.39
200	75	15~20	2.30	8.53	6.70	2.18	10.00	5.37	521.93	52.19	7.82	61.13	2.70	28.48	11.68
200	75	15~20	2.50	9.23	7.25	2.18	10.00	5.34	562.51	56.25	7.81	66.58	2.69	30.55	12.51
200	75	15~20	2.75	10.10	7.93	2.18	10.00	5.31	612.18	61.22	7.79	71.59	2.67	33.05	13.51
200	75	15~20	3.00	10.95	8.60	2.17	10.00	5.28	660.66	66.07	7.77	77.03	2.65	35.46	14.46
250	75	15~20	2.00	8.47	6.65	1.94	12.50	4.93	776.45	62.12	9.58	59.02	2.64	30.43	10.62
250	75	15~20	2.30	9.68	7.60	1.94	12.50	4.90	882.83	70.63	9.55	66.46	2.62	34.32	11.95
250	75	15~20	2.50	10.48	8.23	1.93	12.50	4.87	952.29	76.18	9.53	71.22	2.61	36.82	12.80
250	75	15~20	2.75	11.47	9.01	1.93	12.50	4.84	1037.50	83.00	9.51	76.95	2.59	39.84	13.82
250	75	15~20	3.00	12.45	9.78	1.93	12.50	4.81	1120.90	89.67	9.49	82.43	2.57	42.74	14.80
300	80	15~20	2.5	12.5	9.61	1.89	15.00	4.462	1588.59	105.9	11.38	93.48	2.76	48.08	15.30
300	80	15~20	3	14.64	11.49	1.89	15.00	4.54	1889.75	125.98	11.36	109.92	2.74	56.00	18.16
300	100	15~20	2.75	14.54	11.41	1.90	15.00	6.00	1982.84	132.18	11.67	176.71	3.48	67.70	23.91
300	100	15~20	3	15.84	12.43	1.90	15.00	6.10	2154.38	143.62	11.66	191.18	3.47	73.20	25.87

6. 混凝土屋面和地面基础荷载、金属屋面基础及支架设计

光伏发电站大多设置在地广人稀的偏远地区或厂房屋顶等空旷地带，为提高发电量，太阳能电池板大多倾斜放置，倾角一般和安装场所的纬度一致，因此光伏支架阵列在多风地区极易兜风，光伏支架的设计强度和稳定性若不能满足当地抗风、抗雪压要求，极易损坏昂贵的太阳能电池板，对于混凝土屋面和地面基础，一般情况下我们选择使用负重基础，如图6-8、图6-9所示，这种情况下就必须考虑其负重基础能否满足当地风压、雪压、防震、负重等需求，这些都必须经过严密的计算才能符合要求。

（1）混凝土屋面基础分析　以江苏无锡某1.2MWp屋面分布式光伏发电站为例，该电站共布置在4栋4层面积相同的屋面上，每栋建筑屋面尺寸均为90m×48m，此4栋建筑屋面均为上人屋面，屋面设计荷载标准值为2kN/m²。屋面为结构找坡，坡度为3%。屋面电站组件功率为255Wp，组件尺寸为1.952m×0.992m，质量为20kg，组件间距为0.02m，组件阵列为2排9列，共18块，组件朝南，倾角25°，基础采用独立支墩，屋面粗糙度类别为B类，屋面最高处离地面高度接近20m，支架间距取2.70m，每方阵长×宽为9.088m×3.924m，用四跨支架，支架前后支墩跨距为2.7m，组件及支架单位面积自重取0.15kN/m²，初步选定前支墩尺寸为0.40 m×0.40mm×0.469m，间距3.000m，通过分析确定该方阵后支墩的大小。取一跨基础支架，基础结构如图6-13所示。

1）风压荷重。

垂直于组件的风荷载标准值为

$$w_k = \beta_{gz}\mu_s\mu_z w_0 \tag{6-3}$$

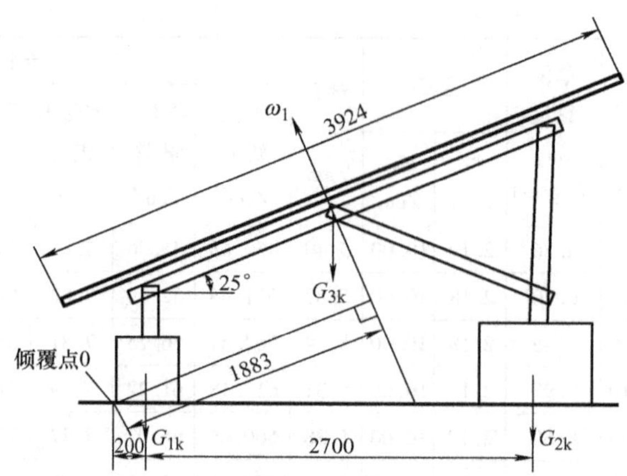

图6-13 某混凝土屋面电站基础结构图

式中，w_k为风荷载标准值（kN/m^2）；β_{gz}为高度z处的风振系数，按GB 50009—2012《建筑结构荷载规范》中表8.6.1取为1.63；μ_s为风荷载体型系数，取50年一遇，根据《建筑结构荷载规范》中表8.3.1第27项取值，μ_s为1.3；μ_z为风压高度变化系数，根据《建筑结构荷载规范》中表8.2.1，μ_z取1.23；w_0为基本风压（kN/m^2），根据《建筑结构荷载规范》中附表E.5，w_0取$0.45kN/m^2$。

则 $$w_k=\beta_{gz}\mu_s\mu_z w_0=1.63\times1.3\times1.23\times0.45kN/m^2=1.17kN/m^2$$

2）前后支墩抗倾覆力矩。

取其中一跨支架系统进行受力分析，所取支架系统的组件面积$=(0.992\times3+0.02\times2)\times3.924m^2=11.834m^2$。其中0.992m为组件的宽；0.02m为组件间距。

垂直于组件的风荷载为$w_1=w_k\times S_0=1.17kN/m^2\times11.834m^2=13.85kN$

风力对组件的倾覆力矩为 $$M_q=\frac{1}{2}w_1L \quad (6\text{-}4)$$

式中，L为组件到倾覆点0力臂长度（m），这里取3.766m。

则 $$M_q=\frac{1}{2}w_1L=\frac{1}{2}\times13.85kN\times3.766m\approx26.08kN\cdot m$$

3）抗倾覆力矩。

组件和支架本身自重为$G_{3k}=0.15kN/m^2\times11.834mm^2\approx1.775kN$

式中，$0.15kN/m^2$为组件与支架的单位面积自重，其计算方法为单块组件自重：$20kg\times9.8N/kg=196N=0.196kN$，单块组件每平方米自重：$0.196kN/(1.952m\times0.992m)=0.10kN/m^2$，钢结构单位面积自重以$0.05kN/m^2$计算。

前腿支墩自重为 $G_{1k}=0.4m\times0.4m\times0.469m\times25kN/m^3=1.88kN$

假设后腿支墩自重为 $G_{2k}=b\times b\times0.6m\times25kN/m^3=15kN/m^2\times b^2$

抗倾覆力矩为$M_k=G_{1k}\times0.2m+G_{2k}\times2.9m+G_{3k}\times1.55m=3.13kN\cdot m+40.5kN/m\times b^2$；

根据GB 50007—2011《建筑地基基础设计规范》中抗倾覆稳定性验算公式$M_k/M_q\geq1.6$，计算得

$$3.13kN\cdot m+40.5kN/m^2\times b^2\geq26.08\times1.6kN\cdot m$$

得$b\geq0.95m$。

即选择 0.95m × 0.95m × 0.6m 的后支墩能满足本项目方阵需求，后支墩重力 G_{2k} = 0.95m × 0.95m × 0.6m × 25N/m² = 13.82N。

4）雪荷载。屋面水平投影面上的雪荷载标准值为

$$s_k = \mu_r s_0 \tag{6-5}$$

式中，s_k 为雪荷载标准值（kN/m²）；μ_r 为屋面积雪分布系数，根据规范取 1.0；s_0 为基本雪压（kN/m²），假定无锡地区 50 年一遇最大雪荷载，查规范取值为 0.4kN/m²；

则该项目最大雪荷载参考值为 $s_k = \mu_r s_0 = 0.4\text{kN/m}^2$。

其他还有光伏系统的地震荷载分析、支撑臂在顺风条件下的压曲强度和逆风条件下的拉伸强度分析等，读者可根据需求从任务实现相关内容中去学习体会。

（2）金属屋面基础及支架设计　金属屋面基础和支架主要是由铝合金夹具和铝合金檩条组成，夹具的设计主要根据金属屋面的背脊形状而定，檩条则根据两相邻彩光带之间的距离而定。关于金属屋面支架荷载设计与计算请阅读本模块任务二。

四、光伏发电站设计完整实例

为了方便读者更好地掌握光伏发电站整体设计思路，下面以深圳蓝波绿建集团股份有限公司所承建的广东汉能光伏有限公司农夫山泉 5MWp 项目为例进行讲解，项目现场如图 6-14 所示。

图 6-14　河源项目现场

1. 项目概况

1）项目名称：广东汉能光伏有限公司农夫山泉厂区 5MWp 光伏发电示范项目。

2）项目所属类别：屋顶电站。

3）建设项目发电类型：屋顶非晶硅太阳能发电站用户侧并网发电项目。

4）占地面积：约 10000m²。

5）装机容量：一期、二期共 5MWp。

6）电网接入方案：10kV 用户侧并网。

7）预计年均发电量：640 万 kW · h。

8）光伏发电站所发电量自发自用，余量上网。

9）项目建设单位：深圳蓝波绿建集团股份有限公司。

2. 项目选址概况

项目选址主要通过现场考察、查阅相关资料获得，内容包括项目所处的地理位置、交通、气象条件、项目平面图和项目现场条件等，是项目立项的基础，为项目的设计、施工及运营作准备。

河源市位于广东省东北部，东江中上游。其范围是东经 114°14′至 115°36′，北纬 23°10′至 24°27′。

河源市属亚热带季风气候。主要气候特点：气温偏高，年平均气温 21.0℃，高温日数

多；年平均降水量 1742.0mm，降水时空分布不均；年平均日照总时数 1733.9h。

本工程处于厂区工作地带，受地理环境限制，施工现场不能堆放大批量的材料。为了保证工期及质量要求，整个工程分区段同时进行施工作业，在材料调度上采用分主次、分阶段、分批量供应方法，把好材料进场关，既满足材料的及时供应，也减少材料堆放的占地面积。业主单位提供系统专项工程施工场地，包括办公场地、材料临时堆放及加工场地、工具设备布置场地等。

如图 6-15 所示，根据美国国家航空航天局（National Aeronautics and Space Administration，NASA）数据，河源地区水平面所接受的日照辐射总量呈中间高两边低的态势分布，即每年 5～10 月份是日照辐射总量最高的时段。

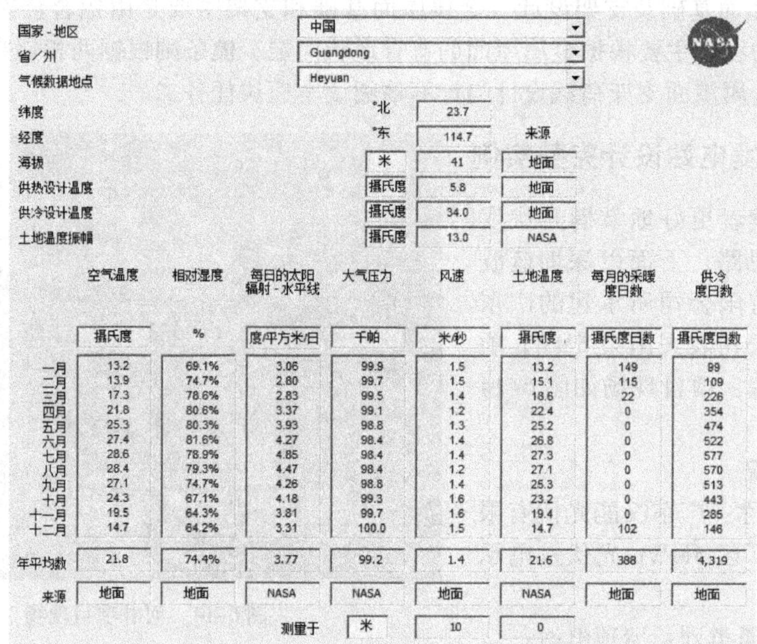

国家 - 地区	中国		
省／州	Guangdong		
气候数据地点	Heyuan		
纬度	°北	23.7	
经度	°东	114.7	来源
海拔	米	41	地面
供热设计温度	摄氏度	5.8	地面
供冷设计温度	摄氏度	34.0	地面
土地温度振幅	摄氏度	13.0	NASA

	空气温度	相对湿度	每日的太阳辐射 - 水平线	大气压力	风速	土地温度	每月的采暖度日数	供冷度日数
	摄氏度	%	度/平方米/日	千帕	米/秒	摄氏度	摄氏度日数	摄氏度日数
一月	13.2	69.1%	3.06	99.9	1.5	13.2	149	99
二月	13.9	74.7%	2.80	99.7	1.5	15.1	115	109
三月	17.3	78.6%	2.83	99.5	1.4	18.6	22	226
四月	21.8	80.6%	3.37	99.1	1.2	22.4	0	354
五月	25.3	80.3%	3.93	98.8	1.3	25.2	0	474
六月	27.4	81.6%	4.27	98.4	1.4	26.8	0	522
七月	28.6	78.9%	4.85	98.4	1.4	27.3	0	577
八月	28.4	79.3%	4.47	98.4	1.2	27.1	0	570
九月	27.1	74.7%	4.26	98.8	1.4	25.3	0	513
十月	24.3	67.1%	4.18	99.3	1.6	23.2	0	443
十一月	19.5	64.3%	3.81	99.7	1.6	19.4	0	285
十二月	14.7	64.2%	3.31	100.0	1.5	14.7	102	146
年平均数	21.8	74.4%	3.77	99.2	1.4	21.6	388	4,319
来源	地面	地面	NASA	NASA	地面	NASA	地面	地面
			测量于	米	10	0		

图 6-15　项目利用 RETScreen 软件模拟气象数据

3. 系统优化

系统优化主要针对项目在设计与施工方面所必须考虑的实际问题，本项目为厂房屋顶光伏工程，项目设计要考虑建筑本身的安全，在其基础上平衡光伏系统各环节设计，如组件的安装方法、支架的选择和结构设计等。同时要考虑建筑与光伏发电系统的协调与统一，做到建筑与系统的绝对安全、建筑与系统和谐统一以及系统发电的最大化。

（1）建筑与光伏系统的安全性　结构安全性涉及两方面。一是建筑本身的结构安全性，包括光伏系统给建筑带来的荷载、防水及防雷等要求。虽然在出具的资料中证明了在屋面安装光伏发电系统的可行性，但工程设计时仍有必要将建筑结构的安全放在首位，因为建筑是整个光伏系统的载体，也关系到建筑内居住、办公和生活的人员的人身安全。二是光伏系统的安全性，包括光伏组件安装固定和连接安全、光伏系统的防雷安全、电力系统的稳定。组件的安装固定不是简单固定，而需对连接件固定点进行相应的结构计算，并充分考虑在使用期内的多种最不利情况。防雷安全及电力系统安全也要综合考虑。

建筑的使用寿命一般在50年以上，光伏组件的使用寿命也在25年以上，光伏系统的设计寿命也在25年以上，安装系统的安全稳固是保证光伏发电系统最大化输出电力的关键，因此，必须保证建筑与光伏系统的安全性。

(2) 建筑与系统的优化　受限于建筑的结构、面积及方位，必须对包括组件的安装倾角、方位角、安装数量以及电力传输损耗等在内的各项因素做综合考虑，对BIPV和光伏系统设计方案进行优化设计，以达到最大化的提供电力的要求。另外，在光伏建筑一体化系统中，也要考虑到系统安装后的建筑整体效果。

4. 系统配置

系统配置主要指对光伏项目的整体进行规划设计，一般包括系统的方阵总数目、子系统数、逆变器数和升压变压器数等。系统配置是设计的核心，是系统合理配置的具体表现，它决定系统的选型与匹配。

广东汉能光伏有限公司农夫山泉厂区5MWp光伏发电示范项目实际安装容量为4850.4kWp，安装于一期、二期厂房屋面，系统采用10kV中压并网运行方式。

配置一套光伏专用监控系统，为用户提供实时监控、电能管理及系统故障报警等功能；该系统还具有远程监控功能，可为用户提供远程故障诊断、定期数据分析等服务。其完善的监控系统功能可实现真正的无人值守，让用户无后顾之忧。系统配置见表6-10。

表6-10　项目系统配置

光伏发电系统	装机容量/kWp	组件安装面积/m^2	组件数量	逆变器配置	安装方式
1#厂房屋顶	2119.2	27923	35320	共8台SG500KTL，1台SG630KTL，1台SG50KTL	屋面铝合金支架，沿屋面平铺
2#厂房屋顶	2731.2	35987	45520		

注：组件峰值功率为60Wp。

5. 屋顶荷载

本系统在厂房屋顶安装非晶硅太阳能电池组件，屋顶需要满足支架以及组件的负重，保证能承受其载荷。本光伏发电站采用的非晶硅电池组件为18.6kg/片，尺寸规格为1245mm×635mm×9.7mm（长×宽×厚），电池组件单位面积质量（包括安装型材）为2.69kg左右，因此屋面必须满足能承受大于0.27kN/m^{2}恒荷载的要求才能安装光伏组件。

本项目支架荷载具体分析详见本模块任务二。

6. 设备的匹配和选型

本过程是系统配置的具体化过程，主要根据系统的总体要求选择相应主要设备，这一过程环环相扣，不可以独立。考虑系统匹配的同时还要注意单项设备的参数与质量保证，如光伏组件考虑选择发电效率较高的国际或国内认证品牌。系统设备选型关系到系统的安全、发电量和资金投入等。

(1) 光伏组件　选型标准：本工程采用具有TUV、CE和UL认证的60Wp光伏组件，组件采用高强度、高透光的太阳能专用钢化玻璃及耐紫外线辐射的TPT膜层压封装。组件接线盒内安装有旁路二极管，防止组件热斑故障。

项目选用广东汉能光伏有限公司生产的60Wp非晶硅光伏组件共80840块，具体参数见表6-11。

表 6-11 汉能 HNS-ST60 项目组件参照表

HNS-ST60	
衬底材料	TCO 玻璃
组件类型	PIN/PIN/PIN 三结非晶硅锗叠层电池，双玻封装背接不透光
组件电性能	
最大功率/W	60
最大功率点电压/V	69
最大功率点电流/A	0.87
开路电压/V	88
短路电流/A	1.06
功率公差/W	0/+3
最大系统电压/V	1000
最大熔丝额定电流/A	2
温度系数	
电流温度系数/(1/℃)	0.05%
电压温度系数/(1/℃)	-0.45%
功率温度系数/(1/℃)	-0.34%
结构参数	
长/mm	
宽/mm	
厚（不包括接线盒）/mm	9.7
质量/kg	18.6
组件面积/m^2	0.79
接线盒类型	背部接线盒
接线盒厚/mm	20
接线盒引出线长度/mm	450
接线盒等级	IP67
交联材料	PV8
前板玻璃（光入射面）	3.2mm 透明导电玻璃
后板玻璃（组件背面）	6.0mm 半钢化/钢化玻璃

在组件串联方式设计中，计算组件串联数量时，必须根据组件的最大工作电压和逆变器直流输入电压范围计算，同时需要考虑组件的开路电压温度系数，根据式（6-1）得

$$N \leqslant \frac{V_{\mathrm{dcmax}}}{V_{\mathrm{oc}} \times [1+(t-25) \times K_{\mathrm{v}}]} = \frac{1000}{88 \times [1+(0-25) \times (-0.45\%)]} = 10.2 \text{ 块}$$

取 10 块。其中极限温度取 0℃。

本项目系统太阳能组件组串情况见表 6-12。

表 6-12　项目组件详细配置表

区　域	安装方式	组串形式	组件尺寸 $\left(\frac{长}{mm}\times\frac{宽}{mm}\times\frac{厚}{mm}\right)$	组件功率 /W	组件数量（块）	装机容量 /kWp	电流/电压（单个方阵）
一期 A	平铺	10 串 10 并 10 串 6 并	1245×635×7.5	60	9160	549.6	8.7A/690V 0.87A/690V
一期 B	平铺	10 串 10 并 10 串 3 并	1245×635×7.5	60	17530	1051.8	
一期 C	平铺	10 串 10 并 10 串 3 并	1245×635×7.5	60	8630	517.8	
总计					35320	2119.2	
二期 A	平铺	10 串 10 并 10 串 9 并	1245×635×7.5	60	10590	635.4	
二期 A/B	平铺	10 串 10 并 10 串 5 并	1245×635×7.5	60	950	57	
二期 B	平铺	10 串 10 并 10 串 7 并	1245×635×7.5	60	16970	1018.2	
二期 C	平铺	10 串 10 并 10 串 1 并	1245×635×7.5	60	17010	1020.6	
总计					45520	2731.2	

（2）系统阵列布置　本项目两期系统阵列布置图如图 6-16、图 6-17 所示。

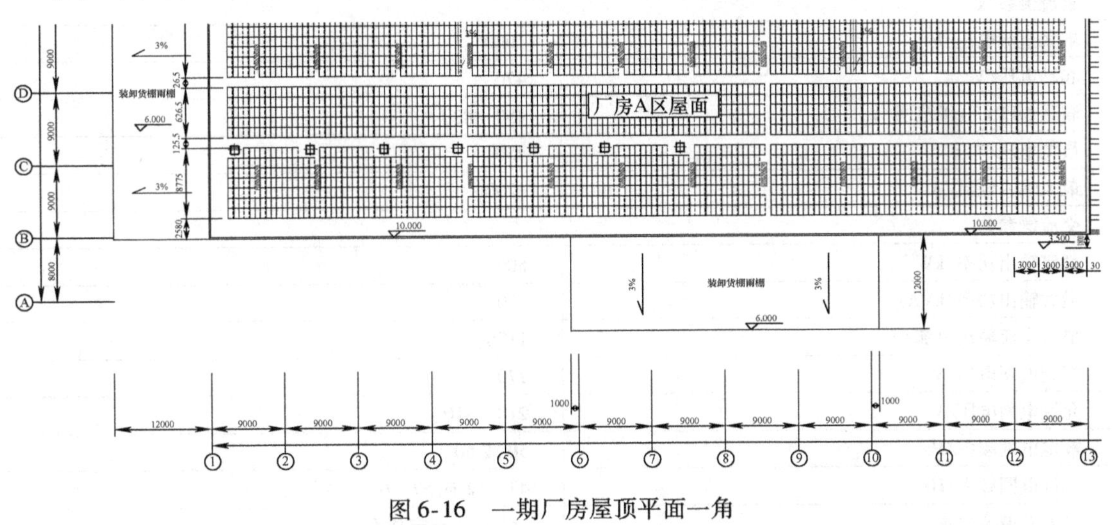

图 6-16　一期厂房屋顶平面一角

（3）光伏阵列表面倾斜度设计　本系统为金属瓦屋面，采用平铺方式，以屋面坡度作为系统的倾角。

（4）并网逆变器　选型要求：逆变器的峰值效率（含隔离变压器在内）>94%；电流总谐波失真（Total Harmonic Distortion，THD）<3%，并且具有极性反接保护、电网故障自诊断和系统故障自诊断功能，同时还具有可靠的防孤岛效应功能。并网逆变器的输出大于其额定输出的 20% 时，平均功率因数 >0.99（超前或滞后）；防护等级达到 IP65，可满足本工程户外安装的要求。

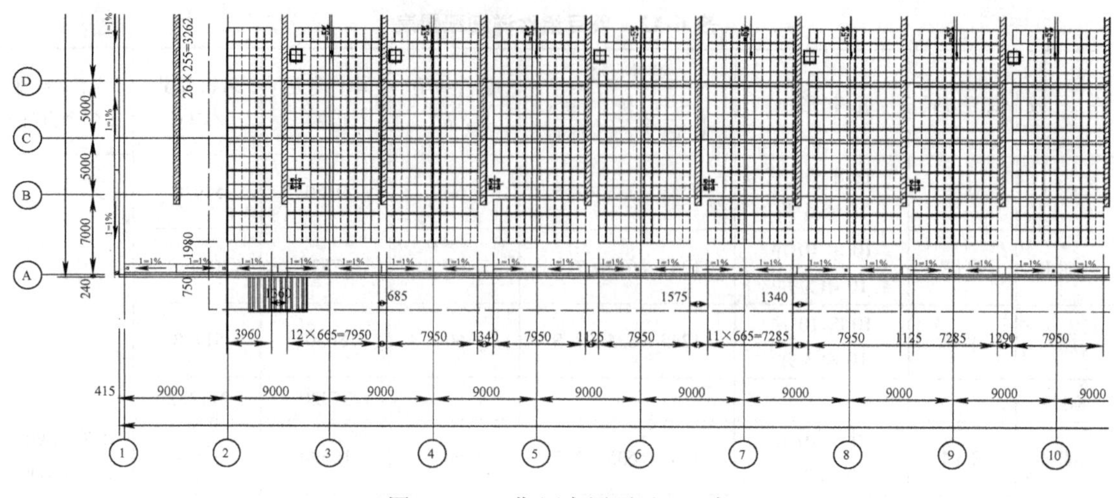

图 6-17　二期厂房屋顶平面一角

光伏并网逆变器配有先进的通信接口，同时提供太阳辐射数据采集接口、光伏方阵温度采集接口。本项目采用国内知名品牌并网逆变器，选用阳光电源 SG 系列逆变器 10 台，其中 SG 500KTL 主要参数见表 6-13，其实物图如图 6-18 所示。

表 6-13　项目采用的并网逆变器主要参数

技术参数	
型号	SG 500KTL
直流侧参数	
最大直流电压/V	1000
起动电压/V	470
满载 MPPT 电压范围/V	450 ~ 820
最低电压/V	450
最大输入电流/A	1200
交流侧参数	
额定输出功率/kW	500
最大输出功率/kVA	550
最大交流输出电流/A	1176
额定电网电压/V	270
允许电网电压/V	210 ~ 310
额定电网频率/Hz	50 或 60
允许电网频率/Hz	47 ~ 52 或 57 ~ 62
最大总谐波失真	<3%（额定功率）
直流电流分量	<0.5% I_n（I_n 为额定输出电流）
功率因数	0.9（超前）~0.9（滞后）
系统	
最大效率	98.7%
欧洲效率	98.5%
防护等级	IP20 室内
夜间自耗电	<100W

（续）

技术参数	
允许环境温度/℃	（-25）~55
冷却方式	温控强制风冷
允许相对湿度（%）	0~95，无冷凝
允许最高海拔	6000m（超过3000m需降额使用）
显示与通信	
显示	触摸屏
标准通信方式	RS485/Modbus、以太网
可选通信方式	以太网
机械参数	
外形尺寸$\left(\frac{宽}{mm}\times\frac{高}{mm}\times\frac{深}{mm}\right)$	2800×2180×850
质量/kg	2288

SG 500KTL

性能特点：

- 低电压穿越功能
- 有功功率连续可调（0~100%）功能
- 无功功率可调，功率因数范围超前0.9至滞后0.9
- 最高转换效率达98.7%
- 精确的输出电能计量
- 多语种触摸屏监控界面
- 辅助电加热，最低环境温度-30℃
- 适应高海拔应用，最高可达6000米（超过3000米需降额使用）
- 金太阳认证、TÜV、Enel-GUIDA认证、符合德国中压电网BDEW指令

效率曲线

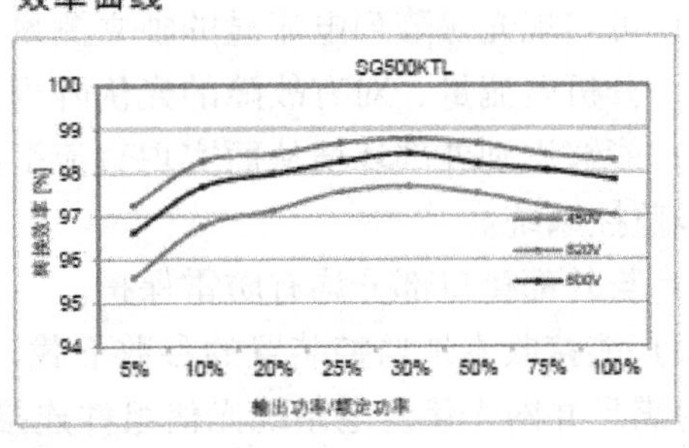

图6-18　项目采用并网逆变器实图与效率图

本项目子系统装机容量与逆变器匹配见表6-14。

表6-14 项目子系统装机容量与逆变器匹配

区　　域	组 串 形 式	组件数量/块	装机容量/kWp	逆　变　器	备　　注
一期A	10串10并 10串6并	9160	549.6	1台SG500KTL	
一期B	10串10并 10串3并	17530	1051.8	2台SG500KTL	
一期C	10串10并 10串3并	8630	517.8	1台SG500KTL	
二期A	10串10并 10串9并	10590	635.4	1台SG630KTL	
二期A/B	10串10并 10串5并	950	57	1台SG50KTL	
二期B	10串10并 10串7并	16970	1018.2	2台SG500KTL	
二期C	10串10并 10串1并	17010	1020.6	2台SG500KTL	
总计		80840	4850.4	10台	

（5）直流汇流箱　以16进1出汇流箱为例，具体选型要求如下：

1）汇流箱防护等级能达到IP65以上，采用能满足室外安装要求的壁挂式密封型机柜。

2）能同时接入16路太阳能电池组串，有16对正、负极接线端子。

采用高压直流熔断器对每路或每两路光伏组串进行保护，即1个4路输入的汇流箱带4路熔丝保护，熔断器耐压达到直流1000V，本项目直流最大电压为690V。

3）使用专用高压防雷器，能满足正极对地、负极对地、正负极之间的防雷要求，额定电流≥15kA，最大电流≥40kA，额定电压U_p不高于3.9kV。

4）使用的断路器能够承受直流1000V，并且采用正负极分别串联的四极断路器以提高直流耐压。

5）汇流箱采用性能可靠的霍尼韦尔霍尔元件（直流CT传感器）对16路的每一路光伏组串进行电流监测、报警和本地故障定位的功能，并通过RS485与本地监控装置通信。

6）可实现光伏阵列电流量的独立测量。

7）分析电流量、对有故障的光伏阵列报警。

8）能够识别外部环境从而实现直流汇流箱的熔丝熔断报警，并送至本地监控系统和更上一级监控系统。

9）与外部接口部分均有防雷保护。

10）能接收本地监控装置的参数下载，进行分析处理。

为满足并网光伏发电系统光伏组件连接方便、维护简单、可靠性高的需求，需要在光伏组件及逆变器之间增加汇流装置，根据逆变器输入的直流电压范围，把一定数量的规格相同的光伏组件串联组成一个光伏组串方阵，再将若干个组串方阵接入光伏汇流箱进行汇流，每个组串方阵进来的电流可通过测量装置进行精确测量，通过防雷器与断路器后输出。汇流箱在满足连接方便、维护简单和可靠性高的需求的同时利用特有的测量和通信功能可实现对光伏阵列故障精确定位、报警，极大地方便了现场维护。

本工程采用 CSC-PVB 系列光伏智能汇流箱，如图 6-19 所示。

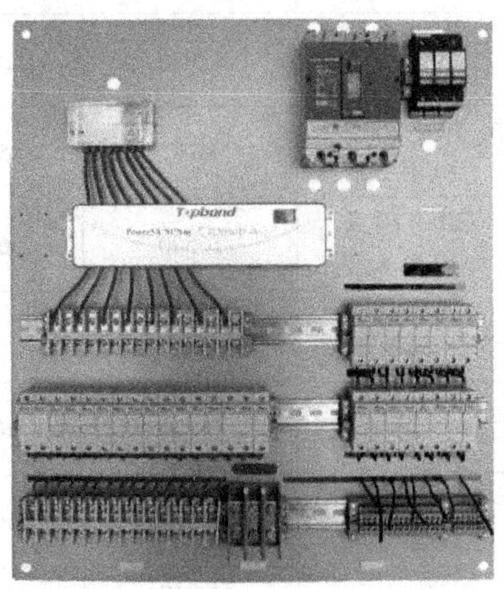

图 6-19　项目采用直流汇流箱

技术参数表见表 6-15。

表 6-15　直流汇流箱主要参数

型　　号	CSC-PVB-16
光伏阵列电压范围/V	500 ~ 1000
最大光伏阵列并联输入路数	16
每路光伏阵列最大电流/A	15
光伏总输出最大电流/A	240
防护等级	IP65
环境温度/℃	（-25）~ +85
环境湿度（%）	0 ~ 99
直流总输出空开	是
光伏专用防雷模块	是
串列电流监测	是
串列电流监测工作温度/℃	（-20）~ +70
通信接口	RS485
尺寸$\left(\frac{宽}{mm}\times\frac{高}{mm}\times\frac{深}{mm}\right)$	670 × 600 × 210
质量/kg	36

本项目汇流箱与组串匹配见6-16。

表6-16 项目组串与汇流箱匹配

区域	组串形式	组件数量/块	装机容量/kWp	汇流箱	备注
一期A	10串10并 10串6并	9160	549.6	16进5台 8进2台（6路输入）	
一期B	10串10并 10串3并	17530	1051.8	16进10台 8进2台（8路输入）	
一期C	10串10并 10串3并	8630	517.8	16进5台 8进1台（7路输入）	
二期A	10串10并 10串9并	10590	635.4	16进6台 8进2台（5路输入）	
二期A/B	10串10并 10串5并	950	57	8进2台（5路输入）	
二期B	10串10并 10串7并	16970	1018.2	16进10台 8进2台（5路输入）	
二期C	10串10并 10串1并	17010	1020.6	16进10台 8进2台（5路输入）	
总计		80840	4850.4	16进46台，8进13台	

（6）直流配电柜设计 选型要求：要求8路输入，符合系统总功率、电流和电压要求，采用高性能元器件、智能化设计，可以检测每路电流、电压、防雷状况和开关状态，通过智能仪表大屏液晶显示电压电流功率等，有良好的接地保护，通过RS485通信接口与监控系统通信，实现直流配电柜智能化管理。

直流防雷配电柜主要是将汇流箱输出的直流电缆接入后进行汇流，再接至逆变器。该配电柜含有直流输入断路器、光伏防雷器，方便操作和维护。直流配电柜对直流电能进行分配、监控和保护功能，直流配电柜可以将总输入直流分为多路，而每路都有保护装置（熔丝，空开等）、防雷等，可以对每路电压电流进行监控，可以实现远程通信。

本项目根据直流配电柜按照500kWp的直流配电单元进行设计，需要的直流配电柜见表6-17。

表6-17 项目组串、汇流箱与直流配电柜的匹配

区域	组串形式	组件数量/块	装机容量/kWp	汇流箱	直流配电柜
一期A	10串10并 10串6并	9160	549.6	16进5台 8进2台（6路输入）	8路共9台
一期B	10串10并 10串3并	17530	1051.8	16进10台 8进2台（8路输入）	
一期C	10串10并 10串3并	8630	517.8	16进5台 8进1台（7路输入）	
二期A	10串10并 10串9并	10590	635.4	16进6台 8进2台（5路输入）	

（续）

区　域	组 串 形 式	组件数量/块	装机容量/kWp	汇　流　箱	直流配电柜
二期 A/B	10 串 10 并 10 串 5 并	950	57	8 进 2 台（5 路输入）	8 路共 9 台
二期 B	10 串 10 并 10 串 7 并	16970	1018.2	16 进 10 台 8 进 2 台（5 路输入）	
二期 C	10 串 10 并 10 串 1 并	17010	1020.6	16 进 10 台 8 进 2 台（5 路输入）	
总计		80840	4850.4	16 进 46 台，8 进 13 台	

（7）光伏交流配电柜　选型要求：交流配电柜作为整个光伏系统的并网输出及电能管理单元，功能和配置都应按高标准进行设计。交流配电柜内安装先进的智能电力测控仪表，实现对光伏发电全电量测量及远程控制。通过电力测控仪表的远程 DO 功能，用户可通过后台监控系统对光伏输出回路进行远程输出控制，即光伏投入和退出功能。

交流配电柜的作用是把逆变器转换出的交流电送到保护、检测装置上，主要起到了保护、检测设备的作用，保证系统可靠运行。

本项目光伏交流配电柜实物图如图 6-20 所示，交流配电柜与系统匹配见表 6-18。

图 6-20　项目采用光伏交流配电柜实物图

表 6-18　项目交流配电柜与系统的匹配

区　域	组 串 形 式	组件数量/块	装机容量/kWp	逆　变　器	交流配电柜
一期 A	10 串 10 并 10 串 6 并	9160	549.6	1 台 SG500KTL	9 台
一期 B	10 串 10 并 10 串 3 并	17530	1051.8	2 台 SG500KTL	
一期 C	10 串 10 并 10 串 3 并	8630	517.8	1 台 SG500KTL	

（续）

区　域	组串形式	组件数量/块	装机容量/kWp	逆　变　器	交流配电柜
二期 A	10 串 10 并 10 串 9 并	10590	635.4	1 台 SG630KTL	9 台
二期 A/B	10 串 10 并 10 串 5 并	950	57	1 台 SG50KTL	
二期 B	10 串 10 并 10 串 7 并	16970	1018.2	2 台 SG500KTL	
二期 C	10 串 10 并 10 串 1 并	17010	1020.6	2 台 SG500KTL	
总计		80840	4850.4	10 台	

（8）其他配套设备/材料　选型要求：对于交流侧电力电缆，按 GB/T 12706.1—2008《额定电压 1kV（U_m = 1.2kV）到 35kV（U_m = 40.5kV）挤包绝缘电力电缆及附件　第 1 部分：额定电压 1kV（U_m = 1.2kV）和 3kV（U_m = 3.6kV）电缆》要求，从安全方面考虑，全部采用阻燃且耐候性较好的阻燃交联聚乙烯绝缘电力电缆。

采用专用光伏电缆，主要性能参数见表 6-19。

表 6-19　光伏专用电缆主要参数

胶件	PPO 防火，防辐射，耐老化额定电流：25A
胶件颜色	黑
接触阻抗/mΩ	<5
额定电压/V	1000
导体	铜环境特性
防水圈	塑胶温度环境：（-40）℃ ~90℃
机械性能防火等级	UL 94V0
尺寸	直径 18mm ROHS 管制
线材类型	2.5，4.0，6.0mm²
安全许可和认证	UL
防护等级	IP67（对插时）
匹配循环次数	>50 次
处理类型	铆压或者焊锡
胶件	PPO 防火，防辐射，耐老化
额定电流/A	25
额定电压/V	1000

7. 项目电气设计

整个光伏发电系统共安装汉能非晶硅 HNS-ST60 光伏组件 80840 块，系统容量 4850.4kWp。一期厂房共分为 4 个子系统，共配置 4 台 500kW 并网逆变器。二期厂房共分为 6 个子系统，配置 4 台 500kVA、1 台 630kVA、1 台 50kVA 并网逆变器。每两个子系统通过一台 1000kVA 双分裂干式升压变压器并入10kV中压电网，具体系统电气完整设计见表6-20，子系统电气设计如图6-21所示。

表6-20　项目系统电气完整设计表

区　域	安装方式	组串形式	组件数量/块	装机容量/kWp	汇　流　箱	直流配电柜	逆　变　器	交流配电柜	升压变压器
一期A	平铺	10串10并 10串6并	9160	549.6	16进5台 8进2台（6路输入）		1台SG500KTL		
一期B	平铺	10串10并 10串3并	17530	1051.8	16进10台 8进2台（8路输入）		2台SG500KTL		
一期C	平铺	10串10并 10串3并	8630	517.8	16进5台 8进1台（7路输入）		1台SG500KTL		
二期A	平铺	10串10并 10串9并	10590	635.4	16进6台 8进2台（5路输入）	8路 共9台	1台SG630KTL	9台	5台
二期A/B	平铺	10串10并 10串5并	950	57	8进2台（5路输入）		1台SG50KTL		
二期B	平铺	10串10并 10串7并	16970	1018.2	16进10台 8进2台（5路输入）		2台SG500KTL		
二期C	平铺	10串10并 10串1并	17010	1020.6	16进10台 8进2台（5路输入）		2台SG500KTL		
总计			80840	4850.4			10台		

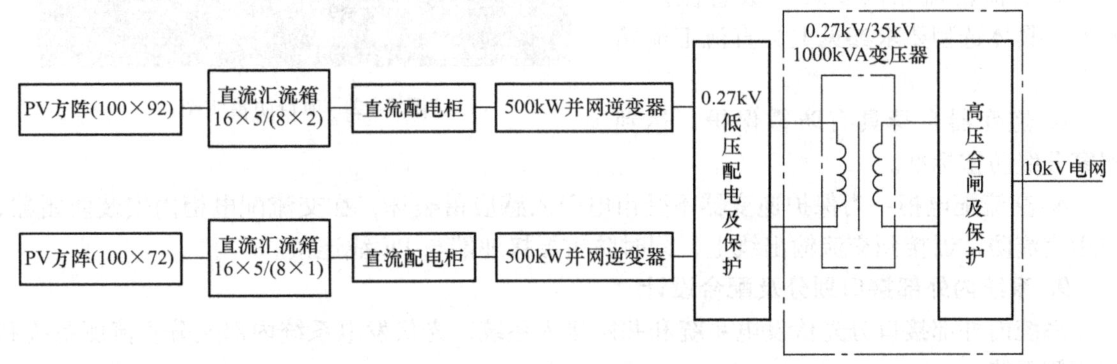

图6-21　项目子系统电气设计

8. 防雷与接地保护

本项目光伏屋面太阳能发电站中直流系统不另做接地系统，组件支撑系统（铝合金压块－铝合金导轨－铝合金夹具）已与屋面（镀铝锌板）连接成一个整体，建筑原屋面镀铝锌板已与建筑主体结构可靠连接，并且组件支撑系统沿屋面铺设，低于屋顶四周的女儿墙，是一个验收合格的防雷系统。交流系统采用TN-S接地系统（与建筑接地系统一致），电气设备的接地电阻 $R\leqslant 10\Omega$，满足屏蔽接地和工作接地的要求。在中性点直接接地的系统中，要重复接地，防雷接地应该独立设置，要求 $R\leqslant 10\Omega$，且和主接地装置在地

下的距离保持在3m以上。本设计中所有不带金属外壳电气设备均应可靠接地。光伏屋面太阳能发电站接地系统与建筑内其他接地系统共用同一接地体，联合接地体接地电阻应不大于10Ω。

整个并网光伏发电系统的防雷与接地设计严格按照国家标准执行，满足雷电防护分区、分级确定的防雷等级要求，各连接点的连接电阻小于1Ω。整个光伏发电系统的防雷与接地保护措施主要包括：

1）太阳能电池方阵与整个建筑屋面形成有效的防雷连接，有明显的防雷连接点。

2）直流汇流箱内置直流防雷模块（最大额定直流电压 $U_c = 1000V$），防雷等级达到Ⅱ级。

3）并网逆变器自身具有防雷保护。

4）交流控制柜内置交流防雷模块（$U_c = 440V$），防雷等级达到Ⅱ级。

5）并网光伏发电系统所有设备部件的箱/柜体外壳可靠接地。

防雷设计：

1）防直击雷设计：本系统光伏组件的金属紧固件和屋面敷设电缆桥架均与屋面连接成一个整体，该系统已与建筑避雷带或防雷引下线可靠连接，系统接地电阻小于4Ω，如图6-22所示。

图6-22　项目防雷实图

2）防感应雷设计：为防止感应雷给系统设备造成损坏，本设计在以下处安装防雷保护装置。

a. 直流汇流箱内安装二级直流防雷元件，具体选型要求参见上文直流汇流箱选型。

b. 逆变器自身具有防雷保护，达到国家Ⅱ级防雷标准。

c. 交流配电柜：为保护逆变器不受市电引入感应雷破坏，在交流配电柜内安装防雷器，采用交流防雷器器接到交流输出线上，同时防雷器接地端与PE线连接。

9. 系统内外部接口划分及配合设计

系统内外部接口分光伏发电系统和并网接入系统，光伏发电系统内部又分直流侧系统和交流侧系统。

配合措施：

1）光伏发电系统直流侧是大电流、高电压，而且光伏方阵到逆变器距离较远，考虑到线损、传输电流、电压、阻燃和抗腐蚀等要求，本方案选择直流侧线缆应符合招标要求。

2）组件方阵、直流汇流箱、逆变器设备和交流并网箱等需接地，接地阻值不大于10Ω。

3）直流汇流箱、逆变器和交流并网箱都有防雷措施，形成多级保护，增加系统稳定运行性。

4）直流汇流箱、交流并网箱都有独立断路器，还都设有隔离开关和测量显示仪表，便于设备检修，具有过电流过载保护等功能。

5）交流并网箱内有远程控制功能，能在就地模式下进行并网，也可通过远方模式进行远程控制，方便光伏发电站运行管理。

6）直流汇流箱、交流并网箱及并网逆变器都带有 RS485 通信接口，可以与光伏监控系统平台直接通信，本设备可以提供 Modbus 通信协议及接口。

7）光伏发电系统并网接入点由甲方提供，光伏发电监控系统提供很好的界面和接口，满足系统需要。

10. 监控系统设计

（1）概述 CSC-PV 太阳能监控系统实现标准的监控功能和应用功能。它可测量和显示光伏发电系统的各类参数并形成可打印报表，参数包括：逆变器、直流汇流箱（光伏组串）和交流并网箱的电压和电流，光伏发电系统的工作状态，组串直流侧的电压和电流，交流输出电压和电流、功率、功率因数、频率、故障报警信息以及环境参数（如辐照度、环境温度等），二氧化碳减排量，统计和显示日发电量、总发电量等。通过监控系统可实现对交流并网箱开关进行遥控等功能。

监控系统可根据各个设备采集到的实时数据自动分析，如出现越限或故障，将分等级进行报警，严重时自动断开高低压开关柜，对电网及设备进行保护。例如通过直流汇流箱采集到每一方阵的实时电流，并进行比较，运用系统后台的逻辑运算功能分析方阵的运行状态是否正常，如某一方阵电流大小小于其他方阵，系统则报警方阵故障，并定位故障位置，方便用户及时发现和检修故障，实现真正的无人值守。

系统还可以通过 Internet 实现远程监控，为用户提供远程故障诊断、系统数据分析等服务。

（2）方案配置

1）数据通信配置。每个子系统由太阳能电池板的光伏组件、智能直流汇流箱和并网逆变器组成，每个子系统相互独立，每个子系统都可以通过 RS485 总线与中心控制室连接，通过通信管理机将需要采集的数据汇集发送到后台电气监控系统。

2）控制中心监控。光伏发电站的控制中心监控系统采用高可靠性工控机进行集中控制和数据采集，具有“四遥”（遥控、遥测、遥信和遥调）功能，并形成可打印报表。

系统具有数据存储查询功能，数据存储最短 30s，能够记录 20 年以上数据，可以方便地归档查询。

监控系统具有 RS232/485、以太网标准通信接口，通信协议采用标准协议，将相关信息送至上层监控系统，进行集中监控并实现故障自动记录（录波）、用电评价指标的记录计算。

在公共区安装实时显示屏，可有选择地显示系统输出功率、发电量、系统电压、功率因数和二氧化碳减排量等信息参数。

3）监控系统的体系结构。一个最完整的后台系统包括三个部分：人机界面部分、服务器部分和通信管理机部分。其体系结构如图 6-23 所示。

（3）通信机制

1）内部通信。在 CSC-PV 系统内部，人机工作站、后台服务器与通信管理机之间采用标准以太局域网互联并采用分布平台提供的消息机制交互通信。

2）智能设备通信。CSC-PV 与外部第三方的各种智能设备仪表、光伏逆变器及智能汇流箱之间的通信，通过通信管理机或者太阳能数据采集器实现。这类通信通过各种标准和常规的规约模块来实现，包括串行通信和网络通信。

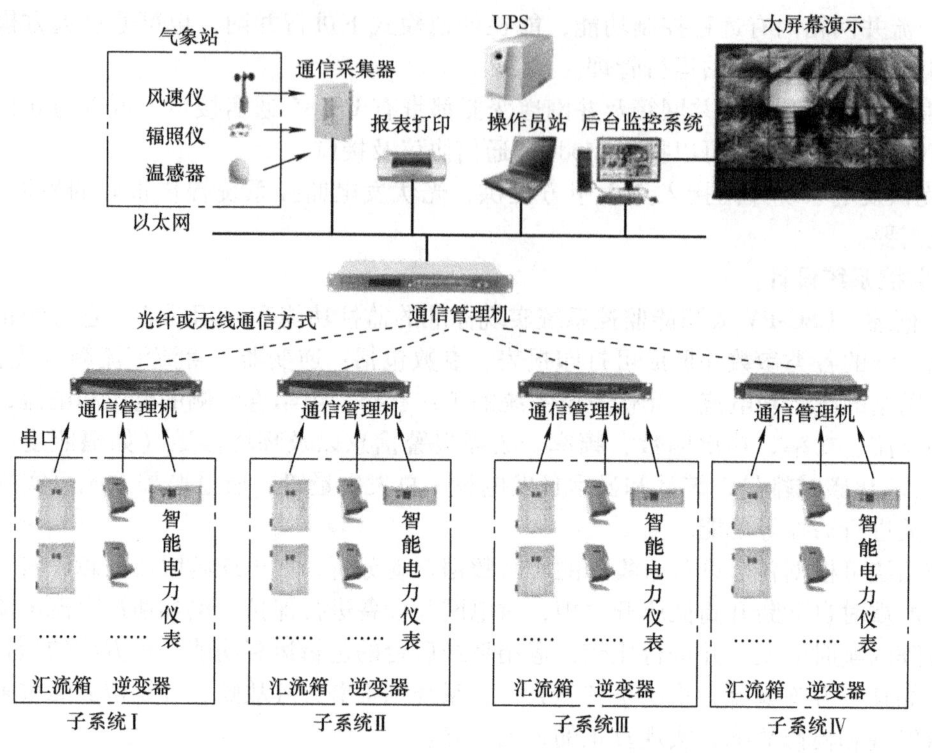

图 6-23 系统体系结构

（4）监控系统画面 系统监控首画面及主画面如图 6-24、图 6-25 所示。

图 6-24 项目系统监控首画面

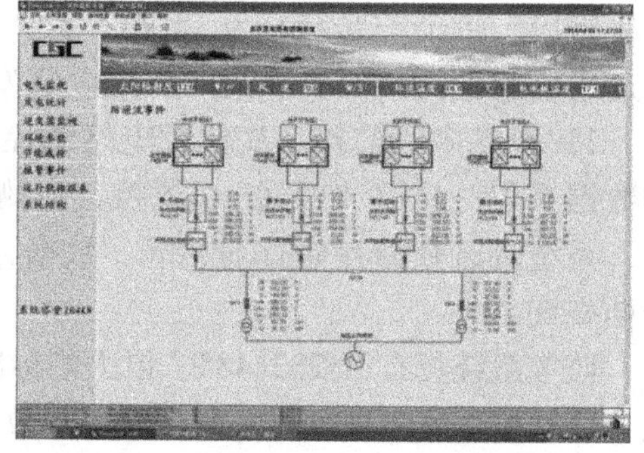

图 6-25 项目系统监控主画面

到此，本项目系统设计部分就全部完成了，项目设计完成后就应该进行项目建设与运营，这将在后续章节中继续讲解。

任务实现

任务内容

太阳能光伏发电站除了上面广东河源农夫山泉项目形式外还有其他形式的发电站，如

BIPV 项目、金属屋面的支架项目，这些发电站的设计有很大部分是有共性的，但也有各自的特殊环节，如 BIPV 的幕墙设计、幕墙节点的设计、幕墙结构计算等就是普通发电站所没有的内容，下面将结合 BIPV 项目实例、金屋屋面支架进行补充。

↘ 任务要求

1）掌握几种发电站的共性内容设计方法。
2）掌握 BIPV 的幕墙设计要点。
3）掌握不同金属屋面设计及其支架设计方法。

任务一　BIPV 幕墙设计

↘ 任务目标

BIPV 项目是光伏与建筑相结合的另外一种表达形式，光伏部分与普通光伏发电站的设计有共同点，但幕墙的设计是 BIPV 独有的，本任务将以广东汉能光伏有限公司行政中心 BIPV 项目为例，主要介绍 BIPV 幕墙的节点设计、构件计算设计等。

↘ 任务知识准备

1）光伏发电站设计的基本内容与方法。
2）光伏支架的荷载计算方法。
3）民房建筑基本知识。

↘ 任务实施过程与方法

光伏与建筑一体化（Building Integrated Photovoltaic，BIPV）是指在建筑上安装光伏系统，并通过专门设计，实现光伏系统与建筑的良好结合。幕墙用 PV 系统是光伏与建筑一体化的其中一种形式。

1. 设计流程

一般情况下，新建建筑的光伏发电系统设计要与建筑设计同步进行，统一规划，同时设计，同时施工。改建、扩建和在既有建筑上安装的光伏系统，应满足该部位的建筑维护、建筑节能、结构安全和电气安全要求。对于民用建筑上 BIPV 的应用，其规划设计应根据建设地点的地理位置、气候特征及太阳能资源条件，确定建筑的布局、朝向、间距、群体组合和空间环境，并应满足光伏系统设计和安装的技术要求。应结合建筑功能、建筑外观以及周围环境条件进行光伏组件类型、安装位置、安装方式和颜色的选择，并使之成为建筑的有机组成部分，其设计流程如图 6-26 所示。

2. 设计要点

BIPV 系统设计应考虑以下内容：

1）建筑所处地理位置和气候条件。地理位置包括建筑所在位置、在北半球或南半球、经纬度和海拔等。气候条件包括太阳辐射量、气温、气流和降雨量等。

2）建筑朝向及周边场地情况。在北半球，光伏幕墙应首先考虑布置在南面，其次是

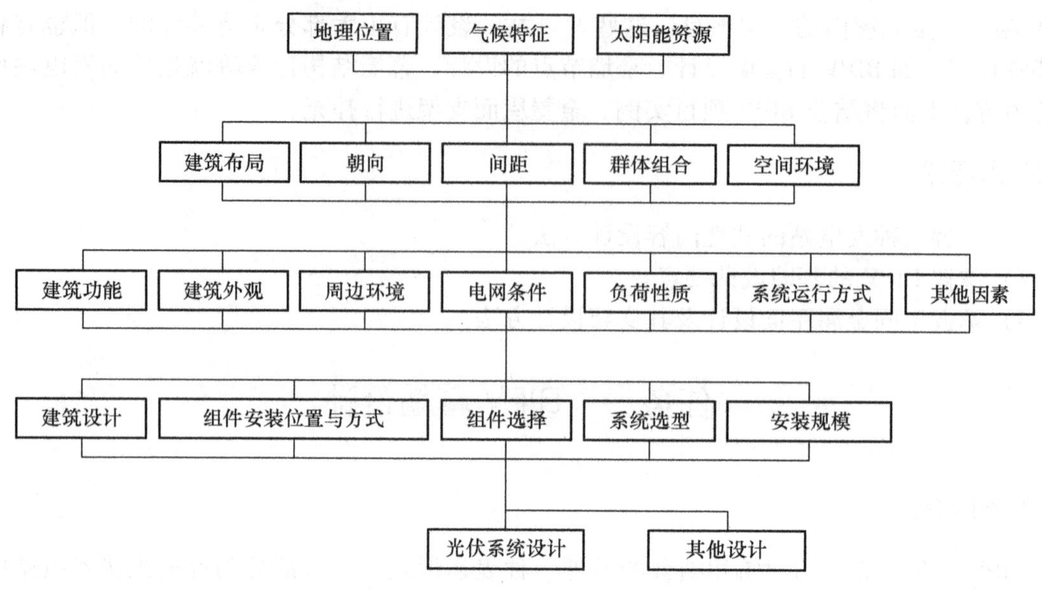

图 6-26　BIPV 项目设计流程

东、西面。周边建筑群的方位、体形、高度和间距也会对光伏有或多或少的影响，因此，应尽量避开遮挡，在不遮挡邻近建筑物的情况下，使太阳辐照最大化。

3）建筑外形、功能和负荷要求。光伏幕墙应满足建筑的审美要求，美观、高雅、令人赏心悦目；颜色和材料搭配得宜、协调；风格尺寸与建筑总体布局和谐。光伏幕墙应满足建筑的采光要求，采用光面超白钢化玻璃制作的双面玻璃组件，能够通过调整电池片的排布或采用穿孔硅电池片来达到特定的透光率，即使是在大楼的观光处也能满足光线通透的要求。光伏幕墙应满足建筑的安全性能要求，组件不仅需要满足光伏组件的性能要求，同时要满足幕墙的三性实验要求，因此需要有比普通组件更高的力学性能和采用不同的结构方式。

4）光伏发电系统计算和选型。根据建筑性能（如透光率）、负载、光伏幕墙接受太阳辐射的面积、建筑风格和组件的力学性能，确定光伏组件的尺寸、功率。

3. 案例应用分析

广东省河源市广东汉能光伏有限公司行政中心 BIPV 项目建筑类型为幕墙结构，建筑面积为 $2000m^2$，安装方式为框架安装，装机容量为 100kW。项目工程现场如图 6-27、图 6-28、图 6-29 所示。

图 6-27　项目施工前中心西面

图 6-28　项目施工前行政中心南面

图 6-29　竣工后行政中心西南面

(1) 项目介绍　该项目是改造项目。原西面、南面幕墙为竖明横隐的半隐框幕墙，现需将西面、南面改造成光伏幕墙，在立面安装铝合金立柱和横梁。非晶硅 BIPV 光伏组件背面利用高强度耐候结构胶粘接了铝合金副框。使用专用的压块将非晶硅 BIPV 光伏组件固定到铝合金立柱和横梁上。用泡沫棒和耐候密封胶密封 BIPV 组件之间的空隙，做好整个立面幕墙的防水处理。在部分铝合金立柱和横梁上设置线槽。BIPV 光伏组件的引线通过该线槽引至配电室中。标准节点如图 6-30、图 6-31 所示。

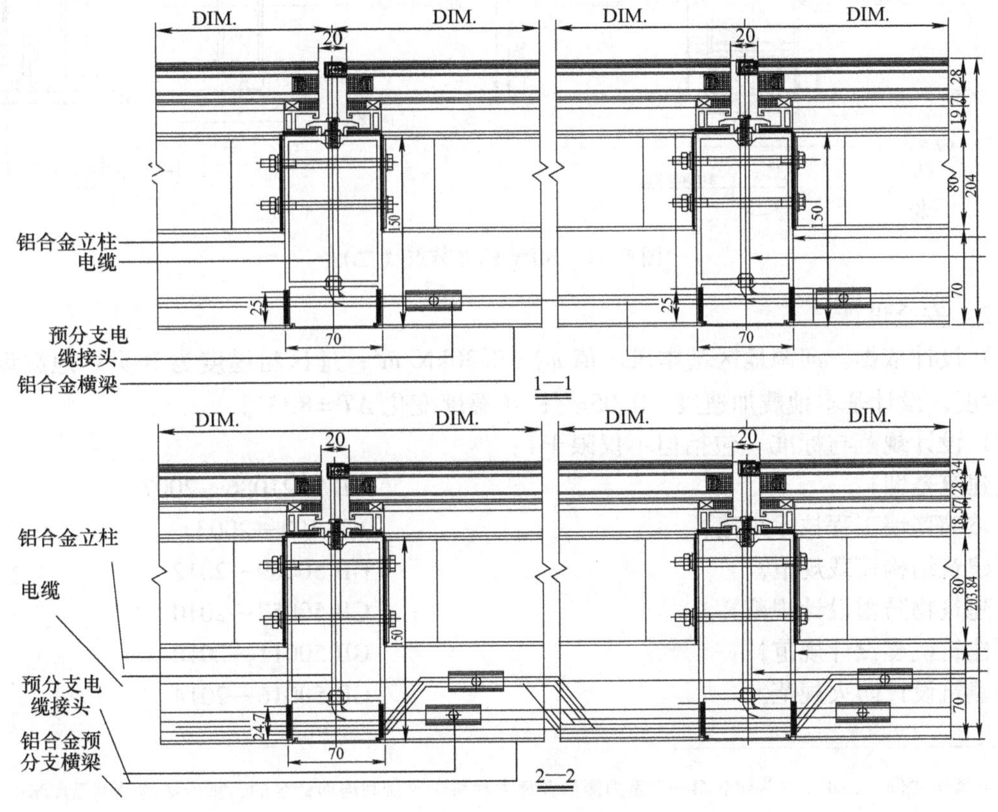

图 6-30　BIPV 标准节点（一）

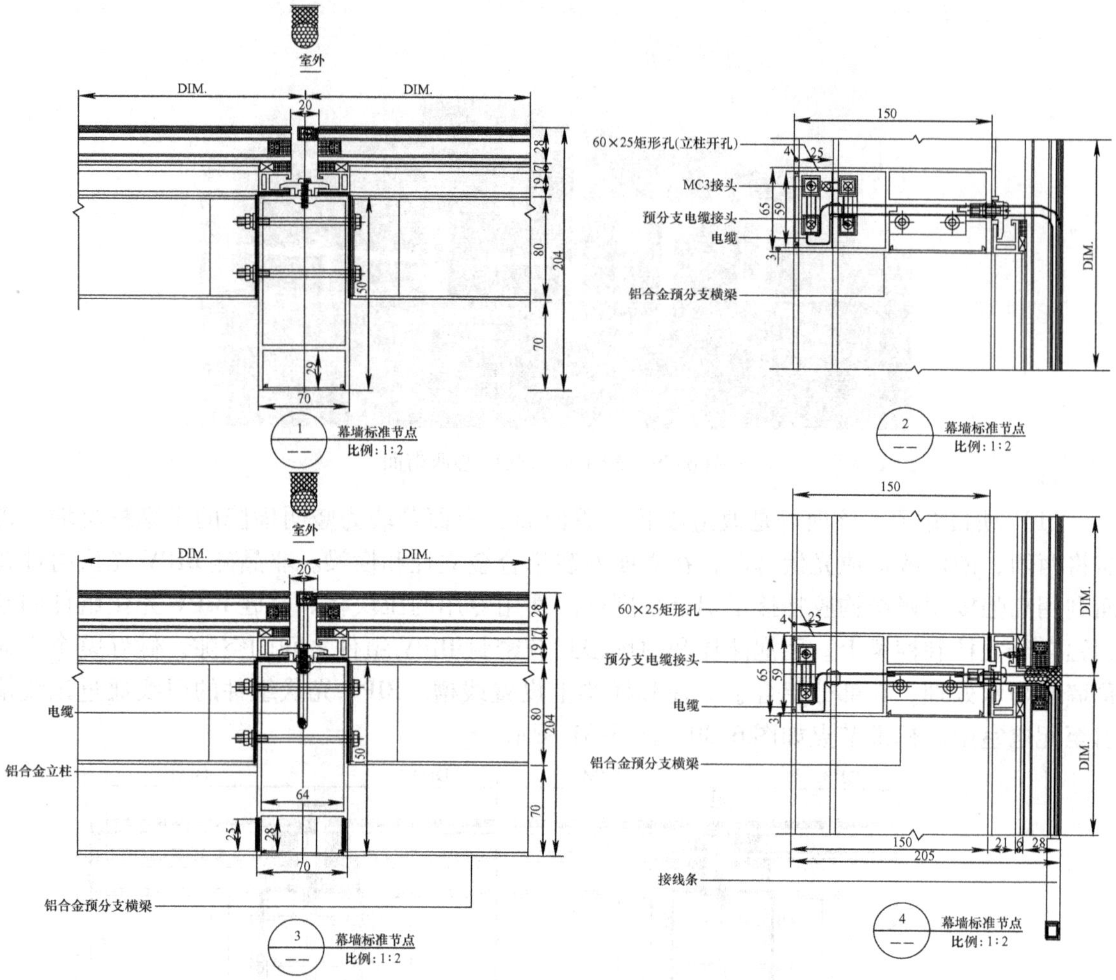

图 6-31　BIPV 标准节点（二）

（2）安全设计

1）设计依据。河源地区基本风压值 $w_0 = 0.30\text{kN/m}^2$；地区粗糙度为 B 类；地震设防烈度为六度；设计基本地震加速度：$0.05g$[⊖]；年温度变化 $\Delta T = 80℃$。

2）设计规范与标准（包括但不仅限于）：

《建筑幕墙》	GB/T 21086—2007
《玻璃幕墙工程技术规范》	JGJ 102—2003
《建筑结构荷载规范》	GB 50009—2012
《建筑物防雷设计规范》	GB 50057—2010
《建筑抗震设计规范》	GB 50011—2010
《建筑设计防火规范》	GB 50016—2014

⊖ g 读作“伽”（gal），是为纪念第一个重力测量者意大利科学家伽利略而命名的，重力场的量纲是厘米每二次方秒，规定 1cm/s^2 为 1gal。

《建筑玻璃应用技术规程》	JGJ 113—2009
《混凝土结构后锚固技术规程》	JGJ 145—2013
《铝合金建筑型材》	GB/T 5237—2008
《平板玻璃》	GB 11614—2009
《建筑用安全玻璃　第2部分：钢化玻璃》	GB/T 15763. 2—2005
《中空玻璃》	GB/T 11944—2012
《硅酮建筑密封胶》	GB/T 14683—2003
《建筑用硅酮结构密封胶》	GB/T 16776—2005
《建筑幕墙气密、水密、抗风压性能检测方法》	GB/T 15227—2007
《玻璃幕墙工程质量验收标准》	JGJ/T 139—2001
《建筑装饰装修工程质量验收规范》	GB 50210—2001
《紧固件　螺栓和螺钉通孔》	GB/T 5277—1985

（3）幕墙设计说明

1）幕墙设计。本项目玻璃幕墙形式主要分为有：

a. 全隐框普通组件 3. 2 + 1. 14PVB + 6mm 半钢化玻璃幕墙。

b. 全隐框中空透光 20% 组件 3. 2 + 1. 14PVB + 6 + 12A + 6mm 半钢化玻璃幕墙。

铝型材：立柱材质为 6063-T6，横梁材质为 6063-T5，表面为中灰色粉末喷涂。

铝板：2. 5mm 厚铝单板，表面为白色氟碳喷涂。

钢材：材质 Q235B；表面处理：热浸镀锌。

2）幕墙抗震设计。本工程幕墙的抗震设计按六度设防，主要措施为：在计算幕墙材料强度、挠度时，均考虑地震力的组合效应；幕墙与主体连接，幕墙横向、纵向均考虑主体在地震作用及其他荷载作用下的变形，幕墙变位能力满足地震需求。

3）幕墙防雷设计。由于建筑高度低于 30m，不作专门的防雷处理，只配合建筑防雷，保证与主体贯通的铝合金玻璃幕墙防雷网立柱能实现电导通。

4）幕墙防火设计。幕墙系构件式结构分层分单元分别安装，下层幕墙与上层幕墙之间由 100mm 厚防火岩棉及 1. 5mm 厚镀锌铁板托衬形成防火隔层。

5）后置埋板设计。后置埋板采用宽 × 厚 × 长为 250mm × 8mm × 300mm 的镀锌钢板，材质为 Q235B。4-M12 × 160 化学螺栓后置，置入完毕需将螺母端部的螺纹点焊住。化学螺栓须现场作拉拔及抗剪试验，合格后方可施工。

6）幕墙与建筑主体结构连接设计。采用后置埋件，通过角码、螺栓与幕墙立柱紧密可靠连接。上部固定，下部在幕墙套管内向下自由伸缩，预留 20mm 伸缩缝，以满足因温差、自重、地震、沉降及风荷载所造成的位移。

7）幕墙防变形噪声设计。为防止产生摩擦噪声，幕墙立柱与横梁连接处设置柔性垫片或预留 1 ~2mm 的间隙，间隙内填胶；隐框幕墙挂板玻璃线与横梁接触处亦铺设胶条或柔性垫片。

8）焊缝防锈设计。考虑到钢件烧焊所产生的高温会破坏镀锌层，导致钢件防腐性能降低，烧焊后的焊缝处及其周边区域要刷富锌防锈漆。

9）幕墙防腐蚀设计。铝合金型材与砂浆或混凝土接触时表面会被腐蚀，应在其表面加以保护。当铝合金与钢材（除不锈钢外）接触时应加设绝缘垫片隔离，以防产生电化学反应。铝合金型材表面喷涂处理，膜厚 t 满足 $40\mu m \leqslant t \leqslant 120\mu m$。凡与铝合金型材接触的螺钉

须采用不锈钢制品。

（4）幕墙性能设计指标

1）风压变形性能。风压变形性能是指建筑幕墙在风压作用下保持正常性能不发生任何损坏的能力。在对应部位、在风荷载标准值作用下，幕墙的铝横梁和铝立柱的相对挠度 f 不大于 $L/180$（L 为计算长度）。

2）空气渗透性能。空气渗透性能系指在风压作用下，其开启部分为关闭状况的幕墙透过空气的性能。

本工程选用的幕墙形式的空气渗透性能可确保 GB/T 15227－2007《建筑幕墙气密、水密、抗风压性能检测方法》中的Ⅲ级，即在 10Pa 的压力差作用下，固定部分空气渗透量 $q \leqslant 0.1\mathrm{m^3/(m \cdot h)}$，开启部分空气渗透量 $q \leqslant 2.5\mathrm{m^3/(m \cdot h)}$。

3）雨水渗漏性能。雨水渗漏性能是指在风雨同时作用下，幕墙防雨水渗漏的能力。本任务设计的玻璃幕墙密封结构形式及采用的密封材料均具有良好的密封性和使用可靠性，幕墙板块间的胶缝具有良好的密封性。其雨水渗漏性完全可满足Ⅲ级要求，即幕墙的雨水渗漏性能指标可确保：可开启部分水密性能指标 $P \geqslant 500\mathrm{Pa}$，固定部分 $P \geqslant 1000\mathrm{Pa}$（依据GB/T 21086—2007《建筑幕墙》）。

4）幕墙平面内变形性能。幕墙平面内变形性能表征幕墙全部构造在建筑物层间变位强制幕墙变形后应予以保持的性能。本工程主体结构的层间位移按 1/550 设计，幕墙的层间位移按其 3 倍设计，取为 1/183，达到Ⅳ级。在地震和大风作用下，建筑物各层之间产生相对位移时，幕墙构件就会产生水平方向的强制位移。由于在验算材料强度时已按标准取用风荷载和地震力的组合效应。本工程幕墙设计时，其节点均设计成柔性连接方式，当主体结构产生强制位移时，板块单元有一定的活动位移量，不会造成板块受挤压而破损。

5）幕墙耐撞击性能。幕墙耐撞击性能为Ⅲ级。

（5）其他

1）幕墙施工深化设计是在原建筑设计的基础上完成的，应与建筑设计图配合使用。未详之处按相关规范执行。

2）本工程标高以 m 为单位，其余尺寸均以 mm 为单位。

（6）框支承玻璃幕墙结构设计　应符合 JGJ 102—2003《玻璃幕墙工程技术规范》对铝合金型材壁厚的规定。

1）横梁。

① 横梁截面主要受力部位的厚度，应符合下列要求：

a. 截面自由挑出部位（如图 6-32a 所示）和双侧加劲部位（如图 6-32b 所示）的宽度（b_0）与厚度（t）比 b_0/t 应符合表 6-21 的要求。

表 6-21　横梁截面宽厚比 b_0/t 限值

截面部位	铝型材				钢型材	
	6063-T5 6061-T4	6063A-T5	6063-T6 6063A-T6	6061-T6	Q235	Q345
自由挑出（如图 6-33a）	17	15	13	12	15	12
双侧加劲（如图 6-33b）	50	45	40	35	40	33

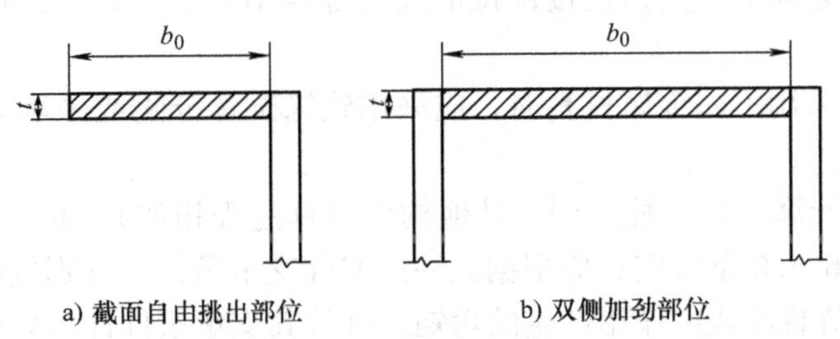

图 6-32　横梁的截面部位示意图

b. 当横梁跨度不大于 1.2m 时，铝合金型材截面主要受力部位的厚度不应小于 2.0mm；当横梁跨度大于 1.2m 时，其截面主要受力部位的厚度不应小于 2.5mm。型材孔壁与螺钉之间直接采用螺纹受力连接时，其局部截面厚度不应小于螺钉的公称直径。

c. 钢型材截面主要受力部位的厚度不应小于 2.5mm。

② 横梁可采用铝合金型材或钢型材，铝合金型材的表面处理应符合 JGJ 102—2003《玻璃幕墙工程技术规范》第 3.2.2 条的要求。钢型材宜采用高耐候钢，碳素钢型材应热浸镀锌或采取其他有效防腐措施，焊缝应涂防锈涂料。处于严重腐蚀条件下的钢型材，应预留腐蚀厚度。

③ 应根据板材在横梁上的支承状况决定横梁的荷载，并计算横梁承受的弯矩和剪力。当采用大跨度开口截面横梁时，宜考虑约束扭转产生的双力矩。

2）立柱。

① 立柱截面主要受力部位的厚度，应符合下列要求：

a. 铝型材截面开口部位的厚度不应小于 3.0mm，闭口部位的厚度不应小于 2.5mm；型材孔壁与螺钉之间直接采用螺纹受力连接时，其局部厚度不应小于螺钉的公称直径。

b. 钢型材截面主要受力部位的厚度不应小于 3.0mm。

c. 对偏心受压立柱，其截面宽厚比应符合 JGJ 102-2003《玻璃幕墙工程技术规范》第 6.2.1 条的相应规定。

② 立柱可采用铝合金型材或钢型材。铝合金型材的表面处理应符合 JGJ 102—2003《玻璃幕墙工程技术规范》第 3.2.2 条的要求；钢型材宜采用高耐候钢，碳素钢型材应采用热浸镀锌或采取其他有效防腐措施。处于腐蚀严重环境下的钢型材，应预留腐蚀厚度。

③ 上、下立柱之间应留有不小于 15mm 的缝隙，闭口型材可采用长度不小于 250mm 的芯柱连接，芯柱与立柱应紧密配合。芯柱与上柱或下柱之间应采用机械连接方法加以固定。开口型材上柱与下柱之间可采用等强型材机械连接。

④ 多层或高层建筑中跨层通常布置立柱时，立柱与主体结构的连接支承点每层不宜少于一个；在混凝土实体墙面上，连接支承点宜加密。每层设两个支承点时，上支承点宜采用圆孔，下支承点宜采用长圆孔。

⑤ 在楼层内单独布置立柱时，其上、下端均宜与主体结构铰接，宜采用上端悬挂方式；当柱支承点可能产生较大位移时，应采用与位移相适应的支承装置。

⑥ 横梁可通过角码、螺钉或螺栓与立柱连接。角码应能承受横梁的剪力，其厚度不应小于 3mm；角码与立柱之间的连接螺钉或螺栓应满足抗剪和抗扭承载力要求。

⑦ 立柱与主体之间每个受力连接部位的连接螺栓不应少于2个，且连接螺栓直径不宜小于10mm。

⑧ 角码和立柱采用不同金属材料时，应采用绝缘垫片分隔或采取其他有效措施防止双金属腐蚀。

（7）构件设计计算（以立柱为例，其他构件计算过程相似） JGJ 102-2003《玻璃幕墙工程技术规范》第6.3.6条规定：应根据立柱的实际支承条件，分别按单跨梁、双跨梁或多跨铰接梁计算由风荷载或地震作用产生的弯矩，并按其支承条件计算立柱的轴向力。

该项目立柱计算简模为单跨梁（简支梁），如图6-33所示。

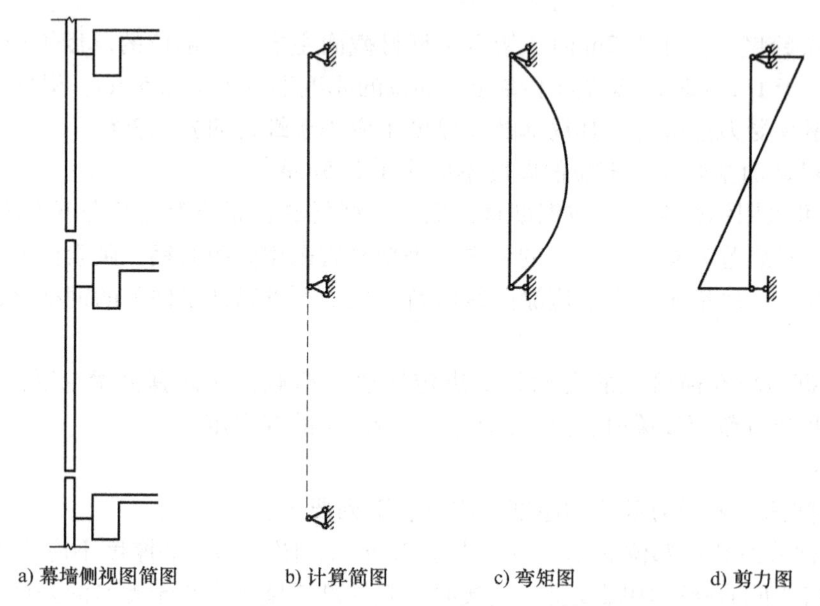

图6-33 立柱几种力矩分析图

幕墙立柱每层用一处连接件与主体结构连接，每层立柱在连接处向上悬挑一段，上一层立柱下端用插芯连接支承在此悬挑端上，计算时取简支梁计算简图是对结构作了简化，假定立柱是以连接件为支座的单跨梁（也可以认为是以楼层高度为跨度的简支梁），这样按简支梁计算弯矩与剪力。而实际上每层只有一个支座（即相邻两跨共用一个支座），由于简支梁跨中弯矩最大，而跨中剪力为零，支座剪力最大、弯矩为零，弯矩控制截面无剪力，剪力控制截面无弯矩，只分别按弯矩效应和剪力效应进行验算。但在验算立柱与主体结构连接时不能用简支梁两支座中一个反力进行计算，而应取两支座反力之和（一跨只有一个连接点）。

承受轴力和弯矩作用的立柱，其承载力应满足下列要求。

材料截面设计最大正应力值

$$\sigma = N/A_0 + M/(1.05W) \leqslant f \tag{6-6}$$

式中，σ 为材料截面设计最大正应力值（N/mm^2）；N 为轴力（N）；A_0 为构件净截面积（mm^2）；M 为弯矩（N·mm）；W 为截面抵抗矩（mm^3）；f 为铝型材（钢材）强度设计值（N/mm^2）。

轴力

$$N = GLB \tag{6-7}$$

式中，G 为幕墙单位面积自重（N/mm^2）；L 为跨度（mm）；B 为分格宽度（mm）。

弯矩

$$M = M_W + 0.5M_E \tag{6-8}$$

风荷载产生的弯矩　$M_W = q_W L^2/8$　(6-9)

水平地震作用产生的弯矩　$M_E = q_{E线} L^2/8$　(6-10)

即弯矩为　$M = (q_W + 0.5q_E)L^2/8$　(6-11)

其中风荷载线荷载设计值　$q_W = 1.4w_k B$　(6-12)

地震作用线荷载设计值　$q_E = 1.3q_{Ek} B$　(6-13)

式中，风荷载、地震荷载的分项系数分别为1.4，1.3；M_W为风荷载产生的弯矩设计值（N·mm）；M_E为水平地震作用产生的弯矩设计值（N·mm）；q_W为风荷载线荷载设计值（N/mm）；q_E为地震作用线荷载设计值（N/mm）；w_k、q_{Ek}为垂直于玻璃幕墙表面的风荷载、分布水平地震作用标准值（N/mm^2），具体计算请参照JGJ 102—2003《玻璃幕墙工程技术规范》。

挠度　$d_{f,lim} = 5q_{W标}/(384EI)$　(6-14)

相对挠度　$d_{f,lim}/L \leqslant 1/180$　(6-15)

型材最小惯性矩　$I = 800q_{W标}L^3/(384E)$　(6-16)

型材最小截面抵抗矩　$W = (M_W + 0.5M_E)/(1.05f)$　(6-17)

式中，$d_{f,lim}$为挠度（mm）；$q_{W标}$为风荷载线荷载标准值（N/mm）；L为跨度（mm）；E为弹性模量（N/mm^2）；I为惯矩（mm^4）；W为截面抵抗矩（mm^3）；f为铝合金型材（钢材）强度设计值。

采用自上而下安装顺序布置杆件的立柱，按压弯构件验算稳定强度。

材料截面设计最大正应力值　$\sigma = N/(\Phi A_0) + M/[\gamma W(1-0.8N/N_E)] \leqslant f$　(6-18)

$$N_E = \frac{\pi^2 EA}{1.1\lambda^2} \qquad (6\text{-}19)$$

回转半径　$i = \sqrt{\dfrac{I}{A}}$　(6-20)

轴心受压构件的长细比　$\lambda = L/i$　(6-21)

式中，N为立柱的轴压力设计值（N）；N_E为临界轴压力（N）；M为立柱的最大弯矩设计值（N·mm）；A_0为立柱的毛截面积（mm^2）；I为惯性矩（mm^4）；W为在弯矩作用下向上较大受压边的毛截面抵抗矩（mm^3）；γ为截面塑性发展系数，可取1.05；Φ为整体稳定系数，见表6-22；i为回转半径（mm）；λ为轴心受压构件的长细比。

表6-22　轴心受压柱的整体稳定系数

λ	钢型材		铝型材		
	Q235	Q345	6063-T5 6061-T4	6063-T6 6063A-T5 6063A-T6	6061-T6
20	0.97	0.96	0.98	0.96	0.92
40	0.9	0.88	0.88	0.84	0.8
60	0.81	0.73	0.81	0.75	0.71

（续）

λ	钢型材		铝型材		
	Q235	Q345	6063-T5 6061-T4	6063-T6 6063A-T5 6063A-T6	6061-T6
80	0.69	0.58	0.7	0.58	0.48
90	0.62	0.5	0.63	0.48	0.4
100	0.56	0.43	0.56	0.38	0.32
110	0.49	0.37	0.49	0.34	0.26
120	0.44	0.32	0.41	0.3	0.22
130	0.39	0.28	0.33	0.26	0.19
140	0.35	0.25	0.29	0.22	0.16
150	0.31	0.21	0.24	0.19	0.14

立柱抗剪验算采用$S_W+0.5S_E$组合。其中，S_W为风荷载作用设计值，单位为N；S_E为地震作用设计值，单位为N。

剪力设计值 $$V=V_W+0.5V_E \tag{6-22}$$

风荷载产生的剪力设计值 $$V_W=q_WL/2 \tag{6-23}$$

水平地震作用产生的剪力设计值 $$V_E=q_E L/2 \tag{6-24}$$

即剪力设计值 $$V=(q_W+0.5q_E)\ L/2 \tag{6-25}$$

材料截面设计最大剪应力 $$\tau=VS_S/(It)\leqslant f_V \tag{6-26}$$

式中，V为剪力设计值（N）；V_W为风荷载产生的剪力设计值（N）；V_E为水平地震作用产生的剪力设值（N）；τ为材料截面设计最大剪应力（N/mm^2）；S_S为验算截面形心轴以上面积对形心轴面积矩（mm^3）；f_V为材料抗剪强度设计值（N/mm^2）；t为验算截面材料厚度（mm）。

例6-1 该项目幕墙立柱高17.7m，层高4m，六度设防，设计基本地震加速度0.05g。立柱$A=1597mm^2$，$A_0=1520mm^2$，$I_X=4288542mm^4$，$W_{X1}=61033mm^3$，$W_{X2}=53785mm^3$，$S_S=34722mm^3$，$t=4mm$，立柱左侧分格宽1265mm，右侧分格宽1265mm，采取自下而上安装程序布置杆件，验算强度、挠度、抗剪强度。（假设该玻璃幕墙构件（包括玻璃面板和铝框）的重力荷载标准值为$400N/m^2$，立柱材质选用6063-T5，抗拉、抗压强度设计值为$85.5N/mm^2$，抗剪强度设计值为$49.6N/mm^2$）

解：

风压高度变化系数$\mu_z=1.187$

风振系数$\beta_{gz}=1.642$

风荷载标准值$w_k=1.642\times1.187\times1.2\times300N/m^2=702N/m^2$

风荷载线荷载设计值 $q_W = 1.4w_k(B_1 + B_2)/2 = 1.4 \times 702 \times (1.265 + 1.265)/2\text{N/m} = 1243\text{N/m} = 1.243\text{N/mm}$

地震作用标准值 $q_{Ek} = \beta_E \alpha_{max} G_{Ak} = 5 \times 0.04 \times 400\text{N/m}^2 = 80\text{N/m}^2$

地震作用线荷载设计值 $q_E = 1.3q_{Ek}(B_1 + B_2)/2 = 104 \times (1.265 + 1.265)/2\text{N/m} = 131.6\text{N/m} = 0.1316\text{N/mm}$

风荷载产生的弯矩 $M_W = q_W L^2/8 = 1.243 \times 4000^2/8\text{N} \cdot \text{mm} = 2486000\text{N} \cdot \text{mm}$

水平地震作用产生的弯矩 $M_E = q_E L^2/8 = 0.1316 \times 4000^2/8\text{N} \cdot \text{mm} = 263200\text{N} \cdot \text{mm}$

先进行 $S_W + 0.5S_E$ 组合。

弯矩组合值 $M = M_W + 0.5M_E = (2486000 + 0.5 \times 263200)\text{N} \cdot \text{mm} = 2617600\text{N} \cdot \text{mm}$

自重设计值 $N = 1.2G_{Ak}L(B_1 + B_2)/2 = 1.2 \times 1.265 \times 4 \times 400\text{N} = 2428.8\text{N}$

强度验算采用 $S_G + S_W + 0.5S_E$ 组合。

型材截面设计最大正应力值 $\sigma = N/A_0 + M/(1.05W) = [2428.8/1520 + 2617600/(1.05 \times 53785)]\text{N/mm}^2 = 47.9\text{N/mm}^2 < 85.5\ \text{N/mm}^2$，承载力满足要求。

风荷载线荷载标准值 $q_{W标} = w_k(B_1 + B_2)/2 = 702 \times (1.265 + 1.265)/2\ \text{N/m} = 888\text{N/m} = 0.888\text{N/mm}$

挠度验算采用 S_W。

挠度 $d_{f,lim} = 5q_{W标}L^4/(384EI_x) = 5 \times 0.888 \times 4000^4/(384 \times 0.7 \times 10^5 \times 4288542)\text{mm} = 9.86\text{mm}$

相对挠度 $d_{f,lim}/L = 9.86/4000 = 1/406 < 1/180$

抗剪验算采用 $S_W + 0.5S_E$ 组合。

风荷载产生的剪力 $V_W = q_W L/2 = 1243 \times 4/2\text{N} = 2486\text{N}$

水平地震作用产生的剪力 $V_E = q_E L/2 = 131.6 \times 4/2\text{N} = 263.2\text{N}$

剪力组合值 $V = V_W + 0.5V_E = (2486 + 0.5 \times 263.2)\text{N} = 2617.6\text{N}$

型材截面设计最大剪应力值 $\tau = VS_S/(It) = 2617.6 \times 34722/(4288542 \times 4)\text{N/mm}^2 = 5.3\text{N/mm}^2 < 49.6\ \text{N/mm}^2$

经验算，强度、挠度和抗剪强度满足要求。

任务二　金属屋面 PV 系统的设计

↘ 任务内容

金属屋面 PV 系统支架结构与地面支架系统不同，其支架的选择要根据金属屋面的具体形式来综合考虑，选择不同支架相应的荷载计算也不一样，本任务以昆山花桥会展中心屋面光伏工程金属屋面来重点分析项目设计及其支架荷载情况。

↘ 任务知识准备

1）普通地面电站或水泥板屋面电站光伏支架的设计方法及荷载计算方法。

2）普通光伏发电站的光伏发电系统的设计与设备的匹配与选型。

3）金属屋面电站结构的了解。

↘ 任务实施过程与方法

1. 设计流程

金属屋面安装光伏，目前也是较为普遍的一种形式。具体流程如图 6-34 所示。

2. 设计要点

（1）现场调查整理

1）建筑设计与结构设计。所谓光伏与建筑一体化，即指光伏发电系统设计与建筑设计时必须互相结合，能够形成统一的整体，既达到建筑的效果，又能方便光伏发电系统的安装和使用。建筑设计时屋面板类型跟是否方便安装光伏组件有关；结构设计时需考虑在屋面板上增加光伏发电系统结构的荷载，同时需考虑檩条间距、跨度是否满足光伏发电系统的要求。

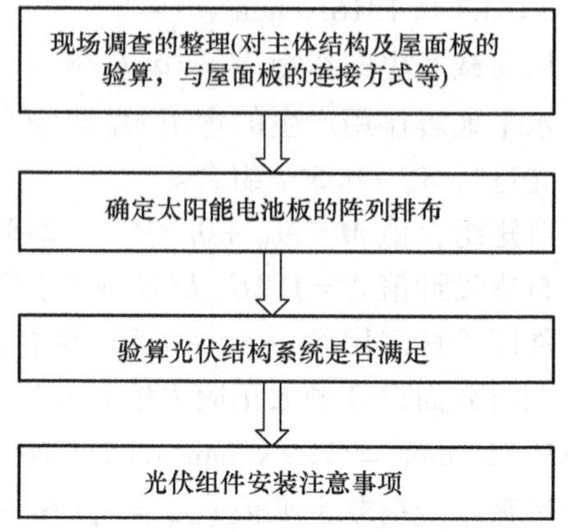

图 6-34　金属屋面光伏设计流程

2）主体结构验算和屋面板计算。不管是对已建建筑还是在建建筑，要在屋面板上安装光伏组件就需要对主体结构验算校核以及对屋面板进行强度、挠度的校核计算。主体结构的验算需要建筑的建筑和结构施工图，屋面板计算时主要考虑恒荷载、风荷载、雪荷载及检修荷载等，其中恒荷载包括板本身自重及光伏发电系统所增加的荷载，风荷载标准值由风洞试验提供相关数据。

3）基座（夹具）的确定。光伏组件安装在金属屋面上，可以选择开孔固定或转接连接。但由于在屋面板上开孔将破坏屋面板的整体性，防水处理难度大，极易造成漏雨。为不破坏屋面板整体防水效果，最好选择转接连接，可以根据屋面板的板型选择合适的（或特制的）屋面板转接件即铝合金夹具，将夹具夹持在屋面板波峰处，用螺栓固定。

4）金属屋面的类型。目前金属屋面多为坡屋面。其中屋面板为压型钢板或压型夹芯板类型的屋面安装光伏发电站实例较多。对于此种屋面，光伏组件可沿屋面坡度平行铺设，也可以设计成一定倾角的方式布置。上部支架可通过不同的连接件、紧固件与屋面承重结构连接。常见的金属屋面的主要形式有直立锁边型、角驰型、卡扣型和明钉型等，如图 6-35 所示。

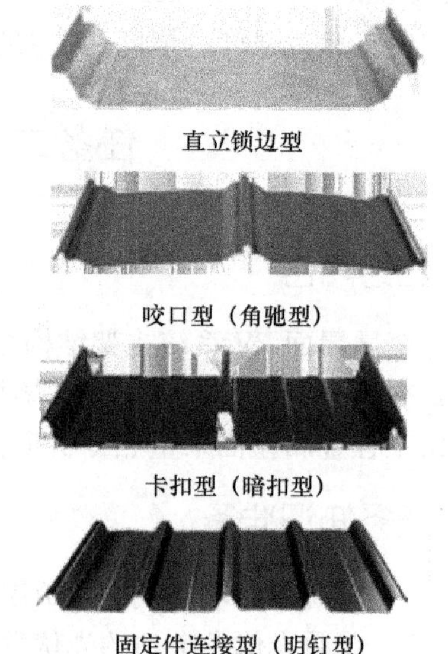

图 6-35　几种金属屋面形式

（2）光伏组件的确定

1）支架（龙骨）的确定与安装。在确定光伏组件的同时，支架的确定及安装是很重要的。为达到既不影响屋面整体的建筑效果、又方便快捷地安装系统组件的目的，应合理布置光伏结构龙骨。龙骨可以采用 U 型钢（或铝合金）龙骨，与专用夹具用螺栓固定，按照设计间距进行布置。

2）光伏组件的固定。为了考虑电气的接线排布以及

逆变器等因素，光伏组件的排布最好采用阵列排布。另外为达到光伏系统结构自上而下固定安装的目的，采用专用铝合金压块对光伏组件进行固定，压块与龙骨间用螺栓进行连接，压块分为中压块和边压块，如图6-36和图6-37所示。

图6-36　金属屋面组件排布方式

图6-37　金属屋面支架结构

3）不同承重的金属屋面安装方式。刚架或屋架、檩条和屋面板是金属屋面重要的组成部分。屋面板的安装方式与刚架或屋架、檩条和屋面板的承重有重要关系。各种连接件、紧固件的数量和尺寸可通过静力计算分析和设计构造求得。

当刚架或屋架、檩条均能满足设计要求且屋面板刚度较大时，这种安装条件是比较合理的。光伏支架采用连接件与屋面板连接，并尽可能靠近檩条位置固定，如图6-38所示。

图6-38　压块示意图

当刚架或屋架、檩条均能满足设计要求，但屋面板刚度较小、变形较大时，这种类型的金属屋顶主要表现为车棚、公交候车厅和养殖场等场所。光伏支架可采用连接件直接与檩条处的屋面板直接连接的方式，也可以采用连接件与檩条通过穿透屋面板的方式进行连接。车棚示意图如图6-39所示。

当刚架或屋架能满足设计要求，檩条及屋面板承载能力较小时，采用连接件与刚架或屋架连接的布置方式，具体连接安装方式同支架与檩条穿透屋面板连接方式。

还有一种连接方式为将固定支架位置的屋面板割开，通过型钢柱连接到屋面钢梁上。

以上为主要金属屋面的光伏支架布置方式，对于穿透屋面的连接件，必须带有防水垫片或采用密封结构胶处理，保证防水能力。若刚架或屋架、檩条及屋面板均不能满足设计要

图6-39 车棚示意图

求，原屋面上不能建设光伏发电站项目。支架设计前，必须对原有屋面的刚架或屋架、檩条及屋面板等受力构件进行准确核算。

3. 光伏结构系统的验算

（1）光伏组件支架系统的校核 对支架系统的安全可靠性必须通过计算及实验校核。

（2）基座（夹具）的校核 基座的校核包括抗拔、抗压承载力的校核及摩擦力的校核，校核通过实验进行。实验时按照实际工程做法进行试件的制作及测试。测试时以夹具被拉出屋面板失去作用或夹具受拉压后断裂为最终数据标准，与设计承载力进行比较、分析，符合要求方可使用在工程上。

屋面为坡屋面时，还需对夹具进行摩擦力的计算与测试。按照光伏组件的设计排列方式，计算单个夹具所需承载的下滑力，然后与夹具实际可产生的摩擦力进行比较。按照工程实际做法，对单个夹具用拉力计等测量仪进行摩擦力的测试，满足抗滑力要求方可使用。

（3）系统荷载的校核 根据建筑结构及屋面板的组成特点，对光伏组件进行合理的排列后，需对排列后整个系统进行荷载的计算，满足要求后方可进行施工。系统荷载包括光伏组件重量、龙骨重量、夹具重量及压件重量等。

4. 金属屋面光伏组件安装注意事项

1）铝合金夹具必须全部夹持在有T型支架处的屋面板上，不得直接夹持在无T型支架处的屋面板波峰上。

2）所有连接件螺栓必须紧固到位，并且最好错位排布，以满足受力要求。

3）光伏组件安装时注意对金属屋面的成品保护，严禁材料集中堆放，以防压坏屋面。

4）对于不同材料的金属屋面、光伏支架，在固定支座下面必须设置绝缘垫片，以阻止冷、热桥的产生。

5）光伏支架安装位置应准确，允许偏差应符合表6-23的规定。

表 6-23　光伏支架安装位置偏差

项　　目	允许偏差/mm	
中心线偏差	≤2	
垂直度/m	≤1	
水平偏差	相邻横梁间	≤1
	东西向全长（相同标高）	≤10
立柱面偏差	相邻立柱间	≤1
	东西向全长（相同轴线）	≤5

5. 案例应用分析

江苏昆山花桥会展中心屋面光伏工程的工程现场图如图 6-40 所示。结构形式：框架形式；安装形式：金属屋面；安装方式：朝南（屋面倾角 2.6°，组件倾角 9°）；组件类型：长×宽×厚为 1640mm×992mm×45mm 的多晶硅组件，最大输出功率：235Wp；基本风压：0.5kN/m²；雪荷载：0.4kN/m²；地面粗糙度类别：B 类；工程所在地抗震设防烈度：7 度；设计地震基本加速度 0.1g；每块电池板自身质量为 20kg。

图 6-40　项目施工前后

（1）项目介绍　本项目为昆山花桥会展中心屋面光伏工程，组件采用多晶硅组件，屋面为金属屋面，夹具采用专用的铝合金夹具。工程中组件排布为阵列排布，且为 9°倾角布置。本项目支架所用斜梁：U41.3mm×41.3mm×2.0mm，立柱：U41.3mm×35mm×2.0mm，横梁：U41.3mm×21mm×2.0mm 材质均为 Q235B，其支架结构、节点及现场效果如图 6-41、图 6-42、图 6-43 所示。

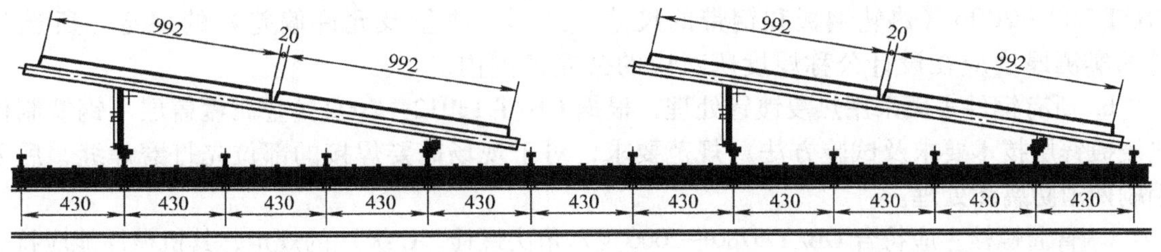

图 6-41　项目支架结构大样图

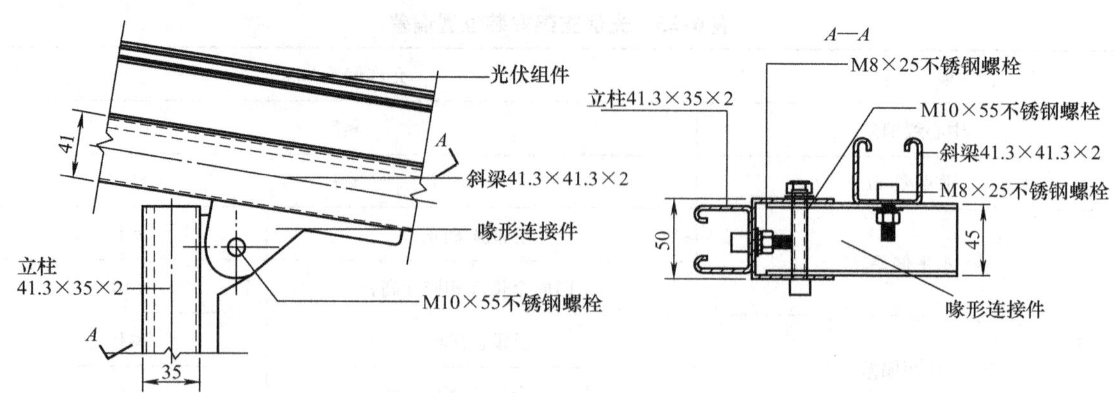

图6-42　项目节点

图6-43　项目现场效果

（2）安全设计　结构安全设计均按照国家相关规范、标准的要求进行设计，符合规范要求，确保安全，参考规范有：GB 50009—2012《建筑结构荷载规范》，GB 50011—2010《建筑抗震设计规范》，GB 50018—2002《冷弯薄壁型钢结构技术规范》，GB 50017—2003《钢结构设计规范》，GB 50010—2010《混凝土结构设计规范》，JGJ 82—2011《钢结构高强螺栓连接技术规程》，GB 50429—2007《铝合金结构设计规范》，10J 908—5《建筑太阳能光伏系统设计与安装》，YBJ 216—1988《压型金属板设计施工规程》，GB 50661—2011《钢结构焊接规范》，GB 50068—2001《建筑结构可靠度设计统一标准》等。

1）设计说明：

a. 钢材：采用GB/T 1591—2008《低合金高强度结构钢》和GB/T 700—2006《碳素结构钢》中规定的Q235B钢。对焊接结构用钢，应具有含碳量的合格保证，并符合GB/T 709—2006《热轧钢板和钢带的尺寸、外形、重量及允许偏差》的规定。所选材料的实测厚度应在设计公称厚度所对应的公差范围内。

b. 所有钢件表面采用热浸镀锌处理，根据GB/T 13912—2002《金属覆盖层　钢铁制件热浸镀锌层技术要求及试验方法》规范要求，对于现场需要焊接的部位先打磨焊缝，后采用刷两道防腐漆处理。

c. 普通螺栓：应符合GB/T 5780—2000《六角头螺栓　C级》的规定，其机械性能应符合GB/T 3098. 6—2014《紧固件机械性能 不锈钢螺栓、螺钉和螺柱》的规定。

d. 橡胶垫块采用硬质橡胶，为防止金属腐蚀采用1mm防腐垫片。构件现场扩孔或制孔处需做好防腐处理，进行表面除锈，然后再刷两道富锌底漆，干膜厚度大于150μm。

2）风荷载计算。

按GB 50009—2012《建筑结构荷载规范》计算

$$w_k = \beta_{gz}\mu_s\mu_z w_0$$

式中，w_k为风荷载标准值（kN/m^2）；β_{gz}为高度z处的风振系数，z为计算点标高，对于B类地形，16.8m高度处瞬时风压的风振系数取1.71；μ_z为风压高度变化系数，对于B类地形，16.8m高度处风压高度变化系数取1.18；μ_s为风荷载体型系数，根据《建筑结构荷载规范》表8.3.1风荷载体型系数选取，并依据实际结构分别考虑其最大和最小两种情况，对本例分别取1.3、-1.3；w_0为基本风压值（kN/m^2），根据GB 50009—2012《建筑结构荷载规范》附表E.5全国各城市的雪压、风压和基本气温中数值采用，按重现期50年，昆山地区取0.5。

以w_{k+}表示正压风荷载体型系数情况下的风荷载标准值；w_{k-}表示负压风荷载体型系数情况下的风荷载标准值。则

$$w_{k+} = \beta_{gz}\mu_{s+}\mu_z w_0 = 1.71\times1.3\times1.18\times0.5kN/m^2 = 1.31kN/m^2$$

$$w_{k-} = \beta_{gz}\mu_{s-}\mu_z w_0 = 1.71\times(-1.3)\times1.18\times0.5kN/m^2 = -1.31kN/m^2$$

即风荷载取$-1.31kN/m^2$，根据光伏板材的尺寸及布置情况，风荷载取$S_{风} = -1.31\times1.64/2kN/m = -1.07kN/m$。

3）雪荷载计算。

根据GB 50009—2012《建筑结构荷载规范》式（7.1.1），屋面雪荷载标准值为

$$s_k = \mu_r s_0$$

式中，s_k为作用在光伏支架上的雪荷载标准值（MPa）；s_0为基本雪压（MPa），根据GB 50009—2012《建筑结构荷载规范》取值，昆山地区50年一遇最大积雪的自重为0.0004Mpa；μ_r为屋面积雪分布系数，为1。

则
$$s_k = \mu_r s_0 = 0.0004MPa = 0.4kN/m^2$$

根据光伏板材的尺寸及布置情况，雪荷载取$s_{雪} = 0.4\times1.64/2kN/m = 0.32kN/m$

4）光伏支架构件自重荷载（恒荷载）计算。

屋面光伏板和次支架的自重取$0.2kN/m^2$，根据光伏板材的尺寸及布置情况取

$$s_{恒} = 0.2\times1.64/2kN/m = 0.16kN/m$$

5）活荷载计算。

按照GB 50009—2012《建筑结构荷载规范》表5.3.1不上人屋面活荷载标准值取$0.5kN/m^2$。

根据光伏板材的尺寸及布置情况，活荷载取$s_{活} = 0.5\times1.64/2kN/m = 0.4kN/m$

6）荷载组合计算。

恒荷载与风荷载设计值

$$s_1 = 1.0s_{恒} + 1.4s_{风} = 1.0\times0.16kN/m + 1.4\times(-1.07)kN/m = -1.338kN/m$$

恒荷载与活荷载设计值

$$s_2 = 1.2s_{恒} + 1.4s_{活} = 1.2\times0.16kN/m + 1.4\times0.4kN/m = 0.752kN/m$$

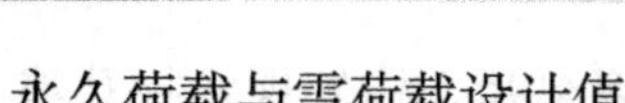

永久荷载与雪荷载设计值

$$s_3 = 1.35s_{恒} + 1.4s_{雪} = 1.35 \times 0.16\text{kN/m} + 1.4 \times 0.32\text{kN/m} = 0.664\text{kN/m}$$

7）光伏支架计算简图（本例是 3d3s 建模计算，3d3s 建模比较复杂，请读者自行查阅有关资料）。

计算简图（圆表示支座，数字为节点号）如图 6-44 所示。

通过计算，强度、挠度等均满足规范要求。

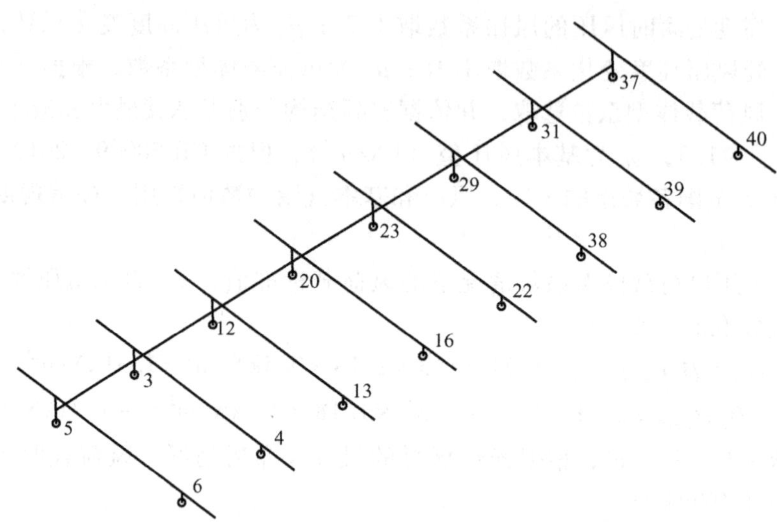

图 6-44 光伏支架计算图

模块七

太阳能发电系统的施工

知识能力目标

在光伏发电站设计基础上掌握发电站建设的具体实施步骤。

熟悉光伏发电站施工前准备工序，了解各项工序所对应的职业能力。

掌握原始施工测量及现代施工测量放线的方法。

掌握混凝土基础基建原理、方法及相关标准。

掌握支架施工流程、施工方法及施工标准。

掌握组件施工流程、施工方法及施工标准。

掌握汇流箱施工流程、施工方法及施工标准。

掌握配电柜施工流程、施工方法及施工标准。

掌握逆变器施工流程、施工方法及施工标准。

掌握升压变压器施工流程、施工方法及施工标准。

掌握电气布线施工流程、施工方法及施工标准。

掌握防雷接地施工流程、施工方法及施工标准。

模块描述

本模块在标准 GB 50794—2012《光伏发电站施工规范》基础上，以深圳蓝波绿建集团股份有限公司实际大型光伏工程为例，从发电站建设的前期建设内容到具体建设发电站的各项主要内容进行了详细讲解。读者学习时在掌握基本建设的基础上，应熟悉每个环节的建设标准，进而从整体上掌握光伏发电站施工项目、实施内容与实施标准。

考核标准

掌握光伏发电站施工规范。

掌握光伏发电站建设施工的前期工作内容。

掌握光伏发电站主要建设项目的建设步骤、施工方法和建设标准。

掌握光伏发电站布线工程。

情境一 光伏发电站施工前准备

一、组织机构

项目立项后马上就要进入项目施工期，一般情况下，首先要成立相应的项目组织机构，人员配置到位。组织机构人员要责任明确，各司其职。不同企业组织机构配备不一样，本情境以深圳蓝波绿建集团股份有限公司（下文简称“深圳蓝波”）承建的广东河源农夫山泉项目为例向读者展示其项目施工前准备内容。

1. 开工报告

承包人开工前应按合同规定向监理工程师提交开工报告，主要内容应包括：施工机构的建立，质检体系，安全体系的建立和劳力安排，材料、机械及检测仪器设备进场情况，水电供应，临时设施的修建和施工方案的准备情况等。

2. 项目组织机构

在满足工程连续施工、保证各项工作有序开展的条件下，按照精简、高效的原则，必须设置项目组织机构，项目组织机构具有项目管理、技术支持、质量控制、协调指挥等职责，不同企业的管理体制不一样，人员配备也不同，项目组织机构一般配置项目经理、现场负责人、现场技术负责人、施工员、安全员、质量员、资料员和材料员等。图7-1是深圳蓝波承建广东农夫山泉光伏发电站项目的组织机构。

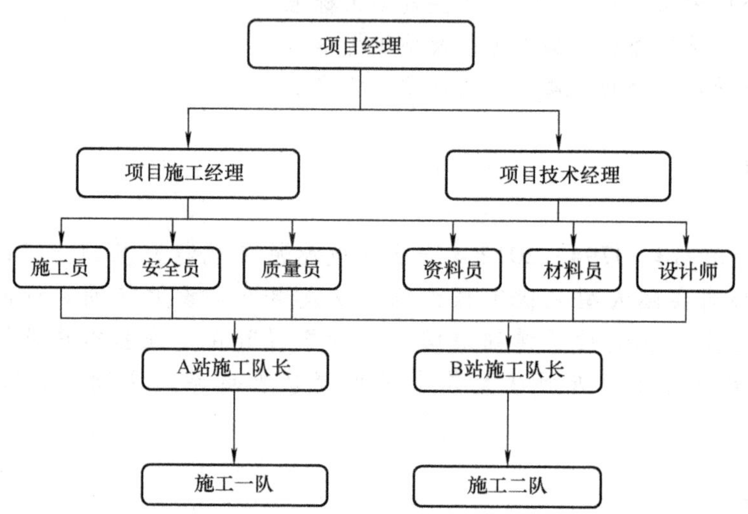

图7-1 深圳蓝波承建广东农夫山泉光伏发电站项目的组织机构

（1）项目经理及项目团队组成 项目组织机构成员结构构成见表7-1。

表7-1 项目组织机构成员结构构成

序号	职务	姓名	职务/职称	年龄	专业	备注
1	项目经理					
2	技术经理					

（续）

序号	职务	姓名	职务/职称	年龄	专业	备注
3	结构工程师					
4	质量员					
5	安全员					
6	施工员					
7	材料员					
8	资料员					
9	电气工程师					
10	机电工程师					

不同公司对施工组织机构各岗位职责要求不尽相同，这里不作全面阐述，读者进入相应公司后，可以自己去熟悉或制定相应岗位职责。

（2）主要劳动力投入计算　一般光伏发电站施工包括测量组、施工队（支架及连接件安装组）、组件安装组、电气安装组和运输组等，人员配置根据施工工程量统计、同类型建筑的施工经验及本项目施工工艺、进度要求灵活配备。深圳蓝波工程不同时间劳动力投入情况见表7-2。

表7-2　劳动力配置计划

工种＼日期	1～10天	11～20天	21～30天	31～40天	41～60天	61～90天	……
安全员							
质量员							
材料员							
资料员							
测量员							
铆工							
焊工							
机电安装工							
搬运工							
电工							
调度员							
司机							
结构工程师							
机电工程师							

3. 施工组织计划

施工组织计划是用来指导施工项目全过程各项活动的技术、经济和组织的综合性文件，是施工技术与施工项目管理有机结合的产物，它能保证工程开工后施工活动有序、高效、科学合理地进行。施工组织计划应包括施工进度计划、进度保证措施（主要针对机械与劳动力、材料、资金等）和管理保障要求等。图 7-2 为深圳蓝波制定的施工进度计划网络图。

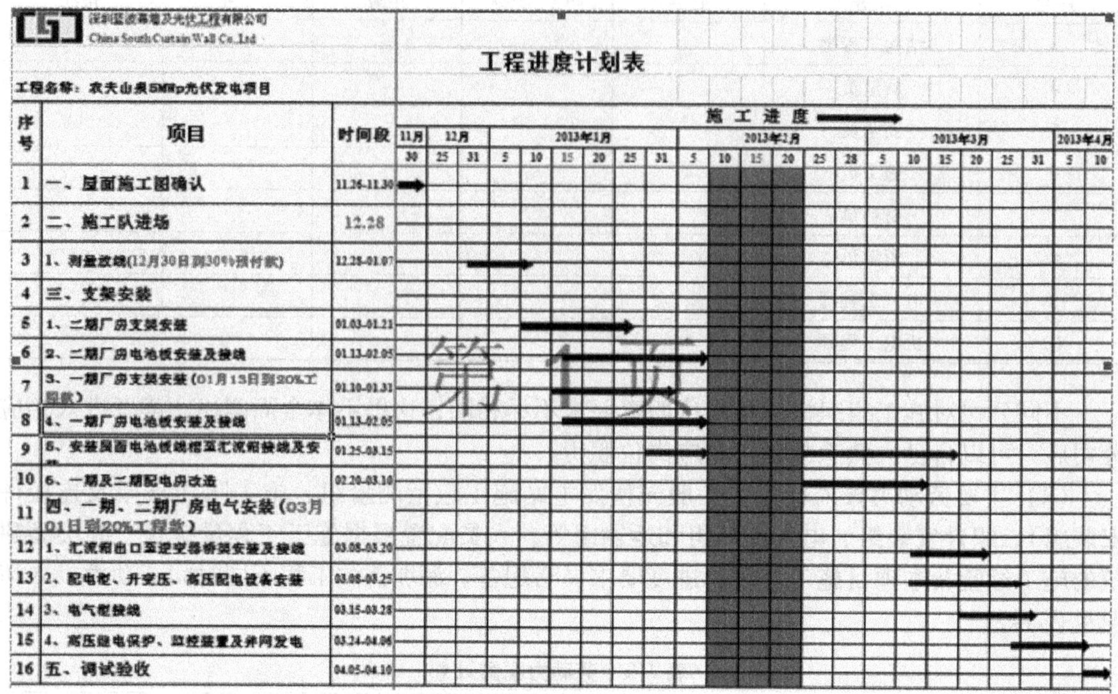

序号	项目	时间段
1	一、屋面施工图确认	11.26-11.30
2	二、施工队进场	12.28
3	1、测量放线(12月30日到30%预付款)	12.28-01.07
4	三、支架安装	
5	1、二期厂房支架安装	01.03-01.21
6	2、二期厂房电池板安装及接线	01.13-02.05
7	3、一期厂房支架安装（01月13日到20%工程款）	01.10-01.31
8	4、一期厂房电池板安装及接线	01.13-02.05
9	5、安装屋面电池板线槽至汇流箱接线及安装	01.25-03.15
10	6、一期及二期配电房改造	02.20-03.10
11	四、一期、二期厂房电气安装（03月01日到20%工程款）	
12	1、汇流箱出口至逆变器桥架安装及接线	03.08-03.20
13	2、配电柜、升变压、高压配电设备安装	03.08-03.25
14	3、电气柜接线	03.15-03.28
15	4、高压继电保护、监控装置及并网发电	03.24-04.06
16	五、调试验收	04.05-04.10

图 7-2　深圳蓝波制定的施工进度计划网络图

二、技术准备

技术准备是施工前的核心准备，应包含施工组织设计、专项施工方案、各环节安全技术交底、图纸会审记录和工程变更说明。

1. 施工组织设计

施工组织设计一般包括项目编制依据及原则、工程概述、项目管理、主要部分及分项工程的施工工艺、施工部署及平面布置图、施工进度计划及工期保证措施、施工重点难点分析及应对措施、成品及半成品保护措施、工程质量标准及质量保证措施、现场安全施工及用电措施、现场文明施工措施以及施工安全应急预案等，是项目施工的指导性文件。

2. 安全技术交底

安全技术交底包括本工程概况及特点、工程项目的危险部位、针对危险部位采取的具体防范措施、作业中应注意的安全事项、作业人员应遵守的操作规程和规范、安全防护措施的正确操作、发生事故隐患采取的措施以及发生事故后应及时采取的躲避和急救措施。

交底要求：逐级交底，内容要全面，对不同工程的特点做出相应的安全措施和要求，交底必须有书面形式并签字，各工种安全交底同其他分项工程的安全技术交底一起进行，单独打印，危险的可以单独交底。深圳蓝波光伏工程安全技术交底表见表 7-3。

表 7-3　深圳蓝波光伏工程安全技术交底表

<table>
<tr><td>单位工程名称</td><td colspan="2"></td><td>工程及工种名称</td><td colspan="2"></td></tr>
<tr><td>交底时间</td><td></td><td>交底人</td><td></td><td>交底单编号</td><td></td></tr>
<tr><td colspan="6">技术（安全）交底内容</td></tr>
<tr><td colspan="6">交底内容：</td></tr>
<tr><td>项目经理</td><td colspan="3"></td><td>被交底人</td><td></td></tr>
</table>

注：情境二各施工内容均有工人技术（安全）交底内容，其表格基本相同，重要的部分将做专门交代。

3. 工程施工图会审

工程施工中难免有与实际项目施工中有误差或不合理的部分，当误差影响到施工进程的时，就必须根据现场情况进行图纸修正，保证工程顺利进行。会审分为专业会审、系统会审和综合会审三个阶段。

专业会审：由施工班组技术员主持，熟悉本班施工项目或单位工程的施工图纸。

系统会审：由施工单位专业工程师主持，对施工范围内的主要系统施工图纸和专业间结合部的有关问题进行会审。

综合会审：由现场项目部专业工程师主持，设计人员、业主、监理及施工单位共同参加，对本项目工程的主要系统施工图纸、施工各专业间结合部的有关问题进行会审。

有时一个工程由多个单位承包施工，此时就必须由现场经理主持，对各承包范围之间的结合部的有关问题进行会审。

（1）图纸会审重点

1）施工图与设备、特殊材料的技术要求是否一致。

2）施工的主要技术方案与设计是否相适应。

3）图纸表达深度能否满足施工需要。

4）构件划分和加工要求是否符合施工能力。

5）扩建工程的新老厂及新老系统之间的衔接是否吻合，施工过渡是否可能。除按图检查外，还应按现场情况校核。

6）各个专业之间设计是否协调。如设备外形尺寸与基础尺寸是否吻合，土建和安装对建筑物的预留孔洞及预埋件的设计是否吻合，设备与系统连接部位、管线之间、电气和热工控制与机务间相关设计等是否吻合。

7）设计采用的新施工技术、机具和物资供应上有无困难。

8）施工图之间和总分图之间、总分尺寸之间有无矛盾。

9）能否满足生产运行对安全、经济的要求和检修作业的合理需要。

10）设备布置及构件尺寸能否满足其运输及吊装要求。

11）设计能否满足设备和系统的启动调试要求。

12）材料表中给出的数量、材质以及尺寸与图纸表示是否相符。

（2）工作流程

1）专业会审。由施工单位班组技术员组织，班（组）长、主要施工人员和质检员参加。对本班组负责施工项目的图纸按单位工程对卷册进行审核，填写图纸会审记录，专业会审应安排在系统会审之前进行。

2）系统会审。现场项目管理专业工程师参加，由施工单位专业工程师组织，班（组）长技术员、质检员参加，对本专业施工范围内的主要系统施工图纸和专业间结合部的有关问题进行会审，填写图纸会审记录。系统会审应安排在各相关工程项目开工以前。

3）综合会审。采取综合会审，现场项目部召集设计代表、业主代表、施工工地技术负责人和班组技术员参加综合会审。综合会审对工程的主要设备图、系统图进行会审，了解各系统之间的接口、安装和建筑专业的设计是否相符以及安装对土建的要求。图纸会审必须形成纪要，各参加会审的人员签字认可，主持人收集、保存，作为竣工资料。

（3）记录及处理　会审记录存档。会审发现的问题按《设计变更管理制度》执行。

4. 施工布置及现场总平面布置

（1）现场平面布置原则　根据工程环境特点和总体规划及要求，现场平面布置应充分考虑各种环境因素及施工需要，布置时遵循原则见表7-4。

表7-4　施工现场布置原则

序　　号	遵循的原则
1	现场平面布置根据总包单位的总体规划和要求，随着工程施工进度动态地安排；阶段平面布置要与该时期的施工重点相适应
2	在平面布置中充分考虑好施工机械设备、道路、临时堆放场地等的优化合理布置
3	施工材料堆放应尽量设在垂直运输机械旋转半径内，减少二次搬运。中小型机械的布置要处于安全环境中
4	临电电源、电线敷设要避开人员流量大的楼梯及安全出口，场区电缆尽量采用暗敷方式
5	充分考虑后期工程施工工作面，尽可能避免二次搬迁
6	加强环境保护和文明施工管理的力度，营造整洁、卫生、文明有序的氛围
7	充分考虑“以人为本”的原则，生产、生活临建相对独立，并尽量为员工提供安静、舒适的生活环境

（2）现场平面布置依据

1）现场红线、临界线、水源、电源位置以及现场勘察成果。

2）总平面图、建筑平面等。

3）总进度计划及资源需用量计划等。

4）施工部署和主要施工方案、类似工程的成功施工经验。

5）安全文明施工及环境保护要求。

（3）现场平面使用面积统计表　现场平面使用面积统计表见表7-5。

（4）安装场地的平面布置　光伏发电站设备安装要根据现场场地情况决定，一般情况下，光伏发电站的支架都是企业在加工厂将支座结构件加工完毕后再运输到现场进行安装，在施工现场可以作为施工临建用地的场地比较少，因此对安装场地总平面布置要求较高。根据现场的实际情况，工程施工区域分为生活区、生产办公区、混凝土搅拌场、材料加工及堆放场、钢筋模板加工及堆场和材料库房等区域。

表 7-5 现场平面使用面积统计表

序 号	设施名称	占地面积/m^2	搭设面积/m^2	备 注
1	生活设施			
2	办公设施			
3	临时仓库			
4	材料临时堆放区			

只有科学的现场平面管理才能使现场生产、生活井然有序，提高劳动生产效率，实现平面布置的目的。图 7-3 为某工程施工现场平面布置图。

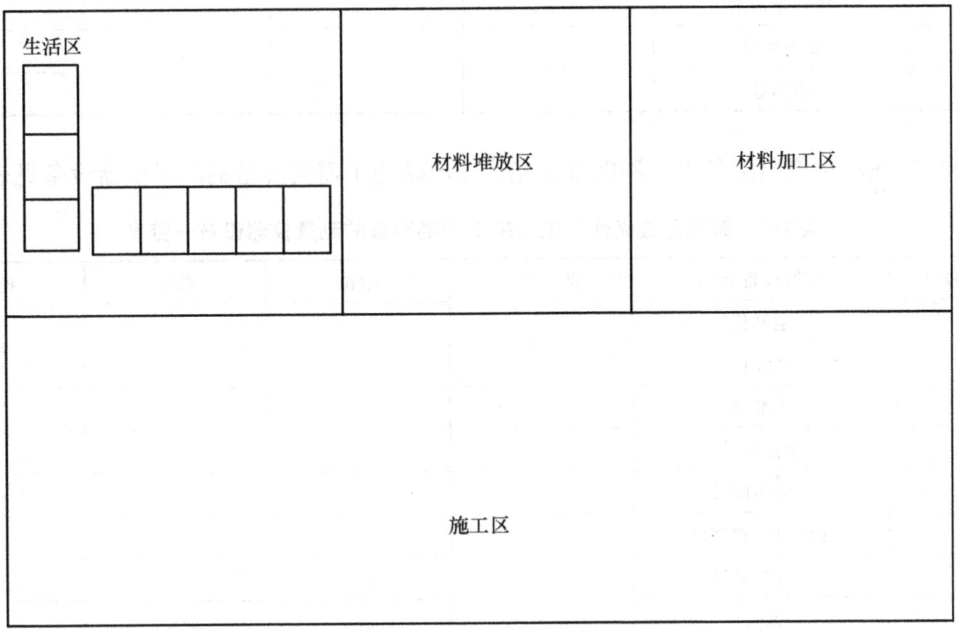

图 7-3 某工程施工现场平面布置图

5. 现场准备

1）拆除障碍物，现场“三通一平”（水通、电通、路通和场地平整）。

2）交接桩及施工定线。

3）做好施工场地的测量控制网。

4）临时设施的搭设。

5）施工现场的补充勘探。

6）建筑材料、构配件的现场贮存和堆放。

7）组织施工工具进场，并安装和调试。

6. 主要施工机械设备表

（1）施工机械设备准备表 深圳蓝波光伏发电站施工需要准备的机械设备见表 7-6。

表 7-6　深圳蓝波光伏发电站施工需要准备的机械设备一览表

序号	机具名称	型号规格	单位	数量	备注
1	电焊机				
2	型材切割机				
3	电锤				
4	台钻				
5	绝缘电阻表				
6	万用表				
7	常用电工工具				
8	电缆压接钳				
9	手持砂轮切割机				
10	安全用品				
11	碘钨灯				

（2）现场测量安装配备表　深圳蓝波光伏发电站施工需要准备的测量仪器设备见表 7-7。

表 7-7　深圳蓝波光伏发电站施工需要准备的测量仪器设备一览表

序号	仪器设备名称	规格型号	单位	数量	备注
1	全站仪				
2	经纬仪				
3	水准仪				
4	游标卡尺				
5	万能角度尺				
6	接地电阻测试仪				
7	工程测量尺				
8	塞尺				
9	螺纹塞规				
10	30m 卷尺				
11	5m 卷尺				
12	焊接检验尺				

光伏发电站的前期准备工作还有现场的通信要求、消防设施的安排、文明施工及环保要求及供水供电方案等，这些都是前期工作必不可少的准备内容。

情境二　光伏发电站施工

一、光伏发电站施工流程

模块六介绍了项目前期设计相关内容，本模块介绍了在项目进场准备工作后，应该进入

到光伏发电站建设的另外一个重要环节，即光伏发电站的建设与施工。施工阶段项目建设相关工作主要内容如图 7-4 所示。总包单位除具备光伏发电站运营各项资质外，一般还要配备相应的团队来支持，包括设计院所、技术团队以及设备供应组。总包单位如果自己承建施工，还必须配备相应的工程队伍；如果要将建设任务分包出去，其团队中就必须包括各分包单位。工程队伍或分包单位负责项目的具体建设，一般包括土建施工组及机电安装组。土建施工组负责项目施工前的基础建设、后勤保障工作，机电安装组负责发电站软硬件的施工。

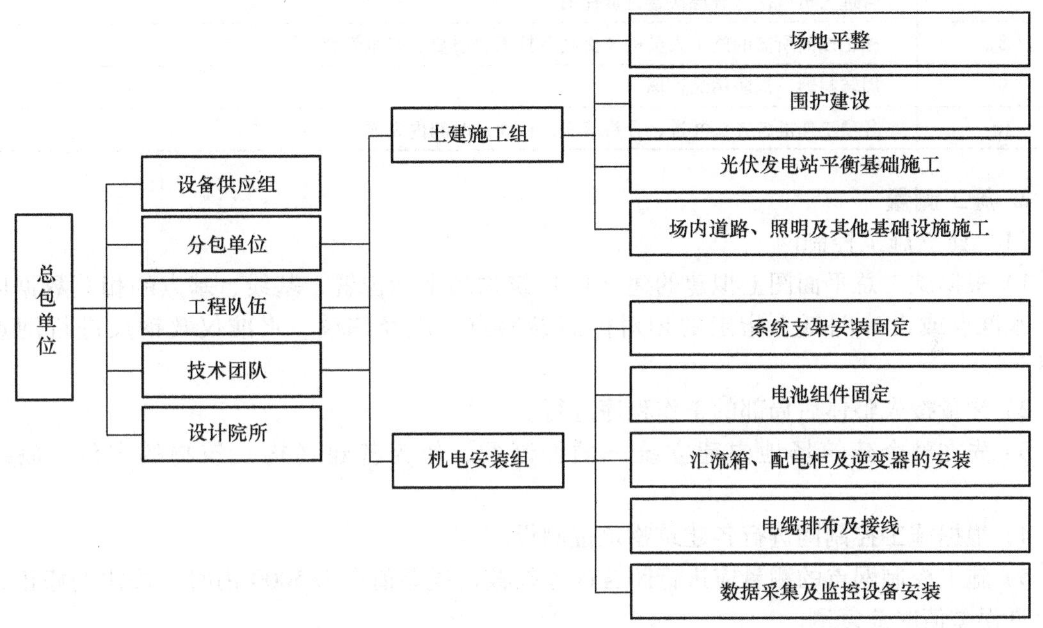

图 7-4　光伏发电站施工建设主要工作

二、施工方法及流程

下面以深圳蓝波承建湖北襄阳工业园小汉口光伏发电站项目为例。该项目于 2014 年 4 月 10 日开工建设，项目为水泥楼顶屋面，安装面积为 20000m^2 左右，总装机容量为 1263kWp，采用标准 65Wp 的薄膜光伏组件 19431 块，采用平铺安装，预计年均发电量为 184.39 万 kW · h，组件寿命为 25 年，25 年总发电量为 4609.95 万 kW · h。

1. 施工前准备原则性方案

施工前的准备工作直接影响到工程施工是否能顺利进行。深圳蓝波将在开工前安排组建项目经理部，由主要负责人组织项目部人员，集中精力有序地开展施工前的各项准备工作，编制可行的施工准备计划，以保障施工能够顺利高效开展。

各类准备工作应包括但不局限于表 7-8 所列。

表 7-8　深圳蓝波施工前准备内容

序　号	内　容
1	图纸及施工方案的学习、交流、会审
2	现场轴线与高程控制点复核与确认及有关技术资料交接

（续）

序　号	内　容
3	现场临时设施的搭设与利用
4	配电箱及电线架设、铺设
5	施工设备进场布置、检修安装
6	防水工程的处理
7	管理人员就位、分层次签订责任书
8	施工期间所需的施工人员进场交底及技术、质量、安全教育
9	周转材料、消防用品进场
10	各项工作准备齐头并进，分头落实，在规定时间内完成

2. 施工测量

（1）建立施工控制网

1）根据施工总平面图上拟建的建（构）筑物的坐标位置、基线、基点的相关数据以及城市水准点或设计图纸上指定的相对标高参照点，用经纬仪、水准仪及钢尺进行网点的测试。

2）测量按先整体后局部的工作程序进行。

3）先在整个建筑场地内建立统一的控制网，作为各建（构）筑物的定位、放线的依据。

4）根据施工控制网进行各建筑物定位测设。

5）施工控制网点的测量应进行闭合误差校核，误差值在1/5000内时可按比例修正，超出允许误差值时应复测。

6）使用经纬仪测设施工控制网点时，测量应不少于一个测回（往返测为一个测回）。

7）建立施工平面控制网，使用钢尺量度时，应将钢尺两端尽可能保持在同一水平高度后方可进行量尺。

8）统一施工控制网点，水准点及建（构）筑物的主轴线等控制点标志设置牢固、稳定、不下沉、不变位，并用混凝土保护，对于重点的标志和环境保护需要的，可加栏围护。

（2）高程控制

1）根据总平面图上所示的国家水准点标志或勘测设计图纸上指定的水准点相对参照点，用水准仪准确地引测到施工场地附近便于监控的相应位置上，用于监控的水准点位置应牢固、稳定、不下沉、不变形。

2）高程的引测应进行往返一个测回，其闭合误差值不得大于Ⅱ等的 n 值（n 为引测站数），闭合误差值在允许值范围内，可按水平距离比例相应修正。

（3）建（构）筑物轴线的定位及标定

1）根据总平面图或布置平面图所标示的方位、朝向定出基点，用经纬仪测量定位，用钢尺丈量平面及开间尺寸。

测量由主轴线交点处开始，测量（丈量）各轴线，最后将经纬仪移到对角点进行校核，总体尺寸及开间尺寸复准准确，方可把轴线延伸到建筑物外的轴线桩、龙门架及邻近建（构）筑物上。

2）分画轴线开间尺寸，应用总长度尺寸进行复准，尽量减少分画尺寸积累误差。

3）延伸轴线标志的轴线桩、龙门架应设在距离开挖基坑上坡边1～1.5m以外，轴线标志应标出各纵轴线代号。

4）延伸轴线标志标画的轴线桩、龙门架及建成（构）筑物应牢固、稳定、可靠，便于监控。

3. 土方开挖工程施工

湖北襄阳小汉口光伏项目是屋面电站工程，不涉及土方开挖施工，为了保证读者对光伏项目施工技术掌握的完整性，这里补充地面电站土方施工部分，下面所涉及的非屋面（如彩钢瓦、幕墙）施工均相同。

（1）场平及基坑土方施工　正常情况下地面电站对土地平整度要求不高，如果地面不平整，可以通过支架与基础的调整来实现组件安装要求，但为了光伏发电站整体建设效果，对于地基土质较为松散、不具备单独开挖条件的土地，首先应根据施工现场地面及土壤情况进行场平及基坑土方施工。图7-5为某光伏发电站土建施工现场。

（2）施工流程　测量放线→开挖→人工清理→基底验收→垫层封闭。

（3）土方开挖施工方法　根据工程土方工程量大小、开挖深度以及实际情况采用机械开挖和人工开挖相结合的方式进行。

图7-5　某光伏发电站土建施工现场

（4）质量标准

1）基坑（槽）底土质必须符合设计要求。

2）土方工程允许偏差：长度、宽度大于零，坑底标高（+0、-50）mm。

（5）土方回填　土方回填要做到：宜优先利用原土回填，回填前基础应进行检查验收并达到合格，填土前应作好水平高程测量。

1）施工机具：选用大型挖掘机、铲车、小型打夯机、手推车等。

2）施工工艺流程：坑底清理→检验土质→分层铺土→修整找平验收。

3）回填时间：在基础完工并验收合格后方可进行回填。

4. 电池组串支架基础钢筋工程

1）钢筋施工顺序：翻样→配料→梁底板钢筋绑扎→班组自检→项目部检查→报监理、业主验收→下道工序施工。

2）钢筋进场和复试必须严格按照要求抽检，未拿到质保书和复试报告时不得使用，对锈蚀等不符合规范要求的不得使用，底板钢筋保护层应符合图纸要求。

3）钢筋制作安装应严格按翻样单进行，成型钢筋编号挂牌，以免混用，绑扎按翻样要求顺序进行，钢筋焊接接头必须现场进行抽样，进行物理焊接试拉试验，合格后方可进行下道工序。

4）钢筋加工的各道工序都应建立质量交接制度。钢筋绑扎安装完毕后，必须经过检验，并办理隐蔽工程验收签证手续。

在钢筋绑扎过程中，要确保降水效果，日夜排水以免影响施工。

5. 电池组串支架基础模板、砼工程及回填

（1）工艺流程　制模→加配件→灌装水泥→拆模。

（2）操作工艺

1）按照图纸上外形尺寸（如果是地下施工则需要挖坑，应留有一定余量安装模板）测量基础底部压实系数，安装模板并固定牢固。

2）开始绑钢筋，监理验筋完毕，使用图纸标号相同的砼进行浇筑。浇筑时用振动器做好振动。浇筑完毕用抹子去除上表面浮浆、抹平。

（3）现浇混凝土支架基础的施工规定

1）在混凝土浇筑前应先进行基槽验收，轴线、基坑尺寸、基底标高应符合设计要求，基坑内浮土、水、杂物应清除干净。

2）在基坑验槽后应立即浇筑垫层混凝土。

3）支架基础混凝土浇筑前应对基础标高、轴线及模板安装情况做细致的检查并做自检记录，对钢筋隐蔽工程应进行验收，预埋件应按照设计图纸进行安装，如图 7-6 所示。

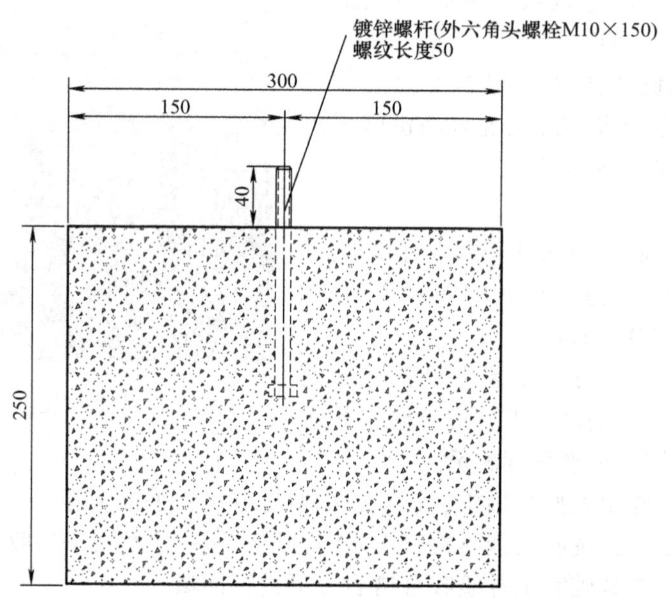

图 7-6　湖北襄阳工业园小汉口项目现浇支架基础图

4）基础拆模后，应由监理（建设）单位、施工单位对外观质量和尺寸偏差进行检查，做出记录，并应及时按验收标准对缺陷进行处理。

5）预埋件位置与设计图纸偏差不应超过 ±5mm，外露的金属预埋件应进行防腐防锈处理。

6）在同一支架基础混凝土浇筑时，混凝土浇筑间歇时间不宜超过 2h；若超过 2h，则应按照施工缝处理。

7）混凝土浇筑完毕后，应及时采取有效的养护措施。

8）顶部预埋件与钢支架支腿的焊接前，基础混凝土养护应达到 100% 强度。

（4）支架基础整齐度标准

1）基础尺寸允许偏差见表7-9。

表7-9　支架基础尺寸允许偏差

项目名称		允许偏差/mm
轴线		±10
顶标高		0，-10
垂直度	每米	≤5
	全高	≤10
截面尺寸		±20

2）支架基础预埋螺栓（预埋件）允许偏差见表7-10。

表7-10　支架基础预埋螺栓（预埋件）允许偏差

项目名称		允许偏差/mm
标高偏差	预埋螺栓	+20，0
	预埋件	0，-5
轴线偏差	预埋螺栓	2
	预埋件	±5

3）同组或方阵内支架基础预埋件螺栓偏差应符合的规定见表7-11。

表7-11　同组或方阵内支架基础预埋件螺栓偏差规定

项目名称		允许偏差/mm
同组支架的预埋螺栓	顶面标高偏差	≤10
	位置偏差	≤2
方阵内支架基础预埋螺栓（相同基础标高）	顶面标高偏差	≤30
	位置偏差	≤2

（5）工人技术（安全）交底　技术交底应包括地基处理及基础施工、支架搭设及预压、模板安装、钢筋及预应力管道安装、混凝土浇筑及养护、预应力张拉及管道压浆和支架及模板拆除等工序的施工准备、技术要求、质量标准、工艺流程及操作要点、安全防护措施、质量通病防治和成品保护措施等内容。

（6）屋面钢结构基础的施工规定

1）屋面工程应根据建筑物的性质、重要程度和使用功能要求以及防水层合理使用年限，按不同等级进行设防，并应符合相关的要求。

2）屋面工程应根据工程特点、地区自然条件等，按照屋面防水等级的设防要求，进行防水构造设计，重要部位应有节点详图；屋面保温隔热层的厚度应通过计算确定。

3）屋面工程施工前应通过图纸会审，掌握施工图中的细部构造及有关技术要求；施工单位应编制屋面工程的施工方案或技术措施，如图7-7所示。

4）在屋面工程施工中，应进行过程控制和质量检查，并有完整的检查记录。

5）屋面防水工程应由具有相应资质的专业队伍进行施工。作业人员应持有当地建设行

政主管部门颁发的上岗证。

6）屋面工程所采用的防水、保温隔热材料应有产品合格证书和性能检测报告，材料的品种、规格和性能等应符合现行国家产品标准和设计要求。

6. 固定支架安装

（1）支架安装的工艺流程　设备点检查→选择合适安装位置→划线确定水泥压块位置→水泥压块钻孔→立柱安装→螺栓固定→主梁安装→次梁安装→紧固检验→接地连接。

（2）操作工艺

1）根据施工平面图纸，划线确定水泥压块安装位置，保证水泥压块整齐，如图7-7所示。支架基础轴线及标高偏差应符合表7-12规定，支架基础尺寸及垂直偏差规定见表7-13。

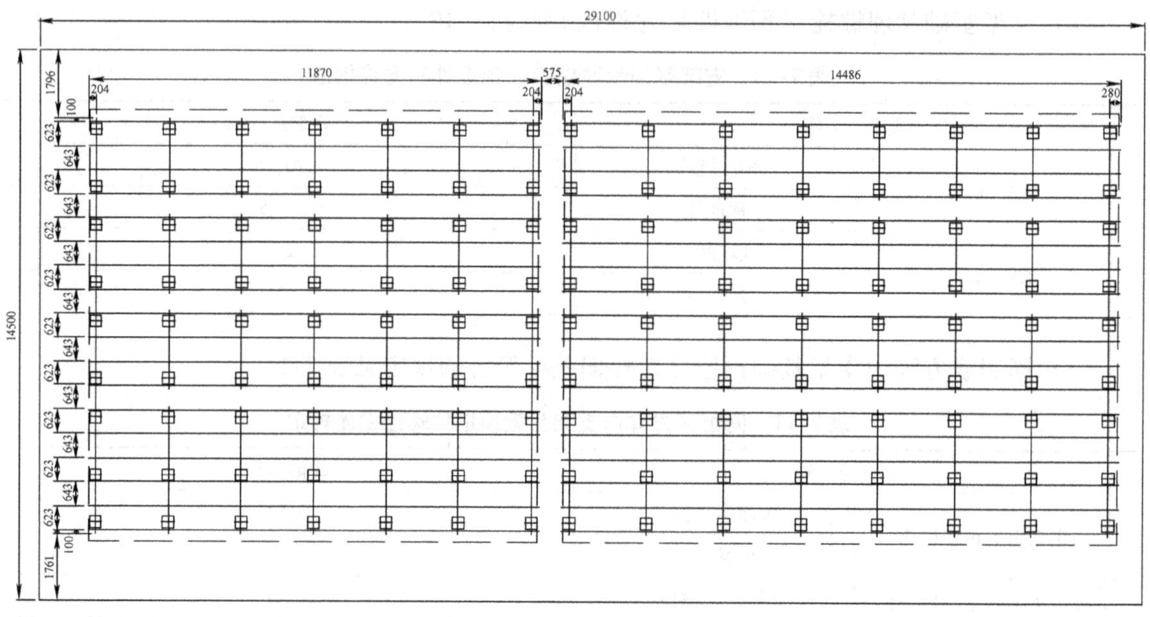

图7-7　襄阳工业园小汉口项目屋面支架方阵基础图

表7-12　支架基础轴线及标高偏差标准规定

项目名称	允许偏差/mm	
同组支架基础之间	基础顶标高偏差	≤±2
	基础轴线偏差	≤5
方阵内基础之间（东西方向、相同标高）	基础顶标高偏差	≤±5
	基础轴线偏差	≤10
方阵内基础之间（东西方向、相同标高）	基础顶标高偏差	≤±10
	基础轴线偏差	≤10

表7-13　支架基础尺寸及垂直偏差规定

项目名称	允许偏差/mm
基础垂直度偏差	≤5
基础截面尺寸偏差	≤10

2）钻孔：在确定位置使用专用电锤钻打孔，按照规格选择钻头尺寸，根据锚栓尺寸确认钻孔深度。

3）安装立柱：使用相应锚栓将立柱固定在水泥压块上。

4）安装主梁，调节高度：在立柱安装完成后，将主梁通过锁扣和六角螺栓连接，采用标线方式调节确保高度一致，如图7-8所示。

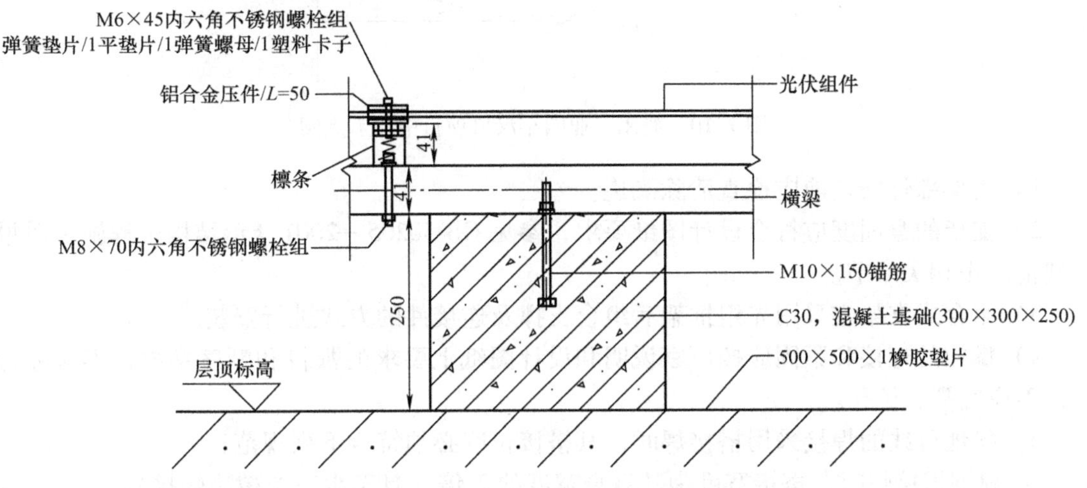

图7-8　襄阳工业园小汉口项目屋面基础与螺栓安装图

5）安装次梁：通过内六角专用螺栓安装次梁。

6）紧固检验：在支架安装完成后，对所有连接点进行紧固，确保连接。

7）安装边扣类、中扣类：边扣类可在任意位置滑入槽钢，直接使用槽钢锁扣固定到槽钢上。整体设计，使用高强度螺栓连接，保证系统安全性。项目边扣节点、中扣节点分别如图7-9、图7-10所示。

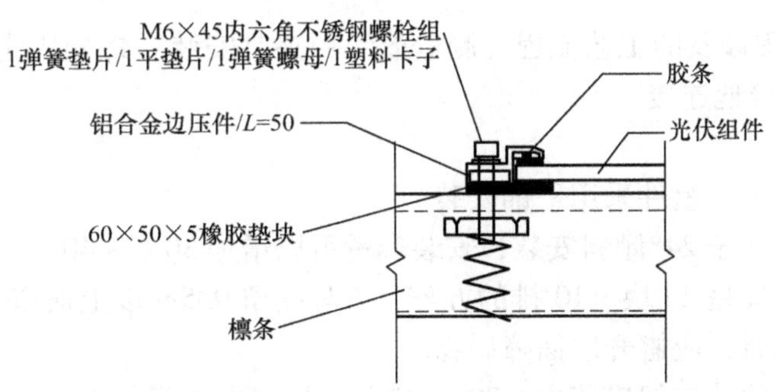

图7-9　襄阳工业园小汉口项目边扣节点图

注意：①扭矩在15N·m左右，避免损耗电池板表面；②安装边扣类时，务必按照图纸的尺寸，确认边扣类安装位置，保证太阳能电池板整齐安装，避免太阳能电池板安装倾斜、固定点受力不均匀，造成潜在风险。

8）支架应与建筑场接地系统可靠连接，并按设计要求做好防腐处理。

（3）质量控制

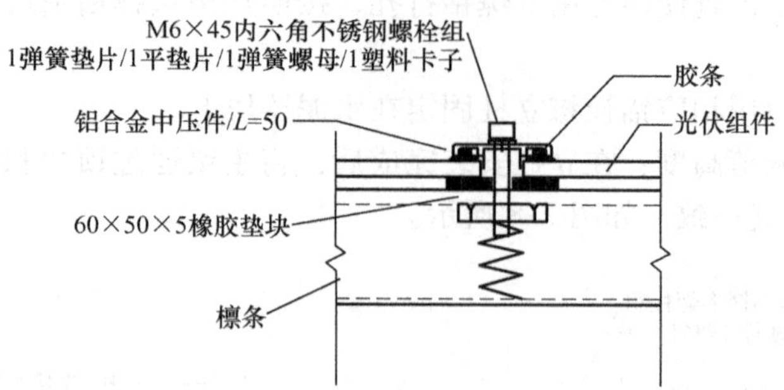

图 7-10　襄阳工业园小汉口项目中扣节点图

1）支架部件安装前应检查清除飞边。

2）支架的紧固度应符合设计图纸要求，参见 GB 50205—2001《钢结构工程施工质量验收规范》中相关章节。

3）组合式支架宜采用先组框架后组合支撑及连接件的方式进行安装。

4）螺栓的连接和紧固应按厂家说明和设计图纸上要求的数目和顺序穿放，不应强行敲打，不应气割、扩孔。

5）接地母线的焊接采用搭接焊时，其搭接长度必须符合下列规范：

① 扁钢搭接焊时，搭接宽度为其自身宽度的 2 倍（且至少三个棱边焊接）。

② 圆钢搭接焊时，搭接宽度为其自身直径的 6 倍。

③ 圆钢与扁钢搭接焊时，搭接长度为圆钢直径的 6 倍。

④ 扁钢与钢管、扁钢与角钢焊接时，为了连接可靠，除应在其接触部位两侧进行焊接外，还应由钢带弯成的弧形（或直角形）卡子或直接由钢带本身弯成弧形（或直角形）与钢管（或角钢）焊接。

⑤ 焊接连接的焊缝平整、饱满、无明显气孔、咬肉等缺陷。

7. 瓦屋面工程

（1）瓦屋面工程涉及的工艺流程　测量放线→夹具安装→螺栓固定 →主梁安装→次梁安装→紧固检验 →接地连接。

（2）操作工艺

1）彩钢瓦屋面上，组件采用平铺安装。

2）平铺安装相比于 24°倾斜安装，安装容量可以增加 30% ~40% 。

3）组件安装布局呈 20 块 ×10 排的方阵，方阵间留 0.5m 以上通道，便于维护。

4）在方阵设计时，应避开屋面障碍物。

5）组件与屋面间的支架应留出 >20cm 空间，以有利于组件散热。

（3）铺设光伏瓦前的准备工作

1）在彩钢瓦屋面安装连接件前应确认屋顶的承载力，承载力至少为 14kg/m^2。

2）与屋面连接方式不同，对梯形板型、角弛型、直立锁边型屋面的连接做抗拉拔实验，并出具现场实验检测报告。

3）在彩钢瓦屋面安装连接件前确认屋面是否存在渗水漏水现象。若存在，评估其轻重，若渗水漏水现象严重，不予建设电站；若渗水漏水现象轻微，采取适当防水处理后方可进行后续工作。

4）针对屋面彩钢板板型会审连接件的可行性，连接件的施工不应对原彩钢瓦屋面而造成损坏。

5）适用于光伏发电站建设的彩钢瓦屋面常见的三种板型：角弛型、梯形板型和直立锁边型。连接件（夹具）选型关系到施工工艺的可靠性及施工的难易周期。

（4）工人技术（安全）交底

1）凡有严重心脏病、高血压、精神衰弱症及贫血症等不适合高空作业者不得进行屋面工程施工，上屋面前应仔细检查，如栏杆、安全网等是否牢固，检查合格后，才能进行高空作业。

2）用屋面承重结构时，运瓦上屋面要两坡同时进行，脚要踏在椽条或桁条上，不要踏在挂瓦条中间，不要穿硬底易滑的鞋上屋面操作，在屋面踩踏行动时应特别注意安全，谨防绊脚跌倒，在平瓦屋面上行走，要踩踏瓦头处，不能踩踏瓦片中间部位。

3）冬季施工要有防滑措施，屋面有霜雪必须清扫干净，必要时要系好安全带。

8. 光伏幕墙工程

（1）施工前准备　根据工程特点准备好脚手架或电动吊篮设备，准备好技术人员与劳动力安排。按照设计图纸进行测量放线、标注部件安装位置。

（2）工艺流程　方案设计→部件加工、采购→预埋件安装→光电施工准备→测量放线→光电器材安装 →玻璃光伏幕墙施工→线缆安装→设备就位→系统运行

（3）幕墙安装四种类型

1）横向和竖向框架不显露于幕墙玻璃外表面。这种安装形式如图 7-11 所示，玻璃分格间看不到骨格和窗框，仅可见打胶胶逢或安装逢。全玻组件的安装固定主要靠结构胶的黏接实现。幕墙整体表现出美观的平面，外观统一、新颖，通透感较强，整体表现一种简洁明快的格调。

2）横向和竖向框架均显露于幕墙玻璃外表面。这种安装形式如图 7-12 所示，玻璃分格间可以看到骨格和窗框，幕墙平面表现为矩形分格。全玻组件的安装固定主要靠结构胶的黏接和构件压接实现。幕墙整体表现出明显的层次感，太阳能电池组件与龙骨型材互为装饰，表现出一种建筑美学。

3）横向或竖向框架显露于幕墙玻璃外表面。这种安装形式如图 7-13 所示，玻璃分格间可以看到横向或竖向骨格和窗框，幕墙平面表现为横条或竖条分格。全玻组件的安装固定主要靠结构胶的黏接和构件压接实现。幕墙整体表现出条状规律分布结构，具有独特的装饰效果，美观、新颖。

4）全玻组件通过支承装置固定于支承结构上。这种安装形式如图 7-14 所示，强化玻璃四角开孔，穿装螺栓固定，螺栓与玻璃表面平齐，使内外流通、融合。全玻组件的安装固定主要固定于支承结构的驳接件穿装，全玻组件间通过结构胶黏接完成。没有框架结构，只有拉杆、绳索等简单结构，室内明亮开阔，通透感极强，适用于大型建筑和建筑物的大堂顶部或入口等。

（4）工人安全交底内容

1）作业人员入场前必须经入场教育考试合格后方可上岗作业。

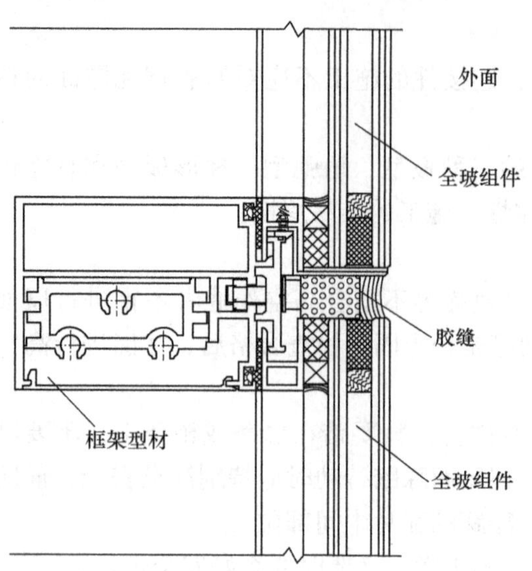

图 7-11 横向和竖向框架不显露于幕墙玻璃外表面的安装形式

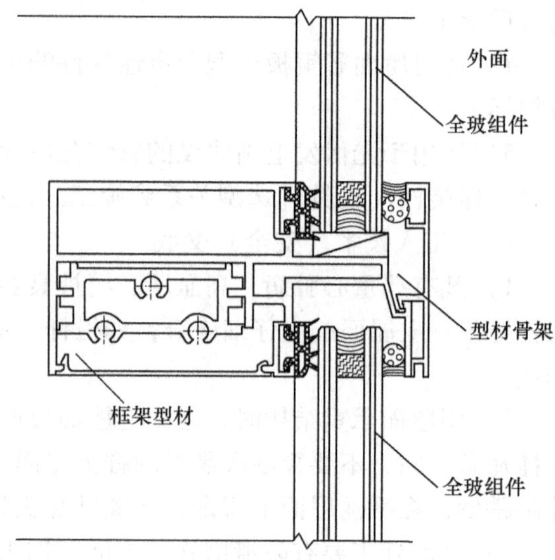

图 7-12 横向和竖向框架显露于幕墙玻璃外表面的安装形式

2）作业人员进入施工现场必须戴合格的安全帽，系好下颚带，锁好带扣；严禁赤背，严禁穿拖鞋。

3）作业人员严禁酒后作业，严禁现场吸烟，禁止在施工现场追逐打闹。

4）登高（2m 以上）作业时必须系合格的安全带，系挂牢固，高挂低用，应穿防滑鞋，应把工具放在工具袋内。

5）施工中使用的电动工具及电气设备均应符合 JGJ46—2005《施工现场临时用电安全技术规范》的规定。

6）每班作业前应对脚手架、操作平台、吊装机具的可靠性进行检查，发现问题及时解决。

7）进行焊接作业时，应严格执行现场用火管理制度，现场高处焊接时，下方应设防火斗，并配备足量有效消防器材，设专人看护，作业完毕确认未留下火种方可离开，防止发生火灾。

8）在管道井、高处临边等无可靠落脚点的高空（距基准面 2m 以上为高空）作业时，严禁上、下抛掷工具、材料及下脚料，不得有交叉作业现象。

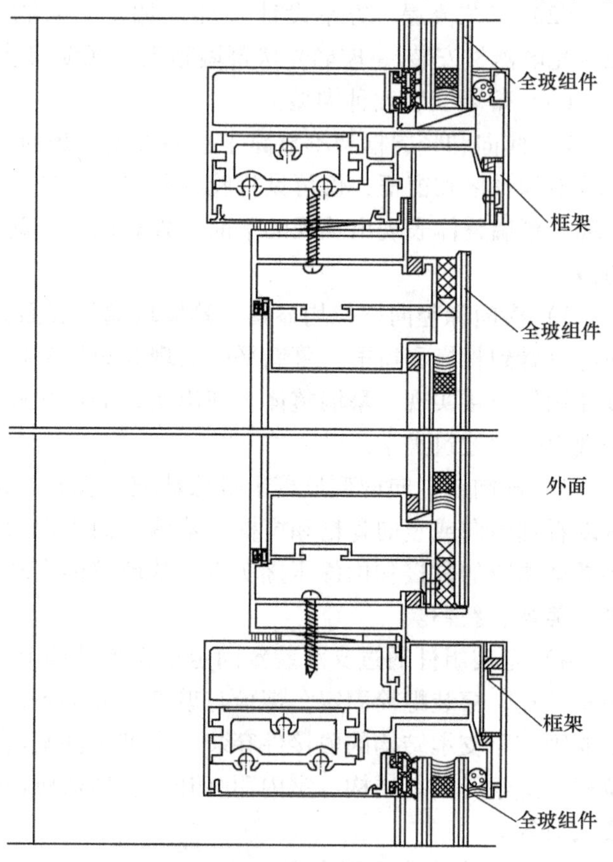

图 7-13 横向和竖向框架显露、横竖条分格的幕墙安装形式

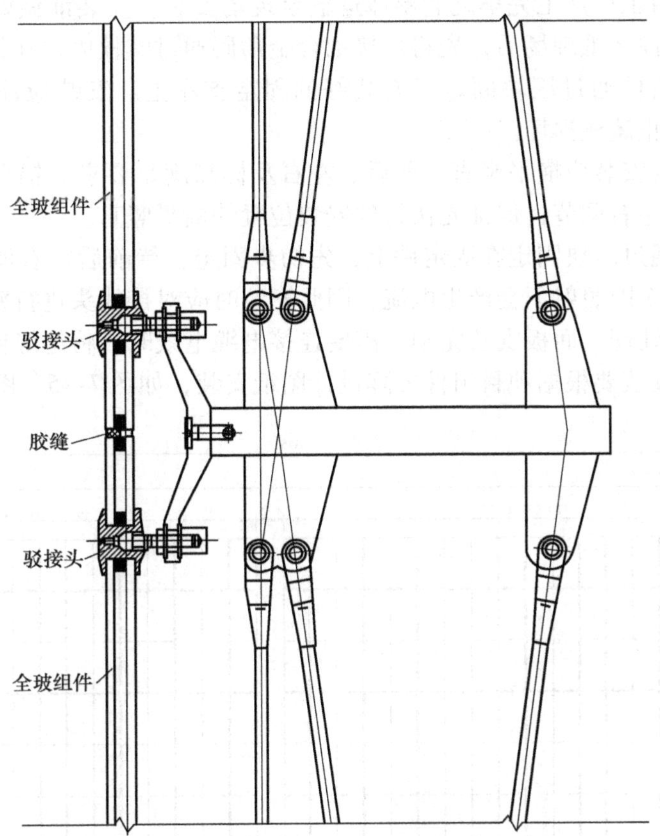

图 7-14　支承装置固定光伏组件的幕墙安装形式

9. 光伏组件与光伏方阵安装

（1）光伏组件检测　光伏组件由于其自身的特性及生产工艺，在正式安装前必须进行检测，以免造成安装完成后再返工，费时费力。

光伏组件安装过程中电路检测较为重要。第一次为安装前的检测，检测光伏组件有无破损、电路是否为开路。第二次为光伏组件安装后，光伏板块串联或者并联后，分组进行检测，主要检测电路是否为开路。第三次为在汇线盒处检测，保证每一片区的电路连通。

1）光伏组件应存放在指定的区域，并安排专人看管。存放区域应采取防雨、防砸、防碰、防化学腐蚀等措施。存放时应排放整齐，固定牢靠，相互间不得叠压。

2）光伏组件上架安装前，必须经过测试合格方可安装，并对每个光伏组件的测试作相应记录存档。

3）光伏组件测试方法：目测和万用表检测。

4）光伏组件测试内容：外观是否完好、开路电压大小。

5）方阵的组串和并联：应挑选额定工作电流相等或相接近的组件进行串联、并联，应挑选工作参数（电压和电流）接近的组件装在同一子方阵内。

（2）光伏组件的安装

1）光伏组件由工厂加工完毕之后整体运输至现场安装。安装前做好光伏组件的检查和检测工作。光伏组件运抵现场后，先将连接铝合金角码通过螺栓固定在组件上。

2）工程光伏组件通过压块固定于安装好的固定支座上。安装应注意做好成品保护工作，轻拿轻放，防止磕碰损坏。

3）光伏组件的安装应横平竖直，前后、左右及标高满足要求。铝合金连接角码上采用长孔，可以前后、左右调节，保证光伏组件安装位置的横平竖直。

4）光伏组件通过压块固定在固定件上，先初步固定，待前后左右调整好位置后拧紧螺栓。因光伏组件在太阳照射下会产生电流，因此安装时应对接线头进行密封保护，采取绝缘橡胶堵头进行绝缘处理，面板安装完毕，需要连接电缆电线时，将绝缘橡胶堵头去掉。

5）光伏组件安装要根据项目组件方阵设计图纸安装，如图 7-15、图 7-16 所示。

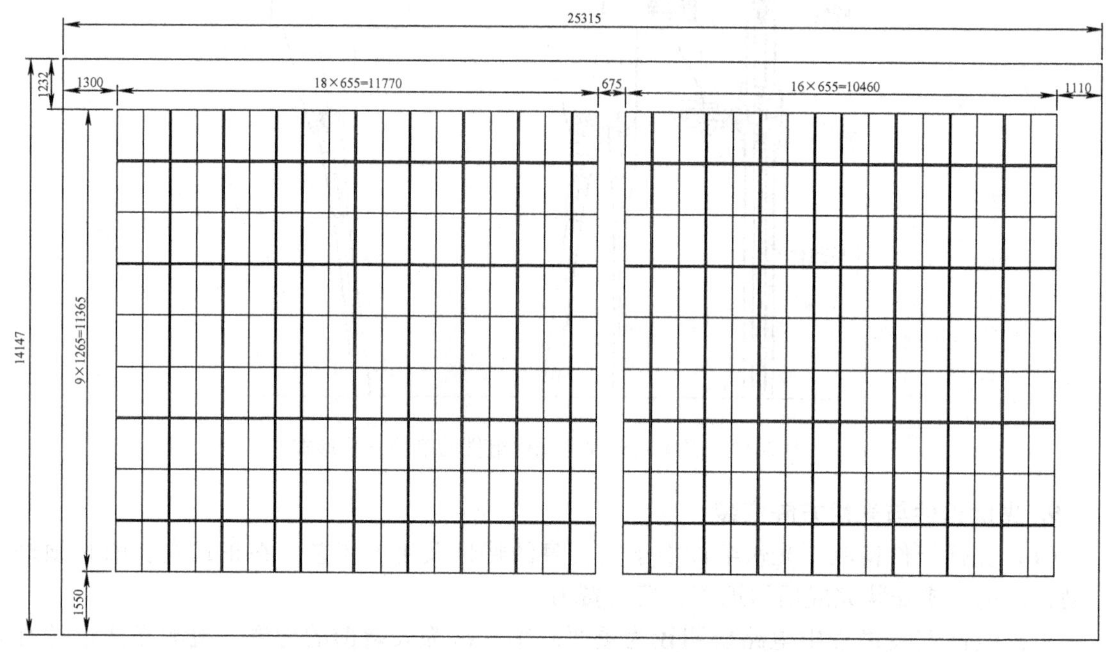

图 7-15　襄阳工业园小汉口光伏项目屋面组件方阵设计 CAD 图

图 7-16　工人们正在安装组件图

(3) 光伏组件安装允许偏差　光伏组件安装允许偏差标准见表 7-14。

表 7-14　光伏组件安装允许偏差标准

序号	项　　目		允许偏差/mm	检测方法	备　　注
1	板面水平高差		±3.0	卷尺	相对于设计值实地测量并记录
2	前后、左右水平错位		±2.0	卡尺 水平尺	
3	上表面平直	相邻两块	±1.0		
		≤5000mm	±3.0		
		>5000mm	±5.0		

(4) 组件接地应符合的要求　将光伏组件接入光伏发电系统中后，应将防雷箱接地端与防雷地线进行可靠连接，连接导线应尽可能短直，且连接导线截面积不小于 $16mm^2$。接地电阻值应不大于 4Ω，否则，应对地网进行整改，以保证防雷效果。

10. 直流汇流箱、光伏电缆敷设及接线

(1) 汇流箱安装前应做的准备

1) 汇流箱外观检查、防护等级检测，应符合设计文件要求。

2) 汇流箱内元器件应完好、连接线及紧固螺栓无松动。

3) 汇流箱内所有开关（断路器）和熔断器应处于断开状态。

4) 汇流箱进线端及出线端与箱体外壳接地端绝缘电阻不应小于 20MΩ。

5) 汇流箱出厂检测报告留档以备验收。

(2) 汇流箱安装位置　直流汇流箱安装于屋顶光伏组件支架上，或安装于屋面相应设计位置。

(3) 汇流箱安装注意事项

1) 光伏组件电缆敷设跟组件安装同时进行，即边安装组件边敷设光伏电缆边接线。

2) 直流汇线箱的具体安装位置见施工图，如图 7-17 所示，安装的技术要求按“控制箱（柜）的安装及接线”执行。

3) 汇流箱的防护等级满足户外安装的要求，但汇流箱是电子设备，因此尽量不要将其放置在潮湿的地方。

4) 一般的汇流箱冷却方式为自然冷却，为了保证汇流箱正常运行及使用寿命，尽量不要将其安装在阳光直射或者环境温度过高的区域。

5) 请确定汇流箱安装墙面或柱体有足够的强度承受其重量。

6) 户外安装的汇流箱，在雨雪天时不得进行开箱操作。

图 7-17　刚安装完毕的汇流箱图

7) 白天安装光伏组件时，应用不透光的材料遮住光伏组件，否则在太阳光下，光伏组

件会产生很高的电压，可能导致电击危险。

8）箱体的各个进出线孔应堵塞严密，以防小动物进入箱内发生短路。

（4）光伏电缆敷设注意事项　靠近结构的光伏组件的光伏电缆布置在结构内两侧的线槽中。而中间部位的光伏组件的光伏电缆则隐藏在板块之间的隐蔽处。

1）光伏电缆接线时注意接线的“+”“-”极，串联接线时：“+”接“-”，接线方法如图7-18所示。并联接线时：“+”接“+”，“-”接“-”。如果电气连接在光伏屋面上完成，必须对方阵的引出电缆线进行正负极标识，应选用不同颜色导线作为正极（红）、负极（蓝），或使用MC插头、插座连接，接线方法如图7-19所示。

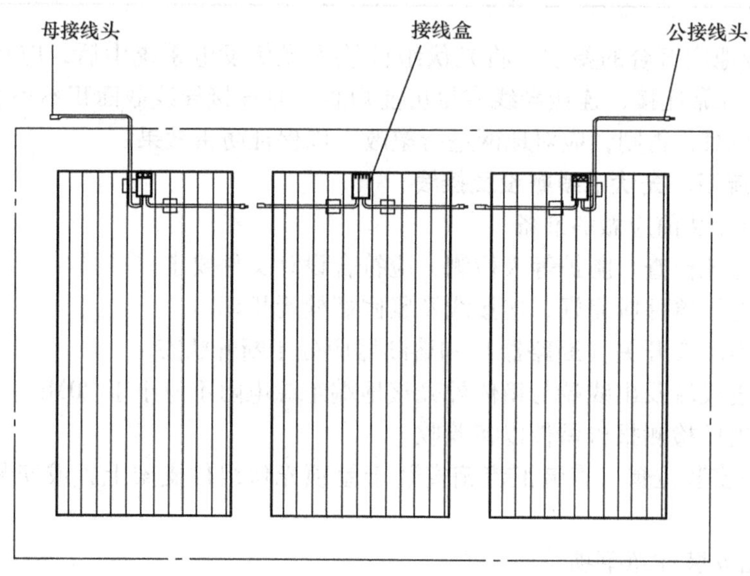

图7-18　光伏组件串联时光伏电缆接线示意图

图7-19　光伏组件之间光伏电缆接线方式示意图

2）线号、回路号标志清晰，方阵的输出端应有明显的极性标志和子方阵的编号标志。

3）光伏电缆接线属带电作业，最高电压可达1000V，必须戴合格的绝缘手套作业，并做好安全防护措施。

4）在阳光下接线时注意不要同时接触组件的正、负极，以免电击，必要时可用不透明材料覆盖后再接线。

5）光伏电缆敷设及接线时，应以一个直流汇流箱所辖区域进行，即完成了一个直流汇流箱所辖区域的电缆敷设及接线后，才进行下一个汇流箱所辖区域作业。

11. 控制箱（柜）的安装及接线

（1）施工前的准备

1）施工图纸技术资料齐全。

2）标高、预埋件符合设计要求。

3）设备材料有出厂合格证，符合现行标准。

4）明确施工方案，熟悉技术标准。

5）严格执行停送电程序。

（2）控制柜安装工艺流程　弹线定位→明（暗）装配电箱→铁架固定→盘面组装→箱内配线→箱体固定→绝缘遥测。

（3）控制箱（柜）安装

1）控制箱安装场所具备安装条件，控制柜所在配电室土建应具备基本安装条件。

2）柜（盘）本体外观检查应无损伤及变形，油漆完整无损，有损伤、损坏及时进行修复。

3）柜（盘）内部检查：电气装置及元件、绝缘瓷件齐全，无损伤、裂纹等缺陷。

4）控制箱（柜）定位：根据设计要求现场确定配电箱（柜）位置以及现场实际设备安装情况，按照箱（柜）的外形尺寸进行弹线定位。

5）基础型钢安装：按图纸要求预制加工基础型钢架，并做好防腐处理，按施工图纸所标位置，将预制好的基础型钢架放在预留件上，找平、找正后将基础型钢架、预埋铁件和垫片用电焊焊牢，最终基础型钢顶部宜高出抹平地面100mm。

6）基础型钢接地：基础型钢安装完毕后，应将接地线与基础型钢的两端焊牢，焊接面为扁钢宽度的二倍，然后与柜接地排可靠连接。做好防腐处理。

7）控制柜安装：按施工图的布置，将配电柜按照顺序逐一就位在基础型钢上。单独柜（盘）进行柜面和侧面的垂直度的调整可用加垫铁的方法解决，但不可超过三片，并焊接牢固。成列柜（盘）各台就位后，应对柜的水平度及盘面偏差进行调整，安装垂直度允许偏差为1.5‰，相互间接缝不应大于2mm，成列盘面偏差不应大于5mm。

8）柜（盘）调整结束后，应用螺栓将柜体与基础型钢进行紧固。

9）柜（盘）接地：每台柜（盘）单独与基础型钢连接，可采用铜线将柜内PE排与接地螺栓可靠连接，并必须加弹簧垫圈进行防松处理。每扇柜门应分别用铜芯线与PE排可靠连接。

10）低压成套配电柜试验：

① 每路配电开关及保护装置的规格、型号应符合设计要求。

② 馈线相间和相对地间的绝缘电阻值应大于0.5MΩ，二次回路必须大于1MΩ。

③ 电气装置的交流工频耐压试验电压为1kV，当绝缘电阻值大于10MΩ时，可采用2500V绝缘电阻表摇测替代，试验持续时间1min，无击穿闪络现象。

（4）控制箱（柜）接线

1）用1kV绝缘电阻表对电缆重新进行检测，合格后方能进行电缆头的制作，电缆头制作好后即可与断路器等器具进行连接，连接要牢固紧密。电缆通电前要进行绝缘检测，记录测量数值作为技术资料。

2）控制箱（柜）内进出线排列整齐，零线和保护线分别在汇流排上连接，不得铰接，其回路名称标识齐全清晰。

3）导线连接紧密，不伤芯线，不断股。垫圈下螺钉两侧压的导线截面积相同，同一端子上导线连接不多于2根，防松垫圈等零件齐全。

4）线号、回路号标志清晰。

5）注意各组件控制器、逆变器等极性不能接反。图7-20为PMD-500K型直流防雷配电柜输入接线端子示意图。

12. 逆变器安装

（1）逆变器安装前的准备

1）逆变器安装前，建筑工程应具备下列条件：

①屋顶、楼板应施工完毕，不得渗漏。

②室内地面基层应施工完毕，并应在墙上标出抹面标高；室内沟道无积水、杂物；门窗安装完毕。

③进行装饰时有可能损坏已安装的设备或设备安装后不能再进行装饰的工作应全部结束。

④对安装有妨碍的模板、脚手架等应拆除，场地应清扫干净。

⑤混凝土基础及构件到达允许安装的强度，焊接构件的质量符合要求。

⑥预埋件及预留孔的位置和尺寸应符合设计要求，预埋件应牢固。

2）检查安装逆变器的型号、规格应正确无误；逆变器外观检查完好无损。

3）运输及就位的机具应准备就绪，且满足荷载要求。

4）大型逆变器就位时应检查道路畅通，且有足够的场地。

通过吊孔移动SG500KTL逆变器如图7-21所示。

图7-20　PMD-500K型直流防雷配电柜输入接线端子示意图

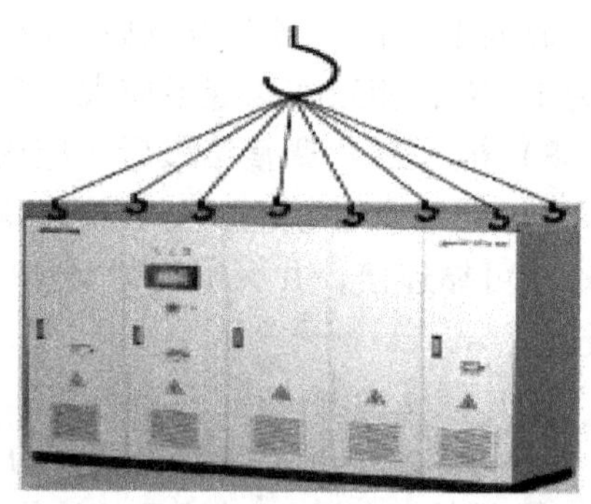

图7-21　通过吊孔移动SG500KTL逆变器

（2）逆变器安装工艺流程　流程可参照控制柜安装工艺流程进行。

（3）逆变器安装　下面以逆变器安装于配电房为例介绍（若干子系统逆变器需重新规划安装地点，其安装方法及安装要求也不相同，这里主要介绍室内安装集中箱式逆变器）。

1）逆变器安装场所具备安装条件，逆变器所在配电室土建应具备基本安装条件。

2）逆变器本体外观检查应无损伤及变形，油漆完整无损，有损伤、损坏及时进行修复。

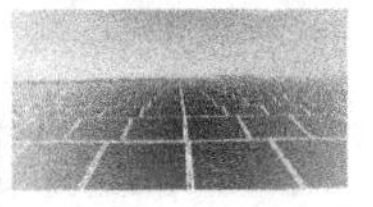

3）逆变器内部检查：电气装置及元器件、绝缘件齐全，无损伤、裂纹等缺陷。

4）逆变器定位：根据设计要求现场确定逆变器位置或者根据现场实际设备安装情况按照逆变器的外形尺寸进行弹线定位。

5）基础型钢安装：按图纸要求预制加工基础型钢架，并做好防腐处理，按施工图纸所标位置，将预制好的基础型钢架放在预留件上，找平、找正后将基础型钢架、预埋铁件、垫片用电焊焊牢，最终基础型钢顶部宜高出抹平地面100mm。

6）基础型钢接地：基础型钢安装完毕后，应将接地线与基础型钢的两端焊牢，焊接面为扁钢宽度的二倍，然后与柜接地排可靠连接，并做好防腐处理。

7）逆变器安装：按施工图的布置，将逆变器按照顺序逐一就位在基础型钢上。逆变器安装就位后，应对逆变器的水平度及盘面偏差进行调整，安装垂直度允许偏差为1.5‰，相互间接缝不应大于2mm，盘面偏差不应大于5mm。

8）逆变器调整结束后，应用螺栓将柜体与基础型钢进行紧固。

9）逆变器接地：每台逆变器单独与基础型钢连接，可采用铜线将柜内PE排与接地螺栓可靠连接，并必须加弹簧垫圈进行防松处理。壳体应分别用铜芯线与PE排可靠连接。图7-22为安装后的室外箱式逆变器。

图7-22　安装后的室外箱式逆变器

（4）逆变器接线

1）用1kV绝缘电阻表对电缆重新进行检测，合格后方能进行电缆头的制作，电缆头制作好后即可与断路器等器具进行连接，连接要牢固紧密。电缆通电前要进行绝缘检测，记录测量数值作为技术资料。

2）逆变器内进出线排列整齐，零线和保护线分别在汇流排上连接，不得铰接，其回路名称标识齐全清晰。

3）导线连接紧密，不伤芯线，不断股。垫圈下螺钉两侧压的导线截面积相同，同一端子上导线连接不多于两根，防松垫圈等零件齐全。

4）线号、回路号标志清晰。

5）注意各组件控制器、逆变器等极性不能接反。图7-23为运行中的逆变器设备。

图 7-23　已调试完毕、投入运行中的逆变设备

13. 仪表安装

安装太阳能光伏发电系统配电柜中所需的仪器，所需采用的辅助设备包括直流电源、稳压电源、交流电源、开关电源、不间断电源和逆变电源等。

（1）工艺流程　准备工作→仪表设备检查→仪表安装→验收。

（2）操作工艺

1）仪表盘（箱、柜、台）安装在有振动影响的地方时，应采取减振措施。

2）在恶劣环境或有爆炸性危险的区域内安装的就地仪表盘（箱、柜、台），其密封性和防爆性能应满足使用要求。

3）仪表中间接线箱应固定牢固，密封垫圈完好无损。在有爆炸和火灾危险的场所中安装的中间接线箱多余的进线口应做防爆密封。

4）仪表保温（护）箱底距地面高度宜为 600 ~ 800mm，仪表箱支架应牢固可靠，并应做防腐处理。

5）仪表元件、精密仪表及易损、易失的小型元件应妥善保管，并宜在厂房封闭后或中间交接前安装。

6）带毛细管的仪表安装时毛细管的敷设应采取保护措施，在设计确认后可采用角钢、管槽等材料制作保护支撑，弯曲处的弯曲半径不应小于 50mm，多余的毛细管应绑扎、盘绕在仪表箱内。

7）温度仪表直形连接头、保护套管安装后，宜用胶布或塑料布等材料密封接口，保护其内螺纹连接丝扣，同时防止杂物掉入。

8）不带仪表保护（温）箱的变送器不应过早安装于施工现场。如领用仪表，在现场敷设导压管路后才可使用，应及时将仪表拆回仪表库房存放。

9）孔板、喷嘴等节流装置应在良好环境条件下存放，防止锈蚀或机械损伤。

10）需外供 220V 交流电的流量仪表在单体校准或回路调试时应检查确认接线正确无误。防止因接线错误导致送电时仪表损坏或造成人身触电事故。

14. 变压器安装

（1）施工前的准备　施工前应做好如下准备条件：

1）施工图及技术资料准备齐全。

2）标高、尺寸、结构、预埋件和焊接件强度均符合设计要求。

3）变压器轨道安装完毕，符合设计要求。

4）安装干式变压器室内无灰尘，相对湿度保持在70%以下。

（2）变压器安装工艺流程　设备点件检查→变压器二次搬运→变压器稳装→附件安装→吊芯检查及交接试验→送电前的检查→送电运行验收。

（3）操作工艺

1）设备点件检查应由安装单位、供货单位、会同建设单位代表共同进行，并做好记录。

2）按照设备清单、施工图纸及设备技术文件核对变压器本体及附件、备件的规格型号，是否符合设计图纸要求，是否齐全，有无丢失及损坏。

3）检查变压器本体外观，是否无损伤及变形，油漆是否完好无损伤。

（4）变压器易产生的质量问题及防治措施　变压器易产生的质量问题及防治措施见表7-15。

表7-15　变压器易产生的质量问题及防治措施

易产生的质量问题	防 治 措 施
铁件焊渣清理不净，除锈不净，刷漆不均匀，有漏刷现象	加强工作责任心，作好工序搭接的自检、互检
防振装置安装不牢	加强对防振的认识，按照工艺标准进行施工
管线排列不整齐、不美观	加强质量意识，管线按规范要求进行卡设，做到横平竖直
变压器一、二次瓷套管损坏	瓷套管在从变压器搬运到安装过程中应加强保护，严防工具材料跌落损坏变压器瓷套管
变压器一、二次引线，螺栓不紧，压接不牢，母线与变压器连接间隙不符合规范要求	加强质量意识，加强自检、互检

（5）质量控制

1）电力变压器及其附件的试验调整和器身检查结果，必须符合施工规范规定。

检验方法：检查安装和调试记录。

2）并列运行的变压器必须符合并列条件。

检验方法：实测或检查定相记录。

3）高低压瓷件表面严禁有裂纹缺损和瓷釉损坏等缺陷。

（6）逆变器与变压器的安装　应遵循以下原则：

1）逆变器与变压器安装应在其基础中间交验完成后进行。

2）逆变器与一次升压变压器的电气管路敷设及埋件安装宜与中控室及变压器基础混凝土交叉配合施工。

3）二次升压变压器的电气管路埋设及埋件安装宜与升压站及变压器基础混凝土交叉配合施工。

（7）二次系统设备安装　应遵循以下措施：

1）二次系统设备包括监控系统设备、直流屏、UPS、电能质量检测屏、光纤纵差保护、

速断保护、远动屏、通信柜和环境监测仪等设备。

2）二次系统设备宜与一次系统设备同时安装就位。

3）二次系统设备的电气管路敷设及设备基础预埋件安装宜与中控室基础混凝土交叉配合施工。

15. 防雷工程、环境气象站的安装

目前防雷工程参考标准 GB 50057—2010《建筑物防雷设计规范》、GB 50065—2011《交流电气装置的接地设计规范》、IEC 61173《光伏发电系统过电压保护》、IEC 60364-7-712—2002《建筑物的电气装置　第 7-712 部分：特殊安装和定位的要求　太阳光电能源供应系统》、IEC 61557-4-2007《交流 1000V 和直流 1500V 以下低压配电系统电气安全 防护检测的试验、测量或监控设备　第 1 部分：接地电阻和等电位接地电阻》进行。

（1）施工前的准备　施工前应做好如下准备：

1）接地体作业条件：清理场地；绑扎桩基内钢筋和柱筋。

2）接地干线作业条件：安装支架；预埋保护管。

3）支架安装作业条件：支架运到现场；设置脚手架或爬梯。

4）防雷引下线作业条件：设置脚手架或爬梯；绑扎钢筋。

5）避雷装置作业条件：完成接地体和引下线；支架安装完毕；具备运输条件。

6）完成系统整体防雷方案，如图 7-24 所示。

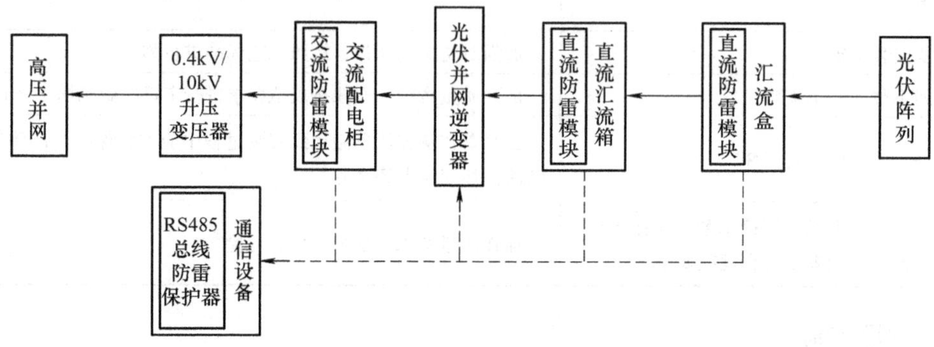

图 7-24　大型光伏发电站典型防雷方案

（2）防雷接地工艺流程　接地体→接地干线→等电位连接→支架安装→引下线→安装避雷装置。

（3）操作工艺　1）支架安装；2）与避雷引下线连接；3）避雷带安装；4）接地电阻测试。

（4）质量控制

1）避雷带支架间距均匀，固定牢固，防腐良好。

2）避雷网弯曲半径正确，支持件间距均符合要求。

3）避雷带平直、牢固，固定点间距均匀，跨越变形缝有补偿装置，油漆防腐完整。

4）焊接连接焊缝平整、饱满，无明显气孔、咬肉等缺陷。焊接必须做到双面焊接。

5）搭接焊接长度：根据前文所述标准搭接。

（5）环境气象站的安装　其基础参照支架基础建设，再将环境气象设备安装即可，如

图 7-25 所示。

图 7-25　已安装好的环境气象站

16. 电气布线工程

（1）电缆的敷设方式　电缆敷设方式的选择应视工程条件、环境特点和电缆类型、数量等因素而定，并满足运行可靠、便于维护和技术经济合理的原则。

（2）工序　材料生产与采购→运输、保管→电缆管敷设及电缆桥架安装→电缆安装前的绝缘电阻测试→电缆敷设。

（3）电缆的敷设

1）电缆敷设前应检查桥架的齐全和油漆的完整，电缆型号、电压、规格应符合设计，并有产品合格证。

2）电缆敷设时，在其终端与电缆桥架或电缆沟内应留有备用长度。

3）电缆在桥架上垂直敷设时，电力电缆首末端及转弯、接头两端应固定。

4）电缆敷设时，电缆应从盘的上端引出，应避免电缆在支架上及地面摩擦、拖拉，电缆表面不得有机械损伤。

5）电缆敷设时不宜交叉，电缆应排列整齐，电缆终端头、电缆连接处和电缆井的两端应装设标志牌、标志牌应注明线路编号（当设计无编号时，则应标明型号、规格及起讫地点），牌子字迹应清晰，不易脱落。标志牌规格宜统一，应能防腐，挂装牢固。

6）电缆进入电缆沟、建筑物、盘（柜）以及穿入管子时，出入口应封闭，管口应密封。

7）电缆终端头与电缆接头制作前应做好检查，保证相位正确，采用的绝缘材料应符合要求。

（4）太阳能电池组件至汇流箱之间的布线

1）根据设计图纸要求将每组电池组件串联或并联。

2）组件并联时根据图纸要求采用防反二极管连接至相应的电缆。

3）采用 MC4 接头连接相应的电缆至光伏汇流箱，每根光伏电缆在 MC4 接头下端处，采用号码管机器，结合设计图纸组串编号，打印出白色号码管标号，号码管字体颜色需清晰可见。汇流箱内部接线要将对应的线管套入电缆中，如图 7-26 所示。

a）汇流箱内部线管套入电缆图　　b）汇流箱外部线管套入电缆图

图 7-26　汇流箱内部线管套入电缆

4）光伏组件在串联的过程中应将其电缆及接头用铝导线捆扎在檩条或 U 型钢上，防止雨水渗透导致电路出现短路现象。

5）电缆桥架敷设或线槽敷设后，要及时将其盖板封住。

（5）汇流箱至室内电气设备的布线　汇流箱输出电缆部分由热缩套管其保护，电缆接入直流防雷配电柜正负极要使用铜线耳，用液压钳压紧铜线耳，如图 7-27 所示。

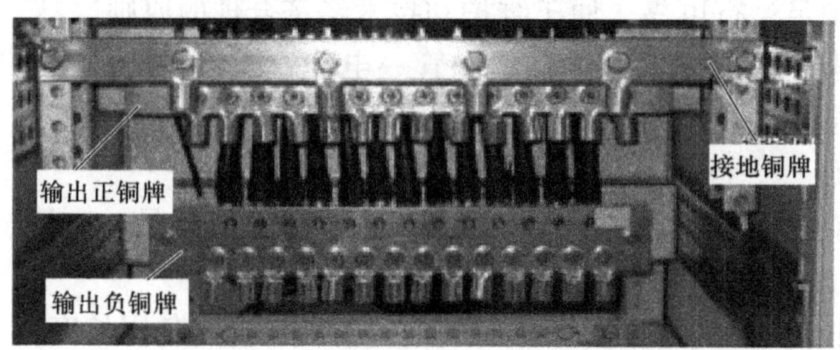

图 7-27　汇流箱接入室内 PMD—500K 直流防雷配电柜图

17. 接地工程

（1）施工流程　施工准备→接地装置安装→引下线安装→避雷带支架制作安装→避雷网安装→接地电阻测试。几种接地材料如图 7-28 所示。

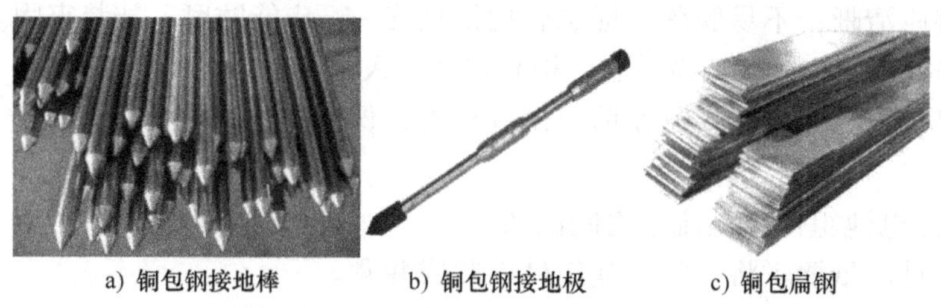

a）铜包钢接地棒　　b）铜包钢接地极　　c）铜包扁钢

图 7-28　几种接地材料

（2）施工准备

1）根据具体的施工工艺要求准备施工所需的机械，专业工长、安全员负责检查，检查

合格方能进场使用。

2）施工主要机械及器具有切割机、角向磨光机、交流电焊机等。详细器械按现场需要而定。

（3）接地施工工艺　防雷接地工程包括接地装置、防雷引下线及避雷带的安装。施工采用标准为GB 50169—2006《电气装置安装工程　接地装置施工及验收规范》。

1）接地装置、防雷工程。

① 按照设计图尺寸位置要求，将底板内两条结构主筋焊接连通，并与所经桩台及柱内的有关钢筋焊接（不同标高处利用两根竖向结构上下贯通），并将两根主筋用油漆做好标记，便于引出和检查。

② 所有焊接处焊缝应饱满并有足够的机械强度，不得有夹渣、咬肉、裂纹、虚焊和气孔等缺陷，焊接处的药皮敲净后，刷沥青进行防腐处理，采用搭接焊时，其焊接长度要求如下：

镀锌扁钢焊接长度不小于其宽度的2倍，且至少3个棱边焊接。

镀锌圆钢焊接长度为其直径的6倍，并应二面焊接。

镀锌圆钢与镀锌扁钢连接时，其焊接长度为圆钢直径的6倍。

③ 每一处施工完毕后，应及时请质检部门进行隐蔽工程检查验收，合格后方能隐蔽，同时做好隐蔽工程验收记录。

2）引下线安装。利用建筑钢筋做引下线的情况，钢筋截面一定要满足设计要求。钢筋的连接要满足规范要求，如建筑施工采用埋弧焊工艺，可不处理，否则要进行接地跨接，搭接长度不应小于跨接钢筋直径的6倍。

3）避雷带。工程避雷带一般采用宽×厚为25mm×4mm的热防雷工程镀锌扁钢。

① 支架安装：在土建屋面结构施工时，应配合预埋支架。所有支架必须牢固、灰浆饱满、横平竖直。支架间距不大于1.5m且间距均匀，允许偏差30mm。转角处两边的支架距转角中心不大于250mm，成排支架水平度每2m检查段允许偏差3‰，但全长偏差不得大于10mm。

② 避雷带安装。将镀锌扁钢调直，避雷线安装时应平直、牢固，不得有高低起伏和弯曲现象，距离建筑物应一致，平直度每2m检查段允许偏差3‰，但全长偏差不得大于10mm。避雷线弯曲处不得小于等于90°，弯曲半径不得小于镀锌扁铁直径的2.5倍。在建筑物的变形缝处应做防雷跨越处理。

（4）电气接地施工方法　目前，根据GB 50096—2011《住宅设计规范》，接地制主要采用TT、TN-C-S或TN-S接地方式，并进行总等电位联结。

1）对于高/低压变配电房设备，在房间内周围设置一条距地面300mm的水平接地环形带，规格应符合设计要求。

2）对于开关柜、配电屏（箱）、电力变压器及各种用电设备、因绝缘破损而可能带电的金属外壳、电气用的独立安装的金属支架及传动机构、插座的接地孔，均应以专用接地支线（PE线）可靠相连，PE线应与接地装置连通并重复接地。

3）当保护线（PE线）所用材质与相线相同时，PE线最小截面积应符合的要求见表7-16，当PE线采用单芯绝缘导线时，按机械强度要求，有机械性的保护时截面积不应小于2.5mm^2，无机械性保护时不应小于4mm^2。

表 7-16　PE 线最小截面积一览表

相线截面积 S/mm²	PE 线最小截面积/mm²
$S \leqslant 16$	S
$16 < S \leqslant 35$	16
$35 < S \leqslant 400$	$\geqslant S/2$
$400 < S \leqslant 800$	$\geqslant 200$
$S > 800$	$\geqslant S/4$

4）所有外露的接地点、测试点均应涂红色油漆并有标志牌写明用途。

5）火灾自动报警系统，楼宇设备自动监控系统（Building Management System，BMS）及其他弱电设备机房采用专用接地线，由接地装置引入控制室。

（5）接地电阻测试　接地电阻应采用专业接地电阻测试仪测试，测试前必须校准仪表。具体测试步骤严格安装接地电阻测试仪使用说明书操作，每项必需测量三次以上并记录测试结果。

（6）接地标识　接地标识符号如图 7-29 所示。

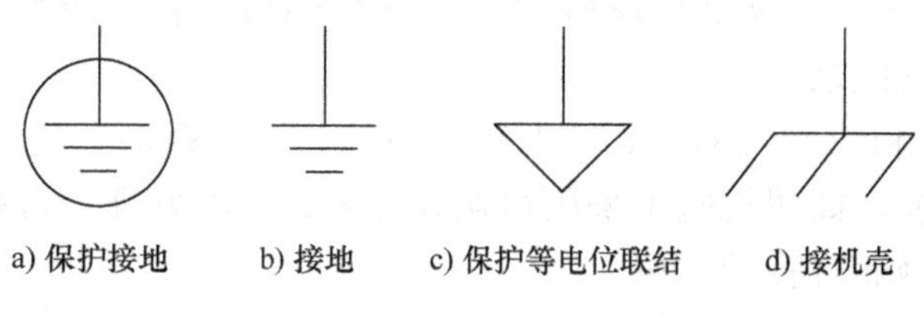

图 7-29　几种接地标识符号

图 7-29 中，图 7-29b 为三条向下递减的水平线，代表模拟地或者强电电路接地；图 7-29c 中空的三角形通常表示数字接地，但是也常被用作参考接地，图 7-29d 代表大地或机箱的接地。

对接地符号的使用并没有严格地规定，尤其当它们被提及或在文件中出现时会混淆。常用的接地符号为三条向下递减的水平线，这样让人直觉就知道是代表地面的意思。

注意：这些接地点之间的电位不一定相等，接地指的是待测电动势（电压）的参考点，不同的接地间将有电压差，当设备相连并进行测量时我们必须考虑到这个问题。大地就是将地面本身当作参考点。

任务实现

↘ 任务内容

本模块任务以自重式光伏支架及卡扣式支架安装为实例，讲解两种光伏发电站支架的安装方法、安装流程。

↘ 任务要求

1）掌握自重式光伏支架安装的方法；

2）掌握卡扣式支架安装方法。

任务一 水泥屋顶——自重式光伏支架安装

↘ 任务目标

掌握光伏发电站自重式光伏支架安装的流程及方法，能正确认识自重式光伏支架各构件，根据项目设计标准独立安装相应固定形式的支架。

↘ 任务知识准备

1）读识项目支架设计图。
2）掌握自重式光伏支架型材参数。
3）熟悉自重式光伏支架荷载计算。

↘ 任务实施过程与方法

1. 光伏支架系统安装要点

1）光伏支架的安装结构应该简单、结实、耐用。制造安装光伏支架的材料要能够耐受风吹雨淋的侵蚀及各种腐蚀。电镀铝型材、电镀钢以及不锈钢都是理想的选择。支架的焊接制作质量要求要符合 GB 50205—2001《钢结构工程施工质量验收规范》的要求。光伏支架在符合设计要求的情况下重量尽量减轻，以便于运输和安装。

2）在光伏阵列基础与支架的施工过程中，应尽量避免对相关建筑物及附属设施的破坏，如因施工需要不得已造成局部破损，应在施工结束后及时修复。

3）当要在屋顶安装光伏阵列时，要使基座预埋件与屋顶主体结构的钢筋牢固焊接或连接。如果受到结构限制无法进行焊接或连接，则应采取措施加大基座与屋顶的附着力，并采用铁丝拉紧法或支架延长固定法等加以固定。基座制作完成后，要对屋顶破坏部位及支架与屋顶连接处按照 GB 50207—2012《屋面工程质量验收规范》的要求做防水处理，防止渗水、漏雨现象发生。

4）光伏组件边框及支架要与接地系统可靠连接。

2. 自重式光伏支架安装结构图

自重式光伏支架结构示意图如图 7-30 所示。

图 7-30 中，负重部件主要用于增加整体重量；三角底梁、三角背梁及三角斜梁主要用于形成主支撑框架；后斜撑主要用于支撑横梁；横梁主要用于固定支撑光伏组件；拉杆主要将横梁连接为整体；压块组件用于固定光伏组件。

3. 自重式光伏支架构件

自重式光伏支架构件如图 7-31 所示。

4. 安装步骤

1）预制好水泥负重块。
2）在平面屋顶上铺放水泥负重块，间距按排布图纸布置，如图 7-32 所示。
3）在水泥负重块上安三角底梁，如图 7-33 所示。

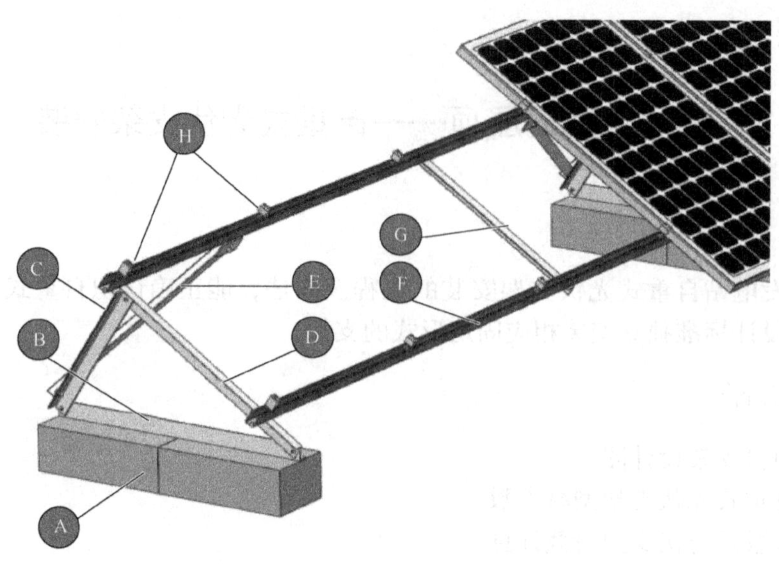

图 7-30 自重式光伏支架结构示意图

A—负重部件 B—三角底梁 C—三角背梁 D—三角斜梁 E—后斜撑 F—横梁 G—拉杆 H—压块组件

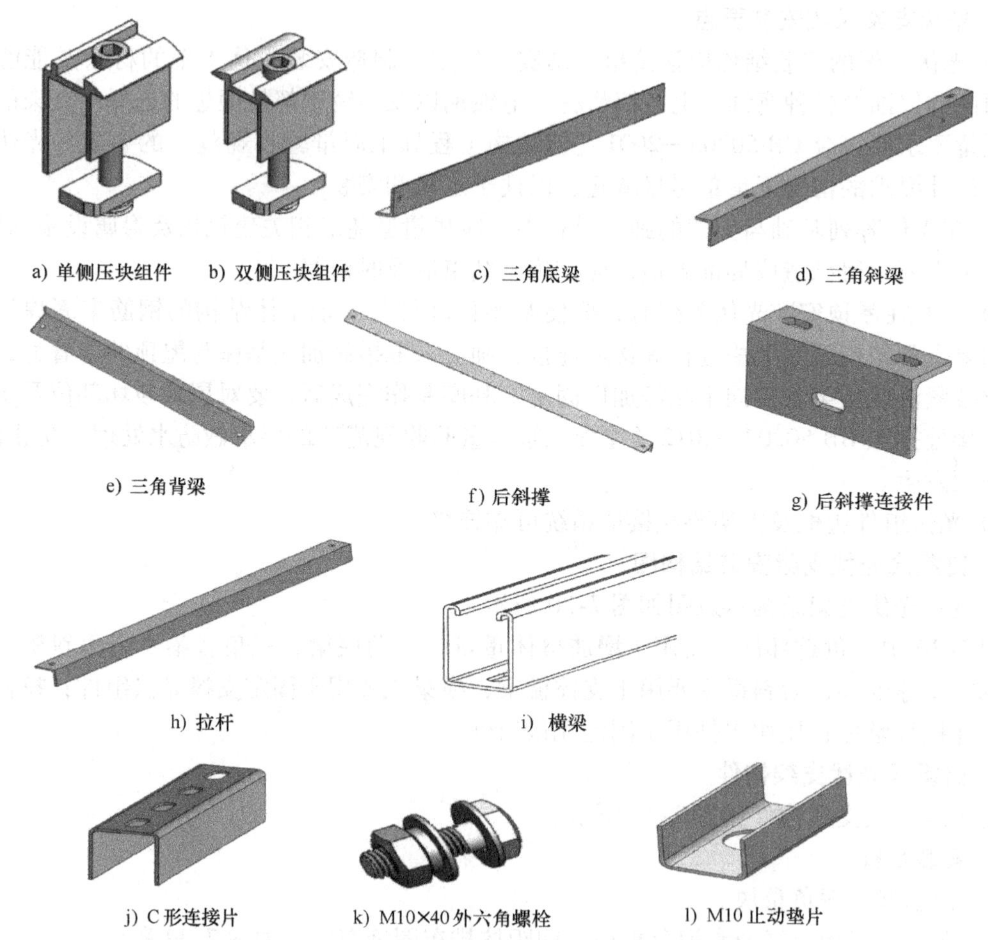

图 7-31 自重式光伏支架系统构件

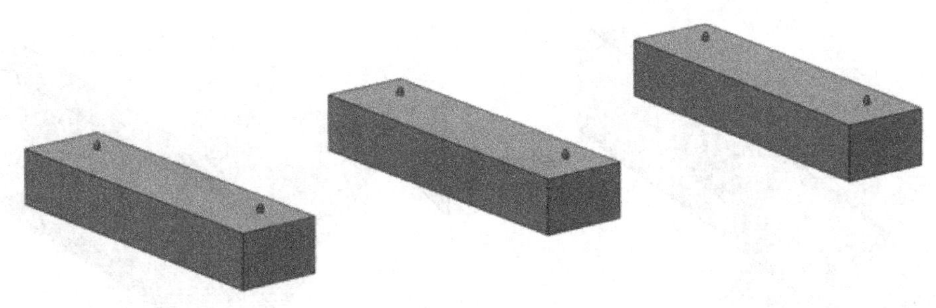

图 7-32　水泥负重块

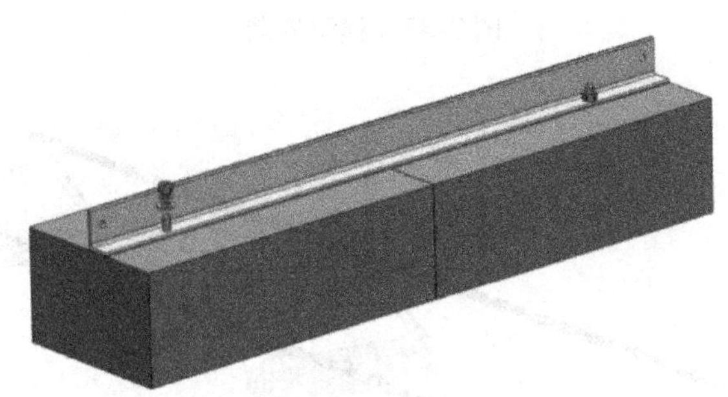

图 7-33　水泥负重块上安装三角底梁

4）安装三角背梁、三角斜梁。使用 M10×40（M 代表了公制螺纹，M10 代表螺栓的直径为 10mm，40 代表螺栓的长度为 40mm）六角头螺栓将三角背梁、三角斜梁相互连接，并与三角底梁固定，如图 7-34 所示。

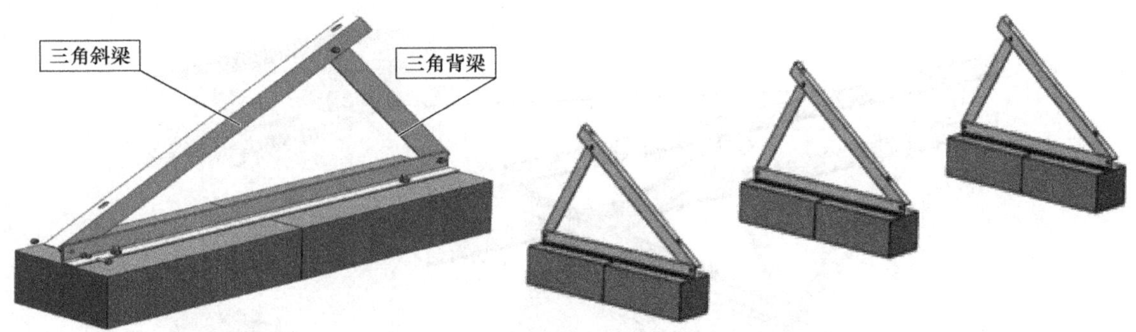

图 7-34　三角背梁、三角斜梁与三角底梁固定

5）安装横梁。使用 M10×40 外六角螺栓组合固定，并在横梁内加止动垫片，如图 7-35 所示。

6）依次在三角支架上装好横梁，如图 7-36 所示。

7）安装后斜撑。在三角背梁上安装后斜撑，用后斜撑连接件与横梁相连，使用 M10×40 外六角螺栓固定，与横梁连接时加止动垫片，如图 7-37 所示。

8）安装拉杆。在每跨居中间位置用拉杆将两横梁连接，用 M10×40 外六角螺栓、止动垫片固定，如图 7-38 所示。跨距小于 3000mm 时，该跨不安装拉杆与后斜撑。

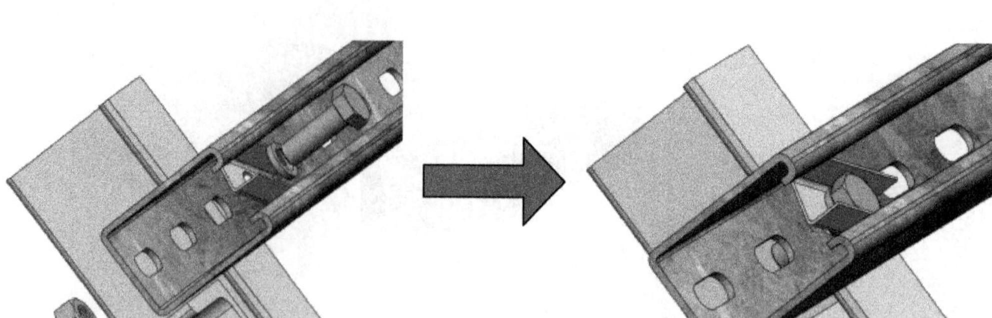

图 7-35 横梁安装

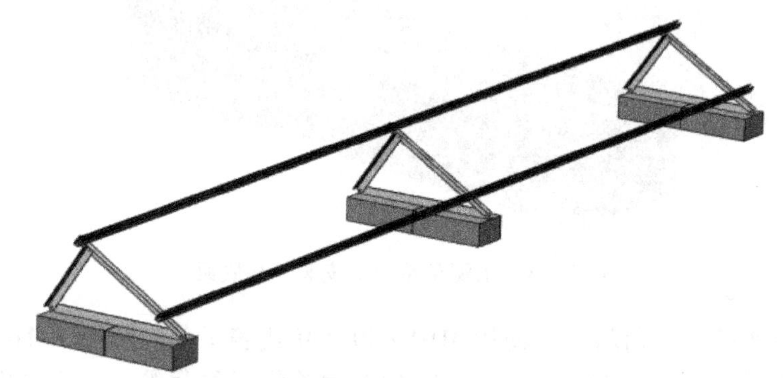

图 7-36 横梁安装示意图

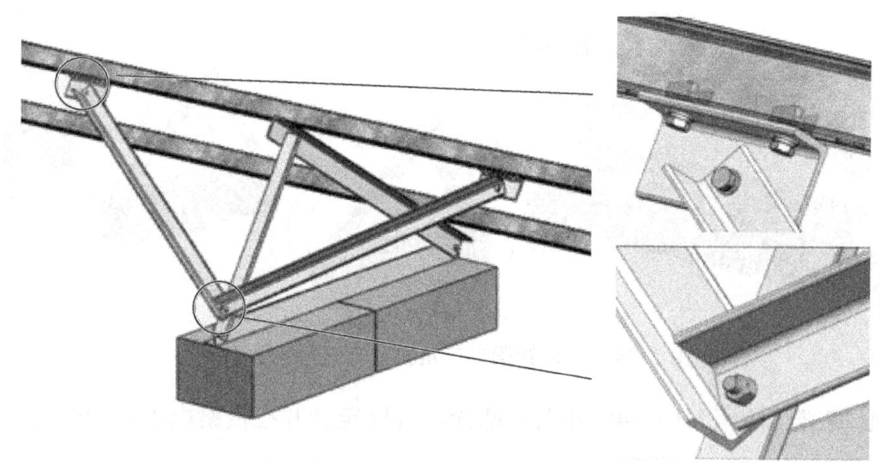

图 7-37 后斜撑安装示意图

9）安装压块。将长条螺母插入横梁中，移动到适当位置，配合单侧压块将组件固定，如图 7-39 所示。

10）安装连接片。C 形钢横梁需要加长时采用横梁连接片连接，使用 M10 ×40 螺栓、止动垫片固定，如图 7-40 所示。

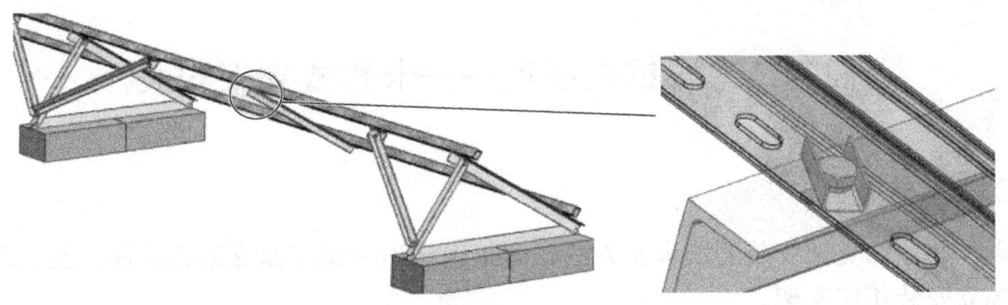

图 7-38　拉杆安装示意图

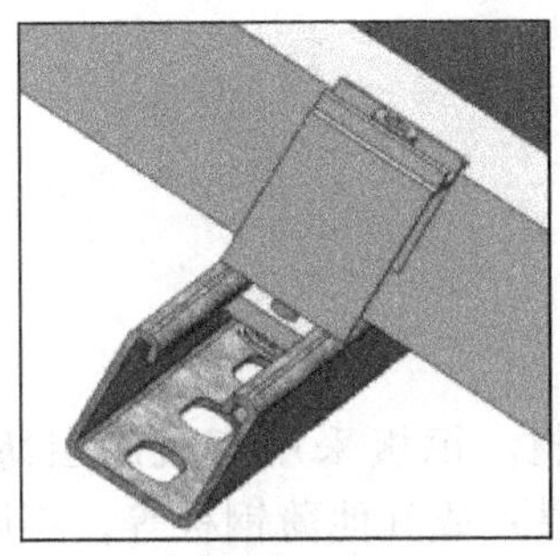

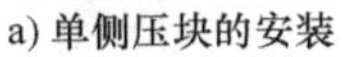

a) 单侧压块的安装

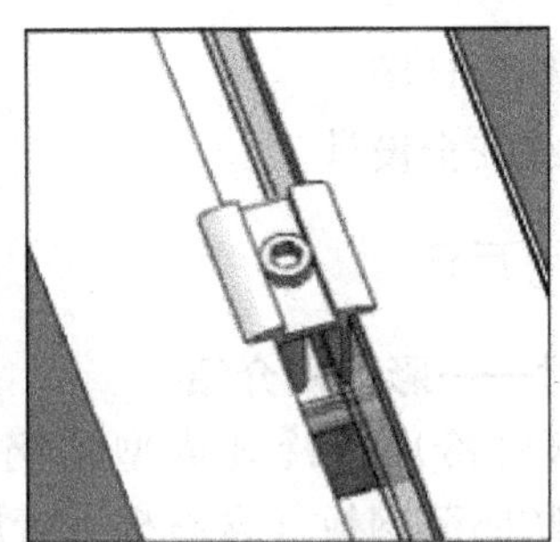

b) 双侧压块的安装

图 7-39　单侧压块与双侧压块安装示意图

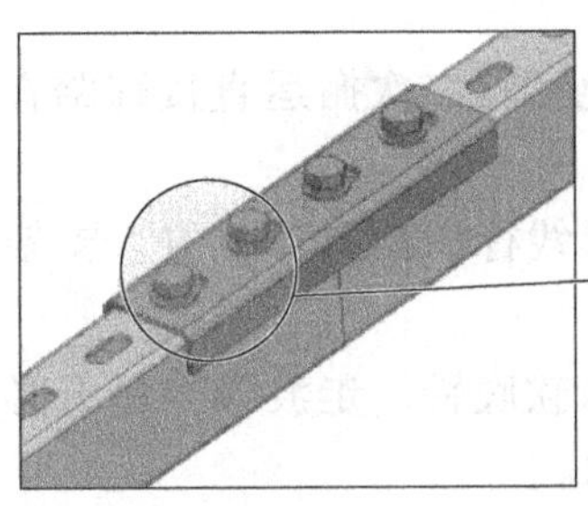

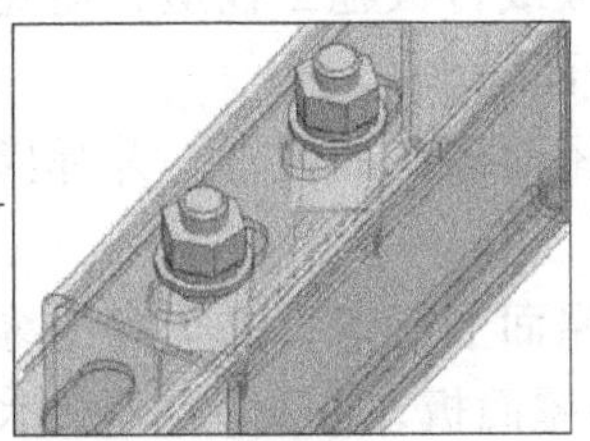

图 7-40　利用连接片加长横梁示意图

11）组件安装效果如图 7-41 所示。

图 7-41　自重式光伏支架组件安装效果

任务二　彩钢板屋顶——卡扣式支架安装

↘ 任务目标

掌握金属屋面支架安装的流程及方法，能正确认识金属屋面支架各构件，能根据项目设计标准独立安装相应支架。

↘ 任务知识准备

1）熟读项目支架设计图。

2）金属屋面荷载安全设计。

↘ 任务实施过程与方法

1. 金属屋面型材——彩钢板介绍

彩钢板是薄钢板经冷压或冷轧成型的钢材。钢板采用有机涂层薄钢板（或称彩色钢板）、镀锌薄钢板、防腐薄钢板（含石棉沥青层）或其他薄钢板等，不同形式的金属屋面如图 6-35 所示。

彩钢板屋顶多用卡扣、暗扣、锁边等非穿透方式安装，特殊情况下可采用穿透性安装。

2. 彩钢板安装注意事项

1）屋面铺设木板或竹板施工栈道，避免材料二次搬运直接踩踏在屋面板上，导致屋面板变形，密封胶脱开而漏水。

2）明确原结构屋面檩条的位置，并弹墨线标识出具体位置。支架与彩钢板连接处必须在屋面檩条位置上。

3）施工人员在屋面上行走，必须穿绝缘软底鞋，走波谷，每天必须清除屋面板上的杂物，防止锈蚀和划伤屋面板，如图 7-42 所示。

图 7-42　金属屋面电站施工栈道、施工图

4）所有需要敷设密封膏的位置不得有遗漏。屋面外板安装完毕后，清除屋面全部杂物、铁屑，如发现屋面板涂层划伤，须用彩板专用修补漆进行修补。拉铆钉及自攻螺钉如发生空钉情况，应随时用铆钉和密封膏补牢，橡胶垫圈不能损坏。

3. 彩钢板支架安装

(1) 安装钢板夹　按图纸指定位置，将钢板夹的正面和背面卡在彩钢板上，并使用螺钉固定（尽量一次性固定所有钢板夹，如果不行则一次固定两行以方便安装光伏组件），如图7-43所示。

图7-43　钢板夹安装示意图

(2) 安装横梁　使用T形螺钉穿过横梁，并将横梁固定在钢板夹上，调整位置后用螺母拧紧，[同(1)尽量一次固定所有横梁，如果不行则一次固定两行以方便安装光伏组件]，如图7-44所示。

a) 安装T形螺钉

b) 安装横梁

图7-44　横梁安装示意图

(3) 放置组件　将光伏组件按照图纸指示放置于横梁上（按顺序放置，通常第一块位于侧边)。

(4) 安装压块　第一块光伏组件放置完毕后，使用单侧压块固定。

单、双侧压块固定方式：将T形螺钉滑入横梁（最好预先滑入所有T形螺钉以方便安装)，使单、双侧压块贴紧光伏组件，并用螺钉固定紧，如图7-45所示。

a) 安装T形螺钉

b) 安装单侧压块

c) 安装双侧压块

图7-45　压块安装示意图

（5）重复（1）~（4）步骤 直至安装完毕，如图7-46所示。

图7-46 金属屋面光伏发电站

模块八

太阳能光伏发电系统验收、运行与维护

知识能力目标

掌握太阳能光伏发电系统并网验收流程。
掌握太阳能光伏发电系统并网验收所准备的相关材料。
掌握太阳能光伏发电系统并网验收检测环节。
掌握太阳能光伏发电系统并网验收检测标准、检测方法与检测要求。
掌握太阳能光伏发电系统检测报告的要求。
掌握太阳能光伏发电运行与维护流程。
掌握太阳能光伏发电运行与维护文件和运行与维护管理。
掌握太阳能光伏发电系统运行与维护检查的方法。
掌握太阳能光伏发电系统运行与维护故障排除方法。
掌握太阳能光伏发电系统运行与维护巡检要求。

模块描述

本模块以深圳蓝波承建的广东河源农夫山泉光伏发电站项目为基础，介绍太阳能光伏发电系统的验收检测与系统运行与维护方法。验收检测部分重点介绍光伏发电系统各环节的检测方法与检测要求，并将企业实际检测操作表格呈现给读者；运行与维护部分主要从观、听、测三方面讲述光伏发电站日常运行与维护的方法与运行与维护内容。读者重点学习验收检测及运行与维护的理论与技术，达到光伏发电站验收、运行与维护的学习要求。

本模块不安排相关任务。

考核标准

掌握光伏发电站验收检测内容及各环节检测理论与技能。
掌握光伏发电站日常运行与维护内容及各环节检测理论与技能。
掌握光伏发电系统故障排除技能。
能独立或团队完成光伏发电站验收检测及发电站运行与维护。

情境一　光伏发电系统验收

一、验收流程

光伏发电系统经过设计和施工后，投资方（业主）应当会同各方依据相关标准的检测程序严格进行检查，并对光伏发电站进行各项指标的试验，为验收并网做准备，其检测的内容及流程如图 8-1 所示。在检查过程中，应严格遵守制造商的操作、安装和连接指示。竣工验收完成后，并网发电，进入运营保修阶段。

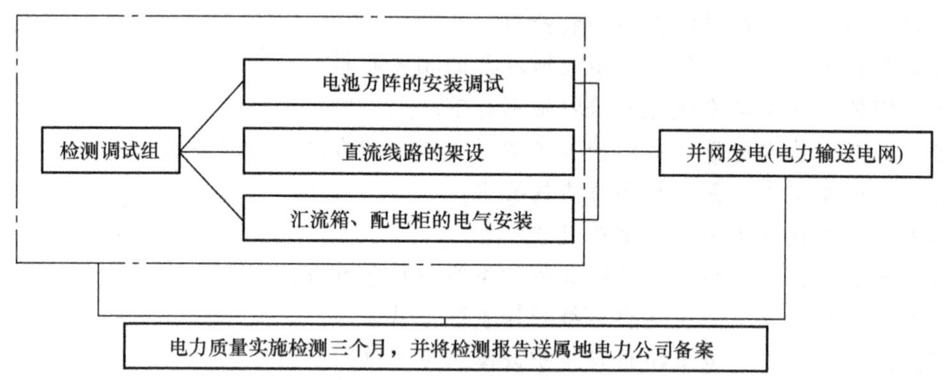

图 8-1　光伏发电站测试、竣工验收、并网发电流程

二、验收材料准备

准备工程项目文件和技术资料，这些文件资料将作为测试和检查的依据。

准备的工程项目文件包括：完成立项、用地许可、项目审批、关键设备招标和资本金筹措等前期准备工作后，及时提交的财政补助资金申请报告及中标协议、购销合同、项目审批文件、关键设备检测认证报告和同意接入电网意见。

项目的立项审批文件包括：占用荒地的项目需提交项目的用地许可，与建筑结合的项目需提交建筑安装许可；并网发电项目需提交电网企业同意接入电网的文件（如享受上网电价），还需提交与电网企业签订的售购电协议、工程承包合同或具有法律依据的项目中标协议复印件。

项目设备采购文件包括：所有设备的采购合同复印件、项目总体设计方案、关键部件（太阳能电池组件和逆变器）的技术手册和使用维护手册、关键部件（太阳电池组件和逆变器）的完整测试报告和认证证书以及建设单位编制的工程竣工报告。

电流互感器、电压互感器检查：铭牌参数是否完整，出厂合格证及试验资料是否齐全。如缺乏上述数据时，应由有关制造厂或基建、生产单位的试验部门提供试验资料。试验资料包括所有绕组的极性，所有绕组及其抽头的变比，电压互感器在各使用容量下的准确级，电流互感器各绕组的准确级（级别）、容量及内部安装位置，二次绕组的直流电阻（各抽头），电流互感器各绕组的伏安特性。

其他包括电网接入现场试验报告，继电保护传动试验报告，计量检查报告，调度自动化系统及通信系统检查报告。

三、设备符合性说明

设备符合性主要是对照项目合同或项目投标书，逐项检查发电站所有设备的规格和数量是否一致。如不一致，则要有相关双方认可的签字材料或具有法律效应的文件。为了清楚对比工程设备与合同的差异，检查内容一般以表格形式展现，深圳蓝波承建广东农夫山泉光伏发电站项目所设计的表格（以太阳能电池组件为例，其他内容参考之）见表8-1。

表8-1　深圳蓝波项目设备符合性设计表格

并网光伏发电系统设备符合性检查表				
序　号	设备名称	数据/参数	与合同符合性	备　注
1	太阳能电池组件			
	生产厂家			
	型号			
	类型			
	峰值功率			
	数量			
	总功率			
	太阳能电池合计功率			

情境二　光伏系统验收测试

一、系统验收测试

1. 太阳能电池组件及太阳能电池阵列性能测试

（1）极性测试　使用相应的测试设备测试所有直流电缆的极性，确认电缆的极性之后，检查其极性标识是否正确以及是否正确地连接到系统装置（例如开关装置或逆变器）上。

注意：为了安全起见和预防设备损坏，进行极性测试前应测量每个光伏组串的开路电压。

（2）开路电压测试　使用测试设备测量每个光伏组串的开路电压。该项测试应在闭合电路开关或安装阵列过电流保护装置（若有）之前进行。开路电压的测量结果应与预期值进行比较，比较的目的是检查安装是否正确而不是检查组件或阵列的性能。

若系统有多个相同组串而且太阳辐射条件稳定，则应对各组串的电压进行比较。电压测量结果应当一致（在相同太阳辐射条件下一般相差不超过5%）。

（3）电流测试　与开路电压测试类似，测量光伏组串电流的目的是验证在光伏阵列接线中不存在重大故障，这些测试不应视为检验组件或阵列性能的措施。测试包括短路电流测试和运行电流测试，这两种测试都可以获得组串性能的信息。在可能的情况下，优先选择短路电流测试，因为它能排除来自逆变器的任何影响。

1）短路电流测试。使用相应的测试设备测量每个光伏组串的短路电流，确保所有光伏组串之间彼此隔离，而且所有开关装置和短路方式均处于断开状态。测量结果应与预期值进行比较，若系统有多个相同组串且太阳辐射条件稳定，应对各组串的电流测量结果进行比较。测量结果应当一致（在相同太阳辐射条件下一般相差不超过5%）。

2）运行电流测试。将系统开启并处于正常运行模式（逆变器最大功率点跟踪），测量每个光伏组串的电流。测量时使用合适的钳形电流表，钳在组串电缆上。测量结果应与预期值进行比较。若系统有多个相同组串而且太阳辐射条件稳定，应对各组串的电流测量结果进行比较。测量结果应当一致（在相同太阳辐射条件下一般相差不超过5%）。

（4）太阳能电池标称峰值功率的测试

1）测试的目的是检验实际安装的太阳能电池的峰值功率是否与投标书或合同中的功率相符，这对于按照功率给以初投资补贴的项目尤为重要。测试条件：太阳辐照度为1000W/m^2，太阳电池结温为25℃，太阳光谱为AM1.5。

2）测试方法。

① 现场功率的测定可以采用由第三方检测单位校准过的“太阳能电池方阵测试仪”抽测太阳能电池支路的*I*—*V*特性曲线，抽检依据GB/T 6378.1—2008《计量抽样检验程序 第1部分：按接收质量限（AQL）检索的对单一质量特性和单个AQL的逐批检验的一次抽样方案》进行。由*I*—*V*特性曲线可以得出该支路的最大输出功率，为了将测试得到的最大输出功率转换到峰值功率，需要做如下几点校正。

光强校正：在非标准条件下测试应当进行光强校正，光强按照线性法进行校正。

温度校正：现场测试太阳能电池的结温，并根据太阳能电池的温度系数进行功率的温度校正。结温一般估计为60℃，按照高于25℃时每升高1℃，功率下降2‰计算（晶体硅按照5‰计算），合计下降7%。

组合损失校正：太阳能电池组件串并联后会有组合损失，应当进行组合损失校正，太阳能电池的组合损失应当控制在8%以内。

太阳能电池朝向校正：不同的太阳能电池朝向具有不同的功率输出和功率损失，如果有不同朝向的太阳能电池接入同一台逆变器的情况，则需要进行此项校正。

灰尘遮挡校正：测试之前应当清洗太阳能电池，否则还需要进行灰尘遮挡校正。

② 如果没有“太阳能电池方阵测试仪”，也可以通过现场测试电站直流侧的工作电压和工作电流得出电站的实际直流输出功率。为了将测试得到的电站实际输出功率转换到峰值功率，测试后应当进行上述四项及最大功率点校正。

最大功率点校正：固定负载条件下太阳能电池很难保证工作在最大功率点，需要与功率曲线对比进行校正；对于带有太阳能电池最大功率点跟踪（MPPT）装置的系统可以认为光伏方阵工作在最大功率点，不用做此项校正。

（5）光伏方阵绝缘阻抗测试

1）测试注意点。这项测试可能存在电击危险，因此开始之前完全理解测试过程是非常重要的。必须遵循以下安全措施：

① 限制无关人员进入工作区域。

② 进行绝缘测试时不要用身体任何部位接触金属表面，同时采取措施防止其他人接触。

③ 进行绝缘测试时不要用身体任何部位接触组件/层压板的背面和端子，同时采取措施

防止其他人接触。

④ 当绝缘测试设备加电时测试区域就有了电压，此时设备须有自动放电的能力。在整个测试期间，应穿戴适当的防护服或其他设备。

2）测试要求。测试应至少在每个光伏阵列上重复进行，如有要求，也可以对组串单独进行测试。

3）测试方法。

① 先后在阵列负极和地之间以及阵列正极和地之间进行测试。

② 在地和短接的阵列正负极之间进行测试。

可以安全地建立和切断短路连接。

测试过程的设计应保证峰值电压不超过组件或电缆的额定值。

4）测试部位选择。

① 如果结构/框架连接到地，接地线可以连接到任何合适的其他接地线或者阵列框架上（若采用阵列框架，应保证接触良好而且整个金属框架具有接地连续性）。

② 对于阵列框架不接地的系统（例如等级Ⅱ的设施），试运行测试工程师应在以下两种情况下进行测试：

a. 在阵列电缆和地之间。

b. 在阵列电缆和框架之间。

③ 对于没有可触及带电部位的阵列（例如光伏屋面瓦），测试应在阵列电缆和建筑物的地之间进行。

5）光伏阵列绝缘阻抗测试过程。开始测试之前：限制无关人员进入，将光伏阵列与逆变器隔离（一般通过阵列开关断路器），断开接线盒和集电盒中所有可能影响绝缘测量的装置（例如过电压保护装置）。

如果采用测试方法②并采用了短路开关箱，应在起动短路开关之前将阵列电缆安全地连接到短路装置中。

绝缘阻抗测试设备应按照所采用测试方法的要求，连接到地线和阵列电缆之间。测试开始之前确保测试电缆已经安全地连接。按照绝缘阻抗测试设备的说明书进行操作，保证测试电压符合表8-2的规定。按照表8-2规定的测试电压对每个电路进行测试，若所有电路的绝缘阻抗都不低于表中规定的限值，则符合要求。在拆卸测试电缆和接触导电零部件之前，要保证系统已经断电。

表8-2　光伏阵列绝缘阻抗测试的最小值

测量方法	系统电压/V	测试电压/V	最低绝缘阻抗/MΩ
测试方法①	<120	250	0.5
	120～500	500	1
	>500	1000	1
测试方法②	<120	250	0.5
	120～500	500	1
	>500	1000	1

2. 逆变器运行参数的测试

逆变器是光伏发电系统的关键设备之一，在其设备生命周期中均应可靠接地。并网调试时，应检查其开路电压以及电压极性。

（1）逆变器的测试和实验方法

1）电压：用测试仪表的 DC 1000V 及以上档位测量逆变器的直流输入电压，应在逆变器的额定工作电压范围内。交流三相电压的电压符合范围，相序与逆变器相序对应。

2）电流：逆变器正常工作时，输出电流较大，宜采用钳形电流表测量进出母线的电流。

3）接地电阻：逆变器接地极及外壳均需要可靠接地，且接地电阻≤4Ω。

（2）逆变器测试内容

1）测量显示。逆变设备应有主要运行参数的测量显示和运行状态的指示。参数测量精度应不低于 1.5 级。测量显示参数至少包括直流输入电压、输入电流、交流输出电压、输出电流（容量）；状态指示显示逆变设备状态（运行、故障、停机等）。并网逆变器应至少按照 GB/T 19939—2005《光伏系统并网技术要求》和 IEC 62109 -1《光伏电力系统用电力变流器的安全——第 1 部分：一般要求》的要求，通过中国国家认证认可监督管理委员会授权认证机构的认证。

2）远程监测功能。逆变设备宜设有远程监测功能，接口宜采用 RS-232C 或 RS-485 方式。

3）运行现场测量内容。逆变器是发电站的主要设备，逆变器是否能够可靠、高效运行直接影响发电站的输出，在现场应当对所有逆变器进行测试，测试应做的记录见表 8-3，读者要注意测量内容的全面、完整。

表 8-3　深圳蓝波逆变器测试内容记录表

逆变器测试参数	测试结果	备　注
生产厂家		
逆变器型号		
逆变器类型	单相　　　　三相	
有无变压器	有　　　　　无	
输出额定功率		
当地海拔		
环境温度		
逆变器控制方式	各自独立　　　群控	
直流侧输入电流		
直流侧输入电压		
直流侧输入功率		
交流侧输出 A 相电流（或单相电流）		
交流侧输出 B 相电流		
交流侧输出 C 相电流		
交流侧输出 A 相电压（或单相电压）		

（续）

逆变器测试参数	测试结果	备　注
交流侧输出 B 相电压		
交流侧输出 C 相电压		
交流侧输出功率		
负载率（输出功率与额定功率比值）		
逆变器实测转换效率		
散热方式		
机械尺寸		

3. 电能质量的测试

电能质量测试依据规范进行。并网前，进行电能质量测试 10min，如果不符合标准要求，则延长测试时间。并网后，进行电能质量测试 10min。

（1）测试要求　光伏发电站接入电网后，在谐波、不平衡、电压波动和闪变以及功率因数等性能方面应满足 Q/GDW 617—2011《光伏电站接入电网技术规定》相关要求。当公共连接点监测到电能质量超过标准限制值时，光伏发电站应与电网断开。

（2）测试条件　光伏发电站并网试运行，试验应选择晴天或少云天气，无恶劣的气候条件。

（3）测试内容　光伏发电站应在并网点装设，测量各类电能质量参数满足 IEC 61000-4-30—2008《电磁兼容（EMC）——第 4-30 部分：测试和测量技术——电源质量测量方法》标准要求。对于中型及以上光伏发电站，电能质量数据应能够远程传送到电网经营企业，保证电网企业对电能质量的监控；对于小型光伏发电站，电能质量数据应具备一年及以上的存储能力，必要时供电网经营企业调用。电能质量测试主要包括以下内容：

1）电压偏差。

测试要求：光伏发电站接入电网后，公共连接点的电压偏差应满足 GB/T 12325—2008《电能质量　供电电压偏差》的规定，即 35kV 及以上供电电压正、负偏差的绝对值之和不超过标称电压的 10%，20kV 及以下三相供电电压偏差为标称电压的 ±7%。

光伏逆变器采用电压型或参与电网无功调节、电压调节的光伏发电站，电压偏差指标必须经过测试，测试数据应包括光伏发电站投产前后的测试数据。

测试方法：调取电能质量在线监测装置所测的数据。如公共连接点电压上下偏差同号（均为正或负）时，按较大的偏差绝对值作为衡量依据。

2）谐波和波形畸变。

测试要求：依照 Q/GDW 617—2011《光伏电站接入电网技术规定》中对“谐波限制值”的要求进行。

测试方法：调取电能质量在线监测装置所测的电能质量数据。并网光伏发电站谐波测量时段应选择光伏发电站（逆变器）输出功率大于额定功率的 50% 的时段进行，测试时间不少于 2h，测量的间隔时间为 1min，测试数据 CP95 值㊀应小于限制值。

㊀ CP95 值，即将实测值按由大到小次序排列，舍弃前面 5% 的大值，取剩余实测值中的最大值。

3）电压波动和闪变。

测试要求：依照Q/GDW 617—2011《光伏电站接入电网技术规定》中对“电压波动和闪变的限制值”的要求进行。

测试方法：调取电能质量在线监测装置所测的电能质量数据。选择电力系统正常运行较小方式，且光伏发电站处于正常、连续工作状态，以一天（24h）为测量周期，以最大长时间闪变值作为测量值。

4）电压不平衡度。

测试要求：光伏发电站接入电网后，公共连接点的三相电压不平衡应不超过GB/T 15543—2008《电能质量　三相电压不平衡》规定的限值。公共连接点日发电时段内的负序电压不平衡度应不超过2%，短时不得超过4%；其中由光伏发电站单独引起的公共连接点负序电压不平衡度不应超过1.3%，短时不超过2.6%。

测试方法：调取电能质量在线监测装置所测的电能质量数据。选择光伏发电站（逆变器）输出功率大于额定功率50%的时段内的数据作为测量数据。

5）直流分量。

测试要求：光伏发电站并网运行时，并网点直流电流分量不应超过其交流额定值的0.5%，当采用无变压器结构的逆变器以获得更高效率时，可放宽至1%。

测试方法：调取电能质量在线监测装置所测的电能质量数据。应选择光伏发电站（逆变器）输出功率大于额定功率的50%的时段内数据作为测量数据。

（4）检测内容及记录

1）首先将光伏发电站与电网断开，测试电网的电能质量，其测试内容见表8-4。

表8-4　深圳蓝波光伏发电站与电网断开后电能质量测试内容表

并网点和公共连接点电网的电能质量		备　注
A相电压偏差（或单相电压）		
B相电压偏差		
C相电压偏差		
A相频率偏差（或单相频率）		
B相频率偏差		
C相频率偏差		
A相电压/电流谐波含量与畸变率（或单相谐波）		
B相电压/电流谐波含量与畸变率		
C相电压/电流谐波含量与畸变率		
三相电压不平衡度		
直流分量		
是否存在电压波动与闪变事件	是　　否	
A相功率因数（或单相功率因数）		
B相功率因数		
C相功率因数		

2）将逆变器并网，待稳定后测试并网点的电能质量，其测试内容见表8-5。

表8-5 深圳蓝波光伏发电站与电网并网后电能质量测试内容表

并网点和公共连接点电网的电能质量		备 注
A相电压偏差（或单相电压）		
B相电压偏差		
C相电压偏差		
A相频率偏差（或单相频率）		
B相频率偏差		
C相频率偏差		
A相电压/电流谐波含量与畸变率（或单相谐波）		
B相电压/电流谐波含量与畸变率		
C相电压/电流谐波含量与畸变率		
三相电压不平衡度		
直流分量		
是否存在电压波动与闪变事件	是　　否	
A相功率因数（或单相功率因数）		
B相功率因数		
C相功率因数		

上述电能质量指标的判定依据按照Q/GDW 617—2011《光伏电站接入电网技术规定》的要求执行。

4. 电压/频率响应性能测试

在光伏发电站或功率单元并网点处接入电网扰动发生装置，分别下发定压调频和定频调压指令，观察光伏发电站或功率单元在上述扰动指令下的响应特性是否满足Q/GDW 617—2011《光伏电站接入电网技术规定》的要求。

5. 低电压耐受性能测试

本项测试适用于并入中、高压电网的光伏发电站，在光伏发电站或功率单元并网点处接入低电压耐受测试装置，分别下发各类暂态故障时的电压跌落幅值和持续时间指令，观察光伏发电站或功率单元在上述故障条件下的耐受能力是否满足Q/GDW 617—2011《光伏电站接入电网技术规定》的要求。

6. “孤岛保护”的性能测试

在光伏发电站或功率单元并网点处接入精密RLC并联谐振装置，在不同功率输出区间内下发并网断路器跳闸指令，观察光伏发电站或功率单元在上述情况下的孤岛保护特性是否满足Q/GDW 617—2011《光伏电站接入电网技术规定》的要求。

7. 有功/无功控制性能测试

本项测试适用于并入中、高压电网的光伏发电站，使用真实调度系统或模拟调度系统下

发有功/无功控制指令，观察光伏发电站输出有功/无功功率的响应是否满足 Q/GDW 617—2011《光伏电站接入电网技术规定》的要求。

8. 系统电气效率测试

根据各个方阵的功率测试值和逆变器输出功率值，利用参数修正到同一条件下，根据公式计算系统电气效率。

系统电气效率
$$\eta_P = P_{OP}/P_{SP} \tag{8-1}$$

式中，η_P 为系统效率；P_{OP}为系统输出功率（kW），即逆变器并网侧的交流功率；P_{SP}为光伏组件产生的总功率（kW）。

9. 汇流箱的检测

汇流箱是光伏发电系统中的主要设备之一，在汇流箱施工进场时，就应该对其电气性能进行检查。日常中应注意熔断器的状态，检查是否熔断失效、断路器是否断开、防雷器是否损坏等。汇流箱的检测和实验方法如下：

1）电压：汇流箱断路器处于断开位置时，测量断路器输入侧电压，测量时用仪表的 DC 1000V 及以上档位。

2）电流：测量汇流箱的工作电流，宜用钳形电流表测量汇流箱输出侧的母线电缆。

3）接地电阻：汇流箱接地极及外壳均需要可靠接地，且接地电阻≤4Ω。

10. 交（直）流配电设备检查

交（直）流配电设备是指实现交流/交流（直流/直流）接口、部分主控和监视功能的设备。交（直）流配电设备容量的选取应与输入的电源设备和输出的供电负荷容量匹配。交（直）流配电设备主要特征参数包括标称电压和标称电流。交（直）流配电设备检查一般包括保护功能检查与测量显示检查。

（1）保护功能检查　交（直）流配电设备至少应具有如下保护功能：a. 输出过载、短路保护；b. 过电压保护（含雷击保护）。

（2）测量显示检查　交（直）流配电设备应有主要运行参数的测量显示和运行状态的指示功能。参数测量准确度应不低于 1.5 级。测量显示参数至少包括输出电流（或输出容量）、输出电压、用电量；运行状态指示至少应包括交（直）流配电设备状态（运行、故障等）。

11. 电站数据采集和监控系统的检查

电站数据采集和监控系统应包括（但不限于）以下监视和控制功能：

1）基本环境、气象数据的采集。

2）系统电气信号和运行数据的采集。

3）系统故障信息的采集。

4）系统数据处理、记录、传输和显示。

12. 支架结构的检查

支架制作和安装所用的材料分主材和辅材。主材为制作和安装支架的主要原材料，包括 U 型钢、铝合金檩条和夹具等；辅材为制作和安装支架的连接材料和涂装材料，包括焊接材料、连接紧固件、防腐涂料以及其他辅助材料。对于支架结构检查应做到如下几点：

1）支架制作和安装所用的材料必须具有合格的《质量证明书》、检验报告等，其品种、

规格和性能指标应符合国家产品标准和订货合同条款，满足设计文件的要求。

2）应按国家标准对支架制作和安装所用的材料的品种、规格和性能进行验收，验收合格者方能在支架制作和安装中使用。

3）对于支架制作和安装所用的材料，国家标准规定要求进行复验的，必须按照现行国家标准和订货合同条款的规定，进行各项性能指标的复验，合格后方能在支架制作和安装中使用。

4）支架制作和安装如采用进口材料，则必须有材料的《质量证明书》，其品种、规格和性能指标应符合供货国产品标准和订货合同条款，并满足设计文件的要求。按规定要求进行商检的，应以供货国标准或订货合同条款进行商检，商检合格者方能进行钢结构制作和安装。

5）钢材的质量要求：

① 钢材表面不得有裂纹、结疤、折叠、麻纹、气泡和夹杂。

② 钢材表面的锈蚀、麻点、划伤和压痕等的深度不得大于该钢材厚度负允许偏差值的1/2。

③ 钢材端边或断口处不应有分层、夹渣等缺陷。

④ 钢材表面的锈蚀等级应符合GB/T 8923.1—2011《涂覆涂料前钢材表面处理　表面清洁度的目视评定　第1部分：未涂覆过的钢材表面和全面清除原有涂层后的钢材表面的锈蚀等级和处理等级》规定。

6）连接紧固件材料。

① 支架连接用高强度螺栓连接副、高强度螺栓、普通螺钉、铆钉、自攻钉、拉铆钉、射钉、锚栓（机械型和化学试剂型）和地脚螺栓等紧固件及必要的标准配件，其品种、规格、性能等应符合现行国家产品标准和设计要求。

② 支架用普通螺栓、高强度大六角螺栓连接副、扭剪型高强度螺栓连接副应符合现行国家标准的规定。

7）跟踪支架要求：自动跟踪支架的实际角度与理论角度之间的误差应小于$\pm 2°$。

8）基础要求：混凝土强度等级为C25，配筋为ϕ6mm钢筋，支墩螺栓露出混凝土基础顶面不超过设计要求。

13. 保护装置和等电位的测试

（1）安装保护装置及防雷接地装置　为了有效防范雷击，使光伏发电站达到长期稳定、安全、可靠运行的目标，在机房外部和太阳能电池方阵附近安装接闪器、引下线和接地装置组成的防雷装置，并在机房内部安装防雷器件组成等电位连接的防雷装置。

（2）等电位的测试　将等电位测试仪的两个端子的引出线分别与太阳能电池组件、擦窗机轨道连接，并记录读数。

注意：等电位连接必须符合规范要求，测试过程中要保证接触良好。

14. 关键电气部件的检测

电流互感器、电压互感器安装竣工后，继电保护检验人员应进行下列检查：

1）电流互感器、电压互感器的变比、容量和准确级必须符合设计要求。

2）测试互感器各绕组间的极性关系，核对铭牌上的极性标识是否正确。检查互感器各次绕组的连接方式及其极性关系是否与设计符合，相别标识是否正确。

3）有条件时，自电流互感器的一次分相通入电流，检查工作抽头的电流比及回路是否正确（发、变组保护使用的外附互感器、变压器套管互感器的极性与变比检验可在发电机做短路试验时进行）。

4）自电流互感器的二次端子箱处向负载通入交流电流，测定回路的压降，计算电流回路每相与中性线及相间的阻抗（二次回路负担）。将所测得的阻抗值按保护的具体工作条件和制造厂家提供的出厂资料验算是否符合互感器10%误差的要求。

15. 屏柜及装置的检验

（1）检验注意问题　检验时须注意如下问题，以避免装置内部元器件损坏：

1）断开保护装置的电源后才允许插、拔插件，且必须有防止因静电损坏插件的措施。

2）调试过程中发现有问题要先找原因，不要频繁更换芯片。必须更换芯片时，要用专用起拔器。应注意芯片插入的方向，插入芯片后需经第二人检查无误后，方可通电检验或使用。

3）检验中尽量不使用电烙铁，如发生元器件损坏等情况，必须在现场进行焊接时，要用内热式带接地线的电烙铁或电烙铁断电后再焊接。所替换的元器件必须使用制造厂确认的合格产品。

4）用具有交流电源的电子仪器（如示波器、频率计等）测量电路参数时，电子仪器测量端子与电源侧绝缘必须良好，仪器外壳应与保护装置在同一点接地。

（2）装置外部检查

1）检查装置的实际构成情况，如装置的配置、装置的型号以及额定参数（直流电源额定电压、交流额定电流和交流额定电压等）是否与设计相符合。

2）检查主要设备、辅助设备的工艺质量以及导线与端子采用材料的质量。装置内部的所有焊接点、插件接触的牢靠等制造工艺质量的问题，主要依靠制造厂保证产品质量。进行新安装装置的检验时，试验人员只作抽查。

3）屏柜上的标志应正确、完整、清晰，并与图纸和运行规程相符。

4）检查安装在装置输入回路和电源回路的减缓电磁干扰器件和措施，它们应符合相关标准和制造厂的技术要求。在装置检验的全过程应保持这些减缓电磁干扰器件和措施处于良好状态。

5）应将保护屏柜上不参与正常运行的连接片取下或采取其他防止误投的措施。

6）定期检验的主要检查项目包括：检查装置内、外部是否清洁无积尘；清扫电路板及屏柜内端子排上的灰尘；检查装置的小开关、拨轮及按钮是否良好；检查显示屏是否清晰，文字是否清楚；检查各插件印制电路板是否有损伤或变形，连线是否连接好；检查各插件变换器、继电器是否固定好，有无松动；检查装置横端子排螺钉是否拧紧，后板配线连接是否良好；按照装置技术说明书描述的方法，根据实际需要，检查、设定并记录装置插件内的选择跳线和拨动开关的位置。

16. 绝缘测试

1）按照装置技术说明书的要求拔出插件。

2）在保护屏柜端子排内侧分别短接交流电压回路端子、交流电流回路端子、直流电源回路端子、跳闸和合闸回路端子、开关量输入回路端子、自动化系统接口回路端子及信号回路端子。

3）断开与其他保护的弱电联系回路。

4）装置内所有互感器的屏蔽层应可靠接地。在测量某一组回路对地绝缘电阻时，应将其他各组回路都接地。

17. 监控系统检查

1）完成监控系统与其他单元之间的通信调试。

2）利用组态主界面，记录光伏发电系统、逆变器与负载系统的实时运行数据。

3）利用光伏发电系统采集报表，采集光伏方阵的输出电压与输出电流、逆变器与负载系统的输出电压与输出电流等数据。

4）利用光伏组件非线性输出坐标界面，记录光伏组件非线性输出波形。

5）其他：绘制光伏发电系统电路图，焊接数据采集线连接电路板。

二、光伏发电系统测试报告

完成测试过程之后，应出具一份测试报告。测试报告应包含：系统的概况（名称、地址等）、检查和测试的电路清单、检查的记录、每个被测试电路的测试结果记录、建议下一次测试的时间、测试者的签名。本节给出深圳蓝波光伏项目测试报告的模板，见表8-6。

表8-6　深圳蓝波光伏发电系统测试报告模板

<table>
<tr><td colspan="4">光伏发电系统测试报告</td><td colspan="4">初始验证
周期验证</td></tr>
<tr><td colspan="4" rowspan="2">安装地点</td><td colspan="2">报告编号</td><td colspan="2"></td></tr>
<tr><td colspan="2">日期</td><td colspan="2"></td></tr>
<tr><td colspan="4" rowspan="2">被测样品描述</td><td colspan="2">测试人</td><td colspan="2"></td></tr>
<tr><td colspan="2">测试仪器</td><td colspan="2"></td></tr>
<tr><td>组串</td><td></td><td>1</td><td>2</td><td>3</td><td>4</td><td>…</td><td>n</td></tr>
<tr><td rowspan="2">阵列</td><td>型号</td><td></td><td></td><td></td><td></td><td></td><td></td></tr>
<tr><td>数量</td><td></td><td></td><td></td><td></td><td></td><td></td></tr>
<tr><td rowspan="2">阵列参数</td><td>V_{OC}(stc)</td><td></td><td></td><td></td><td></td><td></td><td></td></tr>
<tr><td>I_{SC}(stc)</td><td></td><td></td><td></td><td></td><td></td><td></td></tr>
<tr><td rowspan="4">组件过渡保护装置</td><td>类型</td><td></td><td></td><td></td><td></td><td></td><td></td></tr>
<tr><td>额定值/A</td><td></td><td></td><td></td><td></td><td></td><td></td></tr>
<tr><td>DC 额定值/V</td><td></td><td></td><td></td><td></td><td></td><td></td></tr>
<tr><td>容量/kA</td><td></td><td></td><td></td><td></td><td></td><td></td></tr>
<tr><td rowspan="3">接线</td><td>类型</td><td></td><td></td><td></td><td></td><td></td><td></td></tr>
<tr><td>相线直径/mm</td><td></td><td></td><td></td><td></td><td></td><td></td></tr>
<tr><td>地线直径/mm</td><td></td><td></td><td></td><td></td><td></td><td></td></tr>
<tr><td rowspan="3">组串测试</td><td>V_{OC}/V</td><td></td><td></td><td></td><td></td><td></td><td></td></tr>
<tr><td>I_{SC}/A</td><td></td><td></td><td></td><td></td><td></td><td></td></tr>
<tr><td>辐照度/(W/m^2)</td><td></td><td></td><td></td><td></td><td></td><td></td></tr>
</table>

（续）

组串		1	2	3	4	…	n
极性检查	试验电压/V						
阵列绝缘阻抗	正极对地/MΩ						
	负极对地/MΩ						
接地连续性							
开关功能正常							
逆变器厂家/型号							
逆变器序列号							
逆变器功能正常							
电网脱离测试							

1. 初始测试

新安装系统的测试应按照标准要求进行。初始测试报告应附带关于负责系统设计、安装和测试的人员的信息，并说明他们的责任范围。初始测试报告应对周期测试的间隔给出建议。检查周期的决定应考虑设备的安装环境和设备的类型、使用和操作情况、维护频率和次数以及系统所受外部的影响。

注意：在一些国家，测试的时间间隔在国家法规中进行了规定。

2. 周期测试

已有系统的周期测试应按照标准要求进行，还应考虑此前的周期测试的结果和备注。周期测试完成后应出具报告，报告中列明发现的所有故障，并给出关于维修和升级的建议（例如升级系统以符合现行标准的要求）。

情境三　光伏发电系统的运行与维护

一、基本要求

1）光伏发电系统的运行与维护应保证系统本身安全以及系统不会对人员造成危害，并使系统维持最大的发电能力。

2）光伏发电系统运行与维护管理制度应结合国家标准、行业标准以及本系统实际情况制定。

3）明确岗位职责和人员，制定紧急事故处理措施。

4）实时记录系统运行情况、定期对运行数据进行分析。

二、运行与维护流程

在运维（运行与维护，简称“运维”）开始前，需要对该系统进行验收、移交等工作，只有具备条件、验收合格的项目才能够进行正式运行。其维护前后工作流程如图8-2所示。

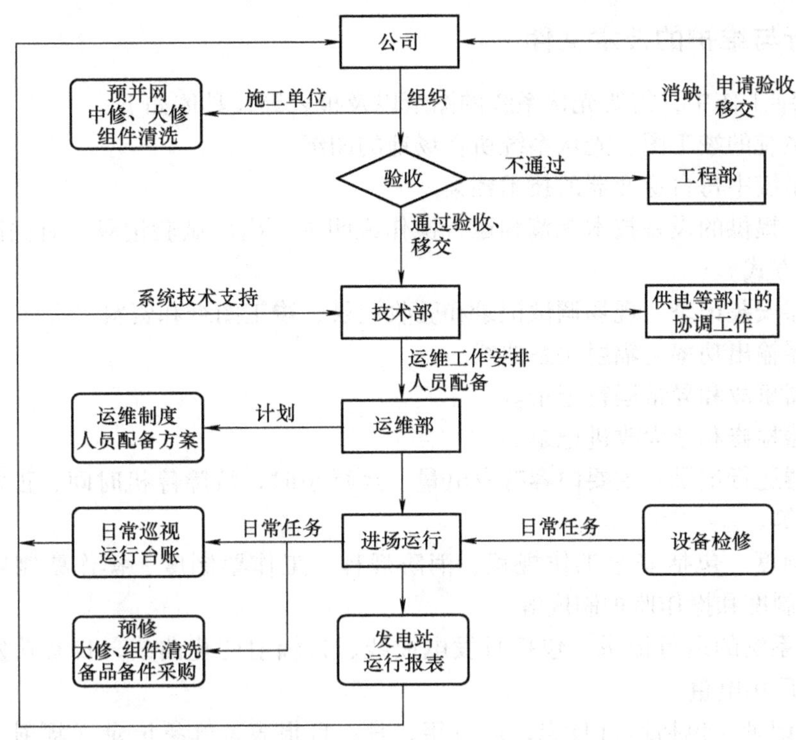

图 8-2　光伏发电站运维前后工作流程

图 8-2 简要解释了光伏发电系统运维前后的工作。

1）项目完工后由建设单位向公司提出验收申请并报相关资料，公司经营计划部审查合格后组织相关部门（工程部、质安部、技术部及合约部）进行验收，若验收未通过，建设部门应按照验收缺陷单进行整改并反馈至公司，由公司组织再次验收。验收通过后发电站交接至技术部，运维部负责系统的日常运维工作。

2）运维部接到公司运维任务，根据项目情况（装机容量及运维时间）组织人员成立发电站运维小组，对运维部进行工作任务安排，运维部在进场前按照相关文件要求，与建设单位进行工作交接。所有工作需在现场交接，双方确认交接完成，形成书面文件，运维部预备进站运维。

3）运维部人员按照运维管理制度要求进行运维准备，负责发电站整体运行及检修工作，根据运维管理制度要求向公司上报系统运行情况（发电量、异常情况等）。运维部提前做好费用预算，列出费用支出明细上报公司。为保证系统正常运行，公司对费用支出审核无误后，必须保证按月足额支付。

4）对于发电站运行过程中所需的组件清洗、中修、大修、预试和设备更换等现场无法完成事宜，由运维部报技术部及公司，公司组织供应部门进行招标，中标单位负责进场处理相关问题，经运维部确认并通过试运行无误后方可离场，工程量确认单由运维部负责反馈至技术部及公司。

5）技术部负责与电力公司调度部门沟通、协调工作，如技术部无力解决相关事宜，上报公司。

三、运行与维护的技术文件

在整个运维工作中，需要光伏系统的图纸以及报表等，具体如下：

1）光伏系统的竣工图、光伏系统所在场地的图纸。

2）光伏系统中每台逆变器的技术档案。

3）制造厂提供的设备技术规范和运行操作说明书、出厂试验记录、有关图纸、系统图以及厂商联系方式。

4）逆变器安装记录、现场调试记录和验收记录、竣工图纸和资料。

5）逆变器输出功率与辐射关系曲线。

6）逆变器事故和异常运行记录。

7）逆变器检修和重大改进记录。

8）逆变器运行记录。主要内容有发电量、运行小时、故障停机时间、正常停机时间和维修停机时间等。

9）规程制度。包括安全工作规程、消防规程、工作票制度、操作票制度、交接班制度、巡回检查制度和操作监护制度等。

10）光伏系统的运行记录。包括日发电曲线、日辐射变化曲线、日有功发电量、日无功发电量和日厂用电量。

11）相关记录。包括运行日志，运行年、月、日报表，气象记录（辐射、气温、气压等），缺陷记录，故障记录，设备定期试验记录，培训工作记录等。

对缺少、丢失的文件，要补齐，保障光伏系统技术文件和记录文件的完整性。

四、运行与维护的人员管理

光伏系统的运维人员应具备以下技能：

1）光伏系统的运行人员必须经过岗位培训，考核合格，健康状况符合上岗条件。

2）熟悉光伏系统的工作原理及基本结构。

3）掌握计算机监控系统的使用方法。

4）熟悉光伏系统各种状态信息、故障信号及故障类型，掌握判断一般故障的原因和处理的方法。

5）熟悉操作票、工作票的填写。

光伏系统运维人员要时刻保持安全意识，注重日常巡检与事故预测，及时处理现场情况。

五、运行与维护的要点

光伏系统的日常运维主要针对光伏组件、汇流箱、交（直）流柜、逆变器和高低压柜等设备的操作和维修。

1. 光伏系统的运行要点

1）光伏机组在投入运行前应具备光伏系统投入运行条件。

2）电源相序正确，三相电压平衡。

3）各项保护装置均在正确投入位置，且保护定值均与批准的值相符。

4）控制计算机显示处于正常运行状态。

5）长期停用的光伏机组在投入运行前应检查绝缘，合格后才允许起动。

6）经维修的光伏机组在起动前，所有为检修而设立的各种安全措施应已拆除。

7）光伏系统运行人员每天做好天气、运行设备各项参数变化等记录，监视设备运行情况，做好光伏系统安全运行的事故预想和对策。

8）光伏系统的运行人员应定期巡视，通过听（有无异常声音）、测（各设备温度、各设备参数）对逆变器、升压变压器和高压配电线路进行巡回检查，并根据实际运行情况增加巡回检查内容及次数。

2. 光伏系统的维修要点

1）光伏系统设备的定期检查维护应在停机状态下进行。

2）维修时需要停电操作，悬挂指示牌。对不能停电的维修工作需做好安全防护。

3）检查维护应不少于两人，运行人员要戴安全帽、穿安全鞋。零配件及工具必须单独放在工具袋内。

4）对照明设备、灭火器等安全设施应定期检查。

5）保持场地清洁、通风。

六、运行与维护内容

1. 定期检查

一般根据输出容量确定检查次数，100kWp 以内时每年检查两次以上，100kWp 以上（1000kWp 以内）时每两个月检查一次。推荐的检查项目见表 8-7。在一般家庭中安装的小于 20kWp 的小型太阳能光伏发电系统被看作一般电气设备，因此虽不要求依法定期检查，但按照定期检查的要求，要自主检查。

原则上检查、试验在地面上进行。但是根据个别系统设备的安装环境以及其他原因，检测者经过安全确认后可在屋顶上直接进行检查，若发现异常，应向生产厂家和专业技术人员咨询。

在日常检查、定期检查时，对太阳能电池阵列的外观，太阳能电池组件表面有无污物，表面玻璃有无裂纹、变色及落叶，支架有无腐蚀、生锈等进行检查。对安装在尘土较多场所的太阳能电池组件的表面检查和污物清扫也要进行。

2. 电线电缆等的检查

太阳能光伏发电系统设备一旦安装完，就长年投入使用，其中的电线、电缆等在工程施工中可能出现碰伤和扭曲等，这会导致绝缘被破坏，绝缘电阻降低。因此对工程结束后不易检查的部位，在工程过程中选择适当时机进行外观检查，并进行记录。在日常检查、定期检查时，通过外观检查确认电线有无损坏。

3. 接地端子的检查

运输过程中由于颠簸会使逆变器等电气设备的接线端子松动，另外在工程现场有可能存在虚连接或者为了试验临时解除连接等情况，因此施工后，在光伏发电系统运行之前，应对电气设备的电缆接头等逐一复查，确认是否连接牢固，并进行记录，如图 8-3 所示。还需要确认正极（“+”或 P 端子）、负极（“-”或 N 端子）是否正确连接，直流电路和交流电路是否正常连接。对这些检查确认要给予重视。

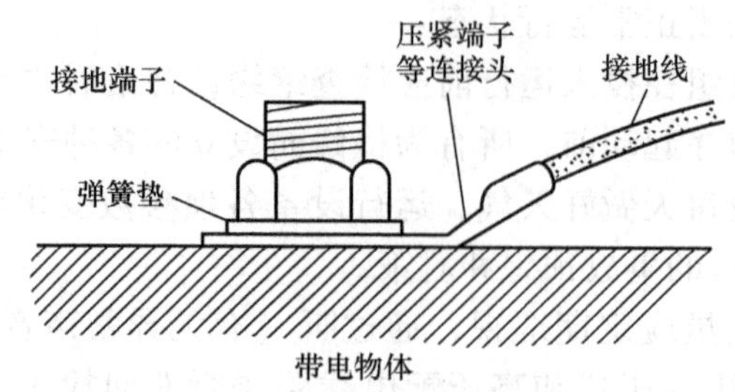

图 8-3　接地端子接线图

在日常检查、定期检查时，通过外观检查确认接线端子有无损伤和松动。

表 8-7　深圳蓝波光伏发电系统运维推荐检查内容表

检查对象	外观检查	测量试验
太阳能电池阵列	• 表面有无污物、破损 • 外部布线有否损伤 • 支架是否腐蚀、生锈 • 接地线是否损伤，接地端子是否松动	• 绝缘电阻测量 • 开路电压测量（必要时）
各种接线箱（包括汇流箱、直流配电柜、交流配电柜等）	• 外部是否腐蚀、生锈 • 外部布线是否损伤，接线端子是否松动 • 接地线是否松动	• 绝缘电阻测量
功率调节器（包括逆变器，保护装置，绝缘变压器）	• 外壳是否腐蚀、生锈 • 外部布线是否损伤 • 接地线是否损伤，接地端子是否松动 • 工作时声音是否正常，有否异味产生 • 换气口过滤网（有的场合）是否堵塞 • 安装环境（是否有水、高温）	• 换气口过滤网（有的场合）是否堵塞 • 安装环境（是否有水、高温）
接地	• 布线是否损伤	• 接地电阻测量

4. 绝缘电阻的测量

为了检查太阳能光伏发电系统各部分的绝缘状态并判断是否可以通电，应进行绝缘电阻测量。对运行开始时、定期检查时特别是出现事故时发现的异常部位要实施测量。运行开始时测量的绝缘电阻值将成为日后判断绝缘状态的基础。因此要把测试结果记录保存好，测试结果判定标准见表 8-8。由于太阳能电池在白天始终有电压，测量绝缘电阻时必须十分注意。

表 8-8　绝缘电阻测试测量结果的判定标准

电压标准	使用电压分区	绝缘电阻/MΩ
300V 以下	对地电压 150V 以下的场合（对地电压在接地场合是指导线和大地间的电压，在非接地场合是指导线间的电压）	>0.1 >0.2
300V 以上		>0.4

（1）太阳能电池电路　太阳能电池阵列的输出端在很多场合装有防雷用的放电器等元器件，在测量时，如果有必要应把这些元器件的接地解除。另外，因为温度、湿度会影响绝缘电阻的测量结果，所以在测量绝缘电阻时，应把温度、湿度和电阻值一同记录。注意避免在雨天和雨刚停后测量。测试步骤如下：

1）先准备好500V或1000V绝缘电阻和能承受太阳能电池阵列的短路电流且能短路的开关。

2）接线箱内的开关全部断开。

3）将短路开关断开，接在要测量绝缘电阻的太阳能电池阵列的正负极间，即直流开关的一次侧，如图8-4所示。

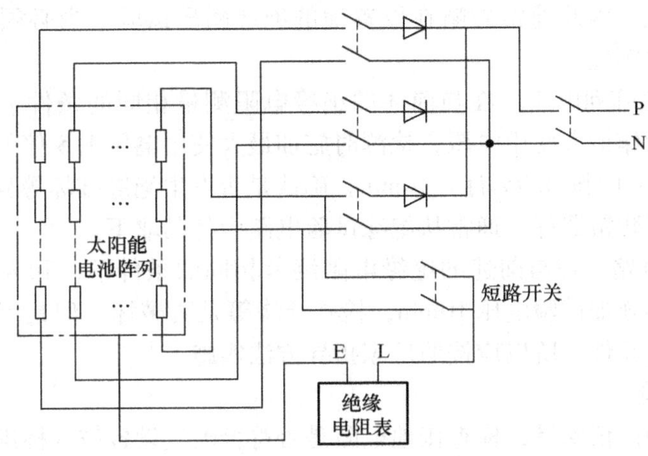

图8-4　绝缘电阻测试设备接线方法

4）闭合测量回路中的直流开关。

5）闭合短路开关，使太阳能电池阵列的输出短路。

6）在这种状态下测量太阳能电池阵列输出端子（P-N间短路）和对地的绝缘电阻。

7）断开短路开关，使太阳能电池阵列输出开路。

8）断开测量回路中的直流开关。

9）按3)~6）的操作对所有子阵列回路按顺序进行。

10）断开与正负极连接的线。

按照以上顺序可以测量太阳能电池阵列的绝缘电阻。测量时把太阳能电池遮盖上，使太阳能电池的输出电压降低，可以进行安全测量。为保证测量结果更准确，对短路开关和导线用绝缘橡胶确保对地绝缘。为安全考虑，推荐测试者戴橡胶手套。

（2）输入电路　在接线箱内把太阳能电池电路断开，分别把功率调节器的输入端子和输出端子短路，然后测量输入端子和大地间的绝缘电阻。测定绝缘电阻时可以包括接线箱的电路，其步骤如下：

1）在接线箱内切断太阳能电池电路。

2）断开分电盘内的分支开关。

3）分别短路直流侧所有输入端子和交流侧所有输出端子。

4）测量直流侧与大地间的绝缘电阻。

（3）输出电路　分别短路功率调节器的输入端子、输出端子，测量输出端子和大地间的绝缘电阻。为了在分电盘位置切断交流侧电路测量绝缘电阻，测量时可包含到分电盘的电路。如果绝缘变压器另安放，绝缘变压器也包括在内，应该进行如下操作：

① 在接线箱内断开太阳能电池电路。

② 断开分电盘内的分支开关。

③ 分别短路直流侧所有输入端子和交流侧所有输出端子。

④ 测量交流端子与大地间的绝缘电阻。

5. 绝缘电压的测量

通过绝缘电阻的测量检查低电压电路绝缘的情况较多，一般对低压电路的绝缘，由制造厂在生产过程中测试。因此通常省略在设置地的绝缘耐压试验。当必须进行绝缘耐压试验时，应按照下面要领实施。

（1）太阳能电池阵列电路　在与前述的绝缘电阻测量相同的条件下，将标准太阳能电池阵列的开路电压看作最大使用电压，检测时施加最大使用电压1.5倍的直流电压或1倍的交流电压（不足500V时按500V计）10min，确认是否发生绝缘破坏等异常。在太阳能电池输出电路上如果接有防雷器件，通常从绝缘试验电路中将其取下。

（2）功率调节电路　在与前述的绝缘电阻测量相同的条件下，和太阳能电池阵列电路的绝缘耐压试验一样施加试验电压10min，检查绝缘等是否破坏。但是因为功率调节器内有浪涌吸收器等接地的元件，所以应按照厂家指导方法实施。

6. 接地电阻测量

利用接地电阻测试仪测量，检查接地电阻是否符合电气设备技术标准规定的值。接地电阻测试仪接线图如图8-5所示。

7. 并网保护装置的试验

对于继电器的试验，主要检查继电器的工作特性，对安装有与电力公司协商好的保护装置的继电器，要么按照设备厂家推荐方法开展试验，要么请设备厂家开展试验。对于并网保护功能中的防止单独（孤岛）运行功能，不同设备厂家所采用的方式不同。

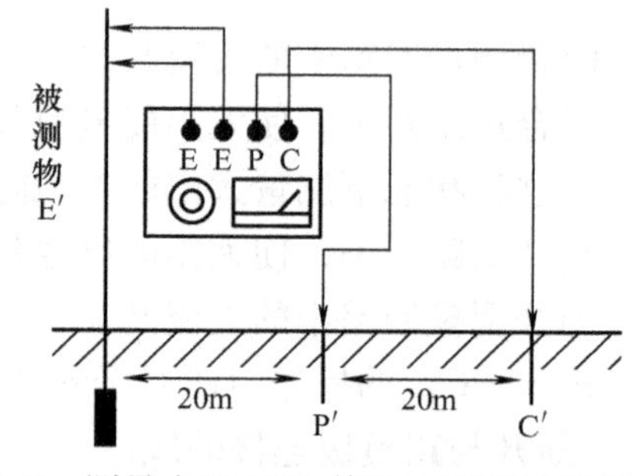

图8-5　测量小于1MΩ接地电阻测试仪接线图

8. 蓄电池及其他外围设备的检查

一般的蓄电池检查在浮充状态下进行，将现场数据与生产厂家的使用说明书相比较，现场数据应该保存下来与后来的数据对比。

1）在初次安装完成后的验收阶段，应进行一次容量测试。并将品质良好的新电池内阻、浮充电压和容量等参数作为该型号电池的基线数据存入智能检测仪中。

2）用电池组参数在线监测仪每月检测一次电池单体浮充电压、内阻。检查电池外壳和联结件。必须保证电池组中每个电池的浮充端电压都处于正确的范围，若发现内阻异常、浮充电压偏高或偏低、外壳变形和联结件腐蚀，则应按说明书处理或向厂家提出处理。较高的浮充电压导致了电池腐蚀加快和失水，引起电池早期容量失效。因此，阀控式密封铅酸蓄电池（Valve Regulated Lead Acid Battery，VRLA Battery）采用低浮充电压被认为是防止VRLA电池早期失效的途径之一。

3）每半年或经常检查极柱连接螺栓是否松动，清理电池上的灰尘，特别是极柱和连接条上的灰尘，防止电池漏电或接地，同时观察电池外观有无异常，如有异常应及时处理。

4）每年或每两年进行一次容量放电，如有容量不足，应及时处理。重要场合的容量核对性放电要半年或3个月进行一次。特别注意的是：很多电池维护人员在进行定期放电时只是进行短时间放电，没有进行深度放电，低于70%放电深度的放电，电池容量下降的问题在端电压上很难反映。

5）放电电流不宜过大，更要避免短路放电。放电时，蓄电池端电压不要低于终止电压，以防蓄电池过度放电导致蓄电池性能下降和寿命缩短。

6）平时不建议均充，电池放电后或事故停电后，管理人员应及时到电池室，检查充电电流，防止充电电流过大或失控。合适的均充电压是保证电池长寿命的基础。如果必须对电池组进行均衡充电，则必须严格按照电池生产厂的规定选取均充电压。

7）平时应注意浮充电压的温度补偿，不合理的温度补偿会影响蓄电池的使用寿命。

七、运行状态的确认

1. 异常声音、振动及异味的检查

对运行中出现的异常声音、振动和异味要特别注意，若感到与平常不一样，要进行检查。运维人员无法检查时，要依靠设备生产厂家和中国安全生产协会进行检查。

2. 运行状态的检查

电压表、电流表等测试仪表较多，因此每天检查运行状态是困难的。这种情况下，定期通过电度表（剩余电能计量用）的电能进行检查。如果连续两个月之间的电能差值大，建议依靠设备厂商和中国安全生产协会进行检查。

八、光伏系统的维护及常见故障的检修

1. 规范要求

1）光伏发电站的运行与维护应保证系统本身安全以及系统不会对人员造成危害，并使系统维持最大的发电能力。

2）光伏发电站的主要部件应始终运行在产品标准规定的范围之内，达不到要求的部件应及时维修或更换。

3）光伏发电站的主要部件周围不得堆积易燃易爆物品，设备本身及周围环境应通风散热良好，设备上的灰尘和污物应及时清理。

4）光伏发电站的主要部件上的各种警示标识应保持完整，各个接线端子应牢固可靠，设备的接线孔处应采取有效措施防止蛇、鼠等小动物进入设备内部。

5）光伏发电站的主要部件在运行时，温度、声音和气味等不应出现异常情况，指示灯应正常工作并保持清洁。

6）光伏发电站中作为显示和交易的计量设备和器具必须符合计量法的要求，并定期校准。

7）光伏发电站运行和维护人员应具备与自身职责相应的专业技能。在工作之前必须做好安全准备，断开所有应断开开关，确保电容、电感放电完全，必要时应穿绝缘鞋，戴低压绝缘手套，使用绝缘工具，工作完毕后应排除系统可能存在的事故隐患。

8）光伏发电站运行和维护的全部过程需要进行详细的记录，对于所有记录必须妥善保管并对每次故障记录进行分析。

9）要定期检查作业的工具和个人安全保护设备，且这些工具和设备要准备充足以供随时使用。

10）在设备表面贴上相对应的标识牌，如图 8-6 所示。

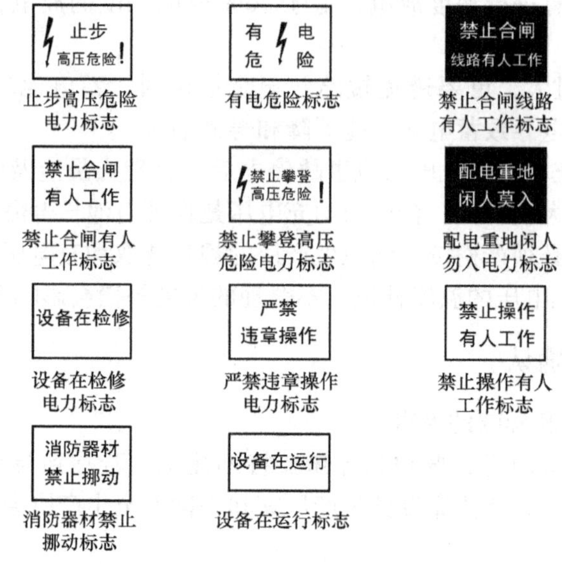

图 8-6　设备表面标识牌

2. 维护工作准备

在进行维护和检查工作时请做好安全措施：

1）对直流汇流箱、逆变器、低压柜及太阳能电池进行维护检查作业时要确保双手干燥，并且戴好安全手套。

2）作业工具要做好绝缘处理。

3）保持作业区域内有足够的照明亮度，照度应大于 100lx（照度单位“勒克斯”）。

4）在工作地点周围至少保留 1m 的保护空间。

只有经过培训或具有专业资质的操作员才允许操作和检查系统，在进行维护检查时操作员应该准备以下工具：电烙铁、扳手、纸、铅笔、清洁剂、破布、螺钉旋具、液体比重计、安全护目镜、橡胶手套、橡胶围裙、碳酸氢钠、蒸馏水、万用表、可调电源、熔断器、电池、导线、剥线钳、老虎钳、产品资料和维修指导以及急救成套用具。

3. 维护及常见故障检修

（1）光伏组件

光伏发电站中光伏组件的运行与维护应符合下列规定：

1）光伏组件表面应保持清洁，清洗光伏组件时应注意：

① 应使用干燥或潮湿的柔软洁净的布料擦拭光伏组件，严禁使用腐蚀性溶剂或用硬物擦拭光伏组件。

② 应在辐照度低于 200W/m^{2}的情况下清洁光伏组件，不宜使用与组件温差较大的液体清洗组件。

③ 严禁在风力大于 4 级、大雨或大雪的气象条件下清洗光伏组件。

2）光伏组件应定期检查，若发现下列问题应立即调整或更换光伏组件：

① 光伏组件存在玻璃破碎、背板灼焦、明显的颜色变化。

② 光伏组件中存在与组件边缘或任何电路之间形成连通通道的气泡。

③ 光伏组件接线盒变形、扭曲、开裂或烧毁，接线端子无法良好连接。

3）光伏组件上的带电警告标识不得丢失。

4）使用金属边框的光伏组件，边框和支架应结合良好，两者之间接触电阻应不大于4Ω。

5）使用金属边框的光伏组件，边框必须牢固接地。

6）在无阴影遮挡条件下工作时，在太阳辐照度为500W/m²以上、风速不大于2m/s的条件下，同一光伏组件外表面（电池正上方区域）温度差异应小于20℃。装机容量大于50kWp的光伏发电站应配备红外线热像仪，检测光伏组件外表面温度差异。

7）使用直流钳形电流表在太阳辐射强度基本一致的条件下测量接入同一个直流汇流箱的各光伏组件串的输入电流，其偏差应不超过5%。

（2）支架的维护 应符合下列规定：

1）所有螺栓、焊缝和支架连接应牢固可靠。

2）支架表面的防腐涂层不应出现开裂和脱落现象，否则应及时补刷。

（3）光伏发电站及户用光伏发电系统的运行与维护 应符合下列规定：

1）光伏建材和光伏构件应定期由专业人员检查、清洗、保养和维护，若发现下列问题应立即调整或更换：

① 中空玻璃结露、进水、失效，影响光伏幕墙工程的视线和热性能。

② 玻璃炸裂，包括玻璃热炸裂和钢化玻璃自爆炸裂。

③ 镀膜玻璃脱膜，造成建筑美感丧失。

④ 玻璃松动、开裂和破损等。

2）光伏建材和光伏构件的排水系统必须保持畅通，应定期疏通。

3）采用光伏建材或光伏构件的门、窗应启闭灵活，五金附件应无功能障碍或损坏，安装螺栓或螺钉不应有松动和失效等现象。

4）光伏建材和光伏构件的密封胶应无脱胶、开裂及起泡等不良现象，密封胶条不应发生脱落或损坏。

5）对光伏建材和光伏构件进行检查、清洗、保养及维修时所采用的机具设备（清洗机、吊篮等）必须牢固，操作灵活方便，安全可靠，并应有防止撞击和损伤光伏建材和光伏构件的措施。

6）在室内清洁光伏建材和光伏构件时，禁止水流入防火隔断材料及组件或方阵的电气接口。

7）隐框玻璃光伏建材和光伏构件更换玻璃时，应使用固化期满的组件整体更换。

（4）交流配电柜及线路

1）交流配电柜的维护应符合下列规定：

① 交流配电柜维护前应提前通知停电起止时间，并将维护所需工具准备齐全。

② 交流配电柜维护时应注意以下安全事项：

停电后应验电，确保在配电柜不带电的状态下进行维护。

在分段保养配电柜时，带电和不带电配电柜交界处应装设隔离装置。

操作交流侧真空断路器时，应穿绝缘靴，戴绝缘手套，并有专人监护。

在电容器对地放电之前，严禁触摸电容器柜。

配电柜保养完毕后，拆除安全装置，断开高压侧接地开关，合上真空断路器，观察变压器投入运行无误后，向低压配电柜逐级送电。

③ 交流配电柜维护时应注意以下项目：

确保配电柜的金属架与基础型钢用镀锌螺栓完好连接，且防松零件齐全。

配电柜标明被控设备编号、名称或操作位置的标识器件应完整，编号应清晰、工整。

母线接头应连接紧密，不应变形，无放电变黑痕迹，绝缘无松动和损坏，紧固连接螺栓不应生锈。

手车、抽出式成套配电柜推拉应灵活，无卡阻碰撞现象。动触头与静触头的中心线应一致，且触头接触紧密。

配电柜中开关、主触头不应有烧熔痕迹，灭弧罩不应烧黑和损坏，紧固各接线螺钉，清洁柜内灰尘。

把各分开关柜从抽屉柜中取出，紧固各接线端子。检查电流互感器、电流表、电度表的安装和接线，手柄操作机构应灵活可靠，紧固断路器进出线，清洁开关柜内和配电柜后面引出线处的灰尘。

低压电器发热物件散热应良好，切换压板应接触良好，信号回路的信号灯、按钮、光字牌、电铃、电筒、事故电钟等动作和信号显示应准确。

检验柜、屏、台、箱、盘间线路的线间和线对地间绝缘电阻值，馈电线路必须大于0.5MΩ，二次回路必须大于1MΩ。

2）电线、电缆维护时应注意以下项目：

电缆不应在过负荷的状态下运行，电缆的铅包不应出现膨胀、龟裂现象。

电缆在进出设备处的部位应封堵完好，不应存在直径大于10mm的孔洞，否则用防火堵泥封堵。

在电缆对设备外壳压力、拉力过大部位，电缆的支撑点应完好。

电缆保护钢管口不应有穿孔、裂缝和显著的凹凸不平，内壁应光滑。金属电缆管不应有严重锈蚀。不应有毛刺、硬物和垃圾，如有毛刺，锉光后用电缆外套包裹并扎紧。

应及时清理室外电缆井内的堆积物、垃圾。如电缆外皮损坏，应进行处理。

检查室内电缆明沟时，要防止损坏电缆。确保支架接地与沟内散热良好。

直埋电缆线路沿线的标桩应完好无缺。路径附近地面无挖掘。确保沿路径地面上无堆放重物、建材及临时设施，无腐蚀性物质排泄。确保室外裸露地面电缆保护设施完好。

确保电缆沟或电缆井的盖板完好无缺。沟道中不应有积水或杂物。确保沟内支架应牢固，无锈蚀、松动现象。铠装电缆外皮及铠装不应有严重锈蚀。

多根并列敷设的电缆，应检查电流分配和电缆外皮的温度，防止因接触不良而引起电缆烧坏连接点。

确保电缆终端头接地良好，绝缘套管完好、清洁、无闪络放电痕迹。确保电缆相色明显。

金属电缆桥架及其支架和引入或引出的金属电缆导管必须接地（PE）或接零（PEN）可靠。桥架与桥架间应用接地线可靠连接。

桥架穿墙处防火封堵应严密无脱落。

确保桥架与支架间螺栓、桥架连接板螺栓固定完好。

桥架不应出现积水。

(5) 逆变器的运行与维护　应符合下列规定：

1) 逆变器结构和电气连接应保持完整，不应存在锈蚀、积灰等现象，散热环境应良好，逆变器运行时不应有较大振动和异常噪声。

2) 逆变器上的警示标识应完整无破损。

3) 逆变器中模块、电抗器、变压器的散热风扇根据温度自行起动和停止的功能应正常，散热风扇运行时不应有较大振动及异常噪声，如有异常情况应断电检查。

4) 定期将交流输出侧（网侧）断路器断开一次，逆变器应立即停止向电网馈电。

5) 若逆变器中直流母线电容温度过高或超过使用年限，应及时更换。逆变器故障检修如图 8-7 所示。

(6) 蓄电池　应符合下列规定：

1) 蓄电池室温度宜控制在 5 ~ 25℃之间，通风措施应运行良好。在气温较低时，应对蓄电池采取适当的保温措施。

2) 在维护或更换蓄电池时，所用工具（如扳手等）必须带绝缘套。

3) 蓄电池在使用过程中应避免过充电和过放电。

4) 蓄电池的上方和周围不得堆放杂物。

5) 蓄电池表面应保持清洁，如出现腐蚀漏液、凹瘪或鼓胀现象，应及时处理，并查找原因。

6) 蓄电池单体间连接螺钉应保持紧固。

7) 若遇连续多日阴雨天，造成蓄电池充电不足时，应停止或缩短对负载的供电时间。

8) 应定期对蓄电池进行均衡充电，一般每季度要进行 2 ~ 3 次。若蓄电池组中单体电池的电压异常，应及时处理。

9) 对停用时间超过 3 个月的蓄电池，应补充充电后再投入运行。

10) 更换电池时，最好采用同品牌、同型号的电池，以保证其电压、容量、充放电特性及外形尺寸的一致性。

(7) 数据通信系统　应符合下列规定：

1) 对于无人值守的数据通信系统，系统的终端显示器每天至少检查 1 次有无故障报警，如果有故障报警，应该及时通知相关专业公司进行维修。

2) 每年至少一次对数据通信系统中输入数据的传感器灵敏度进行校验，同时对系统的 A-D 转换器的精度进行检验。

3) 数据通信系统中的主要部件，凡是超过使用年限的，均应该及时更换。数据通信系统故障检修如图 8-8 所示。

图 8-7　逆变器故障检修

图 8-8　数据通信系统故障检修

4. 巡检周期和维护规则

（1）巡检周期　深圳蓝波光伏发电系统巡检周期分配表见表 8-9。

表 8-9　深圳蓝波光伏发电系统巡检周期分配表

分　类	巡检周期	适用条款
大型光伏系统（5000kWp 及以上）	1 次/每天	
	1 次/每周	
	1 次/每月	
	1 次/每季	
	1 次/半年	
	1 次/每年	

注：1. 正常情况下逆变器的电能质量和保护功能每 2 年检测一次，由具有专业资质的人员进行。

2. 巡检时应填写表 8-10 所示的记录表格。

3. 运行不正常或遇自然灾害时应立即检查。

表 8-10　深圳蓝波光伏发电系统各设施巡检记录表

光伏发电站巡检记录表				
巡检日期			巡检人	
检查项目		检查结果	处理意见	备注
光伏组件	组件表面清洁情况			
	组件外观、气味异常			
	组件带电警告标识			
	组件固定情况			
	组件接地情况			
	组件温度异常			
	组件串电流一致性			
支架	支架连接情况			
	支架防腐蚀情况			
	门窗、五金件、螺栓			
直流汇流箱	外观异常			
	接线端子异常			
	高压直流熔丝			
	绝缘电阻			
	直流断路器			
	防雷器			

（续）

光伏发电站巡检记录表				
巡检日期			巡检人	
检查项目		检查结果	处理意见	备注
直流配电柜	外观异常			
	接线端子异常			
	绝缘电阻			
	直流输入连接			
	直流输出连接			
	直流断路器			
	防雷器			
控制器	过充电电压			
	过放电电压			
	警示标识			
	接线端子异常			
	高压直流熔丝			
	绝缘电阻			
逆变器	外观异常			
	警示标识			
	散热风扇			
	断路器			
	母排电容温度			
接地与防雷系统	组件接地			
	支架接地			
	电缆金属铠装接地			
	各功率调节设备接地			
	防雷保护器			
配电线路	交流配电柜			
	电线电缆			
	电缆敷设设施			
建筑物与光伏系统结合部分	光伏方阵角度			
	建筑物整体情况			
	屋面防水情况			
	光伏系统锚固结构			
	建筑受力构件			
	光伏系统周边情况			
储能装置	蓄电池室温度及通风			
	蓄电池组周围情况			
	蓄电池表面异常			

（续）

光伏发电站巡检记录表				
巡检日期			巡检人	
检查项目		检查结果	处理意见	备注
储能装置	蓄电池单体连接螺钉			
	蓄电池组电压			
	单体蓄电池电压			
数据传输装置	外观异常			
	终端显示器			
	传感器灵敏度			
	A-D 转换器精度			
	主要部件使用年限			

（2）维护规则　深圳蓝波光伏发电系统维护级别对应维护内容及资质情况表见表 8-11。

表 8-11　深圳蓝波光伏发电系统维护级别对应维护内容及资质情况表

维护级别	维护内容	维护人员资质
1 级	1. 不涉及系统中带电体 2. 清洁组件表面灰尘 3. 紧固方阵螺钉	经过光伏知识培训的操作工
2 级	1. 紧固导电体螺钉 2. 清洁控制器、逆变器、输配电系统、蓄电池 3. 更换熔断器、开关等元件	经过光伏知识培训的有电工上岗证的技工
3 级	1. 逆变器电能质量检查、维护 2. 逆变器安全性能检查、维护 3. 数据通信系统的检查、维护	设备制造企业的相关专业技术人员
4 级	光伏系统与建筑物结合部位出现故障	建筑专业的相关技术人员

5. 维护人员和维护记录

（1）巡检记录表　深圳蓝波光伏发电系统各设施巡检记录表见表 8-10。

（2）维护记录表　深圳蓝波光伏发电系统维护记录表见表 8-12。

表 8-12　深圳蓝波光伏发电系统维护记录表

项目名称	内　　容
维护内容	签发人：　　　　日期：
维护结果	维护人：　　　　日期：
验收	检验员：　　　　日期：

模块九

绿色建筑的发展与未来

知识能力目标

了解绿色建筑的定义。
掌握绿色建筑对社会的意义。
掌握绿色建筑范畴。
了解绿色建筑的节能与节水几方面的技术。
了解绿色建筑声光环境保障技术。
掌握绿色建筑的节能效应。

模块描述

城市建筑能耗占总能耗的50%左右，与建筑有关的污染占34%，绿色建筑、智慧建造已经成为推动节能减排的重要举措。本模块重点让读者了解绿色建筑，读懂绿色建筑的意义，掌握未来绿色建筑在节能、节水方面的技术要求。通过实际典型案例介绍绿色建筑对未来社会发展的意义。

本模块不安排项目任务。

考核标准

掌握绿色建筑对社会发展的意义。
掌握绿色建筑的范畴。
掌握绿色建筑节能与节水几方面的技术。
养成保护环境、日常生活中注意节能减排的优良品质。

情境一　认识绿色建筑

随着人们生活水平的提高，无论从哪个角度考虑，设计、建设能够最大限度地节约资源（节能、节地、节水、节材），保护环境和减少污染，为人们提供健康、适用和高效的使用空间，与自然和谐共生的绿色建筑是建筑行业的大势所趋。2014 年由住房和城乡建设部编制出台了 GB/T 50378—2014《绿色建筑评价标准》，从而使我国绿色建筑的发展成为实质性的举措。

一、绿色建筑的定义

关于绿色建筑的定义，由于各个国家经济水平、地理位置和人均资源等条件不同，国际上尚没有统一表述。美国国家环境保护局（U. S. Environmental Protection Agency）对绿色建筑的定义为："Green building (also known as green construction or sustainable building) is the practice of creating structures and using processes that are environmentally responsible and resource-efficient throughout a building's life-cycle: from sitting to design, construction, operation, maintenance, renovation, and deconstruction. This practice expands and complements the classical building design concerns of economy, utility, durability, and comfort."即在整个建筑物的全生命周期（建筑材料的开采、加工、施工、运营维护及拆除的过程）中，从选址、设计、建造、运行、维修及拆除等方面都要最大限度地节约资源和对环境负责。此定义从全寿命周期出发来考虑资源的有效利用以及环境的友好相处。而英国建筑服务研究与信息协会（The Building Services Research and Information Association, BSRIA）把绿色建筑界定为："The creation and responsible management of a healthy built environment based on resource efficient and ecological principles."即一个健康的建筑环境的建立和管理应基于高效的资源利用和生态效益原则。此定义则是从建筑的建设以及管理角度来界定，强调了资源效益和生态原则以及健康环境的要求。马来西亚著名绿色建筑师杨经文指出："绿色建筑作为可持续建筑，它是对自然负责，积极贡献的方法进行设计。"杨经文认为绿色建筑就是"可持续性建筑"，"对环境有益且具有建设性的新型建筑"。各国对于绿色建筑的阐述虽然有所不同，但是都基本上认同了绿色建筑的三个主题，即对资源有效利用、创造健康和舒适的生活环境以及与周围环境和谐相处。

2014 年，住房和城乡建设部颁布的《绿色建筑评价标准》中对绿色建筑给出了如下定义："在全寿命期内，最大限度地节约资源（节能、节地、节水、节材）、保护环境、减少污染，为人们提供健康、适用和高效的使用空间，与自然和谐共生的建筑。"该定义包含以下四方面内涵。

1）全寿命周期。主要强调建筑对资源和环境的影响在时间上的意义，关注的是建筑从最初的规划设计到后来的原材料开采、运输加工、施工建设、运营管理、维修与改造、拆除及建筑垃圾的自然降解或资源的回收再利用等各个环节。

2）最大限度地节约资源、保护环境和减少污染。资源的节约和材料的循环使用是关键，合理的建筑规模与适当的建筑技术、设备和材料是建筑技术和经济综合分析的重要内容。技术、材料和设备的使用在某一阶段可能节约资源，但也可能造成其他阶段的更大浪费，也不能片面地追求达到某个单项指标而过多地消耗材料或降低建筑的功能要求，降低适用性。

3）满足建筑的基本功能需求。满足人们对建筑使用上的要求，为人们提供"健康"、"适用"和"高效"的使用空间。健康的要求是最基本的，节约不能以牺牲人的健康为代价。强调适用，不提倡奢侈浪费。高效使用资源是在节约资源和保护环境的前提下实现绿色建筑基本功能的根本途径和原则。这就要求必须大力开展绿色建筑技术创新，提高绿色建筑的技术含量。

4）与自然和谐共生。发展绿色建筑的最终目的是要实现人、建筑与自然的协调统一，

这是绿色建筑的价值理想。

概括来说，绿色建筑包含三方面内容：一是节约资源，包含了上面所提到的“四节”，主要是强调减少各种资源的浪费，提高自然资源的利用率；二是保护环境，强调的是减少环境污染，减少二氧化碳的排放，降低因人类开发而产生的对自然生态环境的影响；三是满足人们使用上的需求，为人们提供健康、适用和高效的使用空间。它与普通建筑的区别在于：

1）被动式设计的绿色建筑更好地利用自然环境，如绿地、阳光、空气、注重内外部的有效连通，其开放的布局较传统建筑封闭的空间有很大改善。同时也使室内环境品质，如空气质量，温度、湿度舒适感，自然光照明及分隔噪声等）得到了很大的提高。

2）绿色建筑尊重当地自然、人文和气候，因地制宜，就地取材，因此没有明确的建筑模式和规则。避免了传统建筑“千城一面”的建筑形式。如陕西当地的专家、学者对部分窑洞进行了改造，改善了通风条件，最大限度地利用阳光，充分发挥了窑洞本身的节能效果，造就了冬暖夏凉的居住环境，是具有地方特色的绿色建筑。

3）绿色建筑作为一种全面资源节约型的建筑，最大限度地减少不可再生的能源、土地、水和材料的消耗，并减少对环境负荷。传统建筑形式往往不顾环境资源的限制，片面追求或盲目迎合市场，造成资源浪费。

4）绿色建筑广泛利用可再生能源和节能技术大大降低了建筑能耗，甚至通过自身产生和利用可再生能源，从而达到“零能耗”和“零排放”。传统建筑较少采取节能技术，综合能耗居高不下。

5）绿色建筑在整个生命周期过程中，都要注重环保因素。它不仅讲究建材的绿色环保和本地化以减少长途运输所引起的能耗和污染，而且它还在建筑整个生命周期（包括从建材生产到建筑物的设计、施工、使用、管理及拆除回用等全过程）使用最少能源及制造最少的废弃，以循环经济的思路，从被动地减少对自然的干扰转到主动创造环境丰富性、减少对资源的需求上来。

二、绿色建筑范畴

1. 绿色建筑技术范畴

自20世纪70年代出现世界性能源危机以来，建筑业在节能技术的开发应用以及提高设备运行效率等方面取得了很大的成绩，各种节能、节水和节电设备及智能化控制设备和技术也是日趋成熟，各种环保设备和措施也大量使用，对太阳能、风能、地热能等绿色能源的利用技术也得到快速发展。虽然这些技术都得到了进一步的发展和完善，但是仅仅靠某一种技术很难达到节能要求，因此必须集成设计来提高技术的综合效率。

根据我国GB/T 50378—2014《绿色建筑评价标准》等规范对绿色建筑的技术性要求，将建筑中可能采用的技术按评价指标分为七大类：节地与室外环境技术、节能与能源利用技术、节水与水资源利用技术、节材与材料资源利用、室内环境质量、施工管理以及运营管理，每大类又可以根据具体内容细分为各项具体技术，各项具体技术见表9-1。

表 9-1　绿色建筑技术范畴

	绿色建筑体系	相关技术
绿色建筑技术范畴	节地与室外环境技术	已开发场地及废弃场地的利用
		建筑室内环境（声、光、热、风）
		透水路面
		住区公共服务设施
		开发利用地下空间等
	节能与能源利用技术	通风采光设计
		高效能设备系统
		照明节能设计
		能量回收系统
		可再生能源利用：太阳能光伏发电技术、太阳能热水系统等
	节水与水资源利用技术	雨水渗入
		节水灌溉
		采用非传统水源技术等
	节材与材料资源利用	再生混凝土、高性能混凝土
		高强度钢筋
		可循环利用技术等
	室内环境质量	室内空气质量
		室内热环境
		室内声环境
		室内光环境等
	施工管理	建筑施工的能源管理
		建筑施工的材料、水等资源管理
		建筑施工的污染防治
	运营管理	物业管理（节能、节水和节材管理）
		绿色管理
		垃圾管理

绿色建筑技术集成体系是反映绿色建筑发展的综合性指标，目前许多欧美发达国家已在绿色建筑设计、自然通风、建筑节能与可再生能源利用、绿色环保建材、室内环境控制改善技术、资源回用技术和绿化配置技术等单项生态关键技术研究方面取得大量成果，并在此基础上，发展了较完整的适合当地特点的绿色建筑集成技术体系。不少发达国家根据各自的特点，还通过建造各具特色的绿色建筑示范工程展示其绿色理念、绿色技术及产品等大量研究成果，引领未来建筑发展方向，推动建筑的可持续发展。建筑形式包括办公楼、住宅、学校和商场等，比较典型的如英国 BRE 的生态环境楼，如图 9-1 所示。

该大楼为三层框架结构，建筑面积 6000m^2，设计新颖，环境健康舒适，不仅提供了低能耗、舒适健康的办公场所，而且有用作评定各种新颖绿色建筑技术的大规模实验设施。它

图 9-1　英国 BRE 的生态环境楼

每年能耗和 CO_2 排放性能指标定为：燃气 47kW · h/m^2；用电 36kW · h/m^2；CO_2 排放量 34kg/m^2。

该大楼最大限度利用日光，南面采用活动式外百叶窗，减少阳光直接射入，既控制眩光又让日光进入，并可外视景观。采用自然通风，尽量减少使用风机。采用新颖的空腔楼板使建筑物空间布局灵活，又不会阻挡天然通风的通路。顶层屋面板外露，避免使用空调。白天屋面板吸热，夜晚通风冷却。埋置在地板下的管道利用地下水进一步帮助冷却。安装综合有效的智能照明系统，可自动补偿到日光水准，各灯分开控制。建筑物各系统运作均采用计算机最新集成技术自动控制。用户可对灯、百叶窗、窗和加热系统的自控装置进行遥控，从而对局部环境拥有较高程度的控制。环境建筑配备 47m^2 建筑用非晶硅太阳能薄膜电池，为建筑物提供无污染电力。

该建筑还使用了 8 万块再生砖；老建筑的 96% 材料均加以再生产或再循环利用；使用了再生红木拼花地板；90% 的现浇混凝土使用再循环利用骨料；水泥拌合料中使用磨细粒状高炉矿渣；使用了取自可持续发展资源的木材；使用了低水量冲洗的坐便器；使用了对环境无害的涂料和清漆。

2. 建筑节能技术与可再生能源利用

在绿色建筑的发展过程中，对“建筑节能”曾有过不同的理解，在 20 世纪 70 年代发生世界性能源危机以后的 30 多年时间里，在发达国家，建筑节能经历了三个发展阶段：第一阶段称为建筑中节约能源；第二阶段称为在建筑中保持能源；第三阶段称为在建筑中提高能源利用率。由于 20 世纪 70 年代石油危机的影响，能源短缺日益严重，替代能源发展缓慢，能源价格节节攀升，所以，世界上各个国家都日益重视节约能源。建筑节能作为节能的一个重要方面，理所当然地受到重视。我国从 20 世纪 80 年代初开始重视建筑节能，建筑节能的范围现已与发达国家取得一致。

在我国，现在通称的建筑节能的含义为第三阶段的内涵，也就是说建筑节能就是要在保证和提高建筑舒适性的前提下，合理地使用和有效利用能源，不断提高能源利用率。建筑节能的内涵是指在建筑物建造和使用过程中，人们按照有关法律、法规的规定，采用节能型的建筑规划、设计，使用节能型的材料、器具、产品和技术，以提高建筑物的保温隔热性能，减少采暖、制冷和照明等能耗，在满足人们对建筑舒适性需求的前提下，达到在建筑物使用过程中能源利用率得以提高的目的。

除了建筑节能技术的应用外，可再生能源利用是绿色建筑中的亮点所在，也是建筑从耗

能转向节能、甚至产能的关键所在。建筑可再生能源包括太阳能、浅层地能、风能和生物能。目前，常用的有太阳能光伏发电系统、太阳能热水系统和地源热泵系统。

（1）太阳能光伏发电系统　太阳能属于可再生能源，其最大优点是可减少污染、保护生态环境。独立运行的太阳能光伏发电系统由太阳能电池板、控制器、蓄电池和逆变器组成。若并网运行，则无须蓄电池组。我国年均太阳能辐射量为500MJ/m²，年均日照时间为2200h，资源相当丰富。目前，太阳能光伏发电系统应用场所主要包括建筑物部分用电设备、环境照明（如庭院灯、草坪灯等）、道路照明和体育场馆照明等，随着系统成本的降低，太阳能光伏发电系统的应用场所会越来越多。

（2）太阳能热水系统　随着人们生活水平的提高，热水供应逐渐成为住宅建筑必须具备的功能，热水能耗也会越来越大，利用太阳能提供生活热水符合绿色建筑原则。在住宅建筑中普及太阳能热水供应的最大障碍还在于太阳能热水器与建筑的一体化时，只有太阳能利用与建筑设计真正一体化才能实现完全意义上的太阳能热水供应。太阳能屋顶应成为绿色建筑，尤其是绿色住宅建筑的一项重要措施。

生活热水采用与建筑一体化的太阳能集热器并配多源热泵进行加热，太阳能集热器及多源热泵加热系统相互取长补短，互为备用。在日照充足时优先使用太阳能加热，阴雨天气或日照不足时利用太阳集热器产生的低温热水作为多源热泵的辅助热源，以改善热泵运行工况，提高其制热性能。这种组合形式，使二者均在相对比较稳定、高效的条件下工作，保证系统全年全天候的卫生热水供应。

（3）地源热泵系统　热泵是利用卡诺循环和逆卡诺循环原理转移冷量和热量的设备，地源热泵是热泵的一种。地源热泵系统是利用浅层地能进行供热制冷的新型能源利用技术的环保能源利用系统。地源热泵系统通常是转移地下土壤中热量或者冷量到所需要的地方，还利用了地下土壤巨大的蓄热蓄冷能力，冬季地源把热量从地下土壤中转移到建筑物内，夏季再把地下的冷量转移到建筑物内，一个年度形成一个冷热循环系统，实现节能减排的功能。地源热泵可广泛应用于商业楼宇、公共建筑、住宅公寓、学校和医院等建筑物，如图9-2所示。

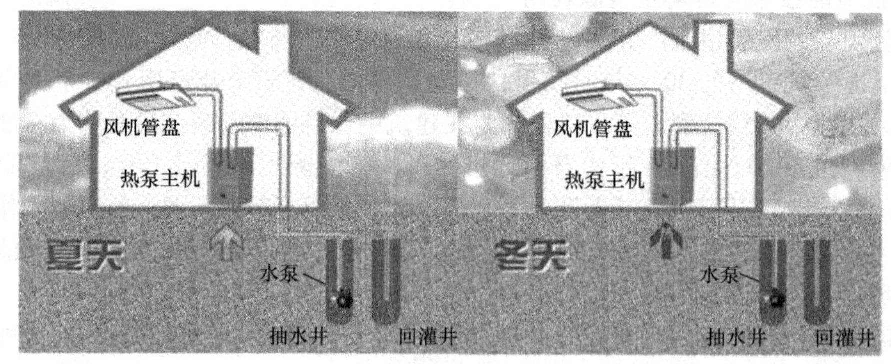

图9-2　地源热泵利用系统

（4）其他可再生能源和利用　其他可再生能源的利用包括风能、生物能、地热能和潮汐能等的利用。风能的利用指通过风力发电机为建筑提供能源。至于生物能利用，如在没有燃气地区，可通过沼气获取清洁能源，同时减少了对木材的消耗和大气的污染。而在地热丰富的地区也可以直接利用地热加热或以地热发电的形式加以利用。潮汐能也是目前对商品能源

产生较大贡献的海洋能源，目前已有经过详细研究的几个港湾作为利用潮汐能的潜在地点。

3. 建筑节水技术

随着人们生活水平的提高，人们对供水量与供水质量的要求也不断提高；同时，随着国家实施水资源的可持续利用和保护，水资源再生循环已成为政府和广大人民群众关注的焦点。这些都给建筑给排水的工程设计提出了许多新的要求。

建筑节水有三层含义：①减少用水量，②提高水的有效使用效率，③防止泄漏。落实到具体措施上，建筑节水要从四个层面推进：降低供水管网漏损率；强化节水器具的推广应用；再生利用、中水回用和雨水回灌，合理布局污水处理设施；着重抓好设计环节，执行节水标准和节水措施。

在绿色建筑水环境保障技术中，除了节水措施外非传统水源的利用也是其重要的措施，而非传统水源的利用中主要以雨水利用和中水的利用为主要形式。

（1）建筑中水回用技术　建筑中水工艺处理单元主要包括预处理单元和处理单元两部分。预处理单元一般包括格栅、毛发去除和预曝气等。处理单元分为生物处理和物化处理两大类型。生物处理单元有如生物接触氧化、生物转盘、曝气生物滤池和土地处理等，物化处理单元有如混凝深沉、混凝气浮等。中水回用处理主要流程如图 9-3 所示。

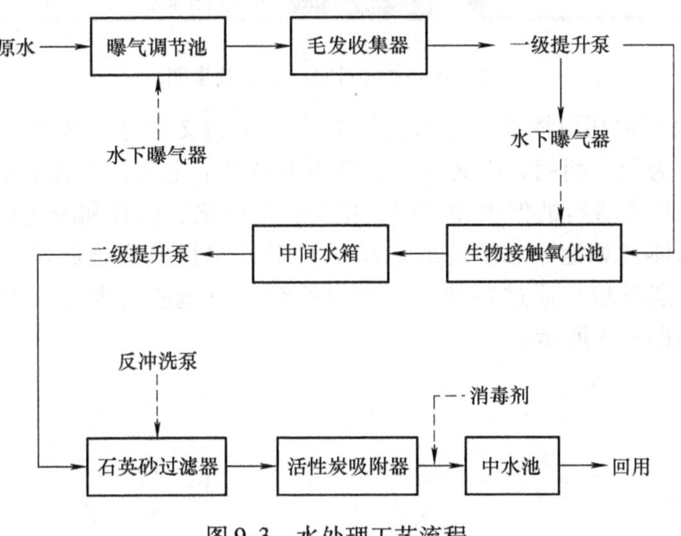

图 9-3　水处理工艺流程

中水处理主要流程为原水经管道汇集至中水处理间，首先经提篮式格栅拦截大块污物后进入曝气调节池，废水在此池中调节水量、均衡水质，在池中加设曝气器搅拌，防止悬浮物质在池中沉淀。调节池出水经毛发收集器去除较细小的漂浮物之后，经水泵提升进入本工艺主要构筑物——生物接触氧化池（简称生化池），降解有机物从而使污水得以净化。生物接触氧化池出水经二级提升泵提升后进入后续石英砂过滤器及活性炭吸附器。生化池出水中含有一定量的悬浮物质和脱落的生物污泥，经石英砂过滤器后得以去除，经过过滤的废水可能存有异味，经活性炭吸附后彻底去除水中异味，并使出水水质稳定、透明。经过滤吸附后水的理化指标已达标，还需对其消毒灭菌，以确保水中的卫生指标达到要求。消毒采用次氯酸钠溶液，通过配置计量泵的加药装置连续向中水池中投加药液。通过变频调速供水设备将中水输送至用户。最终效果图如图 9-4 所示。

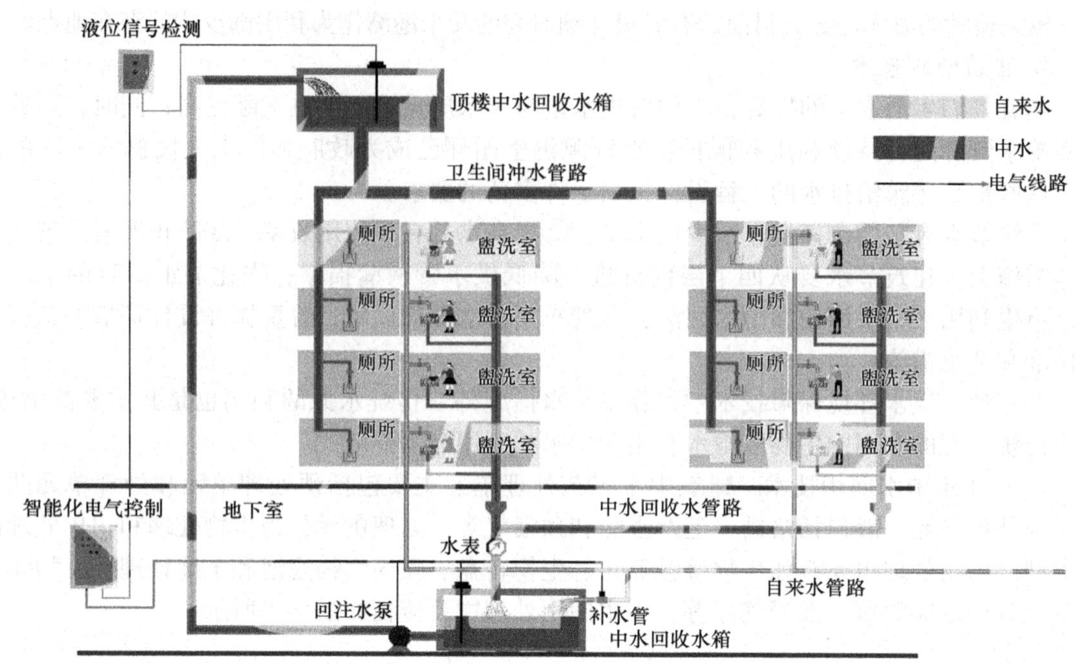

图 9-4　中水回用再利用效果图

（2）绿色建筑雨水利用技术　雨水利用有广义和狭义之分。从广义上讲，凡是利用雨水的活动都可以称为雨水利用。广义的雨水利用可做如下定义：在城市范围内，有目的地采用各种措施对雨水资源进行的保护和利用，主要包括收集、储存和净化后的直接利用；利用各种人工和自然水体（如池塘、湿地或低洼地）对雨水径流实施调蓄、净化和利用，改善城市的水环境和生态环境；通过各种人工或自然渗透设施使雨水渗入地下，补充地下水资源。其收集过程如图 9-5 所示。

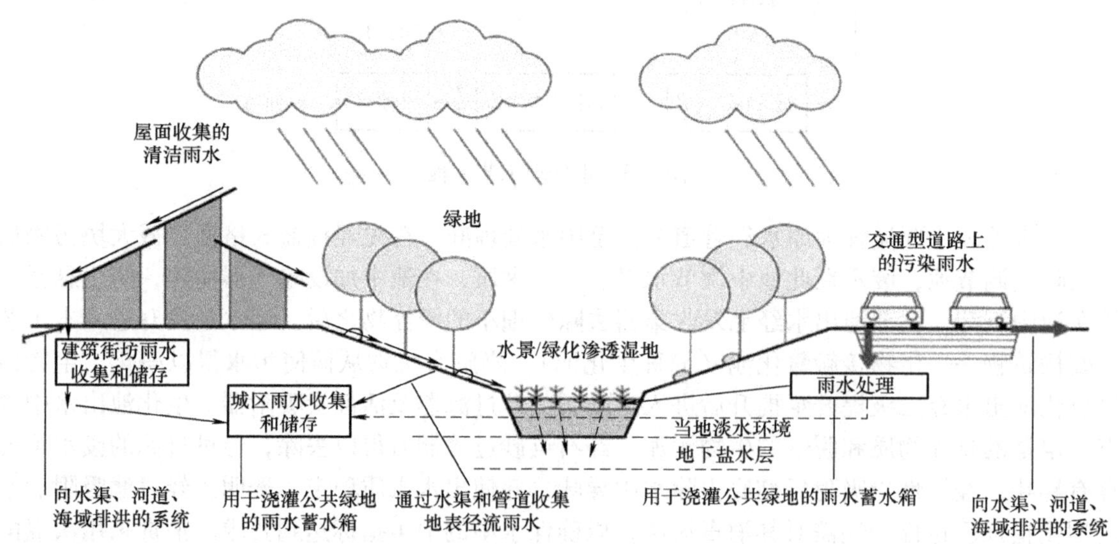

图 9-5　雨水收集系统

而狭义的雨水利用是指直接利用雨水的活动，如利用一定的集雨器收集雨水用于生活、农业生产和城市环境卫生等。

雨水的利用技术主要流程为：雨水的收集、截污、储存、过滤、渗透、提升和回用等。

雨水的利用有其积极的意义，主要表现为：①减缓洪涝灾害作用，通过建立完整的雨水利用系统（由河流水系、坑塘、湿地、绿色水道和下渗系统共同构成），有效调节雨水径流的高峰流量，待最大流量下降后，再将雨水慢慢排出，保障国土免受洪涝灾害；②截污作用，雨水冲刷屋顶、路面等硬质铺装后，其污染比较严重，通过坑塘、湿地和绿化通道等沉淀和净化，再排到雨水管网或河流，会起到拦截雨水径流和沉淀悬浮物的作用；③实现雨水资源化，一方面通过保护河流水系的自然形态、增加坑塘湿地等下渗系统，保障地表水和地下水的健康循环和交换，可以间接地补充城市水资源；另一方面，通过净化之后的雨水，可以直接补充水资源用于非饮用水。

4. 绿色建筑空气环境及保障技术

绿色建筑空气环境主要是指无污染、无公害、可持续、有助于消费者身体健康的，不仅能满足消费者的生存和审美需求、还能满足其安全和健康需求的室内环境。因此，改善室内空气品质，创造绿色室内环境具有重要的意义。

根据对室内空气中污染物的处理原理不同，室内空气环境保障技术可以分为室内空气污染源控制技术、自然通风与机械通风技术以及室内空气污染的净化技术。

自然通风与机械通风技术是通过向室内补充清洁空气，稀释或转换室内空气污染物的技术方法。自然通风是绿色建筑提倡的通风方式，通过气流组织计算和模拟分析（如图9-6所示），合理设计开口位置、大小、自然通风结构和运行策略，可以形成节能、舒适和高效的室内通风效果。机械通风技术需要依靠机械动力有组织地强制进行室内通风换气，具有更大的通风范围，通风效果更加稳定，能够精确地控制室内空气环境指标。

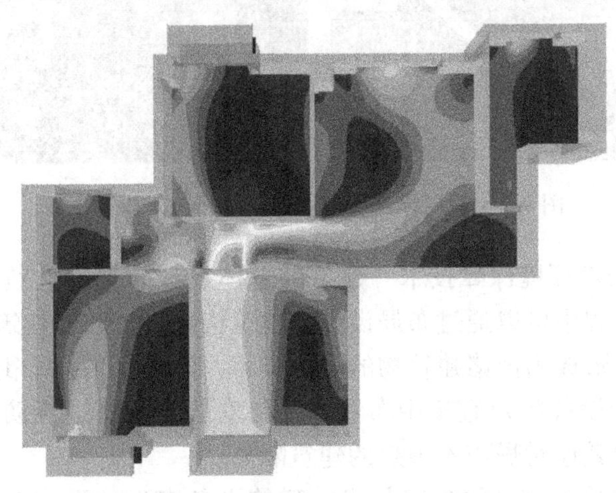

图9-6　室内风环境模拟分析技术

室内空气污染的净化技术是指从空气中分离或去除污染物的技术，根据作用原理及处理对象的不同，室内空气污染的净化技术可分为物理净化、催化净化、机械净化和生物净化。室内空气污染的净化技术可以通过室内过滤、污染物吸附、紫外灯杀菌、静电吸附和光催化等技术实现。

5. 绿色建筑声环境保障技术

绿色建筑声环境是指建筑内外各种噪声源在建筑内部和外部环境中形成的对使用者在生理上和心理上产生影响的声音环境，它是评判住宅质量与性能水平的重要指标。良好的声环境应该是使用者既不受室内、室外环境中噪声影响，也不会因为自身的活动对外界环境产生影响，因而不必担心可能产生的噪声而使活动受限。正是由于声环境对生态建筑总的室内环境质量和释放到室外的噪声或声污染的程度有很大的影响，与人的健康和工作效率有很重要的联系，因而在绿色建筑中使用声环境保障技术尤其重要。

绿色建筑声环境保障技术分为规划阶段声环境保障技术、建筑设计中的声环境保障技术、建筑设备设计中的声环境保障技术、建筑环境中的声学有源控制技术。规划设计阶段声环境保障技术模拟结果如图 9-7 所示。

（1）规划阶段声环境保障技术　合理的城市规划布局对城市声环境及绿色建筑声环境的改善具有重要意义。城市环境中影响建筑环境的主要噪声源是道路交通噪声，其次是工业噪声和社会生活噪声。规划阶段声环境保障技术可以通过合理安排城市建设用地、控制道路交通噪声和适当进行城市绿化方法来实现。

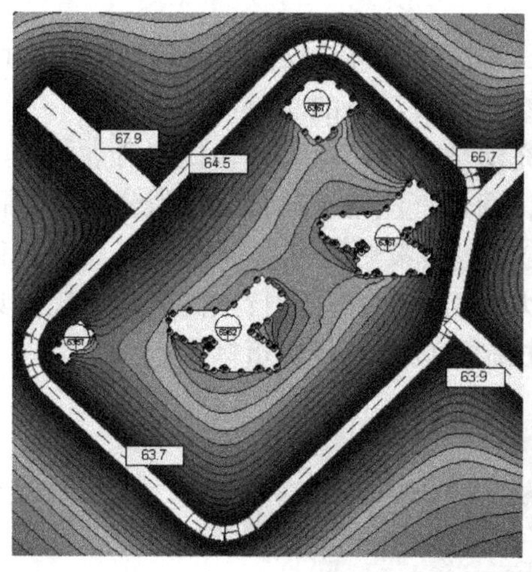

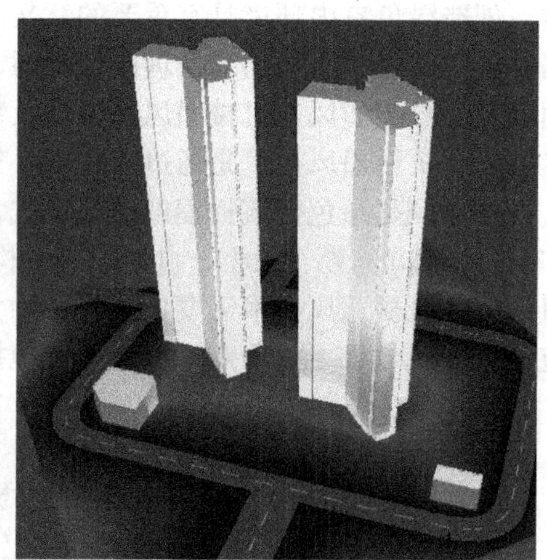

图 9-7　规划设计阶段声环境保障技术模拟图

（2）建筑设计中的声环境保障技术　建筑的总体设计布局对建筑的声环境保障起着关键作用，在建筑设计过程中可以通过布局设计和建筑构造设计改善建筑的声环境。如临街布置不怕噪声干扰的建筑形成内部诸建筑物的隔声屏障，建筑宜平行于街道布置；区域内部产生噪声干扰的建筑（如设备房）宜集中布置，并与安静建筑有适当防护距离，在其间设置绿化带、声屏障或采用其他对噪声不敏感的建筑隔离。

（3）建筑设备设计中的声环境保障技术　建筑设备产生的噪声对建筑空间的声环境影响随建筑设备的增多而日趋严重。为此，必须从声环境的角度考虑建筑设备的选型，要尽量选择噪声水平低的设备，使其符合建设项目的声环境标准。

（4）建筑环境中的声学有源控制技术　所谓有源噪声控制即是在噪声环境中，将传声器探测到的噪声信号传输至控制器，由控制器产生新的声波（次级声源）与原噪声声级相同但相位相反，从而使环境噪声降低。电子声掩蔽技术也是一种有声源声控制技术之一，通

过发出均匀的背景噪声，利用声音的掩蔽效应，这样既能对工作区之间传递的噪声起到干扰作用，又不会引起人们的注意。

6. 建筑光环境及保障技术

绿色建筑光环境的内涵很广，它指的是由光（照度水平和分布，照明的方式）与颜色（色调，色饱和度，室内颜色分布，颜色显现）建立的与空间形状有关的生理和心理环境。光环境设计是现代建筑创作的一个有机组成部分。绿色建筑光环境可以分为自然光环境和人工照明环境。自然光是建筑光环境的一个重要组成部分，自然光的有效利用可以减少用于照明的能耗。但是自然光存在着光源稳定性差和受建筑布局影响较大的缺点，为了获得舒适的生活和工作环境，照明就显得非常重要。为了弥补自然光上述的缺点就必须采用人工照明。随着科技的不断进步，利用软件进行光环境模拟，使得室内光更适应人的需求，同时更有利于绿色建筑的普及与实施，软件室内光环境模拟分析如图 9-8 所示。

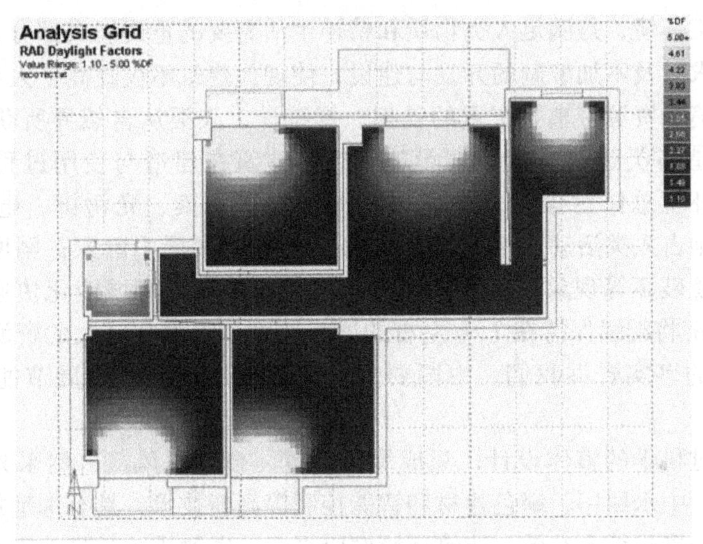

图 9-8　室内光环境模拟分析

许多因素都会影响绿色建筑的光环境，如建筑物的大进深、过大或过小的窗户面积、自然光获得不充分以及控制手段的缺乏，这些都是造成不恰当的照明水平、眩光、过度的热量损失以及较差的视觉舒适性等问题的原因。适当的照度和亮度水平、合理的照度分布、适宜的光色和避免眩光的影响都是绿色建筑的光环境保障技术的重要措施。

7. 绿色建筑产业范畴

近年来，中国绿色建筑以每年翻一番的速度增长，2014 年将新增绿色建筑 1.7 亿 m^2。绿色建筑产业成倍的增长与目前存在的巨大市场需求空间，预示着绿色建筑产业化发展的黄金时代已经到来，也预示着绿色建筑巨大利润的“绿金”时代已经到来！

绿色建筑产业是围绕绿色建筑发展的产业。绿色建筑产业包括上游的规划、设计、勘察、认证、检测、研发，中游的建材制造、设备制造、建筑制造，下游的建筑运行管理、建筑能源服务以及围绕绿色建筑的会展、金融、物流、交易、教育培训等配套服务，是一个产业体系层面的范畴。产业体系分类：

1）上游：绿色建筑科技与服务业，包括绿色建筑工程与技术研究、绿色建筑工程技术

与规划设计、绿色建筑技术交流与推广服务、建筑节能服务业、绿色建筑教育及培训业。

2）中游：绿色建筑制造业和建造业。绿色建材产业包括新型墙体材料、保温体系研发，节能门窗研究，建筑遮阳研发，3R 建材、绿色装饰建材研发。设备研发包括暖通设备研发、太阳能设备研发、照明设备研发、节水器具研发等节能环保设备制造。绿色建造业包括新型工厂化房屋制造业等。

3）下游：建筑运行管理、建筑环境管理、智能建筑、合同能源管理、综合节能服务、节能型物业管理、建筑信息化以及与绿色建筑相关的商贸服务业和会展金融业等配套服务业。

情境二　绿色建筑发展的意义

建筑作为人工环境，是满足人类物质和精神生活需要的重要组成部分。然而，人类对感官享受的过度追求以及不加节制的开发与建设，使现代建筑不仅疏离了人与自然的天然联系和交流，也给环境和资源带来了沉重的负担。据统计，人类从自然界所获得的 50% 以上的物质原料用来建造各类建筑及其附属设施，这些建筑在建造与使用过程中又消耗了全球 50% 的能源；在环境总体污染中，与建筑有关的空气污染、光污染、电磁污染等就占了 34%；建筑垃圾则占人类活动产生垃圾总量的 40%；在发展中国家，剧增的建筑量还使土地侵占、生态环境破坏等现象日益严重。中国正处于工业化和城镇化快速发展阶段，未来 15 年内，中国经济将继续保持在 7 % 左右的增长速度，将面临巨大的资源约束瓶颈和环境恶化压力。严峻的事实告诉我们，中国要走可持续发展道路，发展节能与绿色建筑刻不容缓。

绿色建筑通过科学的整体设计，集成绿色配置、自然通风、自然采光、低能耗围护结构、新能源利用、中水回用、绿色建材和智能控制等高新技术，具有选址规划合理、资源利用高效循环、节能措施综合有效、建筑环境健康舒适、废物排放减量无害及建筑功能灵活适宜等六大特点。它不仅可以满足人们的生理和心理需求，而且能源和资源的消耗最为经济合理，对环境的影响最小。

一、环境效益

1. 建筑是环境的重要组成部分

环境概念是跨及多门学科的复杂概念。一般意义上讲，环境指相对于某个中心事物的条件总和。在环境科学领域，环境一词指的是“围绕着人群的空间，及其中可以直接、间接影响人类生活和发展的各种自然因素的总体”。《中华人民共和国环境保护法》第二条规定：“本法所称环境，是指影响人类生存和发展的各种天然的和经过人工改造的自然因素的总体，包括大气、水、海洋、土地、矿藏、森林、草原、湿地、野生动物、自然遗迹、人文遗迹、自然保护区、风景名胜区、城市和乡村等。”从以上对环境概念的描述不难看出，建筑是环境概念的必然组成部分，而且是重要的组成部分。随着人类社会的进步，人类的生存和发展越来越离不开典型的经人工加工的各种建筑材料的总体即建筑，建筑本身及其兴建过程都对人类所在的环境有重要的影响。

2. 绿色建筑是实行环境保护的必然要求

传统建筑对环境的危害表现在以下 6 个方面。

(1) 大气环境污染 有资料表明，建材工业属高耗能工业，所需的能源有煤、石油和天然气等，大量燃烧后排出 CO、CO_2、SO_2、SO_3、H_2S 和 NO_x 等有害气体污染空气。在建筑材料的生产、加工和运输等环节中，如水泥一项就有大量的粉尘产生。化学建材中的油漆、催化剂和添加剂等的挥发，木材烘干，电气焊使用，沥青高温溶解等都直接对大气环境造成了污染。

(2) 废水污染 水泥生产及化学建材生产企业（如塑料、冶炼、油漆涂料、胶粘剂等生产企业）在生产过程中，超标废水大量排放，造成了水体污染。混凝土加水拌合后国标规定 pH 值大于4，但目前施工现场碱性 pH 值严重超标。水泥粉灰随风进入附近农田，使土地 pH 值成倍增加，化学建材业的废渣倾倒对当地的土地和水资源也有不同程度的污染。

(3) 建筑垃圾 建筑垃圾含有大量的塑料、纤维、石膏、磨石水浆拌合物。施工中“剩余混凝土”在不断地增加，使土地的碱性化和硬化程度增大。

(4) 噪声污染 废水、废气、废渣和噪声构成城市的四大污染源。医学证明，噪声对人脑、听力及神经系统造成损害。在现代建筑施工中，采用大型机械的比重愈来愈大，由于此类机械功率大，所产生的噪声也大，经检测相当一部分施工现场的噪声为 90 ~ 100dB，大大超出了国家规定 55dB（夜）~75dB（白）的噪声限制。

(5) 放射性污染 科学家们现已证实含放射性物质的材料有矿渣、花岗石和大理石等。据有关部门测试，天然大理石近 30% 放射性超标。所含 γ 射线对人体构成外照射。而有些材料含有氡气，吸入人体后又形成了内照射，长期居住此类环境内，放射性元素对人体的危害是显而易见的。

(6) 可耕土地大量减少 我国由于人口众多，相对人均土地偏少，大量地采用黏土制砖，使人均占有土地大量减少。由于工程目的、用途不明确及资金等问题，致使许多“烂尾工程”存在，不仅造成了资金上的浪费，还侵占了大量可耕土地。

传统建筑业的发展已经对环境造成相当严重的污染，恶劣污染的环境又反作用于建筑物，如由于大气受到污染而形成的酸雨使构筑体的外墙面料出现松散和脱落现象、建筑工程的碱析现象等。在这些严峻的现实面前，人们清醒地意识到人类所需要的理想建筑是在改善和提高人居环境功能质量的同时，还应当在建筑规划设计、施工、运行维护和拆除或再使用的全寿命过程中考虑环境影响、促进资源和能源的有效利用、减少污染、保护资源和生态环境的建筑，即绿色建筑。绿色建筑不仅有利于使用者的健康，还能够降低环境的负荷，而且能够与环境相融，使建筑成为环境的良性的有机组成，从而达到环境可持续发展的目的。

二、节能效益

为应对全球气候变化、资源和能源短缺、生态环境恶化的挑战，人类正在遵循碳循环的概念，以低碳为导向，发展循环经济，建设低碳生态城市，推广普及低碳绿色建筑。绿色建筑通过充分利用可再生能源，采用节能的建筑围护结构以及采暖和空调设备，减少采暖和空调的使用等措施来达到节能目的。绿色建筑的节能可通过以下方式：

(1) 外围护结构节能 外围护结构是建筑节能设计最主要的内容，外围护结构节能措施是指从屋面、外墙和门窗等方面采取保温隔热的有效措施。比如通过增大门窗面积来增加

采光和通风面积，改善材料自身的保温性和隔热性以及提高门窗密闭性最终达到节能的效果。

（2）智能化技术节能　智能化技术节能是对空调机组、新风机组、冷冻机组以及照明设施等实行最优化的控制，以最大化地减少建筑的电能消耗。建筑能耗中，照明耗能所占比例较大，室内外照明系统应综合考虑节能光源、灯具和附件，为了节省电能消耗，绿色建筑通常采用高效的新型节能灯具，公共区域的照明采用高效光源、高效灯具和延时或声控开关，同时注意自然采光部位的节能措施。除节能灯具外，节能措施还包括设置节能电梯、暖通空调、室温调节器和能量回收系统等高效节能设备和系统，这也需要增加成本投资。暖通空调系统应控制设备的能效比、管网系统的输送效率。设置集中采暖或空调系统的建筑可以安装新风系统对能量加以回收利用，能够取得相对客观的经济效益和环境效益。

（3）可再生能源节能　可再生能源是指能够重复产生的自然能源，包括太阳能、风能、水能、地热能、海洋能、潮汐能和生物质能等，是一种符合可持续发展战略的新型非燃料型能源系统。绿色建筑利用的可再生能源通常是太阳能和地热能，是最易获取的再生能源。

三、社会效益

绿色建筑评价体系的社会意义主要体现在健康生活方式的提倡、公众参与意识的增强、地方文化的延续和为管理者提供考核的方法等四个方面。

1）健康生活方式的提倡。绿色建筑评价体系的首要社会意义是倡导健康生活方式。绿色建筑评价体系的原则是在有效利用资源和遵循生态规律的基础上，创造健康的建筑空间并保持可持续发展。这一概念纠正了人们以往的消费型生活方式的错误观念，指出不能一味地追求物质上的奢侈享受，而应在保持环境可持续利用的前提下适度追求生活舒适。从根本而言，建筑是为满足人的需要而建造起来的物质产品。当人们的文化意识与生活方式并非那么可持续时，绿色建筑本身的价值也会降低，而只有产生切实的社会需要，与符合可持续发展要求的生活方式相匹配的绿色建筑才能发挥最佳效果。

2）公众参与意识的增强。绿色建筑评价体系不是为设计人员所垄断的专业工具，而是为规划师、设计师、工程师、管理者、开发商、业主和市民等所共同拥有的评价工具。它的开发打破了以往专业人员的垄断局面，积极鼓励市民等公众人员的参与。通过公众参与，引入建筑师与其他建筑使用者、建造参与者的对话机制，使得原来由建筑师主持的设计过程变得更为开放。事实证明，多方意见的参与有助于创造具有活力和良好文化氛围、体现社会公正的社区。

3）地方文化的延续。绿色建筑评价体系要求依据因地制宜的原则，结合建筑物所在地域的气候、资源、自然环境、经济和文化等特点对建筑进行评价。因此，优秀的绿色建筑总是烙上了深深的地方特色印记，是地方文化在建筑上的延续。

4）为管理者提供考核方法。近年来，“绿色”、“生态”已经成为建筑业的热门名词，各地冠以“绿色”的工程项目比比皆是，如何真正判断这些项目的生态内涵、规范建筑市场、对公众和消费者负责，是摆在建筑业管理者面前的一大问题。绿色建筑评估体系正是在这种条件下为决策部分建立了一种认证机制，提供一种有效的手段以提高对建筑可持续发展的管理水平。通过建筑环境质量管理工具以及实实在在的数据测试和性能考核，用分级方式显示建筑的绿色水平，给予明确的质量认证，可以有效地杜绝打着生态旗号的假绿色建筑的

发生，提高对建筑市场的管理水平。

四、绿色建筑面临的问题

与发达国家相比，我国的绿色建筑发展时间较晚，无论是理念还是技术实践与国际标准还有很大的差距。虽然目前发展势头良好，在政策制度、评价标准、创新技术研究上都取得了一定的成果，各地也出现了一批示范项目，但我国绿色建筑发展总体上仍处于起步阶段，地区发展不平衡，总量规模比较小，现有的绿色建筑项目主要集中在沿海地区、经济发达地区以及大城市。目前，推动建筑节能、发展绿色建筑已成为社会共识，但绿色建筑的推广仍存在很多困难。

1. 认识理念仍有局限

一是不少地方尚未将发展绿色建筑放到保证国家能源安全、实施可持续发展的战略高度，缺乏紧迫感，缺乏主动性，相关工作得不到开展。二是由于发展起步较晚，各界对绿色建筑理解上的差异和误解仍然存在，对绿色建筑还缺乏真正的认识和了解，简单片面地理解绿色建筑的含义。如认为绿色建筑需要大幅度增加投资，是高科技、高成本建筑，我国现阶段难以推广应用等。关于绿色建筑真正内涵的普及工作仍然艰巨。

2. 法规标准有待完善

绿色建筑在我国处于起步阶段，相应的政策法规和评价体系还需进一步完善。国家对绿色建筑没有法律层面的要求，缺乏强制各方利益主体必须积极参与节能、节地、节水、节材和保护环境的法律法规，缺乏可操作的奖惩办法规范。绿色建筑与区域气候、经济条件密切相关，我国各个地区气候环境、经济发展差异较大，目前的绿色建筑标准体系没有充分考虑各地区的差异，不同地区差别化的标准规范有待制定。因此，结合各地的气候、资源、经济及文化等特点建立针对性强、可行性高的绿色建筑标准体系和实施细则是当务之急。

3. 激励政策相对滞后

相对于各种法规、标准和规范的不断出台，激励优惠政策配套相对滞后。尽管目前已经实行可再生能源在建筑中规模化应用的财政补贴政策，但支持建筑节能和绿色建筑发展的财政税收长效机制尚未建立，对绿色建筑缺乏补贴或税收减免等有效的激励，很难提高企业开发绿色建筑的积极性。制度与市场机制的结合度有待提高。对于企业来说，虽然绿色建筑更加节能与环保，从长远来说更加经济，但绿色建筑的设计与建造本身可能会增加一定的成本，加上目前消费者偏重商品房的价格、位置与安全，对于绿色建筑所体现的节能、环保和健康价值认知不够，尽管政府不断加大绿色建筑的推广力度，但企业在法律不强制、政策不优惠、受众没要求的客观环境下，限于急功近利的心态和责任意识的不足，同时考虑绿色建筑所带来的初期投资增加，多数没有自觉开发绿色建筑的动力。对于消费者来说，由于绿色建筑的建造成本通常高于普通建筑，这部分附加成本往往会转化成用户的负担，在相关税收优惠不足以抵消购房成本的增加额时，绿色建筑难以赢得绝大多数市场。因此，在绿色建筑发展初期，政府如何通过制度建设，运用有效的激励机制，充分调动各方的积极性，是目前面临的一大挑战。

4. 技术选择存在误区

在绿色建筑的技术选择上还存在误区，认为绿色建筑需要将所有的高精尖技术与产品集中应用在建筑中，总想将所有绿色节能的新技术不加区分地堆积在一个建筑里。一些项目为

绿色而绿色，堆砌一些并无实用价值的新技术，过分依赖设备与技术系统来保证生活的舒适性和高水准，建筑设计中忽视自然通风、自然采光等措施，直接导致建筑成本上升，在市场推广上难以打开局面。

情境三　绿色建筑案例

一、郑州信息创意产业园招商中心

郑州信息创意产业园招商中心位于郑州市文化北路与开元路交汇处的郑州信息创意产业园，招商中心总部面积48000多m^2，包含三栋高层建筑，效果图如图9-9所示。

图9-9　郑州信息创意产业园招商中心

招商中心项目响应国家节能号召，建设绿色示范建筑，在多个方面采用了节能减排措施，绿色建筑评价达到国家二星标准。项目在建设运营过程中主要运用的绿色建筑技术有如下几点。

1. 光伏发电系统

郑州信息创意产业园招商中心设计安装了光伏发电系统，整个光伏发电系统装机容量60kW，共安装750块双玻光伏组件。该组件采用了目前世界领先的准单晶技术，其核心是单晶铸锭技术，采用铸锭工艺生产出的类似单晶甚至全单晶的产品，将单晶硅及多晶硅的优势相结合。相较于多晶硅，准单晶硅片晶界少，位错密度低，投炉料大，生产效率高。在应用上，太阳能电池转换效率高达17.5%以上，与单晶硅片相比，准单晶电池的光致衰减也要降低约1/4～1/2。

在郑州地区太阳能资源条件下，光伏发电系统每年约发电7万kW·h，每年可节约煤炭约21t，减排CO_2约54t。设计寿命25年内总发电量约160万kW·h，节约煤炭540t，减排CO_2约1340t。

光伏发电系统利用太阳能双玻光伏组件替代传统采光顶双玻组件，建设光伏采光顶，如

图 9-10 所示。整齐分格的双玻光伏组件不仅提高了采光顶的建筑美观，更为建筑提供绿色能源，使整个建筑实现了从节能到产能的过渡。

图 9-10　光伏采光顶

2. 节能幕墙

幕墙系统采用以下绿色建筑技术：

使用铝单板幕墙系统，提高可循环材料利用率，减少建筑废弃物，节能环保。

建筑外墙使用高性能保温系统，与传统建筑比较，建筑物耗热量指标下降 52%，节能效率超过 50%。

使用高效断桥铝合金外窗，其传热系数小于 $3W/(m^2 \cdot K)$，相较于普通铝合金门窗，热损失减少 50% 以上。

玻璃幕墙部分使用 Low-E 双层中空玻璃，其传热系数为 $1.1W/(m^2 \cdot K)$，相较于传热系数为 $6.4W/(m^2 \cdot K)$ 的普通单层玻璃，在相同条件下热损失减少 80% 以上，节能效果极佳。

幕墙技术日趋成熟，将节能减排理念融入幕墙技术中去，作为建筑外维护系统，不仅能保持建筑的美观，更能发挥节能减排效果。节能幕墙如图 9-11 所示。

图 9-11　节能幕墙

3. 地源热泵空调系统

在本项目采用地源热泵中央空调系统为建筑采暖供冷。土壤或地下水体常年温度基本恒

定，冬季12~22℃，高于空气温度，热泵循环的蒸发温度提高，能效比也提高；夏季18~32℃，低于空气温度，制冷系统冷凝温度降低，使用冷却效果好于风冷式和冷却塔式，机组效率大大提高，可以节省30%~40%的运行费用。通常情况下制热能效比可高达4.0，制冷能效比可高达5.0。

地源热泵机组运行时，不消耗水也不污染水，不需要锅炉、冷却塔，也不需要堆放燃料废物的场地，环保效益显著。地源热泵机组的电力消耗与空气源热泵相比可以减少40%以上，与电供暖相比可以减少70%以上。它的制热系统的效率比燃气锅炉平均提高近50%，比燃油锅炉高出75%。

4. 太阳能热水系统

本项目公寓楼采用太阳能热水供应系统。太阳能热水器把太阳能转化为热能，将水从低温加热到高温，以满足人们的热水使用需要，太阳能热水系统是成熟的节能减排措施，在环保、经济、节能方面有着重要的作用。本项目采用的太阳能热水供应系统每天供应6t热水，全年日均节约电能140.3kW·h，日节约电力费用超过一百元。全年节约电能51，200kW·h，节约电费五万多元。

5. 其他

除了前面所述的几项重要的节能系统应用外，招商中心还采用了多种节能降耗减排绿色建筑技术，如：

屋面绿化系统：草坪式屋顶绿化使夏季室内温度降低2~3℃，平衡碳排放，改善城市热岛效应，高位滞留扬尘、净化空气，改善屋面性能、延长屋顶建材使用寿命。

雨水回用系统：雨水回用的成本比自来水的成本低20%以上，采用雨水回用，每年可回用7300t，直接经济效益约3.06万元/年。

LED节能照明：LED灯耗能只有节能灯的一半，寿命则为普通节能灯的4~5倍，LED照明是当今世界上最有可能替代传统光源的新一代光源。本建筑的照明系统部分采用了高效、环保的LED节能照明系统。

郑州信息创意产业园招商中心项目使用了多项绿色建筑节能降耗减排技术，达到了二星绿色建筑要求，是名副其实的郑州绿色建筑之星。而且所选用绿色建筑技术回本期均较短，在几年内便可收回投资成本，而光伏发电系统等项目却在源源不断创造效益，开创了郑州节能产能建筑的新时代。

二、深圳市宝安区妇幼保健院中心区新院

深圳市宝安区妇幼保健院中心区新院位于深圳市宝安区中心区玉律路和玉林路交叉口，是一所三级甲等专科医院，场地西南面为一个中学的建设用地，背面规划为长途客运站、公共交通以及邮电设施用地，东、南面为居住建筑。本项目主要由一栋四层门诊部、一栋五层医技部和一栋二十二层住院部的大楼及配套设施构成，每栋有一层地下室。总用地面积为29803.9m^2，建筑基底面积为12184.16m^2，总建筑面积为99007.98m^2，其中地上建筑面积为75887.97m^2，地下建筑面积为23120.01m^2，总床数为600张，日门诊量为3000人·次/日，绿化率为35%。获得深圳市绿色建筑认证银级奖项，其整体效果图如9-12所示。

建筑在设计和建设过程中主要利用以下绿色建筑技术，从而达到了深圳绿色建筑认证标准。

图9-12　深圳市宝安区妇幼保健院中心区新院

1）合理利用屋顶绿化，绿化物种选用适合深圳气候生长的乡土植物，增加绿化面积的同时也美化医院的环境，改善医院的空气，增添病人亲近自然的因素，有利于病人的健康，同时也减少建筑引起的热岛效应。

2）按照医院各房间功能，合理进行空调系统设计，并采用墙体保温技术，减少热量损失，在保证舒适健康的医疗环境的同时，最大程度地减少空调能耗。本项目设置两套制冷设备，其中一套为水冷式冷水机组，选用两台3164kW的离心式冷水机组和一台1392kW的螺杆式冷水机组；另一套为风冷系统，选用三台制冷量为802kW带热回收功能的风冷热泵机组，性能系数分别为5.83、5.61和3.65。选用两台蒸发量为1.5t/h的天然气蒸气锅炉，锅炉热效率为90.2%，属于节能等级产品。

3）使用节能电梯，符合我国香港机电工程署颁布的Code of Practice for Energy Efficiency of Lift and Escalator installations，并采用变频控制、起动控制等节能控制方式。

4）采用节水器具，避免管道漏损。项目卫生器具及给水配件均采用节水型，包括采用节水型两档水箱大便器，延时自闭冲洗龙头，延时自闭冲洗便器，采用住房和城乡建设部推荐给水硬件设施等。建筑底部利用城市管网余压直供，上部建筑需要加压时，采用分区变频供水系统，超压部分采用减压限流措施，严格控制用水点的水压，设计时解决好管网压力过高、流速过大问题，从源头上杜绝水资源浪费。热水系统利用热回收型冷冻机组提供的余热来预加热冷水。

5）采用雨水收集处理，用来绿化、洗车。

6）改善建筑采光，宝安区妇幼保健院中心区新院项目不会影响东面、南面的居住建筑日照。项目地下室车库利用采光天窗与楼梯间引入自然光，改善了地下室的采光效果，减少了照明用电，达到节能的目的。经过采光模拟分析，地下室车库约12.07%空间的采光系数大于0.50%。

7）合理采用高强度钢，钢筋混凝土主体结构使用的HRB400级以上钢筋作为主筋，总量的比例大于70%。

8）土建与装修一体化，项目各专业提前进行提资，并尽早协调和落实各专业的设计，实现土建与装修工程一体化设计与施工。各单位依据绿色施工原则，结合自身特点制定相应绿色施工技术方案，指导项目施工，有效避免拆除破坏、重复装修。

9）用水分项计量，根据用水用途对绿化、生活、垃圾处理、污水处理和冷却塔补水等设置水表进行分项计量，此外还对项目总用水、各项用途总用水和各科室用水分别设置水表，进行分级计量。

10）采用功能合理的智能化系统，项目建筑智能化系统定位合理，设置包含 6 个大项目、23 个子系统/子项的智能化系统，满足 GB/T 50314—2015《智能建筑设计标准》的基本配置要求和国家标准 GB 50339—2013《智能建筑工程质量验收规范》的要求。项目的建筑自控系统能够对空调机/风柜回风的温度和湿度进行自动控制，根据回风风道温湿度传感器检测回风温度，输出信号控制冷/热水电动调节阀的开度，使回风温度和湿度维持在所需要的范围内；室外空气温湿度传感器检测室外新风温度，调整回风温湿度设定值，达到节能目的。

附录A 易事特逆变器、汇流箱参数一览表

表A-1 EA1KLPVⅡ/EA1K5LPVⅡ/EA2KLPVⅡ技术参数

技术参数	EA1KLPV Ⅱ	EA1K5LPV Ⅱ	EA2KLPV Ⅱ
直流输入端参数			
最大直流输入功率/W	1200	1800	2300
最大直流输入电压/V	500	500	500
起动电压/V	100	150	150
额定电压/V	380	380	380
直流输入电压范围/V	80～500	100～500	100～500
满载MPPT电压范围/V	110～500	160～500	175～500
最大输入电流/A	10	10	12
MPPT路数	1	1	1
最大并联路数	1	1	1
交流输出参数			
额定交流输出功率/W	1000	1500	2000
最大交流输出功率/W	1100	1650	2200
最大交流输出电流/A	5.5	8.3	11
额定交流输出电压（范围）/V	220/230/240（180～270）		
额定电网频率（范围）/Hz	50(50±5)，60(60±5)		
功率因数	1		
输出谐波含量（额定输出）(%)	<3		
效率			
最大效率（%）	96	97	97
欧洲效率（%）	95	96	96
MPPT效率（%）	99.90		
安全保护装置			
直流输入反极性保护	有		
输入直流阻抗监测	有		
漏电流保护	有		
交流短路保护	有		
市电监测	有		

（续）

技术参数	EA1KLPV Ⅱ	EA1K5LPV Ⅱ	EA2KLPV Ⅱ
输出直流分量检测	有		
常规参数			
尺寸$\left(\frac{宽}{mm}\times\frac{高}{mm}\times\frac{深}{mm}\right)$	330 ×350 ×145		
质量/kg	12.5		
运行温度范围/℃	-25~60		
相对湿度（%）	0~95，无凝露		
防护等级	IP65		
安装环境	户外或户内		
海拔/m	2000		
散热方式	自然冷却		
夜间自耗电/W	<0.5		
显示	2 个 LED，2 行 X16 字符 LCD		
隔离类型	无变压器隔离		
噪声等级/dB	<30		
安装方式	壁挂式		
通信接口	RS485/WiFi/ZigBee		

表 A-2　EA3KLPVⅡ/EA4KLPVⅡ/EA5KLPVⅡ技术参数

技术参数	EA3KLPV Ⅱ	EA4KLPV Ⅱ	EA5KLPV Ⅱ
直流输入端参数			
最大直流输入功率/W	3200	4200	5300
最大直流输入电压/V	580	580	580
起动电压/V	150	150	150
额定电压/V	380	380	380
输入电压范围/V	100~580	100~580	100~580
满载 MPPT 电压范围/V	210~500	175~500	175~500
最大输入电流/A	15	12/12	15/15
MPPT 追踪器数量	1 路	2 路	2 路
最大并联路数	1 路	1 路/1 路	1 路/1 路
直流开关	可选	可选	可选
交流输出参数			
额定输出功率/W	3000	4000	4600/5000
最大输出功率/W	3000	4000	5000
最大输出电流/A	15	20	23
额定输出电压（范围）/V	220/230/240(180~270)		

（续）

技术参数	EA3KLPV Ⅱ	EA4KLPV Ⅱ	EA5KLPV Ⅱ
额定交流频率（范围）/Hz	50(50±5)，60(60±5)		
功率因数（$\cos\varphi$）	1		
输出谐波含量（额定条件）(%)	<3		
效率			
最大效率（%）	97.40	97.50	97.60
欧洲效率（%）	96.50	97.00	97.10
MPPT 效率（%）	99.90		
安全保护装置			
直流输入反极性保护	有		
输入直流阻抗监测	有		
漏电流保护	有		
交流短路保护	有		
市电监测	有		
输出直流分量检测	有		
常规参数			
尺寸$\left(\frac{宽}{mm}\times\frac{高}{mm}\times\frac{深}{mm}\right)$	360×400×145	390 ×460×165	390 ×460×165
质量/kg	16.8	21.8	21.8
运行温度范围/℃	-25~60		
相对湿度（%）	0~95，无凝露		
防护等级	IP65		
安装环境	户外或户内		
海拔/m	2000		
散热方式	自然冷却		
夜间自耗电/W	<0.5		
显示	2 个 LED，2 行 X16 字符 LCD		
隔离类型	无变压器隔离		
噪声等级/dB	<30		
安装方式	壁挂式		
通信接口	RS485/WiFi/ZigBee		

a) EA2KLPV Ⅱ

b) EA3KLPV Ⅱ

c) EA5KLPV Ⅱ

图 A-1　易事特 EA2KLPV Ⅱ/EA3KLPV Ⅱ/EA5KLPV Ⅱ

表 A-3　组串式逆变器（EA30KTLSI/EA35KTLSI）技术规格

项目 / 产品型号	EA30KTLSI	EA35KTLSI
输入		
最大直流输入功率/kWp	31	36
最大直流输入电压/V	1000	
起动电压/V	200	
最大直流输入电流/A	3×21	
MPPT 电压范围/V	320~900	
满载 MPPT 电压范围/V	480~800	580~800
MPPT 数量	3	
直流接线端	2×6	
MPPT 效率（静态）(%)	>99.9	
直流输入端对机壳绝缘耐压/(V/min)	基本绝缘 3000	
输　出		
额定输出功率/kW	30	35
额定输出电压/V	3×380/400/415+N+PE	3×480+PE
额定输出电流/A	3×45.5/43.5/41.7	3×43.5
最大允许输出电流/A	3×50	
额定频率/Hz	50/60	
直流分量（%）	<0.5（额定电流）	
THD（%）	<3（额定功率）	
功率因数	0.8（超前）~0.8（滞后）	
AC 输出侧对机壳绝缘耐压/(V/min)	基本绝缘 3000	
效率		
最大逆变效率（%）	98.60	98.70
欧洲效率（%）	98.40	98.50
常规参数		
待机损耗/W	20	
拓扑类型	无变压器	
平均无故障时间（MTBF)/h	40000	
保护	5 年标准，10/15/20/25 年可选	
保护		
输入反接保护	有	
直流过电压及过载保护	有	
输出交流短路保护	有	
交流过载、过电流限制及保护	有	
电网过电压、欠电压及不平衡保护	有	

（续）

项目 产品型号	EA30KTLSI	EA35KTLSI
电网过、欠频保护	有	
漏电保护	有	
防雷保护	有	
孤岛保护	主动和被动方式	
绝缘阻抗检测保护	有	
标准		
认证	VDE/TUV/CE/CQC	
并网安全及反孤岛	VDE126-1-1/A1/TUV/VDE-AR-N-4105/BDEW/CEIO-21	
EMC/安规	EN61000-6-2，EN61000-6-3	
	EN61000-3-2，EN61000-3-3	
	EN61000-3-11，EN61000-3-12	
	EN/IEC62109-1，EN/IEC62109-2	
其他参数		
机械尺寸$\left(\frac{L}{mm}\times\frac{H}{mm}\times\frac{W}{mm}\right)$	580×800×260	
工作温度/℃	−25～60	
散热方式	自然散热	
最高工作海拔/m	3000	
相对湿度（无冷凝）	0～100%	
质量/kg	<65	
防护等级	IP65	

图 A-2　并网逆变器 EA30KTLSI/EA35KTLSI

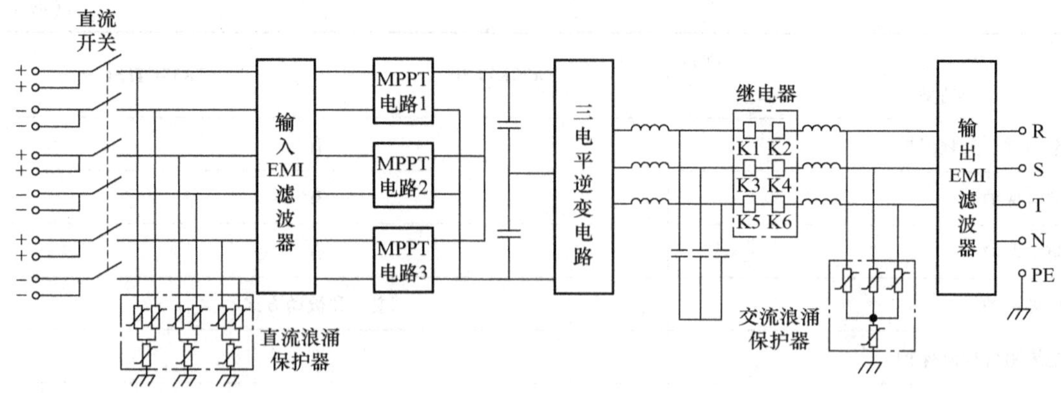

图 A-3　组串式逆变器（EA30KTLSI/EA35KTLSI）电路拓扑图

表 A-4　EA500KTM 产品关键技术参数

厂家全称		广东易事特电源股份有限公司	
产品型号	EA500KTM	设备序列号	500ktm20130926001
产品技术参数			
直流侧参数		系统特性参数	
直流母线起动电压/V	520	整机最高效率（%）	98.70
最低直流母线电压/V	500	运行自耗电/kW	<1.5
最高直流母线电压/V	1000	待机自耗电/W	<100
满载 MPPT 电压范围/V	500～850	运行环境温度范围/℃	-25～+55
最佳 MPPT 工作点电压/V	550	运行环境相对湿度（%）	0～95，无冷凝
最大输入电流/A	1100	满载工作最高海拔/m	≤3000
直流母线电容/μF	18000(500μF/1100V 电容 36 并）	整机防护等级	IP20（室内）
		整机净质量/kg	1500
交流侧参数		人机交互界面	按键式□　触摸式√
额定输出功率/kW	500	是否具备急停功能	有√　无□
最大输出功率/kW	550	运行冷却方式	水冷□　风冷√
额定网侧电压/V	315		自冷□　其他□
允许网侧电压范围/V	245～362	外形尺寸 $\left(\frac{宽}{mm}\times\frac{高}{mm}\times\frac{深}{mm}\right)$	1800×2200×800
额定电网频率/Hz	50/60		
允许电网频率范围/Hz	(47～52)/(57～62)	通信接口	RS232□　RS485√
最大交流输出电流/A	1008		以太网□ 其他□
总电流谐波畸变率（%）	<3（额定功率）	保护功能种类	过电压保护√　过载保护√
功率因数	0.9（超前）～0.9（滞后）		短路保护√　过热保护√
功率器件开关频/kHz	3		孤岛保护√　直流接地保护√
有无隔离变压器/升压变压器	有□ 无√		极性反接保护√

表 A-5　EA500KTH 送检产品关键技术参数

厂家全称		广东易事特电源股份有限公司	
产品型号	EA500KTH	设备序列号	500kth20130926001
送检产品技术参数			
直流侧参数		系统特性参数	
直流母线起动电压/V	505	整机最高效率（%）	98.70
最低直流母线电压/V	500	运行自耗电/kW	<1.5
最高直流母线电压/V	1000	待机自耗电/W	<10
满载 MPPT 电压范围/V	500~850	运行环境温度范围/℃	-25~+55
最佳 MPPT 工作点电压/V	550	运行环境相对湿度（%）	0~95，无冷凝
最大输入电流/A	1100	满载工作最高海拔/m	≤3000
直流母线电容/μF	18000（500μF/1100V 电容 36 并）	整机防护等级	IP20（室内）
		整机净质量/kg	1500
交流侧参数		人机交互界面	按键式□　触摸式√
额定输出功率/kW	500	是否具备急停功能	有√　无□
最大输出功率/kW	550	运行冷却方式	水冷□　风冷√
额定网侧电压/V	315		自冷□　其他□
允许网侧电压范围/V	245~362	外形尺寸 $\left(\frac{宽}{mm}\times\frac{高}{mm}\times\frac{深}{mm}\right)$	1800×2200×800
额定电网频率/Hz	50/60		
允许电网频率范围/Hz	(47~52)/(57~62)	通信接口	RS232□　RS485√
最大交流输出电流/A	1008		以太网□ 其他□
总电流谐波畸变率	<3%（额定功率）	保护功能种类	过电压保护√　过载保护√
功率因数	0.9（超前）~0.9（滞后）		短路保护√　过热保护√
功率器件开关频率/kHz	3		孤岛保护√　直流接地保护√
有无隔离变压器/升压变压器	有□ 无√		极性反接保护√

表 A-6　EA500KTS 产品关键技术参数

厂家全称		广东易事特电源股份有限公司	
产品型号	EA500KTS	设备序列号	500kts20130926001
产品技术参数			
直流侧参数		系统特性参数	
直流母线起动电压/V	455	整机最高效率（%）	98.70
最低直流母线电压/V	450	运行自耗电/kW	<1.5
最高直流母线电压/V	1000	待机自耗电/W	<100
满载 MPPT 电压范围/V	450~820	运行环境温度范围/℃	-25~+55
最佳 MPPT 工作点电压/V	550	运行环境相对湿度（%）	0~95，无冷凝
最大输入电流/A	1200	满载工作最高海拔/m	≤3000

（续）

直流侧参数		系统特性参数	
直流母线电容/μF	18000（500μF/1100V 电容 36 并）	整机防护等级	IP20（室内）
		整机净质量/kg	1500
交流侧参数		人机交互界面	按键式□ 触摸式√
额定输出功率/kW	500	是否具备急停功能	有√ 无□
最大输出功率/kW	550	运行冷却方式	水冷□ 风冷√
额定网侧电压/V	270		自冷□ 其他□
允许网侧电压范围/V	210~310	外形尺寸$\left(\frac{宽}{mm}\times\frac{高}{mm}\times\frac{深}{mm}\right)$	1800×2200×800
额定电网频率/Hz	50/60		
允许电网频率范围/Hz	(47~52)/(57~62)	通信接口	RS232□ RS485√
最大交流输出电流/A	1180		以太网□ 其他□
总电流谐波畸变率（%）	<3（额定功率）	保护功能种类	过电压保护√ 过载保护√
功率因数	0.9（超前）~0.9（滞后）		短路保护√ 过热保护√
功率器件开关频率/kHz	3		孤岛保护√ 直流接地保护√
有无隔离变压器/升压变压器	有□ 无√		极性反接保护√

表 A-7　EA500KTL 产品关键技术参数

厂 家 全 称		广东易事特电源股份有限公司	
产品型号	EA500KTL	设备序列号	500ktl20130926001
产品技术参数			
直流侧参数		系统特性参数	
直流母线起动电压/V	455	整机最高效率（%）	98.70
最低直流母线电压/V	450	运行自耗电/kW	<1.5
最高直流母线电压/V	1000	待机自耗电/W	<100
满载 MPPT 电压范围/V	450~820	运行环境温度范围/℃	-25~+55
最佳 MPPT 工作点电压/V	550	运行环境相对湿度（%）	0~95，无冷凝
最大输入电流/A	1200	满载工作最高海拔/m	≤3000
直流母线电容/μF	18000（500μF/1100V 电容 36 并）	整机防护等级	IP20（室内）
		整机净质量/kg	1500
交流侧参数		人机交互界面	按键式□ 触摸式√
额定输出功率/kW	500	是否具备急停功能	有√ 无□
最大输出功率/kW	550	运行冷却方式	水冷□ 风冷√
额定网侧电压/V	270		自冷□ 其他□
允许网侧电压范围/V	210~310	外形尺寸$\left(\frac{宽}{mm}\times\frac{高}{mm}\times\frac{深}{mm}\right)$	1800×2200×800
额定电网频率/Hz	50/60		

（续）

交流侧参数		系统特性参数	
允许电网频率范围/Hz	(47～52)/(57～62)	通信接口	RS232□　RS485√
最大交流输出电流/A	1180		以太网□ 其他□
总电流谐波畸变率（%）	<3（额定功率）	保护功能种类	过电压保护√　过载保护√
功率因数	0.9（超前）～0.9（滞后）		短路保护√　过热保护√
功率器件开关频率/kHz	3		孤岛保护√　直流接地保护√
有无隔离变压器/升压变压器	有□ 无√		极性反接保护√

表 A-8　EA630KTM 送检产品关键技术参数

厂家全称		广东易事特电源股份有限公司	
产品型号	EA630KTM	设备序列号	630ktm20130926001
产品技术参数			
直流侧参数		系统特性参数	
直流母线起动电压/V	520	整机最高效率（%）	98.70
最低直流母线电压/V	500	运行自耗电/kW	<1.5
最高直流母线电压/V	1000	待机自耗电/W	<100
满载 MPPT 电压范围/V	500～850	运行环境温度范围/℃	-25～+55
最佳 MPPT 工作点电压/V	550	运行环境相对湿度（%）	0～95，无冷凝
最大输入电流/A	1270	满载工作最高海拔/m	≤3000
直流母线电容/μF	18000（500μF/1100V 电容 36 并）	整机防护等级	IP20（室内）
		整机净质量/kg	1500
交流侧参数		人机交互界面	按键式□　触摸式√
额定输出功率/kW	630	是否具备急停功能	有√　无□
最大输出功率/kW	630	运行冷却方式	水冷□　风冷√
额定网侧电压/V	315		自冷□　其他□
允许网侧电压范围/V	245～362	外形尺寸$\left(\frac{宽}{mm}\times\frac{高}{mm}\times\frac{深}{mm}\right)$	1800×2200×800
额定电网频率/Hz	50/60		
允许电网频率范围/Hz	(47～52)/(57～62)	通信接口	RS232□　RS485√
最大交流输出电流/A	1155		以太网□ 其他□
总电流谐波畸变率（%）	<3（额定功率）	保护功能种类	过电压保护√　过载保护√
功率因数	0.9（超前）～0.9（滞后）		短路保护√　过热保护√
功率器件开关频率/kHz	3		孤岛保护√　直流接地保护√
有无隔离变压器/升压变压器	有□ 无√		极性反接保护√

表 A-9　EA630KTX 产品关键技术参数

厂家全称		广东易事特电源股份有限公司	
产品型号	EA630KTX	设备序列号	630ktx20130926001
产品技术参数			
直流侧参数		系统特性参数	
直流母线起动电压/V	558	整机最高效率（%）	98.70
最低直流母线电压/V	550	运行自耗电/kW	<1.5
最高直流母线电压/V	1000	待机自耗电/W	<100
满载 MPPT 电压范围/V	550~880	运行环境温度范围/℃	−25~+55
最佳 MPPT 工作点电压/V	600	运行环境相对湿度（%）	0~95，无冷凝
最大输入电流/A	1260	满载工作最高海拔/m	≤3000
直流母线电容/μF	18000（500μF/1100V 电容 36 并）	整机防护等级	IP20（室内）
		整机净质量/kg	1500
交流侧参数		人机交互界面	按键式□　触摸式√
额定输出功率/kW	630	是否具备急停功能	有√　无□
最大输出功率/kW	690	运行冷却方式	水冷□　风冷√
额定网侧电压/V	400		自冷□　其他□
允许网侧电压范围/V	312~460	外形尺寸$\left(\frac{宽}{mm}\times\frac{高}{mm}\times\frac{深}{mm}\right)$	1800×2200×800
额定电网频率/Hz	50/60		
允许电网频率范围/Hz	(47~52)/(57~62)	通信接口	RS232□　RS485√
最大交流输出电流/A	1000		以太网□　其他□
总电流谐波畸变率（%）	<3（额定功率）	保护功能种类	过电压保护√　过载保护√
功率因数	0.9（超前）~0.9（滞后）		短路保护√　过热保护√
功率器件开关频率/kHz	3		孤岛保护√　直流接地保护√
有无隔离变压器/升压变压器	有□　无√		极性反接保护√

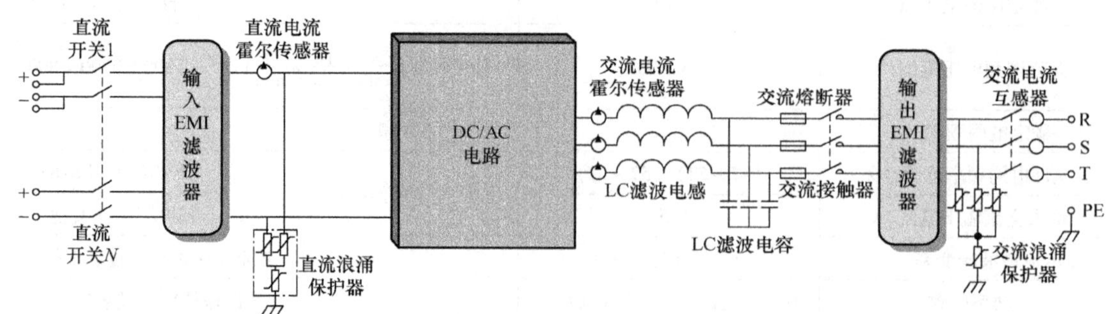

图 A-4　EA500KTM、EA500KTH、EA500KTS、EA500KTL、EA630KTM、EA630KTX 电路拓扑图

图 A-5　并网逆变器

表 A-10　汇流箱技术参数

产 品 型 号	EAPVCB-6SD	EAPVCB-8SD	EAPVCB-10SD	EAPVCB-12SD
最大光伏阵列电压/V	1000			
最大输入路数	6	8	10	12
熔断丝额定电流	根据客户要求	根据客户要求	根据客户要求	根据客户要求
输出端子大小	PG29	PG29	PG29	PG29
防护等级	IP65	IP65	IP65	IP65
环境温度/℃	-25 ~ +60	-25 ~ +60	-25 ~ +60	-25 ~ +60
环境湿度（%）	0 ~ 99	0 ~ 99	0 ~ 99	0 ~ 99
尺寸$\left(\frac{宽}{mm}\times\frac{高}{mm}\times\frac{深}{mm}\right)$	600 × 575 × 270	600 × 575 × 270	600 × 575 × 270	700 × 575 × 270
质量/kg	28	28	28	35
标准配件				
直流总输出断路器	是	是	是	是
光伏专用防雷模块	是	是	是	是
产品型号	EAPVCB-14SD	EAPVCB-16SD	EAPVCB-18SD	EAPVCB-20SD
最大光伏阵列电压/V	1000			
最大输入路数	14	16	18	20
输出端子大小	PG29	PG29	PG29	PG29
防护等级	IP65	IP65	IP65	IP65
环境温度/℃	-25 ~ +60	-25 ~ +60	-25 ~ +60	-25 ~ +60
环境湿度（%）	0 ~ 99	0 ~ 99	0 ~ 99	0 ~ 99
尺寸$\left(\frac{宽}{mm}\times\frac{高}{mm}\times\frac{深}{mm}\right)$	700 × 575 × 270	700 × 575 × 270	850 × 575 × 270	850 × 575 × 270
质量/kg	40	40	45	45
标准配件				
直流总输出断路器	是	是	是	是
光伏专用防雷模块	是	是	是	是

附录B　我国部分省市地区光伏发电站最佳安装倾角及发电量速查表

序号	区域	类别	城　　市	安装角度/°	峰值日照时数/(h/day)	每瓦首年发电量/(kW·h/W)	年有效利用小时数/h
1	直辖市	直辖市	北京	35	4.21	1.214	1213.95
2			上海	25	4.09	1.179	1179.35
3			天津	35	4.57	1.318	1317.76
4			重庆	8	2.38	0.686	686.27
5	东北地区	黑龙江省	哈尔滨	40	4.3	1.268	1239.91
6			齐齐哈尔	43	4.81	1.388	1386.96
7			牡丹江	40	4.51	1.301	1300.46
8			佳木斯	43	4.3	1.241	1239.91
9			鸡西	41	4.53	1.308	1306.23
10			鹤岗	43	4.41	1.272	1271.62
11			双鸭山	43	4.41	1.272	1271.62
12			黑河	46	4.9	1.415	1412.92
13			大庆	41	4.61	1.331	1329.29
14			大兴安岭—漠河	49	4.8	1.384	1384.08
15			伊春	45	4.73	1.364	1363.90
16			七台河	42	4.41	1.272	1271.62
17			绥化	42	4.52	1.304	1303.34
18		吉林省	长春	41	4.74	1.367	1366.78
19			延边—延吉	38	4.27	1.231	1231.25
20			白城	42	4.74	1.369	1366.78
21			松原—扶余	40	4.63	1.336	1335.06
22			吉林	41	4.68	1.351	1349.48
23			四平	40	4.66	1.344	1343.71
24			辽源	40	4.7	1.355	1355.25
25			通化	37	4.45	1.283	1283.16
26			白山	37	4.31	1.244	1242.79
27		辽宁省	沈阳	36	4.38	1.264	1262.97
28			朝阳	37	4.78	1.378	1378.31
29			阜新	38	4.64	1.338	1337.94
30			铁岭	37	4.4	1.269	1268.74
31			抚顺	37	4.41	1.274	1271.62
32			本溪	36	4.4	1.271	1268.74
33			辽阳	36	4.41	1.272	1271.62

（续）

序号	区域	类别	城　市	安装角度/°	峰值日照时数/(h/day)	每瓦首年发电量/(kW·h/W)	年有效利用小时数/h
34	东北地区	辽宁省	鞍山	35	4.37	1.262	1260.09
35			丹东	36	4.41	1.273	1271.62
36			大连	32	4.3	1.241	1239.91
37			营口	35	4.4	1.269	1268.74
38			盘锦	36	4.36	1.258	1257.21
39			锦州	37	4.7	1.358	1355.25
40			葫芦岛	36	4.66	1.344	1343.71
41	华北地区	河北省	石家庄	37	5.03	1.453	1450.40
42			保定	32	4.1	1.182	1182.24
43			承德	42	5.46	1.574	1574.39
44			唐山	36	4.64	1.338	1337.94
45			秦皇岛	38	5	1.442	1441.75
46			邯郸	36	4.93	1.422	1421.57
47			邢台	36	4.93	1.422	1421.57
48			张家口	38	4.77	1.375	1375.43
49			沧州	37	5.07	1.462	1461.93
50			廊坊	40	5.17	1.491	1490.77
51			衡水	36	5	1.442	1441.75
52		山西省	太原	33	4.65	1.341	1340.83
53			大同	36	5.11	1.474	1473.47
54			朔州	36	5.16	1.489	1487.89
55			阳泉	33	4.67	1.348	1346.59
56			长治	28	4.04	1.165	1164.93
57			晋城	29	4.28	1.234	1234.14
58			忻州	34	4.78	1.378	1378.31
59			晋中	33	4.65	1.342	1340.83
60			临汾	30	4.27	1.231	1231.25
61			运城	26	4.13	1.193	1190.89
62			吕梁	32	4.65	1.341	1340.83
63		内蒙古自治区	呼和浩特	35	4.68	1.349	1349.48
64			包头	41	5.55	1.6	1600.34
65			乌海	39	5.51	1.589	1588.81
66			赤峰	41	5.35	1.543	1542.67
67			通辽	44	5.44	1.569	1568.62
68			呼伦贝尔	47	4.99	1.439	1438.87

（续）

序号	区域	类别	城　市	安装角度/°	峰值日照时数/(h/day)	每瓦首年发电量/(kW·h/W)	年有效利用小时数/h
69	华北地区	内蒙古自治区	兴安盟	46	5. 2	1. 499	1499. 42
70			鄂尔多斯	40	5. 55	1. 6	1600. 34
71			锡林郭勒盟	43	5. 37	1. 548	1548. 44
72			阿拉善盟	36	5. 35	1. 543	1542. 67
73			巴彦淖尔	41	5. 48	1. 58	1580. 16
74			乌兰察布	40	5. 49	1. 574	1583. 04
75	华中地区	河南省	郑州	29	4. 23	1. 22	1219. 72
76			开封	32	4. 54	1. 309	1309. 11
77			洛阳	31	4. 56	1. 315	1314. 88
78			焦作	33	4. 68	1. 349	1349. 48
79			平顶山	30	4. 28	1. 234	1234. 14
80			鹤壁	33	4. 73	1. 364	1363. 90
81			新乡	33	4. 68	1. 349	1349. 48
82			安阳	30	4. 32	1. 246	1245. 67
83			濮阳	33	4. 68	1. 349	1349. 48
84			商丘	31	4. 56	1. 315	1314. 88
85			许昌	30	4. 4	1. 269	1268. 74
86			漯河	29	4. 16	1. 2	1199. 54
87			信阳	27	4. 13	1. 191	1190. 89
88			三门峡	31	4. 56	1. 315	1314. 88
89			南阳	29	4. 16	1. 2	1199. 54
90			周口	29	4. 16	1. 2	1199. 54
91			驻马店	28	4. 34	1. 251	1251. 44
92			济源	28	4. 1	1. 182	1182. 24
93		湖南省	长沙	20	3. 18	0. 917	916. 95
94			张家界	23	3. 81	1. 099	1098. 61
95			常德	20	3. 38	0. 975	974. 62
96			益阳	16	3. 16	0. 912	911. 19
97			岳阳	16	3. 22	0. 931	928. 49
98			株洲	19	3. 46	0. 998	997. 69
99			湘潭	16	3. 23	0. 933	931. 37
100			衡阳	18	3. 39	0. 978	977. 51
101			郴州	18	3. 46	0. 998	997. 69
102			永州	15	3. 27	0. 944	942. 90
103			邵阳	15	3. 25	0. 937	937. 14

（续）

序号	区域	类别	城　市	安装角度/°	峰值日照时数/(h/day)	每瓦首年发电量/(kW·h/W)	年有效利用小时数/h
104	华中地区	湖南省	怀化	15	2.96	0.853	853.52
105			娄底	16	3.19	0.921	919.84
106			湘西	15	2.83	0.817	816.03
107		湖北省	武汉	20	3.17	0.914	914.07
108			十堰	26	3.87	1.116	1115.91
109			襄阳	20	3.52	1.016	1014.99
110			荆门	20	3.16	0.913	911.19
111			孝感	20	3.51	1.012	1012.11
112			黄石	25	3.89	1.122	1121.68
113			咸宁	19	3.37	0.972	971.74
114			荆州	23	3.75	1.081	1081.31
115			宜昌	20	3.44	0.992	991.92
116			随州	22	3.59	1.036	1035.18
117			鄂州	21	3.66	1.057	1055.36
118			黄冈	21	3.68	1.063	1061.13
119			恩施	15	2.73	0.788	787.20
120			仙桃	17	3.29	0.949	948.67
121			天门	18	3.15	0.91	908.30
122			神农架	21	3.23	0.934	931.37
123			潜江	27	3.89	1.122	1121.68
124	西南地区	四川省	成都	16	2.76	0.798	795.85
125			广元	19	3.25	0.937	937.14
126			绵阳	17	2.82	0.813	813.15
127			德阳	17	2.79	0.805	804.50
128			南充	14	2.81	0.81	810.26
129			广安	13	2.77	0.8	798.73
130			遂宁	11	2.8	0.808	807.38
131			内江	11	2.59	0.747	746.83
132			乐山	17	2.77	0.799	798.73
133			自贡	13	2.62	0.756	755.48
134			泸州	11	2.6	0.75	749.71
135			宜宾	12	2.67	0.771	769.89
136			攀枝花	27	5.01	1.445	1444.63
137			巴中	17	2.94	0.849	847.75
138			达州	14	2.82	0.814	813.15

（续）

序号	区域	类别	城　　市	安装角度/°	峰值日照时数/(h/day)	每瓦首年发电量/(kW·h/W)	年有效利用小时数/h
139	西南地区	四川省	资阳	15	2.73	0.789	787.20
140			眉山	16	2.72	0.786	784.31
141			雅安	16	2.92	0.842	841.98
142			甘孜	30	4.17	1.203	1202.42
143			凉山—西昌	25	4.39	1.266	1265.86
144			阿坝	35	5.28	1.523	1522.49
145		云南省	昆明	25	4.4	1.271	1268.74
146			曲靖	25	4.24	1.224	1222.60
147			玉溪	24	4.46	1.288	1286.04
148			丽江	29	5.18	1.494	1493.65
149			普洱	21	4.33	1.25	1248.56
150			临沧	25	4.63	1.335	1335.06
151			德宏	25	4.74	1.367	1366.78
152			怒江	27	4.68	1.35	1349.48
153			迪庆	28	5.01	1.446	1444.63
154			楚雄	25	4.49	1.296	1294.69
155			昭通	22	4.25	1.225	1225.49
156			大理	27	4.91	1.416	1415.80
157			红河	23	4.56	1.314	1314.88
158			保山	29	4.66	1.344	1343.71
159			文山	22	4.52	1.303	1303.34
160			西双版纳	20	4.47	1.291	1288.92
161		贵州省	贵阳	15	2.95	0.852	850.63
162			六盘水	22	3.84	1.107	1107.26
163			遵义	13	2.79	0.805	804.50
164			安顺	13	3.05	0.879	879.47
165			毕节	21	3.76	1.086	1084.20
166			黔西南	20	3.85	1.111	1110.15
167			铜仁	15	2.9	0.836	836.22
168		西藏自治区	拉萨	28	6.4	1.845	1845.44
169			阿里	32	6.59	1.9	1900.23
170			昌都	32	5.18	1.494	1493.65
171			林芝	30	5.33	1.537	1536.91
172			日喀则	32	6.61	1.906	1905.99
173			山南	32	6.13	1.768	1767.59
174			那曲	35	5.84	1.648	1683.96

（续）

序号	区域	类别	城　市	安装角度/°	峰值日照时数/(h/day)	每瓦首年发电量/(kW·h/W)	年有效利用小时数/h
175	西北地区	新疆维吾尔自治区	乌鲁木齐	33	4.22	1.217	1216.84
176			昌吉	33	4.22	1.217	1216.84
177			克拉玛依	41	4.87	1.404	1404.26
178			吐鲁番	42	5.55	1.6	1600.34
179			哈密	40	5.33	1.537	1536.91
180			石河子	38	5.12	1.478	1476.35
181			伊犁	40	4.95	1.427	1427.33
182			巴音郭楞	41	5.42	1.563	1562.86
183			和田	35	5.59	1.612	1611.88
184			阿勒泰	44	5.17	1.494	1490.77
185			塔城	41	4.88	1.407	1407.15
186			阿克苏	40	5.35	1.543	1542.67
187			博尔塔拉	40	4.91	1.416	1415.80
188			克孜勒苏	40	4.92	1.419	1418.68
189			喀什	40	4.92	1.419	1418.68
190			图木舒克	37	5	1.442	1441.75
191			阿拉尔	38	4.92	1.419	1418.68
192			五家渠	36	4.65	1.341	1340.83
193		陕西省	西安	26	3.57	1.029	1029.41
194			宝鸡	30	4.28	1.234	1234.14
195			咸阳	26	3.57	1.029	1029.41
196			渭南	31	4.45	1.283	1283.16
197			铜川	33	4.65	1.341	1340.83
198			延安	35	4.99	1.439	1438.87
199			榆林	38	5.4	1.557	1557.09
200			汉中	29	4.06	1.171	1170.70
201			安康	26	3.85	1.11	1110.15
202			商洛	26	3.57	1.029	1029.41
203		甘肃省	兰州	29	4.21	1.214	1213.95
204			酒泉	41	5.54	1.597	1597.46
205			嘉峪关	41	5.54	1.597	1597.46
206			张掖	42	5.59	1.612	1611.88
207			天水	32	4.51	1.3	1300.46
208			白银	38	5.31	1.531	1531.14

（续）

序号	区域	类别	城市	安装角度/°	峰值日照时数/(h/day)	每瓦首年发电量/(kW·h/W)	年有效利用小时数/h
209	西北地区	甘肃省	定西	38	5.2	1.499	1499.42
210			甘南	32	4.51	1.3	1300.46
211			金昌	39	5.6	1.615	1614.76
212			临夏	38	5.2	1.499	1499.42
213			陇南	28	4.51	1.3	1300.46
214			平凉	34	4.76	1.373	1372.55
215			庆阳	34	4.69	1.352	1352.36
216			武威	40	5.17	1.491	1490.77
217		宁夏回族自治区	银川	36	5.06	1.459	1459.05
218			石嘴山	39	5.54	1.597	1597.46
219			固原	34	4.76	1.373	1372.55
220			中卫	37	5.39	1.554	1554.21
221			吴忠	38	5.3	1.528	1528.26
222		青海省	西宁	34	4.7	1.355	1355.25
223			果洛—达日	36	5.19	1.497	1496.54
224			海北—海晏	34	4.7	1.355	1355.25
225			海东—平安	34	4.7	1.355	1355.25
226			海南—共和	38	5.88	1.695	1695.50
227			海西—格尔木	38	5.88	1.695	1695.50
228			海西—德令哈	41	5.65	1.629	1629.18
229			黄南—同仁	39	5.81	1.675	1675.31
230			玉树	34	5.37	1.548	1548.44
231	华南地区	广东省	广州	20	3.16	0.91	911.19
232			清远	19	3.43	0.989	989.04
233			韶关	18	3.67	1.06	1058.24
234			河源	18	3.66	1.056	1055.36
235			梅州	20	3.92	1.132	1130.33
236			潮州	19	4	1.156	1153.40
237			汕头	19	4.02	1.16	1159.17
238			揭阳	18	3.97	1.147	1144.75
239			汕尾	17	3.81	1.1	1098.61
240			惠州	18	3.74	1.079	1078.43
241			东莞	17	3.52	1.017	1014.99
242			深圳	17	3.78	1.089	1089.96
243			珠海	17	4	1.153	1153.40

（续）

序号	区域	类别	城市	安装角度/°	峰值日照时数/(h/day)	每瓦首年发电量/(kW·h/W)	年有效利用小时数/h
244	华南地区	广东省	中山	17	3.88	1.118	1118.80
245			江门	17	3.76	1.084	1084.20
246			佛山	18	3.43	0.99	989.04
247			肇庆	18	3.48	1.003	1003.46
248			云浮	17	3.53	1.018	1017.88
249			阳江	16	3.9	1.127	1124.57
250			茂名	16	3.84	1.108	1107.26
251			湛江	14	3.9	1.125	1124.57
252		广西壮族自治区	南宁	14	3.62	1.044	1043.83
253			桂林	17	3.35	0.967	965.97
254			百色	15	3.79	1.094	1092.85
255			玉林	16	3.74	1.079	1078.43
256			钦州	14	3.67	1.059	1058.24
257			北海	14	3.76	1.085	1084.20
258			梧州	16	3.63	1.046	1046.71
259			柳州	16	3.46	0.998	997.69
260			河池	14	3.46	0.998	997.69
261			防城港	14	3.67	1.059	1058.24
262			贺州	17	3.54	1.02	1020.76
263			来宾	14	3.55	1.024	1023.64
264			崇左	14	3.74	1.078	1078.43
265			贵港	15	3.61	1.042	1040.94
266		海南省	海口	10	4.33	1.25	1248.56
267			三亚	15	4.75	1.371	1369.66
268			琼海	12	4.71	1.358	1358.13
269			白沙	15	4.76	1.374	1372.55
270			保亭	15	4.74	1.368	1366.78
271			昌江	13	4.55	1.314	1311.99
272			澄迈	13	4.55	1.313	1311.99
273			儋州	13	4.48	1.294	1291.81
274			定安	10	4.32	1.246	1245.67
275			东方	14	4.84	1.396	1395.61
276			乐东	16	4.77	1.376	1375.43
277			临高	12	4.51	1.302	1300.46
278			陵水	15	4.74	1.366	1366.78

（续）

序号	区域	类别	城　　市	安装角度/°	峰值日照时数/(h/day)	每瓦首年发电量/(kW·h/W)	年有效利用小时数/h
279	华南地区	海南省	琼中	13	4.72	1.362	1361.01
280			屯昌	13	4.68	1.351	1349.48
281			万宁	13	4.67	1.346	1346.59
282			文昌	10	4.28	1.233	1234.14
283			五指山	15	4.8	1.387	1384.08
284	华东地区	江苏省	南京	23	3.71	1.07	1069.78
285			徐州	25	3.95	1.139	1138.98
286			连云港	26	4.13	1.19	1190.89
287			盐城	25	3.98	1.147	1147.63
288			泰州	23	3.8	1.097	1095.73
289			镇江	23	3.68	1.062	1061.13
290			南通	23	3.92	1.13	1130.33
291			常州	23	3.73	1.076	1075.55
292			无锡	23	3.71	1.07	1069.78
293			苏州	22	3.68	1.062	1061.13
294			淮安	25	3.98	1.148	1147.63
295			宿迁	25	3.96	1.141	1141.87
296			扬州	22	3.69	1.065	1064.01
297		浙江省	杭州	20	3.42	0.988	986.16
298			绍兴	20	3.56	1.028	1026.53
299			宁波	20	3.67	1.057	1058.24
300			湖州	20	3.7	1.067	1066.90
301			嘉兴	20	3.66	1.057	1055.36
302			金华	20	3.63	1.047	1046.71
303			丽水	20	3.77	1.089	1087.08
304			温州	18	3.77	1.088	1087.08
305			台州	23	3.8	1.098	1095.73
306			舟山	20	3.76	1.085	1084.20
307			衢州	20	3.69	1.064	1064.01
308		福建省	福州	17	3.54	1.021	1020.76
309			莆田	16	3.59	1.035	1035.18
310			南平	18	4.17	1.204	1202.42
311			厦门	17	3.89	1.121	1121.68
312			泉州	17	3.92	1.131	1130.33
313			漳州	18	3.87	1.116	1115.91

（续）

序号	区域	类别	城　市	安装角度/°	峰值日照时数/(h/day)	每瓦首年发电量/(kW·h/W)	年有效利用小时数/h
314	华东地区	福建省	三明	18	3.92	1.132	1130.33
315			龙岩	20	3.92	1.13	1130.33
316			宁德	18	3.62	1.045	1043.83
317		山东省	济南	32	4.27	1.231	1231.25
318			青岛	30	3.38	0.975	974.62
319			淄博	35	4.9	1.413	1412.92
320			东营	36	4.98	1.436	1435.98
321			潍坊	35	4.9	1.413	1412.92
322			烟台	35	4.94	1.424	1424.45
323			枣庄	32	4.11	1.349	1185.12
324			威海	33	4.94	1.424	1424.45
325			济宁	32	4.72	1.361	1361.01
326			泰安	36	4.93	1.422	1421.57
327			日照	33	4.7	1.355	1355.25
328			莱芜	34	4.88	1.407	1407.15
329			临沂	33	4.77	1.375	1375.43
330			德州	35	5	1.442	1441.75
331			聊城	36	4.93	1.422	1421.57
332			滨州	37	5.03	1.45	1450.40
333			菏泽	32	4.72	1.361	1361.01
334		江西省	南昌	16	3.59	1.036	1035.18
335			九江	20	3.56	1.026	1026.53
336			景德镇	20	3.63	1.047	1046.71
337			上饶	20	3.76	1.084	1084.20
338			鹰潭	17	3.68	1.062	1061.13
339			宜春	15	3.37	0.973	971.74
340			萍乡	15	3.33	0.962	960.21
341			赣州	16	3.67	1.059	1058.24
342			吉安	16	3.59	1.037	1035.18
343			抚州	16	3.64	1.049	1049.59
344			新余	15	3.55	1.025	1023.64
345		安徽省	合肥	27	3.69	1.064	1064.01
346			芜湖	26	4.03	1.162	1162.05
347			黄山	25	3.84	1.107	1107.26
348			安庆	25	3.91	1.127	1127.45

（续）

序号	区域	类别	城　市	安装角度/°	峰值日照时数/(h/day)	每瓦首年发电量/(kW·h/W)	年有效利用小时数/h
349	华东地区	安徽省	蚌埠	25	3.92	1.13	1130.33
350			亳州	23	3.86	1.115	1113.03
351			池州	22	3.64	1.048	1049.59
352			滁州	23	3.66	1.056	1055.36
353			阜阳	28	4.21	1.214	1213.95
354			淮北	30	4.49	1.295	1294.69
355			六安	23	3.69	1.065	1064.01
356			马鞍山	22	3.68	1.061	1061.13
357			宿州	30	4.47	1.289	1288.92
358			铜陵	22	3.65	1.054	1052.48
359			宣城	23	3.65	1.052	1052.48
360			淮南	28	4.24	1.223	1222.60

参考文献

[1] 白润波，孙勇. 绿色建筑节能技术与实例［M］. 北京：化学工业出版社，2012.

[2] 住房和城乡建设部政策研究中心课题组. 发展绿色建筑存在的问题及对策建议［J］. 建筑节能，2011（3）：4-6.

[3] 杨燕，吴小翔，韦保仁，等. 绿色建筑节能环境效益分析——以苏州市为例［J］. 江苏建筑，2014（1）：103-106.

[4] 王萌，孙勇. 绿色建筑空气环境技术与实例［M］. 北京：化学工业出版社，2012.

[5] 郝斌，李现辉. 太阳能光伏建筑一体化探讨［J］. 建设科技，2009（20）：32-34.

[6] 杨金焕，谈蓓月，葛亮，等. 光伏发电与建筑相结合技术［J］. 可再生能源，2005（2）：20-22.

[7] 张雪松. 太阳能光电板在建筑一体化中的应用［J］. 建筑，2005（2）：80-83.

[8] 李宏毅，金磊. 建筑工程太阳能发电技术及应用［M］. 北京：机械工业出版社，2007.

[9] 宣晓东. 太阳能光伏技术与建筑一体化初探［D］. 合肥：合肥工业大学，2007.

[10] 陈维，沈辉，等. BIPV 中光伏阵列朝向和倾角对性能影响理论研究［J］. 太阳能学报，2009，30（2）：206-210.

[11] 中国航空工业规划设计研究院. 工业与民用配电设计手册［M］. 3 版. 北京：中国电力出版社，2005.

[12] 杨贵恒，强生泽，张颖超，等. 太阳能光伏发电系统及其应用［M］. 北京：化学工业出版社，2011.

[13] 张兴，曹仁贤. 太阳能光伏并网发电及其逆变控制［M］. 北京：机械工业出版社，2010.

[14] 杨金焕，于化丛，葛亮. 太阳能光伏发电应用技术［M］. 北京：电子工业出版社，2009.

[15] 沈辉，曾祖勤. 太阳能光伏发电技术［M］. 北京：化学工业出版社，2005.

[16] 李钟实. 太阳能光伏发电系统设计施工与应用［M］. 北京：人民邮电出版社，2012.

[17] 孙海燕. 某混凝土屋面分布式光伏电站基础方案分析与计算［J］. 中国新技术新产品，2015（7）：158-159.

[18] 冯垛生，张淼，赵慧，等. 太阳能发电技术与应用［M］. 北京：人民邮电出版社，2009.